# 湖北森林生态资源价值论

张家来 张 维 主编
宋丛文 主审

科学出版社
北京

## 内 容 简 介

本书详细论述以实物量（包括生物量和效益量）为基础的生态价值理论，分别对湖北不同类型实物量进行多点位、多层次的实例分析，在三峡库区、丹江口库区等重要生态区、水源区建立梯次级监测计量模型；以定量方法为主对森林水文效益、森林碳汇、森林生物多样性、森林环境、森林综合效益等开展全方位研究；对森林生态资源受益区、受益主体及资源消费方式等进行明确划分或清晰界定；对普遍关注的森林生态资源补偿标准、补偿机制进行深入探讨，提出切合湖北省情的补偿对策和措施。

本书可供环境、生态、经济学科研究人员、相关专业大专院校师生、政府决策人员及林业行业科技工作者和管理人员阅读参考。

---

图书在版编目（CIP）数据

湖北森林生态资源价值论 / 张家来，张维主编. —北京：科学出版社，2020.8
ISBN 978-7-03-065673-5

Ⅰ. ①湖… Ⅱ. ①张… ②张… Ⅲ. ①森林资源-资源价值-研究-中国 Ⅳ. ①S757.2

中国版本图书馆 CIP 数据核字（2020）第 126502 号

责任编辑：刘 畅 / 责任校对：高 嵘
责任印制：彭 超 / 封面设计：苏 波

科学出版社 出版
北京东黄城根北街 16 号
邮政编码：100717
http://www.sciencep.com

北京虎彩文化传播有限公司印刷
科学出版社发行 各地新华书店经销
*
开本：787×1092 1/16
2020 年 8 月第 一 版 印张：19 3/4
2020 年 8 月第一次印刷 字数：473 000
**定价：158.00 元**
（如有印装质量问题，我社负责调换）

# 《湖北森林生态资源价值论》编委会

主　编：张家来　张　维

副主编：刘学全　崔鸿侠　王晓荣

编委会（以姓氏笔画排序）：

　　　　王晓荣　付　甜　白　涛　刘学全

　　　　李　玲　张　维　张家来　周文昌

　　　　周忠诚　庞宏东　郑兰英　胡兴宜

　　　　唐志强　崔鸿侠　戴　薛

主　审：宋丛文

# 序　　言

改革开放以来，随着我国社会经济快速发展，环境问题日渐突出，森林生态资源保护、森林生态价值补偿引起了各级政府部门和社会各界的广泛关注，林业行业正逐步实现从提供木材产品到植树护林和生态环境保护功能的转变。

湖北省地处长江中游，属中国西南高山高原向东南低山丘陵过渡地带，气候处于亚热带与温带衔接地区的北亚热带。特殊的地理气候环境为森林植物生长繁育提供了优越的自然条件，境内有南水北调水源区——丹江口库区和举世瞩目的三峡水利枢纽工程，生态区位和地理位置十分重要，为开展森林生态资源相关研究提供了十分便利的条件。

近30年林业行业兴衰演变的历程表明，森林生态效益补偿与其说是生态问题，不如说是国民经济收入进行二次、甚至多次分配的问题。在强调宏观经济政策环境的同时，也应该看到我国森林生态效益及其补偿研究方面还存在许多不足。正反两方面的经验教训告诉我们，将森林生态效益直接作为补偿研究的基数或起点无法实现预期目标，所谓的"效益论"不仅存在一些经济学原理上的障碍，在实践中也无法实现补偿的目的，森林生态效益及其补偿问题的研究需要突破和创新。

值得欣慰的是，湖北省林业科学研究院及湖北生态工程职业技术学院的专家学者努力开拓思路，对相关问题进行了全新的探索。他们在总结相关科技项目研究成果的基础上，提出了一些重要概念和观点，从"森林生态资源"等基本概念出发，系统研究了森林生态资源自然价值、经济价值、森林生态资源受益区及受益主体、资源消费方式及途径、补偿标准、补偿对策和措施等问题，实现了从定性到定量化跨越，厘清了一些模棱两可的概念。

该书理论研究紧密结合湖北林业生产实际，在阐述森林生态资源价值及补偿有关问题的同时，重点研究三峡库区及丹江口水源区等地多种森林生态效益，并将生态效益量融入资源价值量研究体系之中，理论性和实用性有机结合，是近年来我国研究森林生态资源价值方面的一部力作。作者提出的一些理论观点，在我国国有林场改革过程中得到充分印证，为政府出台相关政策和措施提供了科学依据。可以相信，该书正式出版将对我国森林生态建设及社会经济可持续发展产生重大影响。

随着学科发展，森林生态资源研究出现了生态学与医药学交叉融合、森林生态效益微观化、定量化等新变化，希望作者继续努力，进一步完善有关森林生态资源价值理论，适应我国新时代社会实践及生产实际需要，充分发挥应有的社会效益，为我国森林生态资源保护与发展及我国林业事业的兴旺发达做出更多贡献。

2020年5月25日

# 前　言

近年来，随着我国社会经济快速发展，环境问题越来越受到全社会的关注和重视。森林生态系统是陆地生态系统的主体，在保护环境、实现国民经济可持续发展等方面拥有举足轻重的地位和作用，保护森林、改善生态环境的理念逐渐被社会认可和接受。

由于森林具有正外部经济属性，要求进行森林生态补偿的呼声越来越高，为此政府部门和许多科研机构投入了大量人力、物力开展相关研究，取得了一些初步成果。但综观这些年研究历程和现状，森林生态补偿问题始终未能形成有效突破，有些理论问题一直没有取得实质性研究进展。

森林生态效益补偿存在一个非常明显的误区，即很容易将"森林生态效益"误导成研究有关补偿问题的起点或依据。把"效益"当作森林生态补偿基数或目标，这样不仅会引起有关经济学逻辑混乱，而且森林生态效益经常是一个天文数字，在实践中也根本无法实施。一些研究者试图将效益计量与效益补偿拆开分析，其结果却又形成两者风马牛不相及的研究局面，失掉了相关研究的科学性。

自"八五"以来，湖北省林业科学研究院、湖北生态工程职业技术学院先后承担了10余项国家及省部级有关森林生态学科方面的科技课题。作者有幸主持或参加了部分研究工作，30多年来，针对国内外森林生态补偿有关问题，进行了不懈的探索，独辟蹊径，逐渐形成了自己的研究风格，提出了一些全新的概念和观点，如森林生态资源及其自然价值和经济价值、森林生态效益区、森林生态资源消费方式、消费途径及补偿标准与措施等，在此基础上创立了"森林生态资源价值论"，厘清了有关森林生态效益、森林生态资源价值及森林生态补偿之间的关系，成功解决了森林生态补偿标准等定量化问题，在生态补偿等研究方面取得了重大突破和创新。

本书在定性分析的基础上，对有关问题采取相应的定量研究，如森林生态效益区定量划分、行业部门受益程度计算等，避免相关研究一些模糊作法。森林生态效益是其资源价值体现的源泉，本书对森林生态效益量进行多层级、多点位系列研究，特别是丹江口重点水源区、三峡库区及生态脆弱、困难立地等地区有关森林生态效益量研究为森林生态资源价值计量打下坚实基础。以上地区生态环境问题突出，是湖北省森林生态有关问题的典型代表，也是相关研究领域的热点和重点地区。目前森林生态效益研究已出现学科分类细致化、学科专业交叉化、微观研究定量化等发展趋势。

随着国家生态战略特别是长江大保护战略的实施，本书提出的有关理论在实践中正逐步得到印证，近期出台的有关国有林场改革政策和措施也基本上属于本书提出的国家补偿的一种实现形式，相信不久的将来"区域补偿""行业补偿"，甚至"个人补偿"也会成为全社会的共识和行动。

本书的作者为湖北省林业科学研究院及湖北生态工程职业技术学院在职科技人员，有关章节均是先前相关项目的研究成果，大部分文章已在有关科技期刊上公开发表，部分文章是首次与读者见面。全书分为"总论"等3篇，共有"湖北森林生态资源基础价值"等8章，各章节有导言，简要介绍章节的写作思路及主要内容，每章附有参考文献，以便读者查阅。

本书由湖北林业科技支撑重点项目"长江经济带国土绿化提质关键技术研究与示范"资助出版，在此致谢。

本书力求为促进我国森林生态资源保护和利用及社会经济可持续发展做出一点贡献，但限于作者的知识水平，书中难免有疏漏之处，欢迎读者批评指正。

作　者

2020 年 3 月 28 日于武汉九峰

# 目 录

## 第一篇 总 论

### 第1章 湖北森林生态资源基础价值 ... 3
1.1 绪论 ... 3
1.2 关于消费者需求曲线 ... 5
1.3 关于有形资源和无形资源无差异曲线 ... 5
1.4 森林有形生态资源价值的计算 ... 6
1.5 森林无形生态资源价值的计算 ... 6
1.6 小结 ... 8
参考文献 ... 8

## 第二篇 森林生态资源实物量

### 第2章 森林水文效益量 ... 11
2.1 林下灌草及凋落物水文效应 ... 11
 2.1.1 南水北调中线工程核心水源区森林凋落物的持水特性 ... 11
 2.1.2 巴东县不同森林类型林下灌草和凋落物水文效应 ... 17
2.2 森林径流特征 ... 21
 2.2.1 长江中游低丘黄壤坡面地表产流产沙规律 ... 22
 2.2.2 丹江口库区主要森林类型树干茎流 ... 27
 2.2.3 丹江口库区大气降雨及森林地表径流特征 ... 31
2.3 森林类型水文效应监测及评价 ... 34
 2.3.1 三峡库区不同退耕还林模式水土保持效益定位监测 ... 35
 2.3.2 三峡库区莲峡河小流域马尾松水文生态效应 ... 40
 2.3.3 丹江口库区龙口林场水源涵养林林分质量评价 ... 44
 2.3.4 丹江口库区主要植被类型水源涵养功能综合评价 ... 50
 2.3.5 大别山低山丘陵不同植被类型水土保持效益 ... 55
 2.3.6 低丘黄壤区不同植被恢复模式水土保持功能 ... 59
2.4 水源涵养林改造 ... 65
参考文献 ... 69

## 第3章　森林碳汇量 ································································································· 74
### 3.1　森林生态系统土壤呼吸空间异质性研究进展 ··········································· 74
#### 3.1.1　研究方法 ································································································ 74
#### 3.1.2　研究现状 ································································································ 75
#### 3.1.3　影响因子 ································································································ 77
#### 3.1.4　存在的问题及研究展望 ········································································ 80
### 3.2　森林碳储量及密度变化 ················································································ 81
#### 3.2.1　杨树人工林生长过程中碳储量动态 ···················································· 83
#### 3.2.2　锐齿槲栎和栓皮栎林生态系统碳密度比较 ········································ 87
#### 3.2.3　湖北省马尾松天然林碳储量及碳密度特征 ········································ 94
#### 3.2.4　湖北省不同地区森林类型灌木层生物量和碳密度特征 ···················· 99
#### 3.2.5　鄂西北主要森林类型碳密度特征 ······················································ 104
#### 3.2.6　湖北省森林生态系统碳储量及碳密度特征 ······································ 112
#### 3.2.7　湖北省区域碳排放强度和森林碳汇差异 ·········································· 121
### 3.3　森林碳汇计量监测 ······················································································ 128
#### 3.3.1　湖北省森林碳汇现状及潜力 ······························································ 128
#### 3.3.2　武汉市江夏区碳汇计量与监测 ·························································· 134
#### 3.3.3　湖北省 LULUCF 碳汇计量监测 ························································· 155
### 参考文献 ················································································································ 184

## 第4章　森林生物多样性及小气候效益量 ···················································· 193
### 4.1　低山丘陵石漠化植被特征 ·········································································· 193
#### 4.1.1　长江中游黄壤低丘区植被的退化特征 ·············································· 193
#### 4.1.2　鄂西三峡库区防护林林分质量综合评价 ·········································· 200
### 4.2　林分生物多样性 ·························································································· 206
#### 4.2.1　湖北岩溶山地石漠化植物组成及物种多样性特征 ·························· 207
#### 4.2.2　择伐抚育与马尾松人工林生物多样性 ·············································· 212
### 4.3　森林改善气候效益量 ·················································································· 219
### 参考文献 ················································································································ 223

## 第5章　森林生态综合效益评价 ······································································ 227
### 5.1　森林生态系统服务功能评估研究进展 ······················································ 227
#### 5.1.1　生态系统服务功能分类 ······································································ 228
#### 5.1.2　国内外森林生态系统功能评估研究进展 ·········································· 229
### 5.2　森林生态综合效益评价 ·············································································· 232
#### 5.2.1　湖北省林业生态效益价值评估 ·························································· 232

5.2.2　湖北省森林生态服务功能价值特征及建议·····························250
参考文献····························································································257

# 第三篇　森林生态资源价值量及补偿

## 第6章　森林生态资源价值量·····································································263
### 6.1　森林生态资源自然价值量································································263
　　6.1.1　研究区概况及研究目的和意义··········································263
　　6.1.2　材料和方法············································································264
　　6.1.3　结果与分析············································································265
### 6.2　森林生态资源经济价值量································································270
　　6.2.1　材料与方法············································································270
　　6.2.2　结果与分析············································································274
　　6.2.3　讨论························································································275
参考文献····························································································275

## 第7章　森林生态资源受益主体·····································································276
### 7.1　基于GIS界定湖北森林生态效益区················································276
　　7.1.1　研究目的及意义····································································276
　　7.1.2　观点、材料和方法································································277
　　7.1.3　结果分析················································································280
　　7.1.4　小结与讨论············································································281
### 7.2　森林生态资源消费量及消费方式····················································282
　　7.2.1　研究目的及意义····································································282
　　7.2.2　材料和方法············································································282
　　7.2.3　结果分析················································································284
　　7.2.4　小结与讨论············································································288
参考文献····························································································289

## 第8章　森林生态资源价值补偿·····································································290
### 8.1　湖北森林生态资源价值补偿标准····················································290
　　8.1.1　分析方法················································································290
　　8.1.2　结果与分析············································································292
　　8.1.3　小结与讨论············································································297
### 8.2　森林生态资源价值补偿机制····························································298

8.2.1　森林生态资源价值补偿的意义 ······ 298
　　8.2.2　森林生态资源价值补偿的途径 ······ 299
　　8.2.3　森林生态资源价值补偿的方法 ······ 301
　　8.2.4　森林生态资源价值补偿的对策和策略 ······ 302
　　8.2.5　小结与讨论 ······ 303
参考文献 ······ 304

# 第一篇

# 总 论

# 第1章 湖北森林生态资源基础价值[①]

本章从森林生态价值计量及补偿研究方面的主要误区入手，对湖北森林生态资源基础价值进行计算，湖北森林生态资源价值总量为1 568.37亿元，年增长量为72.94亿元，其中有形生态资源的年增长量为43.62亿元，无形生态资源的年增长量为29.32亿元，有形生态资源与无形生态资源的价值增量比约为1.5∶1。湖北不同类型森林生态资源价值存在明显差别，由高到低依次为：四旁林＞针阔混交林＞阔叶林＞针叶林＞竹林等，森林有形生态资源是森林生态资源的物质基础。针阔混交林、阔叶林、针叶林是湖北森林生态资源的主体。社会自然经济环境对森林生态资源价值有直接影响，不同年度、不同地区森林生态资源价值会发生相应的变化。

## 1.1 绪　　论

森林生态资源是重要的环境资源，受到了国际社会的广泛重视（Kostad，2000；Horst，1998），近年来围绕森林生态资源价值和价值补偿问题展开了热烈讨论，取得了一些积极进展（鲁传一，2004；李金昌 等，1999），但总的看来，离解决实际问题的要求还相差较远，有许多理论和方法问题亟待解决，本节引入经济学有关效用理论及其分析方法，对湖北森林生态资源价值进行定量研究，以期为湖北森林生态资源合理利用及价值补偿提供理论依据。

国内外有关森林生态价值及补偿问题的研究，一般以森林生态效益作为计量的对象和依据，这是一个误区，原因有四：其一，森林生态资源作为一种特殊的公共产品，有巨大的生态效益和社会效益，是不容置疑的，但对消费者而言，真正到支付补偿时，认可的是资源本身的价值，而不是效益；其二，森林生态资源具有多种生态功能，产生多种效益，不同效益之间往往出现相互交叉重叠的情况，对研究者而言，究竟是哪种效益为主或者对效益如何综合是一件非常麻烦和困难的事情；其三，就某一种效益而言，用不同计量方法计算出来的结果不一致，不同方法之间没有可比性，无优劣之分，如用"工程替代法"和"自来水影子价格法"计算森林涵养水源的效益，其结果差别很大，事实上林业生态工程本来就是工程，无须其他工程进行替代；其四，森林生态效益监测虽然非常重要，但监测本身不能解决价值问题。

相关研究（张家来 等，2004）表明，森林生态资源是森林有形资源（或者实物资源）和无形资源的集合体，有形资源是无形资源的唯一载体，无形资源是有形资源的"化身"，通过有形资源发挥作用，两者密不可分，相互依存，在经济学上可称之为完全互补的产品（如果说资源也是某种产品的话）。森林生态资源价值形成和发展的过程也是绿色植物在一定土壤、气候环境条件下通过光合作用利用和固定太阳能，并对土壤、气候等环境

---

[①] 本章作者：张家来等

条件产生影响，发挥生态效益的过程。热量作为指示这个过程的指标，在计量森林生态资源价值的研究中有特别重要的意义，它体现了森林植物与环境之间物质和能量交换的规模和程度，而木材、果实、药材、工艺材料、观赏产品等绿色植物在生长发育过程中形成的许多经济产品在森林生态资源价值构成中，只作为森林生物量和热量的积累对待，其经济价值将在森林生态资源价值补偿的有关问题中讨论。

效用论是经济学中分析消费者行为的理论，主要说明消费者如何把有限的货币收入分配在各种商品的购买上，以获得最大的效用（黄恒学，2002；傅晨，2000），基数效用论和序数效用论是分析消费者行为的两种方法。森林生态资源作为公共产品也有消费者对其满足欲望能力的一种主观心理评价，是计量森林生态资源价值的关键技术，分析消费者的行为对研究资源价值的补偿也是有利的。本章主要研究湖北全省森林生态资源基础价值问题，即在不考虑其资源的自然环境和社会经济条件下的价值，或者是平均意义上的资源价值。

本章利用的材料是湖北省第三次森林资源二类调查结果和《2003 湖北统计年鉴》（2004 年出版）的有关数据。

森林生态资源类型的划分，按照二类资源清查的相关做法，将湖北森林生态资源划分为 12 种类型，即针叶林、阔叶林、针阔混交林、竹林、农林间作林、疏林、灌木林、园林、未成林（或幼林）、林业苗圃、荒山、四旁林。

森林生态资源补充调查，调查采取典型取样和随机抽样的方法，调查的主要内容有二：一是 1999～2003 年的资源变化情况，二是补充森林生物量包括乔木、灌木、草本和枯枝落叶生物量。调查的地点有：鄂东大别山地区的罗田县、鄂西山区的利川市、鄂南幕阜山区的通山县及鄂西北山区的谷城县。对照二类资源清查的小班分 12 种类型设置样地，样地面积为 20m×20m，分树种每木检尺，按平均值选取 1～2 株标准木伐倒，枝、叶、干分别称重；在样地内机械设置 3 个 2m×2m 的小样方，调查灌木、草本和枯枝落叶生物量，野外采集乔木的枝、叶、干，灌木枝、叶，以及草本和枯枝落叶样品，室内在 105℃的烘箱内烘至恒重。湖北全省共调查不同资源类型的样地 96 块，小样方 384 个，生物量样品 1 506 个。样品粉碎后测定热值。外业调查于 2004 年生长季节到来以前完成，历时 3 个月。按补充调查的结果将湖北全省二类资源清查的相关数据进行相应的转换。

基数效用论认为由于边际效用递减的作用，随着消费者对某一种商品消费量的连续增加，该商品的边际效用是递减的，消费者为购买这种商品所愿意支付的价格（即需求价格）越来越低。若把森林生态资源看成一种商品，随着森林生态资源的增加（表现为消费者被动或主动接受），消费者愿意支付的资源价格（或价值）也会越来越低，用模型 $y = \alpha x^{-1}$ 可以定量地描述消费者的支付意愿（傅晨，2000；萨缪尔森，1992），$y$ 表示资源价格；$x$ 表示资源的数量，以公顷为单位；$\alpha$ 为常数，表示消费者对单位资源量的支付意愿。

序数效用论认为，对于不同的商品或商品组合，消费者的偏好程度是有差别的，正是这种偏好程度的差别，反映了消费者对这些不同商品（或商品组合）效用水平的评价。森林生态资源是有形资源和无形资源两种完全互补的商品组合，由此构成的无差异曲线表现为直角形状，为了研究的方便，设定两者的比例为 1∶1，应用序数效用论讨论消费者均衡时分别对两种资源的支付意愿。

## 1.2　关于消费者需求曲线

在需求模型 $y=ax^{-1}$ 中，$a$ 也表示单位面积的资源价值（或价格）。比较理想的情况是单位生产、经营森林生态资源的生产者与一般生产者在相同或相似的社会经济环境条件下应具有相同或相近的生产能力，表现出相同或相近的生产总值。湖北省神农架林区基础条件已达到全省平均水平，但人均地区生产总值低于全省平均值，其差值为 4 086.95 元，分摊到每亩①的地区生产总值为 98.60 元，这个价值就是在不考虑需求状态下，全省单位面积森林生态资源年增长的基础价值，若以公顷为单位建立需求模型：

$$y=6.573\ 3x^{-1} \tag{1.1}$$

需求曲线模型如图 1.1 所示。

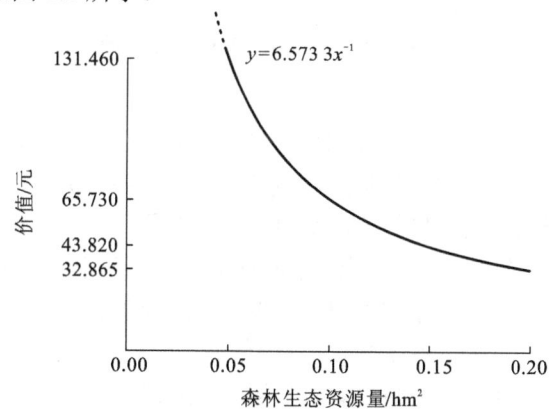

图 1.1　森林生态资源消费者需求曲线模型

## 1.3　关于有形资源和无形资源无差异曲线

有形资源和无形资源是两种完全互补的商品资源，必须按固定不变的比例同时使用，其无差异曲线表现为直角形状（图 1.2），图中矩形 $X_1'0X_2'P$ 为消费者的预算空间，可以证明只有在曲线 $x_2=x_1$ 的组合点，消费者的效用才能实现最大化，在消费者偏好和预算线约束已知的前提下，按消费者均衡状态可以分析两种互补商品的价值或价格，其计算公式为

$$P_1X_1+P_2X_2=I \tag{1.2}$$

式中：$X_1$ 为有形资源量，$hm^2$；$P_1$ 为有形资源价格，元；$X_2$ 为无形资源量，$hm^2$；$P_2$ 为无形资源价格，元；$I$ 为预算收入，也是单位面积的资源价值，元。

由式（1.2）可得

$$P_2=IX_2^{-1}-P_1X_1X_2^{-1} \tag{1.3}$$

设 $X_1$ 与 $X_2$ 的数量相等，且都是单位面积的森林生态资源量，如有 $X_1=X_2=1$，式（1.3）即可写成下面的形式：

$$P_2=I-P_1 \tag{1.4}$$

式（1.4）便是有形资源和无形资源价格或价值的实际计算式。

---

① 1 亩 ≈ 666.7 m²

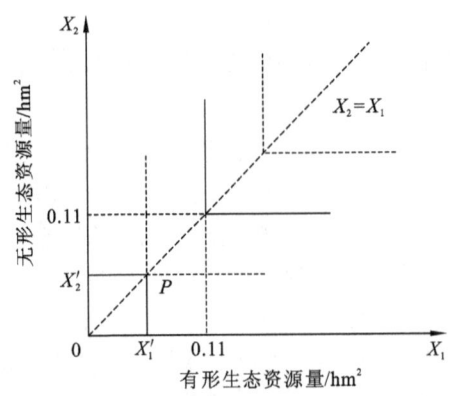

图 1.2 森林有形生态资源及无形生态资源无差异曲线

## 1.4 森林有形生态资源价值的计算

根据样地调查结果将湖北省二类资源清查数据进行相应的转换后,计算出不同资源类型单位面积的生物量,将生物量数据按照热值换算成煤当量(取煤的热值 26 752 J/g),根据 2003 年全国燃料煤的平均出矿价 150 元/t,计算出不同资源类型单位面积的价值,见表 1.1。由表 1.1 计算结果可知,湖北森林有形生态资源价值总量为 938.08 亿元,年增长量为 43.62 亿元。不同类型之间单位面积有形生态资源价值的年增长量相差较大,以荒山(包括荒地)最小,每公顷仅为 10.53 元,四旁林的价值最大,达到 1 831.81 元/hm²,以下依次为针阔混交林、阔叶林、针叶林、竹林等。四旁林有形生态资源价值最大的主要原因是立木的径级大,单位面积的生物量、煤当量较高。荒山(包括荒地)在本节中,相当于对照类型,虽然价值很小,但由于有草本或少许灌木,使得此类资源相对于裸地而言,也有微量的价值。由此可知,荒山绿化、植树造林是有效提高湖北省森林生态资源价值的根本途径。在各类型中,针叶林、阔叶林及针阔混交林虽然有形生态资源价值不是最高,但由于资源面积比例大,成为湖北省森林有形生态资源的主体,占到全省资源总价值的 73.8%。

## 1.5 森林无形生态资源价值的计算

湖北省不同类型的森林生态资源均值的计算,根据式(1.1)可以计算出湖北省森林生态资源价值单位面积年增量均值为 918.60 元/hm²(湖北省人均森林面积为 0.107 3 hm²),在不考虑不同资源类型社会自然经济环境(因各种类型在湖北省均有分布)条件下,通过湖北省有形资源的均值与不同资源类型均值之比可以得出不同资源单位面积的综合价格,就是式(1.2)、式(1.4)中的 $I$ 值(与表 1.1 中的 $\alpha$ 值相等)。

不同类型森林无形生态资源价值的计算,根据式(1.4),可以分别计算出各类型无形生态资源的价值(表 1.1),由表 1.1 的计算结果可计算得出湖北省森林无形生态资源价值总量为 630.29 亿元,年增长量为 29.32 亿元。

由相关的计算结果可知,湖北省森林生态资源总量为 1 568.37 亿元,资源价值年增长量为 72.94 亿元,湖北省森林有形资源与无形资源价值之比约为 1.5:1,按此比例可

表 1.1 湖北森林生态资源基础价值计量表

| 资源类型 | 资源面积 /hm² | 煤当量总量 /万 t | 年生长率 /% | 煤当量年增长 /(kg/hm²) | α 值（I 值） | $P_1$ /(元/hm²) | $P_2$ /(元/hm²) | 有形资源价值年增量 /百万元 | 无形资源价值年增量 /百万元 | 总量价值 /亿元 |
|---|---|---|---|---|---|---|---|---|---|---|
| 针叶林 | 2 847 358 | 18 622.65 | 5.39 | 3 525 | 3.93 | 2.35 | 1.58 | 1 505.54 | 1011.80 | 467.04 |
| 阔叶林 | 2 549 994 | 23 588.63 | 3.90 | 3 607.35 | 4.02 | 2.40 | 1.62 | 1 379.67 | 927.18 | 591.50 |
| 竹林 | 106 659 | 411.73 | 6.00 | 2 316 | 2.58 | 1.54 | 1.04 | 37.05 | 24.91 | 10.33 |
| 针阔混交林 | 372 474 | 3 933.52 | 5.19 | 5 479.95 | 6.11 | 3.65 | 2.46 | 306.17 | 205.77 | 98.64 |
| 灌木林 | 2 097 121 | 5 662.51 | 3.90 | 1053 | 1.17 | 0.70 | 0.47 | 331.24 | 222.71 | 142.04 |
| 林业苗圃 | 5 215 | 4.326 7 | 6.45 | 535.05 | 0.60 | 0.36 | 0.24 | 0.42 | 0.28 | 0.11 |
| 农林间作 | 160 861 | 363.57 | 5.39 | 1218 | 1.36 | 0.81 | 0.55 | 29.39 | 19.76 | 9.12 |
| 幼林 | 59 150 | 49.69 | 6.45 | 541.95 | 0.60 | 0.36 | 0.24 | 4.81 | 3.23 | 1.25 |
| 疏林地 | 106 437 | 160.73 | 5.22 | 787.95 | 0.88 | 0.53 | 0.35 | 12.58 | 8.46 | 4.03 |
| 荒山 | 161 453 | 56.51 | 2.00 | 70.05 | 0.08 | 0.05 | 0.03 | 1.70 | 1.14 | 1.42 |
| 园林 | 1 610 | 5.78 | 5.19 | 1 813.05 | 2.02 | 1.21 | 0.81 | 0.44 | 0.29 | 0.14 |
| 四旁林 | 411 321 | 9 678.87 | 5.19 | 12 211.95 | 13.61 | 8.14 | 5.47 | 753.46 | 506.42 | 242.75 |

以根据有形资源的价值量粗略地估算无形资源价值量及价值总量，在实际工作中有一定的适用性。不同资源类型单位面积无形资源的价值年增长量存在与有形资源相类似的情况，即四旁林价值最大，针阔混交林次之，以下依次为阔叶林、针叶林、竹林等，也说明森林无形资源对有形资源有依存性，森林是通过有形资源发挥无形资源的作用，其作用的大小和规模与有形资源的数量和质量直接相关。

## 1.6 小　　结

（1）本章指出了国内外在森林生态价值计量及补偿问题研究方面存在的主要误区，提出了森林生态资源是有形资源和无形资源统一体等重要观点，在此基础上对湖北森林生态资源基础价值进行了定量的计算，其理论观点和方法与所谓的"效益价值论"有根本的区别。

（2）湖北森林生态资源总量为 1 568.37 亿元，年增长量为 72.94 亿元，其中有形资源的年增长量为 43.62 亿元，无形资源的年增长量为 29.32 亿元，有形资源与无形资源的价值比例约为 1.5∶1。

（3）湖北不同类型森林生态资源单位面积价值存在明显差别，从高到低依次排列为：四旁林＞针阔混交林＞阔叶林＞针叶林＞竹林等，针阔混交林、阔叶林、针叶林以其较大的面积比例，成为湖北省森林生态资源的主体，森林有形资源是森林生态资源的物质基础。

（4）社会自然经济环境对森林生态资源的价值有直接影响，本章是以 2003 年湖北省社会经济发展状况为背景进行静态计算的，事实上，不但不同年度有变化，而且不同地区由于社会经济条件及自然条件的差异，森林生态资源的价值也会发生相应的变化，此类问题将另文探讨（见第 6 章）。

（5）本章从消费者的角度讨论森林生态资源的价值问题，引进了经济学两个很重要的概念，即基数效用论和序数效用论及相关的数学分析模型，是从消费者是价值补偿主体的角度考虑问题。森林生态资源的价值还受资源生产成本的影响，鉴于有相当比例的资源属自然生长林分，本章不考虑生产成本对资源价值的影响，是一种理想化的方法。生产成本对资源价值影响的问题，将在资源价值补偿有关问题（见第 6、8 章）的研究中讨论。

## 参 考 文 献

东北林学院, 1981. 森林生态学[M]. 北京：中国林业出版社.
傅晨, 2000. 经济学基础[M]. 广州：广东高等教育出版社.
黄恒学, 2002. 公共经济学[M]. 北京：北京大学出版社.
李金昌, 姜文来, 靳乐山, 等, 1999. 生态价值论[M]. 重庆：重庆大学出版社.
鲁传一, 2004. 资源与环境经济学[M]. 北京：清华大学出版社.
萨缪尔森, 1992. 经济学[M]. 高鸿业, 等, 译. 北京：中国发展出版社.
张家来, 丁振国, 严立冬, 等, 2004. 森林生态资源价值论[J]. 湖北林业科技(3):38-42.
HORST S, 1998. Economics of the environment: theory and policy[M]. 5th ed. Berlin: Springer.
KOLSTAD C D, 2000. Environmental economics[M]. New York: Oxford University Press.

# 第二篇

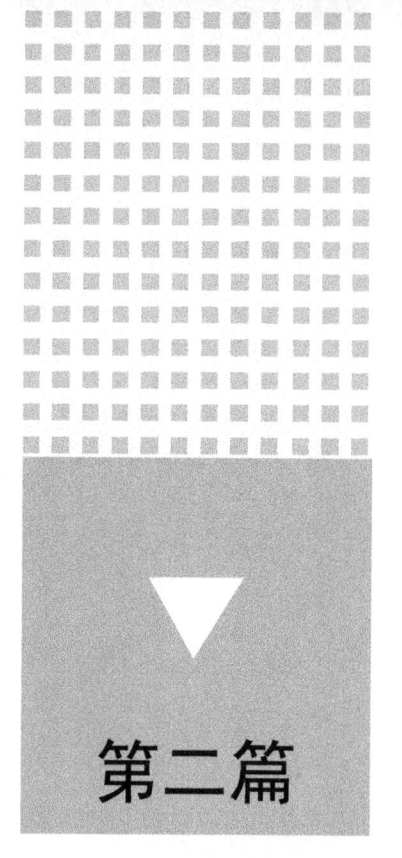

# 森林生态资源实物量

# 第 2 章 森林水文效益量

涵养水源、保持水土是森林最直接、最基本的生态功能和效益，本章介绍湖北重点水源区如丹江口、三峡库区等地森林水文效益的研究成果，分析林下草本、灌木及枯枝落叶等森林水文效益特性，揭示不同森林类型产生树干茎流、地表径流等相关规律，对森林水文效益监测和评价进行定性与定量的评述。

## 2.1 林下灌草及凋落物水文效应

本节以鄂西北十堰市九华山林场的典型林分为对象，研究南水北调中线工程核心水源区森林凋落物的持水特性，5 种建群种群落凋落物层储量以马尾松林最大，凋落物最大持水量为马尾松林，凋落物持水率和吸水速率均以 3 种落叶阔叶混交林高于 2 种人工针叶林。落叶阔叶混交林凋落物层的水源涵养能力强于人工针叶林。

同时对巴东县的不同森林类型林下灌草和凋落物的数量和持水特性进行调查分析，结果表明：林下灌草生物量最多的是灌木林，其后依次是马尾松林、针叶混交林、针阔混交林、阔叶林和柏木林；灌草层的持水量与其生物量具有密切关系，生物量多的持水量相应也多。林下凋落物层存储量最多的是柏木林；凋落物持水量最多的是阔叶林，其后依次是柏木林、针阔混交林、针叶混交林、灌木林和马尾松林。

### 2.1.1 南水北调中线工程核心水源区森林凋落物的持水特性[①]

水源涵养林，是指以调节、改善水源流量和水质的一种防护林，也称水源林，泛指河川、水库、湖泊的上游集水区内大面积的天然林（包含原始森林和次生林）和人工林（彭耀强 等，2006）。森林凋落物是森林生态系统的重要组成部分，具有重要的水土保持和水源涵养生态功能，这是由于森林凋落物层结构疏松，吸水能力和透水性较强，不仅能减缓林内降水对地表的直接冲击，阻滞、分散和截留降水，而且能增加地表层的粗糙度并减缓及减少地表径流，增加土壤水分下渗（彭耀强 等，2006；薛立 等，2005；刘霞和车克钧，2004）。目前许多人研究了森林凋落物层（包含天然林、人工林）的持水特性，均表明森林凋落物层在维持森林水文生态功能、减少水土流失发挥着重要作用（曾昭霞 等，2011；任向荣 等，2008；彭耀强 等，2006；薛立 等，2005；陈玉生 等，2005；张振明 等，2005；刘霞和车克钧，2004）。但由于不同森林类型和林分结构差异，水源涵养效应存在一定的差异。南水北调中线工程作为解决华北平原及

---

① 引自：周文昌，郑兰英，蒋龙福.南水北调中线工程核心水源区森林凋落物的持水特性.甘肃农业大学学报，2018(6)：180-186.

北京、天津、河北和河南等沿线省（直辖市）水资源短缺问题的重大战略工程，中线一期规划调水 95 亿 m³，湖北省十堰市作为调水的核心水源区，其水安全问题直接关乎南水北调中线工程实现持续、优质调水的可行性（张中旺 等，2012a）。而丹江口水库是南水北调中线工程水源地，地处鄂豫陕三省交界处，位于湖北省十堰市辖区内（刘学全 等，2009），其森林生态系统水源涵养生态防护功能的发挥将严重影响南水北调中线工程的供水安全（王晓荣 等，2012a）。因此，开展丹江口库区水源涵养林生态防护功能研究，是水源涵养林改造、控制洪水灾害，减少水土流失，提升水源涵养林生态防护功能的重要基础，也是丹江口水库水资源永续利用和南水北调水资源安全可持续发展的重要保障。本小节通过对丹江口库区核心集水区域的 5 种典型森林类型凋落物储量及持水特性进行研究，以期为南水北调中线工程核心集水区的森林培育方向提供科技支撑。

### 1. 研究区概况

研究区位于湖北省西北端十堰市竹山县九华山林场。九华山地处堵河中上游，是南水北调中线工程核心集水区，生态资源独特；地理坐标介于东经 100°8′～110°12′，北纬 32°1′～32°6′。九华山林场始建于 1955 年，林场经营面积 8 400 hm²，活立木蓄积量 48 万 m³，森林覆盖率达 96%，属于北亚热带大陆性季风气候，四季分明，雨热同季，空气湿润，冬无严寒，夏无酷暑，云多雾大，日照较少，雨量充沛，风量较小，年平均气温 12.9 ℃，全年 1 月最冷，7 月最热，无霜期 219 d，大于 0 ℃的年积温为 4 628 ℃，有效积温 3 750 ℃，年均降水量 1 000 mm 以上，80%的降水量集中在 4～9 月。土壤以山地黄棕壤、黄棕壤为主。该区域地带性植被为北亚热带常绿落叶阔叶林，也是天然演替的顶极群落，但在长期干扰作用下已被破坏殆尽，现存的植被类型多为次生林或人工林，主要有天然次生林常绿阔叶林、常绿落叶阔叶林、各类混交林、杉木（*Cunninghamia lanceolata*）林、马尾松（*Pinus massoniana*）林、日本花柏（*Chamaecyparis pisifera*）林。马尾松和日本花柏人工纯林大约在 20 世纪 70～80 年代种植。研究选取 5 种代表性群落，建群种分别为栓皮栎（*Quercus variabilis*）、亮叶桦（*Betula luminifera*）、檫木（*Sassafras tzumu*）＋亮叶桦、马尾松和日本花柏。

### 2. 研究方法

样地设置：试验样地在九华山林场，属于湖北大巴山森林生态系统国家定位观测研究站建设点，海拔约 1 100 m。选取固定样地建群种栓皮栎 1 块，伴生杉木、化香树（*Platycarya strobilacea*）和石灰花楸（*Sorbus folgneri*）等；亮叶桦建群种林 1 块，伴生杉木、栓皮栎和山樱花（*Cerasus serrulata*）等；檫木＋亮叶桦共建种群 1 块，伴生少数华山松（*Pinus armandii*）和栓皮栎；马尾松和日本花柏 2 块，人工针叶、纯林各 1 块。固定样地面积为 30 m×30 m 的 4 块和栓皮栎林固定样地面积 20 m×20 m 的 1 块，林分基本特征见表 2.1。2017 年 5 月底在每块固定样地内设置 1 m×1 m 的样方 3 个（任向荣 等，2008；薛立 等，2005），采集样方内地表全部凋落物层，凋落物层取样深度直至土壤表面，样品取完后，放置塑料袋内，带回实验室在一周内开展实验。

表 2.1 试验样地的基本性质

| 林分 | 林分结构 | 坡度/(°) | 龄组 | 起源 | 郁闭度 | 密度/(株/hm²) | 平均胸径/cm | 平均树高/m |
|---|---|---|---|---|---|---|---|---|
| 马尾松 | 纯林 | 9 | 近成熟林 | 人工林 | 0.8 | 1 211 | 21.7 | 20.2 |
| 日本花柏 | 纯林 | 17 | 中龄林 | 人工林 | 0.8 | 1 222 | 19.1 | 15.5 |
| 栓皮栎 | 混交林 | 14 | 中龄林 | 次生林 | 0.8 | 1 800 | 13.2 | 11.6 |
| 檫木＋亮叶桦 | 混交林 | 28 | 中龄林 | 次生林 | 0.6 | 900 | 18.4 | 17.5 |
| 亮叶桦 | 混交林 | 19 | 中龄林 | 次生林 | 0.8 | 2 088 | 12.5 | 11.9 |

研究方法：凋落物取回实验室后，称鲜重，计算凋落物湿重，然后称取凋落物鲜重（250 g）放置恒温烘箱 80 ℃下烘 48 h，直至恒重，称干重，计算凋落物烘干重量和凋落物储量。每个凋落物取部分干重样品，进行浸水试验，样品装入尼龙网袋后分别浸入水中 0.5 h、1 h、2 h、4 h、6 h、8 h、10 h、16 h 和 24 h 后，捞起并静置 5 min，直到凋落物不滴水时称重，每个样品重复做 3 次。凋落物持水量、凋落物持水率和凋落物吸水速率计算公式以（薛立 等，2005）为依据，公式如下：

凋落物持水量（t/hm²）=[凋落物湿重（kg/m²）－凋落物烘干重（kg/m²）]×10

凋落物持水率（%）=（凋落物持水量÷凋落物干重）×100%

凋落物吸水速率[g/(kg·h)]=凋落物持水量（g/kg）÷吸水时间（h）

统计分析：数据组之间的显著差异通过 SPSS 18.0 单因素方差分析多重配对 Bonferroni 分析凋落物储量差异，显著性水平为 $P < 0.05$。作图采用 Origin 9.0。

### 3. 结果与分析

**1）凋落物的储量和持水量**

马尾松林凋落物鲜重最大，达（12.13±1.39）t/hm²，然后依次为亮叶桦林、日本花柏林、栓皮栎林、檫木＋亮叶桦共建种群林分，经方差检验，数据组之间存在显著差异（$P = 0.003$，表 2.2）。凋落物干质量重最大值仍为马尾松林分（8.47 t/hm²），然后依次为亮叶桦林、日本花柏林、栓皮栎林、檫木＋亮叶桦共建种群林分，经方差检验，数据组之间存在显著差异（$P = 0.018$）。马尾松凋落物持水率最大，达 44.00%，然后依次为亮叶桦林、栓皮栎林、檫木＋亮叶桦共建种群林、日本花柏林，经方差检验，5 种林分凋落物持水率不同数据组之间存在显著差异（$P = 0.031$）。

表 2.2 试验样地凋落物鲜重、干重和持水率

| 林分 | 鲜重/(t/hm²) | 干重/(t/hm²) | 持水率/% |
|---|---|---|---|
| 马尾松 | 12.13±1.39a | 8.47±1.11a | 44.00±7.69a |
| 日本花柏 | 5.60±1.62b | 4.80±1.36abc | 16.43±0.73b |
| 栓皮栎 | 5.53±0.09b | 4.22±0.11bc | 31.43±5.36ab |
| 檫木＋亮叶桦 | 4.93±0.73b | 3.89±0.48bc | 25.86±5.06ab |
| 亮叶桦 | 8.33±0.28ab | 6.08±0.38ac | 37.68±4.78ab |

注：表中数值为平均值±标准误差，不同数据组之间的小写字母代表存在显著差异（$P < 0.05$）

5 种林分凋落物浸泡 24 h 后，森林凋落物最大持水量顺序为马尾松林（17.88 t/hm²）＞亮叶桦林（17.15 t/hm²）＞檫木＋亮叶桦共建种群林（11.98 t/hm²）＞栓皮栎林（11.41 t/hm²）＞日本花柏林（7.96 t/hm²）。但是 5 种林分凋落物在浸泡 24 h 内，林分凋落物持水量分为三个等级，最小持水量等级为日本花柏林；最高持水量等级为亮叶桦林和马尾松林；中间持水量等级为栓皮栎林、檫木＋亮叶桦共建种群林。随着浸泡时间增加，尽管各林分凋落物在浸泡 1~2 h 内持水量有所降低，但随后各林分凋落物持水量迅速增加，浸泡时间达到 10 h 后，凋落物持水量开始缓慢增长，栓皮栎林、檫木＋亮叶桦共建种群林两种林分在浸泡 16 h 后达到凋落物持水量最大值，随后降低；另外 3 种林分马尾松林、亮叶桦林和日本花柏林在浸泡 16 h 后，凋落物持水量平均值依次为 16.09 t/hm²、16.00 t/hm² 和 7.64 t/hm²，在浸泡 24 h 后，3 种林分凋落物持水量平均值依次为 17.88 t/hm²、17.15 t/hm² 和 7.96 t/hm²，凋落物持水量仍在增加（图 2.1），显示了这 3 种林分在浸泡 24 h 后未达到最大持水量，仍需继续试验。

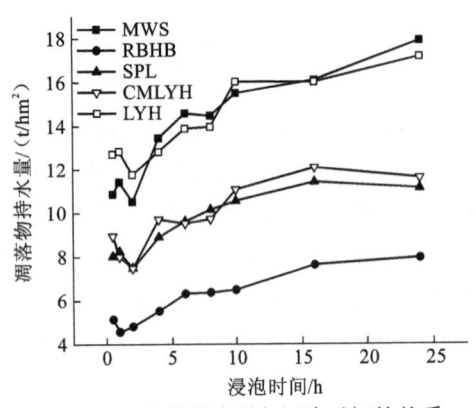

图 2.1 凋落物持水量与浸泡时间的关系

MWS 为马尾松林；RBHB 日本花柏；SPL 为栓皮栎；CMLYH 为檫木+亮叶桦；LYH 为亮叶桦。图 2.2 和图 2.3 同此

**2）凋落物持水率**

在浸泡 24 h 时间内，5 种林分凋落物持水率尽管在 1~2 h 内有所降低，但随后 5 种林分凋落物持水率快速增加（图 2.2）。数据表明，5 种林分凋落物在浸泡 0.5 h、1 h、2 h、4 h、6 h、8 h、10 h、16 h、24 h 内，马尾松林凋落物持水率依次为 128%、135%、125%、159%、171%、171%、183%、190%、210%，日本花柏林凋落物持水率依次为 107%、96%、98%、116%、129%、132%、136%、155%、165%，栓皮栎林凋落物持水率依次为 197%、196%、178%、212%、228%、241%、250%、271%、264%，檫木＋亮叶桦共建种群林依次为 227%、205%、191%、248%、243%、248%、283%、304%、300%，亮叶桦林凋落物持水率依次为 208%、211%、193%、211%、227%、229%、263%、264%、280%。5 种林分的凋落物持水率可分为两个等级，持水率第一等级为落叶阔叶混交林（檫木＋亮叶桦共建种群林、亮叶桦林和栓皮栎林），凋落物持水率较大，从浸泡 0.5 h 就大约在 200%；第二等级为人工针叶林（马尾松林和日本花柏林），凋落物持水率较小，浸泡 24 h 方能达到或接近 200%。5 种林分中檫木＋亮叶桦共建种群林凋落物持水率最大，凋落物持水率高达 304%，最大可吸收自身重量 3 倍的降水，亮叶桦林和栓皮栎林凋落物持水率比较接近，凋落物持水率各自高达 280% 和 271%，最大可

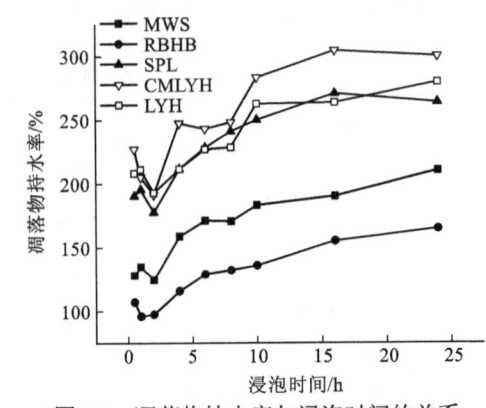

图 2.2 凋落物持水率与浸泡时间的关系

吸收自身重量 2.8 倍和 2.7 倍的降水；然而，马尾松和日本花柏 2 种人工针叶林凋落物持水率各自高达 210%和 165%（图 2.2），在浸泡 24 h 后，最大可吸收自身重量的降水才接近 2 倍，显示了落叶阔叶混交林凋落物层具有较强的持水能力。

**3）凋落物吸水速率**

5 种林分中，凋落物浸泡时间在 0.5~4 h 时，凋落物吸水速率随浸泡时间的增加急剧下降，随后各林分凋落物吸水速率减缓，降低近一条平行于横轴的直线（图 2.3）。凋落物吸水速率最大的是檫木＋亮叶桦共建种群林，从 0.5 h 的 4 541.56 g/(kg·h) 下降到 24 h 的 125.06 g/(kg·h)，亮叶桦林从 0.5 h 的 4 164.44 g/(kg·h)下降到 24 h 的 116.58 g/(kg·h)，栓皮栎林从 3 810.44 g/(kg·h))下降到 110.01 g/(kg·h)，马尾松林从 2 562.67 g/(kg·h) 下降到 87.66 g/(kg·h)，日本花柏林从 2 146 g/(kg·h) 下降到 68.69 g/(kg·h)（图 2.3），显示了 3 种落叶阔叶混交林比 2 种人工针叶林在暴雨季节，能更快地减缓暴雨对森林地表的冲击，从而维持森林水文生态功能，减少水土流失。

图 2.3　凋落物吸水速率与浸泡时间的关系

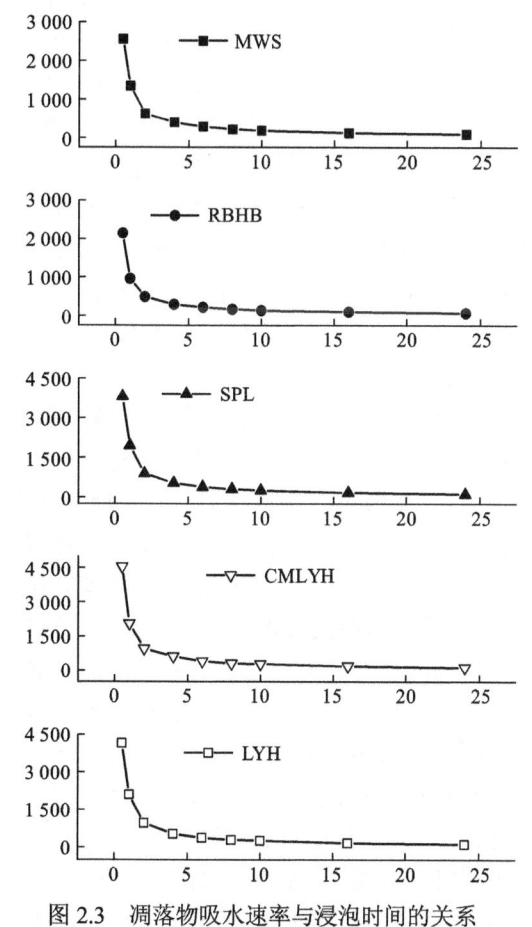

横坐标为浸泡时间（h）；纵坐标为凋落物吸水速率[g/(kg·h)]

凋落物吸水速率与浸泡时间存在相反关系，用指数函数方程模拟相互关系得到 5 种林分凋落物吸水速率与浸泡时间的相关系数 $R > 0.95$，两者相互关系均达到极显著相关（$P < 0.01$）（表 2.3），这表明可以用该方程预测该地区类似林分凋落物吸水速率的变化。

表 2.3　试验样地凋落物吸水速率（$W_A$）与浸泡时间（$t$）的关系

| 林分 | 方程 | 变量范围/h | $R^2$ | $P$ |
| --- | --- | --- | --- | --- |
| 马尾松 | $W_A = 212.85 + 4\,400.86\exp(-1.28t)$ | $0.5 \leqslant t \leqslant 24$ | 0.983 | <0.001 |
| 日本花柏 | $W_A = 173.10 + 4\,319.55\exp(-1.59t)$ | $0.5 \leqslant t \leqslant 24$ | 0.978 | <0.001 |
| 栓皮栎 | $W_A = 292.38 + 7\,416.37\exp(-1.33t)$ | $0.5 \leqslant t \leqslant 24$ | 0.987 | <0.001 |
| 檫木＋亮叶桦 | $W_A = 291.10 + 6\,742.46\exp(-1.33t)$ | $0.5 \leqslant t \leqslant 24$ | 0.985 | <0.001 |
| 亮叶桦 | $W_A = 340.44 + 9\,207.70\exp(-1.59t)$ | $0.5 \leqslant t \leqslant 24$ | 0.981 | <0.001 |

## 4. 讨论

5种林分凋落物储量（干重）顺序为马尾松林＞亮叶桦林＞日本花柏林＞栓皮栎林＞檫木＋亮叶桦共建种群林，范围在3.89～8.47 t/hm²，本小节凋落物储量（干重）在报道的全国尺度森林凋落物现存量范围内（0.028～59.47 t/hm²，平均值为4.67 t/hm²）（温丁和何念鹏，2016），也在报道的亚热带气候林分凋落物储量范围内（1.80～29.26 t/hm²）（马文济 等，2014；王晓荣 等，2012b；曾昭霞 等，2011；陈玉生 等，2005；薛立 等，2005）。据研究报道森林凋落物储量与多种因子有关，这些因子包含林分类型、林龄、气候条件（温度）、凋落物的输入量、分解速度、凋落物厚度和性质等（温丁和何念鹏，2016；任向荣 等，2008；张振明 等，2005；张有万 等，1999）。例如，有研究指出即使同一气候条件，因基质质量的差异也会导致凋落物分解速率相差5～10倍（郭剑芬 等，2006），并且要分解95%的森林凋落物量需要2～17年的时间（李海涛 等，2007），这均表明不同森林类型，凋落物储量具有差异。

本小节5种林分凋落物最大持水量大小依次为马尾松林、亮叶桦林、檫木＋亮叶桦共建种群林、栓皮栎林、日本花柏林（图2.1）。凋落物层持水量主要取决于在林地上的累积量及其本身的持水能力，凋落物的现存量越多，持水能力越强，其水源涵养功能越好（任向荣 等，2008；张有万 等，1999）。诸如马尾松林凋落物储量最大（8.47 t/hm²，表2.2），其凋落物持水量也最大（图2.1），但檫木＋亮叶桦共建种群林分凋落物储量最小（3.89 t/hm²，表2.2），其凋落物最大持水量却大于日本花柏林。

凋落物最大持水率是反映凋落物持水能力强弱的指标，其数值与林分类型、林下环境、凋落物性质和分解程度密切相关（肖玖金 等，2014；曾昭霞 等，2011；刘霞和车克钧，2004）。5种林分凋落物持水率呈现3种落叶阔叶混交林大于2种人工针叶林（图2.2）。3种落叶阔叶混交林凋落物最大持水率在300%左右（304%、280%和271%），可吸收自身重量近3倍的降水，而2种人工针叶林在200%左右，可吸收自身重量近2倍的降水（图2.2），这表明在南水北调中线工程核心水源区发展落叶阔叶混交林模式，有利于提高森林凋落物层水文生态功能，减少水土流失。尽管马尾松林和日本花柏林2种人工针叶林在浸泡24 h后，凋落物层持水量和持水率仍有增加趋势（图2.1、图2.2），然而2种凋落物吸水速率在0.5～4 h后，其凋落物吸水速率从超过2 000 g/(kg·h)降低到100 g/(kg·h)之下，并降低趋向一条平行于$X$轴的直线，即凋落物层再继续浸水试验实现大幅度增加吸水量已不会出现巨大变化（图2.3），因此研究人员常常把凋落物浸水 24 h 后的持水量或持水率作为最大持水量和最大持水率（张振明 等，2005），也就是凋落物持水量达到饱和。

森林凋落物吸水速率与浸泡时间的变化规律符合指数函数式方程（表 2.3），即随着浸泡时间的增加，森林凋落物吸水速率降低，这与其他研究结果类似（唐洪辉 等，2014；罗新萍，2012；薛立 等，2005），这个函数式可用来预测该地区森林生态系统凋落物层的水文涵养能力。5 种森林凋落物吸水速率的最高值表明 3 种落叶阔叶混交林大于 2 种人工针叶林，这也进一步证实了在该地区发展落叶阔叶混交林有助于提升该地区森林生态系统水源涵养功能。

5. 小结

森林凋落物层在提高森林水文生态功能中发挥重要作用。在 5 种林分中，马尾松林凋落物层持水量是最大的，最小的是日本花柏林，而 3 种落叶阔叶混交林居中（栓皮栎林、亮叶桦林、檫木＋亮叶桦共建种群林）。但是马尾松林凋落物层的最大持水率和最大吸水速率低于其他 3 种落叶阔叶混交林，3 种落叶阔叶混交林的最大持水率最大可吸收自身重量 3 倍的降水，而 2 种人工针叶林（马尾松林、日本花柏林）最大可吸收自身重量 2 倍的降水。因此，在南水北调中线工程核心水源区发展落叶阔叶混交林，可提高森林生态系统水文生态功能，减少水土流失。

## 2.1.2 巴东县不同森林类型林下灌草和凋落物水文效应[①]

林下灌草包括灌木和草本，是处在林分中的较低层次。林内透雨在到达地面前，部分雨水会被林下灌草进一步截留，从而进一步削减雨滴势能，防止地表溅蚀，它是森林植被中的一个重要层次。凋落物不仅对森林土壤发育和改良有重要意义，而且凋落物层的结构疏松，具有良好的透水性和持水能力，在降水过程中起着缓冲器的作用。它也能削弱雨滴对土壤的直接溅击，减少了到达土壤表面的降水量，以及减少了地表径流的产生，起到保持水土和涵养水源的作用（张洪江 等，2003；朱金兆 等，2002；曾思奇和余济云，1996；何汉杏和韦炳贰，1991）。因此对林下灌草和凋落物水文效益的研究具有重要意义。

本小节对巴东县的柏木林、马尾松林、针叶混交林、针阔混交林、阔叶林及灌木林6 种主要森林类型的林下灌草和凋落物水文效益进行研究，以期为该地区的水源生态林建设和水土保持工作提供理论依据。

1. 研究区概况

研究区位于湖北省恩施土家族苗族自治州东北部，长江三峡库区。东经 110°24′～110°32′，北纬 30°13′～31°28′，平均海拔为 1 053 m，平均坡度为 28.6°。气候属亚热带季风型气候，冬暖夏凉，四季分明，雨水充沛，年均气温 17.5 ℃，平均年降水量 1 100～1 900 mm，降水多集中在 4～9 月，占全年总量的 75%。土壤分布呈一定的规律性，海拔 500 m 以下的低山河谷区以红壤为主；低山（海拔 500～800 m）为黄壤，亚高山（海拔 800～1 200 m）以山地黄棕壤为主。主要植被类型为柏木林、马尾松林、针叶混交林、

---

① 引自：崔鸿侠. 巴东县不同森林类型林下灌草和凋落物水文效益研究. 水土保持研究, 2007(5): 203-205.

针阔混交林、阔叶林及灌木林。林下灌草主要有火棘、糯米条、马甲子、悬钩子、绣线菊、柞木、竹叶椒、马桑、檵木、蕨类等。

在研究区选取不同森林类型各 3 块标准地，标准地面积为 20 m×10 m，基本情况见表 2.4。

表 2.4　不同森林类型样地基本情况表

| 林分类型 | 海拔/m | 坡度/(°) | 坡向 | 树高/m | 胸径/cm | 枝下高/m | 平均冠幅/m | 郁闭度 | 林龄/年 |
|---|---|---|---|---|---|---|---|---|---|
| 柏木林 | 910 | 32 | 北 | 10.23 | 15.37 | 0.86 | 3.11 | 0.7 | 30~40 |
| 马尾松林 | 870 | 30 | 北 | 18.05 | 15.06 | 10.74 | 2.62 | 0.7 | 30~40 |
| 针叶混交林 | 900 | 29 | 东 | 7.30 | 10.15 | 1.46 | 2.40 | 0.7 | 20~30 |
| 针阔混交林 | 890 | 27 | 东 | 15.64 | 16.28 | 6.29 | 3.48 | 0.8 | 30~40 |
| 阔叶林 | 890 | 27 | 东 | 13.93 | 15.98 | 3.69 | 3.18 | 0.8 | 30~40 |
| 灌木林 | 900 | 28 | 南 | — | — | — | — | — | — |

### 2. 研究方法

**1) 林下灌草的收集和持水量测定**

在各标准地内选择 3 个有代表性的 2 m×2 m 的小样方，砍下样方内所有灌木和草本，称鲜重，推算各森林类型单位面积内灌木草本层的生物量。取其中 2 000 g 的灌草泡水 1~2 h，取出之后，待水滴净再称重，由此得到以鲜重为基准的持水量，并求算持水率。

**2) 林下凋落物的采集和持水量测定**

在每块标准地内分上坡、中坡和下坡各取面积为 50 cm×50 cm 的凋落物样方 3 个，采取凋落物时，将未分解层和半分解层分别装箱。未分解凋落物系指基本上保持其原有形状及质地的枯枝落叶；半分解凋落物系指未完全腐烂、肉眼观察能分辨出其枝叶大体形状的枯枝落叶。并现场记录各层厚度。将采集的凋落物风干并称其重量，然后将称重后的凋落物进行泡水，在泡水 24 h 后取出称重，求算最大持水量。

### 3. 结果与分析

**1) 林下灌草层对降水的截留**

对林下的主要灌草类型分别进行泡水试验，得出不同植物种类最大持水量，结果见表 2.5。

表 2.5　不同植物种类最大持水量　　　　　　　　　　单位：g/kg

| 种类 | 马桑 | 火棘 | 女贞 | 金银木 | 君迁子 | 化香 | 檵木 | 棕榈 |
|---|---|---|---|---|---|---|---|---|
| 最大持水量 | 233.9 | 329.4 | 179.6 | 255.6 | 250.5 | 179.9 | 229.9 | 279.7 |

| 种类 | 马甲子 | 糯米条 | 悬钩子 | 绣线菊 | 柞木 | 盐肤木 | 竹叶椒 | 蕨类 |
|---|---|---|---|---|---|---|---|---|
| 最大持水量 | 350.0 | 390.9 | 316.9 | 235.0 | 139.8 | 167.5 | 226.3 | 347.2 |

注：测定时间为 2005 年 7 月

通过标准地植被群落调查,并结合表 2.5 可得出 6 种森林类型灌草层的生物量、持水量及持水率,结果见表 2.6。

表 2.6 不同森林类型灌草层持水情况比较

| 森林类型 | 灌草生物量/(t/hm²) | 灌草层优势种 | 持水量/mm | 持水率/% |
|---|---|---|---|---|
| 柏木林 | 83.19 | 马桑,化香,马甲子,蕨类 | 0.18 | 21.64 |
| 马尾松林 | 161.39 | 悬钩子,绣线菊,檵木,蕨类 | 0.42 | 26.02 |
| 针叶混交林 | 130.00 | 蕨类,绣线菊,女贞,火棘 | 0.30 | 23.08 |
| 针阔混交林 | 91.83 | 女贞,檵木,棕榈,蕨类 | 0.25 | 27.22 |
| 阔叶林 | 87.50 | 火棘,棕榈,蕨类 | 0.22 | 25.14 |
| 灌木林 | 235.97 | 糯米条,悬钩子,檵木,柞木,竹叶椒 | 0.71 | 30.09 |

从表 2.6 可以看出,灌木草本层对降水的截留效果与其生物量的数量和质量密切相关,在 6 种植被类型中,以灌木林的生物量最大,故其持水量也最多;其后依次为马尾松林、针叶混交林、针阔混交林和阔叶林,柏木林内的灌草生物量最小,其持水量也最少。

**2)林下凋落物对降水的截持**

(1)不同森林类型凋落物数量。将采集回来的凋落物放在通风干燥处进行风干,大约 1 周以后,直到手摸没有湿感为止,称其重量作为各林型不同分解层凋落物的风干数量,结果见表 2.7。

表 2.7 不同森林类型凋落物数量

| 森林类型 | 厚度/cm | 总数量/(t/hm²) | 未分解层 数量/(t/hm²) | 比例/% | 半分解层 数量/(t/hm²) | 比例/% |
|---|---|---|---|---|---|---|
| 柏木林 | 3.8 | 10.09 | 3.86 | 38.25 | 6.23 | 61.75 |
| 马尾松林 | 2.0 | 5.55 | 2.28 | 41.11 | 3.27 | 58.89 |
| 针叶混交林 | 2.4 | 6.21 | 2.53 | 40.77 | 3.68 | 59.23 |
| 针阔混交林 | 3.2 | 7.24 | 1.87 | 25.84 | 5.37 | 74.16 |
| 阔叶林 | 3.0 | 7.18 | 1.64 | 22.81 | 5.54 | 77.19 |
| 灌木林 | 2.1 | 5.70 | 1.88 | 33.05 | 3.82 | 66.95 |

注:测定时间为 2005 年 7 月。

从表 2.7 可以看出,6 种森林类型的凋落物数量有一定差别,总数量最多的是柏木林,其后依次是针阔混交林、阔叶林、针叶混交林和灌木林,数量最少的是马尾松林。主要是因为柏木林林冠结构比较茂密,落叶很多,而且针叶难于分解,造成凋落物积累很多;阔叶林和针阔混交林中的阔叶树种多为落叶栎类,而观测时间处于林木生长季节,落叶较丰富,因此凋落物数量也较丰富;灌木林虽然也以落叶灌木为主,但由于树体小,叶子少,凋落物数量较阔叶乔木林要少;马尾松林由于枝叶稀疏,落叶也较少,凋落物数量最少。从表 2.7 还可以看出,各种森林类型的凋落物都以半分解层为主。

对不同森林类型的凋落物数量与厚度进行相关分析,得出回归方程:

$$Y = 2.2673X + 0.7603 \quad R^2 = 0.9035 \quad F = 37.44^{**}$$

（2）不同森林类型凋落物的分解强度比较。凋落物的分解强度是决定其累积量及其水文特性的重要因素之一。以 $A_1$ 代表未分解层，$A_2$ 代表半分解层，那么可用绝对重量比 $(A_1/A_2)$ 和相对重量比 $\{[A_2/(A_1+A_2)]\times 100\%\}$ 来分析凋落物的不同层次的分解强度（朱兴武 等，1993；徐跃，1988），见表2.8。

表2.8 不同森林类型凋落物分解强度

| 森林类型 | $A_1/(t/hm^2)$ | $A_2/(t/hm^2)$ | $A_1/A_2$ | $[A_2/(A_1+A_2)]/\%$ |
|---|---|---|---|---|
| 柏木林 | 3.86 | 6.23 | 0.62 | 61.75 |
| 马尾松林 | 2.28 | 3.27 | 0.70 | 58.89 |
| 针叶混交林 | 2.53 | 3.68 | 0.69 | 59.26 |
| 针阔混交林 | 1.87 | 5.37 | 0.35 | 74.17 |
| 阔叶林 | 1.64 | 5.54 | 0.30 | 77.16 |
| 灌木林 | 1.88 | 3.82 | 0.49 | 67.02 |

从表2.8可知，绝对重量比最大的为马尾松林，其后依次为针叶混交林、柏木林、灌木林和针阔混交林，最小的为阔叶林。这种比值越大，表明分解强度越弱。相对重量比最大的为阔叶林，其后依次为针阔混交林、灌木林、柏木林和针叶混交林，最小的为马尾松林。而这种比值越大，表明分解强度越强。两种表示方法具有一致性。

（3）不同森林类型凋落物的持水量。各森林类型的不同分解层凋落物的最大持水量和持水率表现不尽相同，结果见表2.9。

表2.9 不同森林类型凋落物的持水量

| 森林类型 | 最大持水量/mm 未分解层 | 最大持水量/mm 半分解层 | 最大持水量/mm 合计 | 最大持水率/% 未分解层 | 最大持水率/% 半分解层 | 最大持水率/% 平均 |
|---|---|---|---|---|---|---|
| 柏木林 | 0.47 | 0.98 | 1.45 | 122.60 | 157.13 | 143.92 |
| 马尾松林 | 0.30 | 0.52 | 0.82 | 132.81 | 159.16 | 148.33 |
| 针叶混交林 | 0.41 | 0.69 | 1.10 | 161.26 | 188.31 | 177.28 |
| 针阔混交林 | 0.33 | 1.04 | 1.37 | 176.00 | 193.03 | 188.63 |
| 阔叶林 | 0.34 | 1.28 | 1.62 | 209.74 | 231.84 | 226.80 |
| 灌木林 | 0.33 | 0.69 | 1.02 | 172.54 | 180.31 | 177.74 |

注：最大持水率（%）=[最大持水量（$t/hm^2$）/凋落物风干重（$t/hm^2$）]×100%

从表2.9可知，未分解层凋落物最大持水率大小顺序依次为阔叶林、针阔混交林、灌木林、针叶混交林、马尾松林和柏木林，半分解层中除针叶混交林的最大持水率比灌木林大外，其他森林类型凋落物的最大持水率大小顺序与未分解层一致。而最大持水率可以反映不同森林类型凋落物的持水能力，因此凋落物持水能力最强的林型为阔叶林，其次为针阔混交林、灌木林、针叶混交林和马尾松林，持水能力最差的为柏木林。

凋落物持水总量最大的是阔叶林，其次为柏木林、针阔混交林、针叶混交林和灌木林，持水量最小的是马尾松林。再对林下凋落物未分解层和半分解层的最大持水量进行比较分析可以发现，半分解层的最大持水量比未分解层都大得多。这主要是受凋落物的数量和持水能力的共同影响。

4. 小结

（1）不同森林类型林下灌草层对降水的截持效果与其生物量的多少有密切关系。6种林下灌草持水量的大小顺序依次是灌木林（0.71 mm）、马尾松林（0.42 mm）、针叶混交林（0.30 mm）、针阔混交林（0.25 mm）、阔叶林（0.22 mm）和柏木林（0.18 mm）。

（2）不同森林类型凋落物的数量都是半分解层多于未分解层，凋落物总量最多的是柏木林（10.09 t/hm²），其次是针阔混交林（7.24 t/hm²）、阔叶林（7.18 t/hm²）、针叶混交林（6.21 t/hm²）、灌木林（5.70 t/hm²），最少的是马尾松林（5.55 t/hm²）。且凋落物数量与其厚度具有显著的线性相关。

（3）不同森林类型凋落物的分解强度不一样，分解强度由强到弱依次是阔叶林、针阔混交林、灌木林、柏木林、针叶混交林和马尾松林。

（4）凋落物的持水量受凋落物的数量和持水能力的共同影响。6种森林类型凋落物持水能力由强到弱依次是阔叶林、针阔混交林、灌木林、针叶混交林、马尾松林和柏木林。最大持水量的大小顺序依次是阔叶林（1.62 mm）、柏木林（1.45 mm）、针阔混交林（1.37 mm）、针叶混交林（1.10 mm）、灌木林（1.02 mm）和马尾松林（0.82 mm）。

## 2.2 森林径流特征

本节在浠水通过人工模拟降雨时小流域产流产沙过程进行了相关研究，在丹江口库区对主要森林类型的地表径流及单木树干茎流进行了定量研究。

通过野外人工模拟降雨试验，得出浠水象鼻咀小流域内2个板栗林梯地（板栗梯地1、板栗梯地2）、2个花生农地（花生梯地、花生坡地）径流小区在同等雨强条件下的产流产沙过程变化特征。结果显示4个径流小区的初损雨量和历时表现为板栗梯地1＞板栗梯地2＞花生梯地＞花生坡地；梯地的水土保持效果明显优于坡地；林梯地在拦蓄径流、增加入渗方面要明显优于农地；植被盖度、物种多样性等对地表产流产沙过程也有较大影响。

对丹江口库区马尾松林、柏木林和栎类阔叶林3种主要森林类型及单木树干茎流特征进行研究，结果表明：3种森林类型树干茎流率为0.58%～7.69%，树干茎流量与降水量呈线性相关；不同树种间的树干茎流量差异显著，影响树干茎流量的主要因子是冠型结构、胸径和平均冠幅。

在2005年8月～2007年7月，对丹江口库区的降水量进行了每日观测，在栎类阔叶林、马尾松林、松柏混交林、柑橘园、灌木林和坡耕地（对照）分别建立径流场进行地表径流和土壤侵蚀量的观测，结果表明：坡耕地的径流量、土壤侵蚀量与养分流失量均高于另外5种森林类型，与对照相比，5种森林类型地表径流量可以削减15.21%～23.60%，土壤侵蚀量可以削减54.30%～96.32%。

## 2.2.1 长江中游低丘黄壤坡面地表产流产沙规律[①]

我国长江中下游地区低山丘陵分布广,面积占该区域土地面积的60%左右。低山丘陵区基本上都处于农林业结合的边缘地带,立地条件复杂多样,人口密度大,易发生水力侵蚀。土壤侵蚀不可避免地导致了土壤退化和面源污染,是长江水系泥沙淤积、江河污染的重要来源及长江中下游水土流失的主要源地。通过科学试验掌握该区黄壤坡面地表水土流失的基本规律,是提出长江中游低丘区水土流失综合治理模式的关键前提。

土壤侵蚀规律研究、水土保持措施效益分析与评价和土壤侵蚀预报模型的建立等都依赖于大量科学数据的观测、积累和分析,室内模拟和径流小区为上述数据的获取提供了技术平台。然而,依靠天然降雨收集相关数据具有很大的局限性,试验设置的产流小区类型也比较单一,严重影响了数据的实用性,制约着水土保持科研的快速发展(袁爱萍,2004)。利用人工模拟降雨,可以进行各种下垫面土壤侵蚀规律研究,也可解决设站观测几十年一遇的大暴雨问题,从而大大缩短了试验研究周期(范荣生和李占斌,1991),已成为室内与野外试验的重要技术手段,可加速土壤侵蚀、降雨产流及入渗等试验,避免自然因素的影响,在既定时间内迅速获得试验所需数据,顺利完成研究目标(王洁等,2005)。

目前,国内外相关研究领域已较多地涉及黄土高原丘陵沟壑区的黄土坡面侵蚀特征,南方紫色土、红壤丘陵区的水土流失机理及预测预报模型等,而对于长江流域低丘黄壤坡地的水土流失,相关研究多限于治理对策、综合治理模式探讨等方面,通过野外典型样地试验,尤其是坡地与梯地人工模拟降雨对比,探索其水土流失规律的研究还比较少见。本小节选择项目区典型样地进行野外人工模拟降雨试验,研究长江中游低丘黄壤坡面的地表产流产沙过程特征,探讨降雨侵蚀引起的水土流失规律,为今后提出适宜推广的综合治理模式及植被恢复措施奠定基础。

1. 试验区概况

试验区位于湖北省东部的浠水县清泉镇象鼻咀村小流域,在地理上属于浠水、蕲春两县交界的界岭低山丘陵区,即低山与丘陵过渡地带。气候属亚热带湿润区的东部夏热冬暖亚区,阳光充足,四季分明,雨量充沛。年平均气温16.9℃,大于10℃活动积温为5 059～5 398℃。年平均日照时数1 919 h,无霜期平均为250 d左右。年降水量为1 200～1 300 mm,主要集中在4～8月,雨热同季。土壤类型主要是黄壤,具有易侵蚀性,若遇强度大且时段集中的降雨会导致大量水土流失。植被属于中亚热带常绿阔叶林地带的青冈栎、落叶栎类、马尾松林。优势树种主要是马尾松、杉木、樟、白栎、青冈栎等。主要经济树种为板栗、桃、李、梨、橘、毛竹。2006年底,象鼻咀村总人口达240户890人,耕地面积1 045亩,农业产值94万元,人均纯收入1 711元。流域内除次生林地、水田及少量较缓坡地外,其余人工林地及坡地均已实行坡改梯,这种情况在长江中游低丘黄壤区也具有普遍代表性。

---

① 引自:刘艳,刘学全,崔鸿侠,等. 长江中游低丘黄壤坡面地表产流产沙规律初探. 水土保持研究,2010(2):149-153.

## 2. 试验方法

**1）野外植被调查**

2009年7月在试验区内根据实地踏查情况及试验需要，选择具有地带性特征的调查点进行植被调查。由于本试验中成片板栗林地及花生农地的面积均达不到设置标准样方的规模，故先设置水平投影面积为10m×10m的样方，按常规野外调查方法分别对每个样方进行乔、灌木调查，再在每个样方中设置3～5个1m×1m的小样方对草本层进行调查。调查的基本内容包括：样方的地理状况，如海拔、坡度等；乔木的名称、高度、枝下高、胸径、冠幅等；灌草的名称、平均高度、盖度、株（丛）数、地径等。密度和盖度调查均用估测法，丛生植物按丛数计算其个体数量，盖度用估测法测定其投影盖度。

**2）野外人工模拟降雨试验**

（1）人工模拟降雨装置。本试验采用中国科学院水利部水土保持研究所研制的组合侧喷式野外人工模拟降雨装置，两侧座架之间距离为7m，即喷头立杆坐标（距轴线）3.5m，喷头高6m，出水高度1.5m，降雨雨滴终点速度近似达到天然降雨的速度。供水压力由立杆底部的进水阀门及汽油抽水泵的油门控制，降雨强度通过挡水板孔径来调节。

（2）降雨样地选择。根据试验需要，在小流域内选择2块5年生板栗林地（均为梯地）和2块当季花生农地（梯地、坡地各一个）用于人工模拟降雨。4块样地均分布于同一坡向（西南向，半阴坡）、坡位（中坡位），坡度（梯地指原地面坡度）为30°～33°的临近地块。土壤类型都属黄壤，用JL-19土壤水分速测仪测得各样地的前期土壤湿度均在5.2%左右。各梯地规格也相差不大，梯面宽2.0～2.5m，梯坎高1m左右，均为土坎。样地选择基本保证了水热状况、土壤、小地形变化等条件的一致性，使试验数据基本具备了可比性。根据野外植被群落调查情况，花生农地（分梯地、坡地）的调查结果一致；板栗梯地1的植被盖度、丰富度指数、多样性指数、均匀度指数等各项指标均大于板栗梯地2；板栗林地表均无凋落物覆盖，但其各项指标均大于花生农地。同时本试验需水量较大，选样地时要考虑尽量离水源近的地方，便于引水，试验区下方60m左右有一个小型水库刚好被利用上。

（3）径流小区的设置。由于野外试验受环境的影响较大，降雨不能全部覆盖人工模拟降雨机的室内降雨范围，根据实际情况，在选定样地内设置水平面积为2m×4m的矩形径流小区，内部植被及下垫面状况尽量保持原状，小区两边及上端用薄铁皮板围成，铁皮板埋入土中15cm，高出地面20cm，小区下端设置可嵌入地表的三角形铁皮导流槽，以保证小区内的地表径流全部汇入放置于出水口处的收集桶中。在径流小区周围按规定间距及要求架起降雨器，并安装好水泵、引水管等，做好准备工作。

（4）降雨器率定。为保证径流小区内雨滴降落的均匀性，在开始降雨前用塑料布覆盖住整个小区，小区周围设置4～6个自制雨量筒作为测点，根据降雨器压力表调节进水阀门及水泵油门，保证各样地雨强的一致性，进行5～10min的降雨率定。率定后根据各测点的降水量，采用均匀性公式计算雨滴降落的均匀性，公式如下：

$$k=1-\sum_{i=1}^{n}\frac{|x_i-\bar{x}|}{n\bar{x}} \qquad (2.1)$$

式中：$k$为均匀系数；$x$为测点雨量；$\bar{x}$为各测点平均雨量；$n$为测点数。

经计算若 $k \geqslant 0.8$ 则可开始进行模拟降雨，$k < 0.8$ 则要对降雨器进行再调试，并避开风等不利因素再次率定，直到均匀度达到要求。

(5) 模拟降雨及样品采集处理。本试验以长江中游地区常见暴雨雨强 100 mm/h (1.67 mm/min) 作为降雨雨强，即选择孔径为 12mm 的挡水板，于 2009 年 7 月 20~22 日无风或稍有微风晴好天气的晨间及傍晚，在设置好的径流小区进行模拟降雨试验，模拟整个降雨产流、产沙直至稳定并呈一定规律性的过程。记录降雨的开始、停止时间及产流的开始、结束时间，为了比较精确地反映整个降雨产流过程，每场雨开始产流后以 5 min 为时间间隔对小区地表径流和泥沙混合样进行全部收集，每个时段更换一次收集桶，带回静置 12 h 后滤出泥沙，测量径流体积，泥沙干后称重。整个降雨产流过程完成后测量雨量筒中的雨量，用于计算降水量、雨强、均匀度系数等。

### 3. 结果与分析

**1) 初损雨量与初损历时特征分析**

从降雨开始到产流这一时段内的降水量称为初损雨量，这段时间称为初损历时 (Schmitt et al., 1999)。径流的产生不仅必须满足降雨强度大于土壤渗透速率的基本条件，且降水量必须大于林冠草及其凋落物的截留量，坡度和前期含水量也对径流产生的时间有一定的影响 (Harmel et al., 2006)，一般情况下坡度接近的林草地的初损雨量要明显高于农地，但也有例外情况，翻耕后的农地，由于土壤疏松，土壤孔隙大，初损雨量可能会超过林草地。表 2.10 显示的是同等雨强下 4 块样地径流小区的初损雨量和初损历时的试验结果。从表 2.10 中可以发现，初损雨量和初损历时的大小顺序均为板栗梯地 1＞板栗梯地 2＞花生梯地＞花生坡地。可见在水热状况、土壤、小地形变化等条件较一致的前提下，林地下方虽无凋落物覆盖，但由于植被盖度等指标值均大于农地，其群落结构在延缓径流产生上要优于纯草本群落单层结构的农地，所以初损雨量和历时明显大于农地。而在同等降雨条件下的花生农地，梯地的初损雨量和历时明显大于坡地，这是由于坡改梯延缓了径流产生，更多地被梯地土层逐级入渗吸收，从而减少了地表水土流失，山丘区实行坡改梯措施的水土保持效果是显而易见的。

表 2.10 同等雨强下不同径流小区的初损雨量和初损历时

| 径流小区类型 | 板栗梯地 1 | 花生梯地 | 花生坡地 | 板栗梯地 2 |
|---|---|---|---|---|
| 雨强/(mm/min) | 1.739 | 1.697 | 1.732 | 1.728 |
| 初损雨量/mm | 15.333 | 8.599 | 6.466 | 11.894 |
| 初损历时/min | 8.817 | 5.067 | 3.733 | 6.883 |

**2) 产流产沙特征分析**

产流过程特征分析：径流是养分流失的主要动力之一，也是泥沙流失的主要载体 (傅涛，2001)。坡面径流可以挟带泥沙造成土壤侵蚀，尤其是在降雨强度较大的情况下，产流增大，携带的泥沙也逐渐增多，所以坡面径流的研究是坡面植被减沙效益研究的前提。图 2.4、图 2.5 分别是同等雨强下各径流小区的产流强度过程线和产流累计过程线。图 2.4 显示，花生农地的产流强度峰值出现在降雨后的 37 min 左右，板栗梯地的峰值则出现在降雨后 45 min 左右，各径流小区的产流强度达到峰值之后均趋于较平稳状态。板栗梯地 1 的产流强度变化较板栗梯地 2 平缓，但二者的总体变化趋势较一致（梯地 2 少一个降雨时段），各时段产流强度均低于花生农地。花生梯地与坡地在开始产流至降雨后约 15min 时段内的产流强度较接近，此后坡地的产流强度增加曲线较梯地更陡，降雨后 15~25min 时段变化表现最为剧烈。图 2.5 显示，各径流小区产流强度变化的差别反映在累计产流上，表现也比较一致。

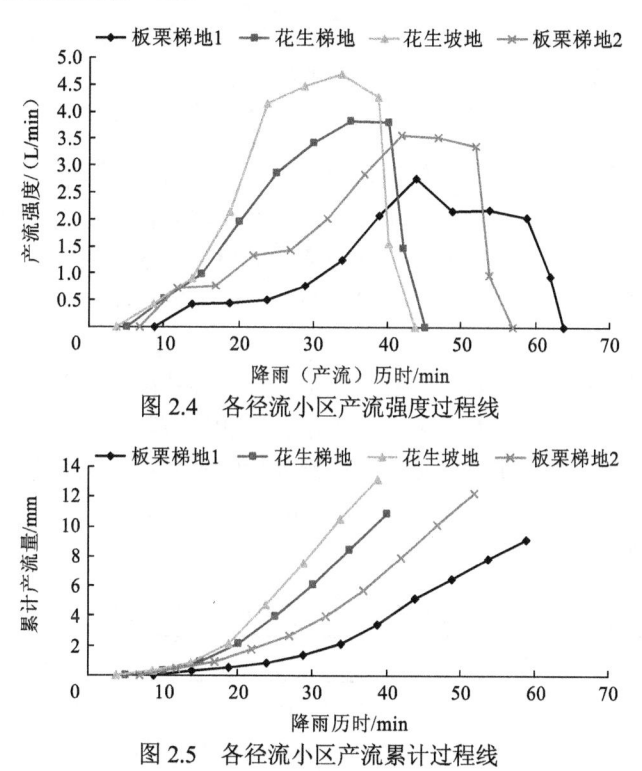

图 2.4　各径流小区产流强度过程线

图 2.5　各径流小区产流累计过程线

产沙过程特征分析：图 2.6、图 2.7 分别是同等雨强下各径流小区的产沙强度过程线和产沙累计过程线，可以看出，产沙过程所表现出的规律比产流过程稍显复杂，产沙强度出现峰值的时段与产流强度一致，不过板栗梯地 1、板栗梯地 2 的产沙强度、累计产沙量变化更平缓，也更接近，而花生农地的产沙强度、累计产沙量变化更为剧烈，较之板栗梯地差距更大。另外，花生梯地与坡地从产流开始后产流强度差距明显，变化趋势不太一致。

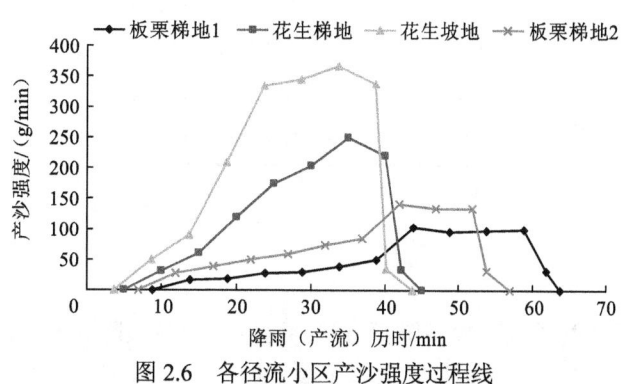

图 2.6　各径流小区产沙强度过程线

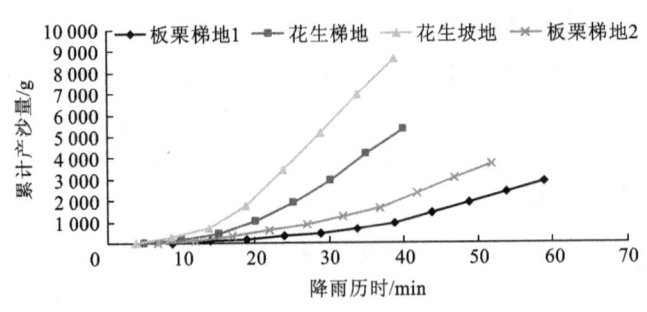

图 2.7　各径流小区产沙累计过程线

从以上分析来看，总体来说板栗梯地的产流、产沙强度随降雨时段的变化均比农地更平缓，其累计产流、产沙量均明显小于花生农地，可见林地在拦蓄径流、降低土壤可蚀性、增加入渗方面要明显优于农地。同等条件下梯地的水土保持效果明显优于坡地，而植被盖度、物种多样性等指标也影响着各模式的地表径流流失，进而影响泥沙、养分的流失。

累计产流产沙过程相关方程：对各径流小区在同等暴雨雨强下的产流产沙过程试验结果进行回归分析，拟合出各模式累计产流量、产沙量与降雨历时之间的相关方程，便于探讨该区地表径流、泥沙的流失规律。回归分析结果发现各径流小区累计产流量、产沙量与降雨历时之间符合 $Y=ax^2+bx+c$（$a$、$b$、$c$ 为常数）的多项式相关方程，具体情况详见表 2.11、表 2.12。

表 2.11　同等雨强下各径流小区累计产流过程相关方程

| 径流小区类型 | 雨强/(mm/min) | 回归方程 | $R^2$ |
| --- | --- | --- | --- |
| 板栗梯地 1 | 1.739 | $Y=0.003\ 7x^2-0.058\ 2x+0.235$ | 0.993 5 |
| 花生梯地 | 1.697 | $Y=0.007\ 9x^2-0.037\ 6x-0.111 9$ | 0.998 4 |
| 花生坡地 | 1.732 | $Y=0.010\ 3x^2-0.040\ 8x-0.205 5$ | 0.994 5 |
| 板栗梯地 2 | 1.728 | $Y=0.005\ 6x^2-0.055\ 6x+0.212 9$ | 0.998 7 |

注：$Y$ 为累计产流量，mm；$x$ 为降雨历时，min。

表 2.12　同等雨强下各径流小区累计产沙过程相关方程

| 径流小区类型 | 雨强/(mm/min) | 回归方程 | $R^2$ |
| --- | --- | --- | --- |
| 板栗梯地 1 | 1.739 | $S=1.243\ 4t^2-27.159t+197.04$ | 0.996 8 |
| 花生梯地 | 1.697 | $S=3.880\ 2t^2-18.846t-53.327$ | 0.998 0 |
| 花生坡地 | 1.732 | $S=5.817\ 4t^2+13.015t-299.63$ | 0.995 1 |
| 板栗梯地 2 | 1.728 | $S=1.639\ 6t^2-14.8t+66.549$ | 0.998 5 |

注：$S$ 为累计产沙量，g；$t$ 为降雨历时，min。

### 4. 讨论

（1）本试验采用野外人工模拟降雨方法，可以控制各项降雨特征，在短时间内获得径流小区产流产沙过程的试验数据来揭示土壤侵蚀规律，以弥补天然降雨观测周期长、降雨特征难以控制等不足。人工模拟降雨是人们进行坡面产流产沙研究时应用的主要方法之一，主要分为室内和室外模拟降雨两种。室内模拟降雨虽然具有容易控制、操作方便等诸多优点，但野外模拟降雨却更能接近真实情况，所以也更具有说服力。

（2）本试验4场模拟降雨的率定时间为5~6min，雨滴均匀度系数均达到0.8以上，模拟降雨时间为40~60min，雨滴均匀度系数均达到0.9以上，这与降雨时排除刮风等不利因素的影响有关，野外试验受外界因素的影响较大。另外，在无风或少风的良好试验条件下，降雨持续时间越长，则雨滴降落的均匀度系数越高。在风雨交加的自然状态下，由于降雨范围大，刮风使得一片雨滴偏离了它们原定的降落区域，但又会带来另一片雨滴补充到这块区域，而小范围的模拟降雨，只有在排除刮风等不利因素影响后得出的结果，才能减小误差，从而更接近自然状态。

（3）通过模拟降雨试验结果分析发现，在水热状况、土壤、小地形、植被状况等条件都较一致的前提下，梯地的水土保持效果要明显优于坡地，坡地的水沙流失过程更为复杂。林地在拦蓄径流、降低土壤可蚀性、增加入渗方面要明显优于农地。同时植被盖度、物种多样性等指标对地表产流产沙过程变化也有较大影响，具体影响程度还有待于进一步研究。

（4）本小节中各径流小区累计产流产沙过程相关方程，是在同等暴雨雨强条件下通过较短历时、较小范围内的模拟降雨试验数据得出的，虽然在一定程度上揭示了研究区黄壤坡面地表产流产沙过程规律，但是研究还不够透彻。水土流失包括水的损失和土壤侵蚀两部分。此外，径流和土壤侵蚀中携带着大量养分流失，因此具体来讲水土流失应包含土壤侵蚀、径流流失和养分流失三部分（解明曙和庞微，1993；王汉存，1992）。本试验由于受野外条件的诸多限制，并未涉及养分流失方面的特征分析，希望在以后不断改进试验条件的同时更多地涉足其中，使试验数据更具说服力与实用性，更全面地研究长江中游低丘黄壤区的坡面水土流失规律。

## 2.2.2 丹江口库区主要森林类型树干茎流[①]

丹江口水库是南水北调中线工程水源地，地处鄂豫陕三省交界处，主体部分位于湖北省十堰市辖区内。库水清澈淡蓝，水质好，担负着向我国华北地区提供持续、充沛、优质水质的重任。近年来由于生态环境的破坏，库区森林植被的总量减少，林分质量和防护功能下降，造成严重的水土流失，大大减少了丹江口水库的库容，降低了工程效益，还携带了大量有机物、重金属等有害物质进入库内，污染水体，严重影响南水北调中线工程的供水安全。因此，加强以保护水源区的水量、水质和水源环境为主要目的的水源涵养林改造，提高其生态防护功能，防治洪水灾害，减少水土流失，保证水库永续利用是南水北调中线工程生态建设的当务之急。

树干茎流是指林冠截留的降水经树叶、树枝沿树干流向地面的雨水。树干茎流量是利用水量平衡法测算林冠截留量的重要分量，它虽在水量平衡中占的比例不大，却能减少雨滴的动能和动量，降低水土流失的程度，同时，携带淋洗树冠得到的养分直接进入

---

① 引自：崔鸿侠.丹江口库区主要森林类型树干茎流研究.湖北林业科技，2012(4): 1-3.

林木根际区，促进森林水分和养分的再循环，对林木生长起着相当重要的作用。所以树干茎流是森林水文学研究的重要部分，对树干茎流的研究已经引起了森林生态、森林水文及水土保持研究者的重视（万师强和陈灵芝，2001；黄承标和梁宏温，1994；魏晓华和周晓峰，1989）。本小节选取丹江口库区马尾松林、柏木林和栎类阔叶林三种主要森林类型，比较不同森林类型间树干茎流差异，并分析影响树干茎流的主要因素，为库区水源涵养林改造与建设提供理论依据。

### 1. 试验区概况

试验区位于丹江口湖北库区，地处东经 110°48′~111°35′，北纬 32°14′~32°58′，属于亚热带半湿润季风气候区，四季分明，光照充足，热量丰富，雨热同季，无霜期长，雨量充沛，年降水量为 750mm 左右，年蒸发量为 1 979.1mm。土壤构成大部分为黄棕壤、黄壤，成土母质为石灰岩、片麻岩等，质地疏松、肥沃，pH 为 6.5~7.5。水源区内森林覆盖率为 23.2%，汉江上游两岸各宽 20km 范围内的森林覆盖率仅为 5%~10%，且分布不均；库区森林植被以马尾松林、松柏混交林和松阔混交林为主，森林多为中幼林、中龄林和低效林，林种结构单一，防护能力差，自然调节能力低下。

### 2. 研究方法

#### 1）样地设置与调查

在研究区选取马尾松、柏木和栎类三种森林类型，各设置 3 块样地，样地面积为 20m×20m，对各样地内林木调查树高和胸径，并对栎类阔叶林内林木调查冠幅、分枝角度、树皮特征和冠型结构。

#### 2）大气降水测定

在样地附近放置遥测雨量计，每天定时对遥测雨量计更换记录纸，并对当天的记录结果进行整理，得到降水量（$P$）、降水时间和降水强度。

#### 3）树干茎流测定

在每个标准地内，按林分每个径级（每隔 4cm 为一个径级），选择 2~3 株标准木进行观测。将橡皮管缠绕被测木 2~3 环，先用铁钉将其钉住，再用玻璃胶将空隙处填实。并把橡皮管的下端接到放置在地面上的塑料壶中，每次降水后，对每个塑料壶中的盛水量进行测量，即为树干茎流量（$S$）。

#### 4）数据处理

在所选的树体特征因子中，树皮特征和冠型结构为描述性指标，在进行数理统计时需将其数量化（刘泽田和毕庆雨，1996；余家林，1993），数量化结果见表 2.13。数据分析采用 SAS 软件处理。

表 2.13 树体特征因子数量化

| 因子 | 数量化值 | | |
|---|---|---|---|
| | 1 | 2 | 3 |
| 树皮特征 | 浅裂 | 中裂 | 深裂 |
| 冠型结构 | 稀疏 | 一般 | 茂密 |

## 3. 结果与分析

### 1) 树干茎流与降水量的关系

将15次观测数据整理见表2.14。由表2.14可知，三种森林类型的树干茎流量为2.30~30.39mm，树干茎流率为0.58%~7.69%。在雨量级为0~5mm时基本无树干茎流产生，以后随着雨量级的增加而树干茎流量逐渐增加，而且在低于10mm的雨量级时，树干茎流量和茎流率增加得都比较缓慢，而降水超过10mm时，树干茎流量和茎流率增加趋势比较明显，但茎流量和茎流率总的变化趋势是随降水量的增大而增大，如图2.8所示。

表2.14 不同森林类型不同雨量级的树干茎流

| 雨量级/mm | 次数 | 降水量/mm | 柏木林 树干茎流量/mm | 柏木林 茎流率/% | 马尾松林 树干茎流量/mm | 马尾松林 茎流率/% | 阔叶林 树干茎流量/mm | 阔叶林 茎流率/% |
|---|---|---|---|---|---|---|---|---|
| 0~5 | 3 | 2.9 | 0.01 | 0.23 | 0.00 | 0.00 | 0.02 | 0.80 |
| 5~10 | 3 | 7.7 | 0.01 | 0.09 | 0.01 | 0.09 | 0.21 | 2.68 |
| 10~20 | 3 | 14.5 | 0.20 | 1.40 | 0.07 | 0.51 | 0.79 | 5.43 |
| 20~50 | 3 | 36.3 | 0.54 | 1.48 | 0.19 | 0.51 | 3.01 | 8.29 |
| >50 | 3 | 70.3 | 1.59 | 2.27 | 0.50 | 0.71 | 6.10 | 8.68 |
| 合计/平均 | 15 | 395.0 | 7.04 | 1.78 | 2.30 | 0.58 | 30.39 | 7.69 |

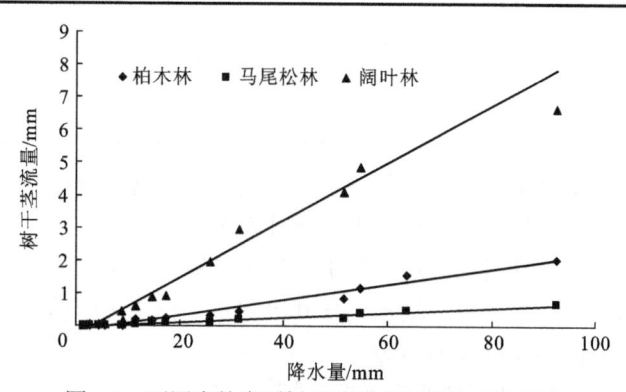

图2.8 不同森林类型树干茎流量与降水量的关系

对图2.8中的饱和曲线进行拟合，发现各森林类型一次树干茎流量与降水量具有极显著的线性关系，回归方程分别为

柏木林： $S=0.0234P-0.1472$, $R^2=0.9701^{**}$
马尾松林： $S=0.0073P-0.0395$, $R^2=0.9753^{**}$
阔叶林： $S=0.0878P-0.2858$, $R^2=0.9498^{**}$

降水量很小时不产生树干茎流，这主要是因为在一次降水过程中，只有当树体表面充分湿润并有持续降水时才产生树干茎流，即存在一个产生茎流的临界值。由回归方程

---

\*\*：数据达到极显著水平

可以计算出各森林类型出现树干茎流的理论降水量阈值：柏木林为 6.29 mm，马尾松林为 5.41 mm，阔叶林为 3.26 mm。可以看出，针叶林产生树干茎流的起始降水量阈值比阔叶林要大，也就是说，在相同降水条件下，针叶林产生树干茎流的时间比阔叶林和针阔混交林要晚，这主要是由于树种的不同，而各自的树体特征具有明显差异。

**2）不同森林类型及不同树种单株树干茎流量比较**

影响树干茎流的因素除降水量和降水的性质外，还与树体本身的特征具有很大的关系，而树种的不同必然导致树体特征的差异，最终导致不同森林类型及不同树种单株树干茎流量的差异（郭景唐和刘曙光，1988）。

由表 2.14 可知，3 种森林类型在观测期内的树干茎流量和茎流率有很大差异。树干茎流量和茎流率最大的是阔叶林，茎流量达到 30.39 mm，占总降水的 7.69%；其次是柏木林，为 7.04 mm，占总降水的 1.78%；树干茎流量最小的是马尾松林，为 2.30 mm，占总降水的 0.58%。

另外通过对标准地内选取的柏木、马尾松和栎类各 20 棵单株树木树干茎流比较，发现在降水条件相同的情况下，三个树种的树干茎流量有很大差异。观测期内平均单株树干茎流量最大的是栎类阔叶树，为 25.43 mm，其次是柏木，为 6.21 mm，最小的是马尾松，为 3.37 mm。

对三个树种间的树干茎流作两两比较，结果表明，三个树种两两间差异在 0.01 水平下都达到极显著水平，见表 2.15。

**表 2.15 三个树种平均单株树干茎流量差异显著性检验**

| 树种 | 柏木 | 马尾松 | 栎类 |
| --- | --- | --- | --- |
| 栎类 | 21.86** | 34.67** | |
| 马尾松 | 9.58** | | |

三个树种间树干茎流量之所以差距很大，与其各自的树体特征有关。栎类阔叶树与针叶树相比，栎类阔叶树的树叶总面积大，分枝角度小，树皮坚硬且裂成纵条纹。这些因素使栎类阔叶树更易截获雨水并产生树干茎流。马尾松和柏木之间的差异虽然没有前两者那么明显，但相对于马尾松，柏木的枝叶较密集，分枝角度稍小，树皮裂开较浅。这也是柏木树干茎流比马尾松大的原因。

**3）树干茎流量与树体特征的逐步回归分析**

在观测的三个树种中，栎类阔叶树的树体特征区别最为明显，选其为研究对象，并选择代表树体特征的 5 个主要指标：$X_1$ 为胸径（cm），$X_2$ 为平均冠幅（m），$X_3$ 为树皮特征，$X_4$ 为分枝角度，$X_5$ 为冠型结构。

为了使树干茎流与树体特征的关系明确化、具体化，建立一个较为准确的预报公式是很有必要的。以上述 5 个因子为变量，采用逐步回归的方法进行分析，得出如下回归方程：

$$Y = 1.05 + 4.62 X_1 - 19.17 X_2 + 25.54 X_5, \quad R^2 = 0.868\,6^{**}$$

从回归方程可以看出影响树干茎流的主要因子是胸径、平均冠幅和冠型结构，且树干茎流量与冠型结构之间的关系最为紧密，而分枝角度和树皮特征对树干茎流量的影响较小。

冠型越茂密,平均冠幅越大,截获雨水的面积也越大,产生的树干茎流相应也就越多。胸径的大小直接影响着树干的表面积,即产生茎流的承载面积,因此胸径越大,产生树干茎流的承载面积越大,树干茎流量也越大。而分枝角度和树皮特征对树干茎流的影响较小,但随着分枝角度和树皮的分裂程度减小,树干茎流量也能增加。

#### 4. 结论

（1）不同森林类型的树干茎流量都随着降水量的增加而增加,而且树干茎流量与降水量之间存在极显著的线性相关。

（2）不同树种单木树干茎流量之间具有极显著的差异,其中以栎类阔叶树最大,柏木次之,马尾松最小。

（3）树干茎流量与胸径、平均冠幅、树皮特征、分枝角度和冠型结构这5个因子具有显著的相关性,而对树干茎流量影响特别大的三个因子是冠型结构、胸径和平均冠幅。

### 2.2.3 丹江口库区大气降雨及森林地表径流特征[①]

在丹江口库区的龙口林场设立气象观测站,对降雨量等气象条件进行每日观测。另外选取该地区的5种典型森林类型,并建立径流场进行地表径流量、泥沙含量及养分流失含量的观测,同时选取坡耕地作为对照。5种森林类型的基本情况见表2.16。

表2.16 不同森林类型基本情况表

| 类型 | 林龄/年 | 坡度/(°) | 土壤 | 胸径/cm | 树高/m | 枝下高/m | 冠幅/m | 郁闭度 |
|---|---|---|---|---|---|---|---|---|
| 阔叶林 | 25~30 | 25 | 黄棕壤 | 10.6 | 9.1 | 1.9 | 2.3 | 0.7 |
| 马尾松林 | 25~30 | 25 | 黄棕壤 | 12.4 | 8.7 | 4.1 | 2.7 | 0.6 |
| 松柏混交林 | 25~30 | 26 | 黄棕壤 | 10.4 | 7.4 | 1.5 | 2.1 | 0.7 |
| 柑橘园 | 20~25 | 22 | 黄棕壤 | — | 2.1 | — | — | — |
| 灌木林 | 15~20 | 23 | 黄棕壤 | | | | | |
| 坡耕地（对照） | — | 24 | 黄棕壤 | | | | | |

#### 1. 研究方法

**1) 大气降雨观测**

利用自记雨量计观测降雨量、降雨历时和降雨强度（万师强和陈灵芝,2001;冯秀云和赵继红,2001）。

---

[①] 引自:崔鸿侠,刘学全,朱玫,等.丹江口库区主要森林类型树干茎流研究.湖北林业科技,2012(4):1-3.

### 2）径流、泥沙和养分流失观测

采用径流场的方法测定。径流场面积为 100 m² (20 m×5 m)，长边顺坡垂直于等高线，短边与等高线平行，下口设表面积为 1 m² 的承水池（苏子友 等，2007；李元寿 等，2005；孟光涛和朗南军，2001）。

径流量测定：一次降雨结束，地表径流终止后，揭开集水槽盖板，将其中的泥沙、水扫入承水池中，然后读取承水池内壁的水位刻度，推算径流总量。

泥沙量测定：取水样前，先将池内水充分搅拌均匀，然后从中取出 1 000 mL 作待测水样。待测水样先静置 24 h，清水用量筒量测，烘干测定泥沙含量。

养分含量测定：分别测定承水池内水和泥沙的全氮、全磷、全钾和有机质。

## 2. 结果分析

### 1）大气降雨特征分析

大气降雨是主要的气象因子之一，也是陆地上水分的主要来源，对大气降雨等气象资料的收集和分析是水文、生态研究中必不可少的一项工作。在丹江口库区龙口林场设立气象观测站，观测了 2005 年 8 月～2007 年 7 月的 164 次降雨量，并对降雨特征进行了简要分析。结果表明：降雨量主要集中在 6～8 月，这 3 个月降雨量均超过 100 mm，占年降雨量的 50%，而 1 月、2 月、3 月、11 月和 12 月的降雨较少，均没有达到 40 mm，5 个月的降雨量只占年降雨量的 15%，如图 2.9 所示。

另外，将 164 次降雨按照 0～10 mm、10～20 mm、20～50 mm 及 >50 mm 4 个雨量级划分，可以发现以低于 10 mm 的小雨为主，占总降雨次数的 70%，而易引起水土流失的大雨（20～50 mm）和暴雨（>50 mm）占降雨次数的 16%，其中暴雨占 4%，并且暴雨全部产生于 6～8 月（图 2.10），因此在这几个月要对水土流失等灾害加强管理和维护，而研究此期间的水土流失规律也显得尤其的重要。

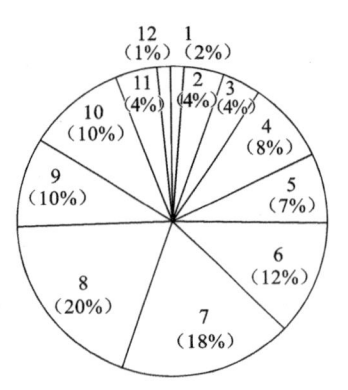

图 2.9　各月份平均降雨量比例分布 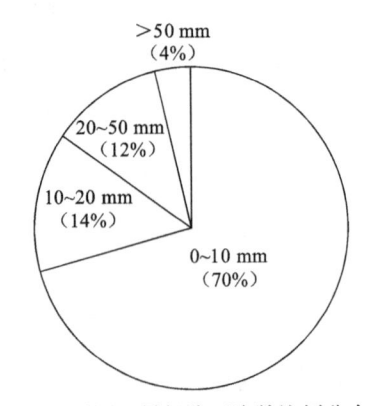　　　图 2.10　不同雨量级降雨次数比例分布

### 2）径流特征分析

林地土壤的水分特征不仅是气候、植被、地形及土壤因素等自然条件的综合反映，而且常常是水分小循环中林分结构与功能特征的综合体现。土壤通过入渗及吸持作用对降雨的转化及消耗等分配过程有着重要的影响，成为联系地表水与地下水的纽带。水分只有在土壤中得到充分的含蓄才能有效地减弱地表径流的产生，达到调理河川径流及涵

养水源的目的。

反映林地土壤涵养水源功能的指标有很多，主要包括容重、孔隙度、持水量、稳渗速率及渗透系数等，不同植被类型土壤（0~20cm）的物理性状及持水量见表 2.17。

表 2.17 不同植被类型土壤的主要物理性质及持水量

| 类型 | 稳渗速率/(mm/min) | 渗透系数/[mm/(cm²·min)] | 容重 | 毛管孔隙 孔隙度/% | 毛管孔隙 持水量/(t/hm²) | 非毛管孔隙 孔隙度/% | 非毛管孔隙 持水量/(t/hm²) | 总孔隙 孔隙度/% | 总孔隙 持水量/(t/hm²) |
|---|---|---|---|---|---|---|---|---|---|
| 阔叶林 | 4.2 | 2.1 | 1.30 | 37.72 | 754.42 | 12.38 | 247.50 | 50.10 | 1 001.92 |
| 马尾松林 | 1.9 | 1.0 | 1.41 | 34.66 | 693.14 | 9.24 | 184.78 | 43.90 | 877.92 |
| 松柏混交林 | 3.8 | 1.9 | 1.35 | 34.54 | 690.86 | 11.84 | 236.88 | 46.39 | 927.74 |
| 柑橘园 | 2.8 | 1.4 | 1.38 | 36.15 | 722.98 | 10.15 | 202.96 | 46.30 | 925.94 |
| 灌木林 | 1.6 | 0.8 | 1.48 | 34.92 | 698.36 | 5.78 | 115.56 | 40.70 | 813.92 |
| 坡耕地（对照） | 1.4 | 0.7 | 1.52 | 32.84 | 656.70 | 3.73 | 74.52 | 36.56 | 731.22 |

（1）水土流失比较分析。在降水因子相同、地形条件相似的条件下，6 种不同的植被类型在 6 场不同降水量条件下所产生的径流和泥沙情况见表 2.18。

表 2.18 不同植被类型径流和侵蚀比较

| 类型 | 地表径流量/mm | 与对照相比削减率/% | 土壤侵蚀量/(t/hm²) | 与对照相比削减率/% |
|---|---|---|---|---|
| 阔叶林 | 145.9 | 61.40 | 1.22 | 96.32 |
| 马尾松林 | 247.5 | 34.52 | 4.58 | 86.23 |
| 松柏混交林 | 184.6 | 51.16 | 1.70 | 94.89 |
| 柑橘园 | 235.4 | 37.72 | 6.42 | 80.69 |
| 灌木林 | 320.5 | 15.21 | 15.20 | 54.30 |
| 坡耕地（对照） | 378.0 | 0 | 33.26 | 0 |

注：观测时间为 2005 年 7 月～2006 年 8 月

从表 2.18 可以看出，坡耕地的径流量和土壤侵蚀量要明显高于其他森林类型，与对照相比，另外 5 种森林类型径流量削减率为 15.21%～61.40%，其中阔叶林径流量最少，然后依次是松柏混交林、柑橘园、马尾松林和灌木林；土壤侵蚀量削减率为 54.30%～96.32%，其中阔叶林土壤侵蚀量最少，然后依次是松柏混交林、马尾松林、柑橘园和灌木林。除马尾松林与柑橘园的径流量和侵蚀量顺序相反外，其他几种类型的径流量与侵蚀量表现出比较好的一致性，这说明土壤侵蚀量主要受地表径流量的影响，而且还与径流中的泥沙含量有关。

（2）养分流失比较分析。降雨产流后，土壤养分随径流而流失，本试验通过测定承水池中径流液和泥沙的全氮、全钾、全磷及有机质含量，来分析土壤养分流失情况，测定结果见表 2.19。

表 2.19 不同植被类型养分流失情况

| 类型 | 径流液/(mg/L) | | | | 泥沙/(g/kg) | | | |
|---|---|---|---|---|---|---|---|---|
| | 全氮浓度 | 全钾浓度 | 全磷浓度 | 有机质浓度 | 全氮含量 | 全钾含量 | 全磷含量 | 有机质含量 |
| 阔叶林 | 0.62 | 4.58 | 1.51 | 49.23 | 3.23 | 24.16 | 1.12 | 60.45 |
| 马尾松林 | 0.55 | 4.44 | 0.82 | 46.99 | 3.11 | 22.51 | 1.24 | 65.86 |
| 松柏混交林 | 0.66 | 4.70 | 1.84 | 50.35 | 3.37 | 26.74 | 0.97 | 81.23 |
| 柑橘园 | 0.60 | 3.54 | 1.42 | 48.67 | 1.93 | 25.81 | 1.07 | 29.10 |
| 灌木林 | 0.75 | 4.62 | 1.90 | 52.31 | 3.25 | 28.16 | 1.38 | 66.28 |
| 坡耕地（对照） | 0.81 | 5.23 | 2.16 | 59.24 | 4.02 | 32.15 | 1.54 | 90.28 |

从表 2.19 可以看出，不同植被类型的养分流失主要集中在泥沙中，并以有机质流失最为严重，全磷流失较少。与对照相比，其他几种森林类型养分流失量明显减少。在这 5 种森林类型中，灌木林的养分流失量高于其他森林类型，但其他几种森林类型的养分流失量差异并不明显。

3. 小结

（1）丹江口库区降雨量主要集中在 6~8 月，占年降雨量的 50%，且大雨及暴雨多出现在这几个月，因此在这段时间应加强水土流失管理。而每年 11 月到第二年 3 月降雨量较少，占年降雨量的 15%左右。

（2）6 种植被类型在降雨时产生的地表径流量及土壤侵蚀量存在明显差异，与坡耕地相比，其他 5 种森林类型地表径流量可以削减 15.21%~61.40%，土壤侵蚀量可以削减 54.30%~96.32%。阔叶林起到的保持水土效果最好，其次是松柏混交林，这主要是因为当地阔叶林和松柏混交林内乔灌草层次结构合理，林下凋落物丰富，林地土壤的渗透性能好。

（3）降雨后，养分流失中以有机质流失最为严重。不同植被类型相比较，坡耕地养分流失含量明显高于其他森林类型，灌木林次之，其他几种森林类型养分流失量差异不明显。

综上所述，丹江口库区栎类阔叶林、松柏混交林、马尾松林及柑橘园具有较好的保水、保土及保肥功能。因此，从库区生态林改造与提高水源涵养功能角度看，应以营建阔叶林、松柏混交林、马尾松林及柑橘园为主，同时加强荒山荒坡的改造，以及林分质量较差的单层林、残次林和疏林的更新，从整体上改善丹江口库区防护林的水源涵养功能。

## 2.3 森林类型水文效应监测及评价

选择三峡库区内 4 种典型退耕还林模式，基于 2014 年、2007 年、2010 年 3 年的定位观测，对三峡库区退耕还林模式水土保持效益进行动态研究。结果表明：退耕还林促使土壤容重降低、孔隙度增加；地表径流量、径流系数、土壤侵蚀模数均呈现明显的降低趋势；随着退耕年限的增加土壤有机质含量表现为先降低后升高，全氮含量、全磷含量在各退耕模式中不断增加。

2004年在三峡库区莲峡河小流域马尾松林地进行了大气降水、林内透雨、树干茎流的测定，以及林下凋落物及土壤对降雨的影响研究，结果表明：马尾松林内透雨占大气降水总量的76.70%，林冠层截留量占降水总量的23.03%，树干茎流占降水总量的0.27%。林下凋落物的最大持水量为3.40mm，林地0~40cm层土壤饱和蓄水量为183.60mm。林内透雨、树干茎流、林冠截流与大气降水量及降雨强度具有显著的二元线性相关关系。

通过丹江口库区龙口林场水源涵养林不同林分类型调查，综合考虑林分结构、立地条件和演替更新潜力等因素，运用层次分析法对影响林分质量的10个指标的权重评价和排序，结合调查数据计算出不同林分质量等级综合数值。结果表明：①林分结构对林分质量影响最重要；②丹江口库区龙口林场水源涵养林不同林分质量大部分处于中等和较差质量等级，进行林分改造提升林分质量和生态防护功能的空间较大。③评价结果与实际相吻合，客观地反映林分质量的发展状况。

以坡耕地作为对照，基于林冠层、凋落物层及土壤层三个生态作用层对丹江口库区栎类阔叶林、马尾松林、松柏混交林、柑橘园、灌木林5个主要森林类型的水源涵养功能进行定量分析和综合评价。结果表明：不同类型林冠截留率平均为20.64%；林地凋落物持水量平均为1.85mm；林地土壤总蓄水量平均为879.78 t/hm²；地表径流平均为251.9mm；土壤侵蚀量平均为10.40t/hm²。综合评价结果表明栎类阔叶林的水源涵养功能最强。

选择低山丘陵区杉木林、毛竹林和茶园等植被类型为研究对象，并以荒坡地作为对照，研究不同植被类型水土保持效益，结果表明：各植被类型土壤容重表现为荒坡地>茶园>杉木林>毛竹林；土壤总孔隙度变化规律与土壤容重相反；0~40cm层土壤饱和蓄水量表现为毛竹林>杉木林>茶园>荒坡地。与荒坡地相比，林地及茶园可减少地表径流量，降低泥沙流失量，增加植被覆盖对水土流失具有很好的治理效果。

在浠水象鼻咀小流域内，选取马尾松天然林及4种五年生的人工经济林＋同等配置地埂植物篱模式，设置退耕五年的撂荒地作为对照，进行典型样地植被、土壤调查，结合各植被恢复模式的野外径流场地表水土流失观测数据进行分析。结果显示：植被群落特征、土壤理化性质等方面的明显优势决定了马尾松天然林模式的蓄水、保土功能最强，与撂荒地（对照）模式相比，其地表径流削减，土壤侵蚀削减；人工植被恢复模式的蓄水、保土能力大小为板栗＋黄花菜>桃＋黄花菜>竹＋黄花菜>李＋黄花菜，均超过撂荒地（对照）模式；板栗＋黄花菜模式为代表的经济林＋植物篱模式的水土保持功能比起天然林模式还有一定差距。

## 2.3.1　三峡库区不同退耕还林模式水土保持效益定位监测[①]

长期以来，三峡库区是我国水土流失最为严重的地区之一，根据2007年遥感调查结果，三峡库区水土流失面积为28 042.10 km²（郭宏忠 等，2010），而坡耕地分布广且垦殖指数高是造成其水土流失严重的主要原因（王幸 等，2011）。库区严重的水土流失使得大量泥沙直接进入水库，对水库的库容和水质产生严重影响（金慧芳 等，2011），因此如何快速有效减少该区域水土流失对三峡库区的可持续发展具有重要的意义。

---

① 引自：王晓荣.三峡库区不同退耕还林模式水土保持效益动态监测.湖北林业科技，2014(4):1-4.

退耕还林工程是我国实施的一项重点林业生态工程,现已成为我国生态经济建设和林业发展的重点之一(潘磊 等,2012)。从 2000 年开始,三峡库区开始实施大面积的退耕还林,退耕还林与植被恢复的程度究竟如何,其对水土流失的影响有多大等,目前没有一个系统和科学的评估,以致影响了该项工程的持续性(吴代坤 等,2011;贾云 等,2010)。为了及时、全面地反映退耕还林不同时段和不同模式的效益变化趋势和在工程建设中存在的问题,必须开展不同退耕还林模式及工程效益动态分析工作,在此基础上评价其综合效益动态(米文宝 等,2008;王珠娜 等,2007)。

为此,本小节选择了三峡库区 4 种典型退耕还林模式,在连续多年定位观测基础上,开展退耕还林水土保持方面的研究,以期为该区域生态环境建设及退耕还林效益评价提供相关的参考。

### 1. 试验区概况

试验区位于湖北省秭归县境内的兰陵溪小流域,距长江三峡大坝上游 5 km 处,地理坐标为东经 110°54′30″~110°56′20″,北纬 30°50′04″~30°52′09″,基岩为花岗岩。气候类型属北亚热带湿润季风气候,冬夏气候交替明显,年平均气温 18.0 ℃,≥10 ℃积温为 5 300 ℃,无霜期 250 d,多年平均降水量为 1 150 mm,年内分配不均,4~10 月降水量约占全年的 85%,年蒸发量为 1 421.5 mm。流域内土壤以黄壤为主(潘磊 等,2012;王珠娜 等,2007)。

### 2. 研究方法

#### 1) 样地设置及调查取样

选择该区域退耕还林较为普遍的 4 种退耕还林模式(刺槐林、柑橘+紫穗槐林、板栗林、茶园)进行监测样地的布设,各种退耕模式每年进行 1 次穴式施肥,坡耕地作为对照。样地设置采用典型取样法,面积为 20 m×20 m,每个模式 5 次重复。样地基本情况具体见表 2.20。随后,在每块样地对角线上选 2 个部位,各挖 1 个土壤剖面,土样仅取 0~30 cm 的混合样,带回测定土壤养分指标。同时,利用环刀于剖面中部采集土样 1 份,带回室内,测定土壤容重、孔隙度等指标。

表 2.20 不同退耕模式样地基本情况

| 退耕还林模式 | 样地数 | 海拔/m | 坡度/(°) | 坡位 | 土层厚度/cm | 退耕年份 |
|---|---|---|---|---|---|---|
| 刺槐林 | 5 | 280~400 | 5~30 | 上坡、中坡 | 40~60 | 2004 |
| 柑橘+紫穗槐林 | 5 | 220~410 | 5~30 | 上坡、中坡、下坡 | 30~60 | 2004 |
| 板栗林 | 5 | 280~420 | 5~30 | 上坡、中坡 | 30~60 | 2004 |
| 茶园 | 5 | 220~460 | 5~40 | 上坡、中坡、下坡 | 40~80 | 2004 |
| 坡耕地(对照) | 5 | 280~320 | 5~25 | 上坡、中坡、下坡 | 40~70 | — |

#### 2) 地表径流量及产沙量观测方法

通过在各类退耕林地内设立坡面径流场,径流场水平投影面积为 20 m×10 m,下端设承水槽,并连接 1 m³ 沉沙池,设水尺观测径流体积,底部设排水管。在观测径流的同时，将量水池中的水搅拌均匀后取样，经过滤、烘干、称重求算径流含沙量和侵蚀量。降水量采取 CR2 型翻斗式电脑数字雨量计观测。

**3) 土壤养分含量测定方法**

土壤有机质采用重铬酸钾氧化-外加热法测定，全氮采用凯氏定氮法测定，全磷采用氢氧化钠熔融-钼锑抗比色法测定，全钾采用碱熔-火焰光度法测定。

### 3. 结果与分析

**1) 不同退耕还林模式土壤物理性质动态**

一般而言，地上植被的生长会对土壤质地和物理性质产生较大的改良作用，包括改变土壤结构、土壤质地及空隙状况，在一定程度上可以反映各种退耕还林模式对土壤改良效益。从表 2.21 可知，土壤容重在不同模式间的变化趋势为坡耕地＞茶园＞板栗林＞刺槐林＞柑橘＋紫穗槐林，其中茶园减少 12.36%，板栗林减少 12.15%，刺槐林减少 11.28%，柑橘＋紫穗槐林减少 10.85%。随着退耕还林年限的增加，刺槐林和柑橘＋紫穗槐林土壤容重具有减小的趋势，而板栗林和茶园则具有增加的趋势，这可能与后两种退耕模式所受人为活动影响更大有关。

**表 2.21 不同退耕还林模式土壤物理性质特征对比**

| 退耕还林模式 | 土壤容重/(g/cm³) 2004年 | 2007年 | 2010年 | 毛管孔隙度/% 2004年 | 2007年 | 2010年 | 非毛管孔隙度/% 2004年 | 2007年 | 2010年 | 总孔隙度/% 2004年 | 2007年 | 2010年 |
|---|---|---|---|---|---|---|---|---|---|---|---|---|
| 刺槐林 | 1.47 | 1.32 | 1.30 | 38.33 | 42.30 | 48.10 | 3.07 | 2.50 | 2.55 | 41.40 | 44.80 | 50.65 |
| 柑橘＋紫穗槐林 | 1.39 | 1.38 | 1.34 | 40.64 | 40.64 | 45.27 | 3.39 | 3.39 | 4.35 | 44.03 | 44.03 | 49.62 |
| 板栗林 | 1.32 | 1.38 | 1.35 | 41.21 | 47.70 | 43.01 | 3.89 | 3.84 | 3.86 | 45.10 | 48.80 | 46.87 |
| 茶园 | 1.26 | 1.41 | 1.37 | 39.34 | 44.48 | 40.22 | 3.01 | 3.05 | 4.60 | 42.35 | 47.53 | 44.83 |
| 坡耕地（对照） | 1.53 | 1.53 | 1.55 | 41.00 | 41.25 | 39.08 | 1.28 | 1.03 | 2.29 | 42.28 | 42.28 | 41.37 |

孔隙度反映土壤孔隙所占容积的比例，也可反映土壤的基本物理性质属性。由表 2.21 可知，土壤孔隙度在所有退耕模式中均存在不同程度的增加，其变化趋势为板栗林＞刺槐林＞柑橘＋紫穗槐林＞茶园＞坡耕地，分别较坡耕地增加了 8.72%、6.09%、4.30%、2.23%；土壤非孔隙度变化趋势为板栗林＞柑橘＋紫穗槐林＞茶园＞刺槐林＞坡耕地，分别较坡耕地增加了 152.50%、142.48%、132.46%、76.90%；土壤总孔隙度变化趋势为板栗林＞柑橘＋紫穗槐林＞刺槐林＞茶园＞坡耕地，分别较坡耕地增加了 11.80%、8.69%、6.99%、1.41%。同时，随着退耕年限的增加，不同退耕还林模式对土壤孔隙的改良效果具有一定的差异，其中生态林则各指标均向良好的方向发展，而经济林则变化较大，这与人为生产活动干扰严重密切相关。

**2) 不同退耕还林模式径流及土壤侵蚀动态**

地表径流是降雨经过林冠截留、地被物的拦蓄及填洼、入渗和蒸发等过程后，到达地表形成的径流，它是土壤侵蚀和水土流失的主要驱动力。在相同立地条件下，同一场降雨下，地表产流主要受地表地被物的特性影响，不同植被类型其产流量大小差异较大（王珠娜 等，2007）。

由表 2.22 可知，与坡耕地相比，退耕还林后，地表径流量呈现明显的减少趋势，平均减少量为 80.43%～86.82%，变化趋势为坡耕地＞茶园＞刺槐林＞板栗林＞柑橘＋紫穗槐林。在所有退耕还林模式中，茶园模式的地表径流量最大，其平均值为 320.30 m³/hm²，这主要是茶园在采收、管理等人为干扰下，破坏了林地土壤的结构和物理性质，致使地表径流的发生。各退耕还林地的径流系数变化为 0.011～0.030，与坡耕地相比，各退耕模式明显降低，其中柑橘＋紫穗槐林 86.79%、板栗林 85.39%、茶园 83.33%、刺槐林 80.95%。土壤侵蚀模数也都表现出明显的降低趋势，为坡耕地＞刺槐林＞板栗林＞茶园＞柑橘＋紫穗槐林，减少 1 409.39～1 460.02 t/（km²·a）。随着退耕年限的增加，除板栗林外，其他 3 种退耕还林模式的地表径流量都表现为逐渐降低的趋势，而所有退耕模式的土壤侵蚀模数则均表现为逐渐降低的趋势，说明坡耕地经退耕还林后能有效减弱地表径流和土壤侵蚀的发生，对水土流失起到了有效的抑制作用。

表 2.22  不同退耕还林模式地表径流及土壤侵蚀动态变化

| 退耕还林模式 | 地表径流量/（m³/hm²） ||| 径流系数 ||| 土壤侵蚀模数/[t/（km²·a）] |||
|---|---|---|---|---|---|---|---|---|---|
|  | 2004 年 | 2007 年 | 2010 年 | 2004 年 | 2007 年 | 2010 年 | 2004 年 | 2007 年 | 2010 年 |
| 刺槐林 | 365.47 | 293.46 | 276.45 | 0.030 | 0.025 | 0.021 | 286.42 | 219.56 | 168.12 |
| 柑橘＋紫穗槐林 | 240.34 | 218.81 | 188.22 | 0.020 | 0.019 | 0.015 | 140.09 | 137.12 | 117.49 |
| 板栗林 | 243.40 | 223.52 | 265.79 | 0.020 | 0.018 | 0.021 | 171.14 | 125.34 | 121.33 |
| 茶园 | 467.35 | 355.74 | 137.82 | 0.028 | 0.028 | 0.011 | 328.70 | 258.12 | 119.36 |
| 坡耕地（对照） | 1 624.87 | 1 523.63 | 1 763.50 | 0.132 | 0.130 | 0.136 | 1 962.50 | 1 766.64 | 1 577.51 |

### 3）不同退耕还林模式土壤养分动态

不同退耕还林模式，植被对土壤养分的吸收与归还过程各有差异，从而就体现出不同植被模式对土壤改良效益的差异性（康苗 等，2012）。如表 2.23 所示，随着退耕年限的增加，除板栗林表现为逐渐增加外，其他退耕还林模式土壤有机质含量均表现为先降低后升高。就单一退耕还林模式而言，2004～2010 年，刺槐林增加了 61.29%、板栗林增加了 51.96%、茶园增加了 22.22%，而柑橘＋紫穗槐林则降低了 40.88%，这主要是新造林地土壤通透性变好，由于土壤通气条件的改善，土壤有机质分解也较快。另外，新造林地处于林分形成阶段，消耗了大量的土壤养分和有机质，土壤碳输出往往大于输入，导致土壤有机质暂时出现下降，但随着退耕还林年限的增加，地上植被生长状况逐渐变好，返还于土壤的凋落物的含量也逐渐增加，导致土壤有机质含量上升。

表 2.23  不同退耕还林模式土壤（0～30 cm）养分动态

| 退耕模式 | 有机质含量/% ||| 全氮/% ||| 全磷/% ||| 全钾/% |||
|---|---|---|---|---|---|---|---|---|---|---|---|---|
|  | 2004 年 | 2007 年 | 2010 年 | 2004 年 | 2007 年 | 2010 年 | 2004 年 | 2007 年 | 2010 年 | 2004 年 | 2007 年 | 2010 年 |
| 刺槐林 | 0.837 | 0.820 | 1.350 | 0.053 | 0.030 | 0.070 | 0.070 | 0.230 | 0.241 | 0.819 | 0.710 | 0.514 |
| 柑橘＋紫穗槐林 | 1.996 | 0.460 | 1.180 | 0.099 | 0.030 | 0.104 | 0.041 | 0.160 | 0.168 | 0.557 | 0.640 | 0.752 |
| 板栗 | 0.895 | 1.220 | 1.360 | 0.052 | 0.070 | 0.087 | 0.041 | 0.080 | 0.125 | 0.835 | 0.640 | 0.732 |
| 茶园 | 1.080 | 0.520 | 1.320 | 0.024 | 0.030 | 0.052 | 0.061 | 0.070 | 0.123 | 1.932 | 1.820 | 1.773 |

就土壤养分全含量而言，不同退耕还林模式的土壤全氮含量平均值变化为柑橘＋紫穗槐林＞板栗林＞刺槐林＞茶园，分别为 0.077%、0.069%、0.051%、0.035%。随着退耕还林年限的增加，刺槐林和柑橘＋紫穗槐林表现为先降低后增加，而板栗林和茶园则表现为逐渐增加的趋势。同时，经济林较非经济林土壤有机氮增加的比例要高，这主要是由于人为每年施用氮肥造成经济林土壤含量增加较多。不同退耕还林模式的土壤全磷含量平均值变化为刺槐林＞柑橘＋紫穗槐林＞茶园＞板栗林，分别为 0.18%、0.12%、0.085%、0.082%，且随着退耕还林年限的增加，各种退耕还林模式都表现为逐渐增加，分别为刺槐林 244.28%、柑橘＋紫穗槐林 309.76%、板栗林 204.88%、茶园 101.64%，可见退耕后土壤全磷增加比例相当大，这更多的是因为人为施肥导致土壤中磷元素含量极大增加。不同退耕还林模式的土壤全钾含量平均值变化为茶园＞板栗林＞刺槐林＞柑橘＋紫穗槐林，分别为 1.84%、0.73%、0.68%、0.65%。随着退耕还林年限的增加，除柑橘＋紫穗槐林增加 35%外，其他模式都表现逐渐降低的趋势，分别为刺槐林 37.24%、板栗林 12.34%、茶园 8.23%。

4. 小结

（1）退耕还林后，各退耕还林模式土壤的通气状况大为改观，土壤孔隙数量增加，总孔隙度增大，毛管孔隙度与非毛管孔隙度也相应增加，通气透水性增强，表明随着还林年限的增加，土壤的通气、保水能力在缓慢增强。

（2）与坡耕地相比，各退耕还林模式的地表径流量呈现明显的减少趋势，平均减少量为 80.43%～86.82%，变化趋势为坡耕地＞茶园＞刺槐林＞板栗林＞柑橘＋紫穗槐林。径流系数变化在 0.017～0.025，与坡耕地相比，各退耕还林模式明显降低，其中柑橘＋紫穗槐林 86.79%、板栗林 85.39%、茶园 83.33%、刺槐林 80.95%。土壤侵蚀模数也都表现出明显的降低趋势，为坡耕地＞刺槐林＞板栗林＞茶园＞柑橘＋紫穗槐林，减少为 1 409.39～1 460.02 t/（km²·a）。可见，不同的退耕还林模式比坡耕地都具有更好的固持土壤和减少土壤侵蚀的作用，且随着退耕年限的增加，植被生长状况更加良好，植被土壤的固持作用和减少侵蚀的作用会越来越明显。

（3）随着退耕年限的增加，除板栗林表现为逐渐增加外，其他退耕还林模式土壤有机质含量均表现为先降低后升高。土壤全氮含量在刺槐林和柑橘＋紫穗槐林表现为先降低后增加，而板栗林和茶园则表现为逐渐增加。全磷含量则在各种退耕还林模式都表现为逐渐增加，分别为刺槐 244.28%、柑橘＋紫穗槐林 309.76%、板栗林 204.88%、茶园 101.64%。全钾含量除柑橘＋紫穗槐林增加 35%外，其他模式都表现逐渐降低的趋势，分别为刺槐林 37.24%、板栗林 12.34%、茶园 8.23%，这与钾元素容易溶水有关，随着降雨的冲刷往往使得土壤钾元素含量呈现减少的趋势，而柑橘＋紫穗槐林增加的原因还有待进一步的观察和探讨。从中可以看出，由于植被特性和人为干扰的程度不同，不同模式的退耕还林对土壤质量恢复具有明显的差异，但整体而言，退耕还林有利于土壤养分的提高，土壤保存养分的能力也随之增强（康苗 等，2012）。

（4）通过对三峡库区不同退耕还林模式的水土保持监测研究发现，坡耕地经过植被的建设和恢复，其水土流失在短期内即可得到一定的控制，而且随着退耕还林年限的延长，水土保持效益均会朝着良好的方向发展，但以短期内观测到数据还不能够衡量各退耕还林模式的优劣,因为人为活动的干扰在一定程度上会影响水土规律的变化,这还需要长期的观测和研究。

## 2.3.2 三峡库区莲峡河小流域马尾松水文生态效应[①]

森林植被能起到良好的涵养水源、保持水土的作用。近年来整个库区的生态环境日趋恶化,其中主要表现为森林植被减少,水土流失严重,地质灾害加剧等。库区的森林覆盖率由20世纪50年代初期的30%~50%,下降到2005年的15%左右,沿江地带仅有5%~7%,水土流失随之越来越严重,流失面积占总面积的55.3%,每年进入江河的泥沙量总计为5.4亿t,占长江上游泥沙总量的26%(徐之华和黄健民,2002;杜佐华,1999)。通过对森林植被水文生态效应的研究,并结合当地的生产实际,为制定相应的水土保持措施提供理论和实践依据。

### 1. 研究区

研究区位于湖北省恩施土家族苗族自治州东北部,三峡库区。其地理环境条件见2.1.3小节。

在30~40年生马尾松林分中选取3个面积为20 m×10 m的标准地,马尾松林分基本情况见表2.24。

表2.24 马尾松林分样地基本情况表

| 样地编号 | 海拔/m | 坡度/(°) | 坡向 | 密度/(株/hm²) | 郁闭度 | 树高/m | 胸径/cm | 冠幅/m 东西 | 冠幅/m 南北 |
|---|---|---|---|---|---|---|---|---|---|
| 1 | 820 | 30 | 北 | 1 150 | 0.7 | 14.8 | 16.4 | 3.1 | 2.8 |
| 2 | 810 | 33 | 北 | 1 300 | 0.7 | 15.7 | 16.7 | 3.1 | 2.9 |
| 3 | 810 | 38 | 西 | 1 250 | 0.7 | 15.7 | 18.5 | 3.3 | 2.9 |

### 2. 研究方法

(1)大气降水量($P$)测定。在大气空旷地放置自记雨量计,自动记录降雨过程,由此测定大气降水量、降雨历时及降雨强度。

(2)树干茎流量($S$)测定。在每个标准地内,按林分每个径级(每隔4 cm为一个径级),选择2~3株树形和树冠中等的标准木进行观测。将橡皮管缠绕被测木2~3环,先用铁钉将其钉住,再用玻璃胶将空隙处填实。并把橡皮管的下端接到放置在地面上的盛水瓶中。

(3)林内透雨量($T$)测定。在每个标准地内随机放置10个相同的盛水塑料桶,每次降雨后,测定林内透雨量。

(4)树冠截留量($I$)测定。由以上数据通过公式$I=P-S-T$推出(吴中能 等,2003;

---

[①] 引自:崔鸿侠.三峡库区莲峡河小流域马尾松水文生态效应研究.中南林学院学报,2005(2):46-49.

宋轩 等，2001；高甲荣，1998）。

(5) 凋落物持水量测定。在每块样地内分坡面上、中、下各取面积为 20 cm×25 cm 的凋落物样方 3 个。采取凋落物时，将未分解层和半分解层分别收集并保持原样装箱，带回室内，测定其在不同浸水时间的持水量与吸水速率。先对所采集的凋落物进行风干并称其重量，再将凋落物浸入水中后，开始时每隔 30 min 将凋落物连同土壤筛一并取出，静置 5 min 左右，直至凋落物不滴水为止，迅速称凋落物的湿重。待浸泡 2 h 后，每隔 2 h 将凋落物连同土壤筛一并取出称重，称重方法如上。待浸泡 12 h 后，一直到浸泡 20 h 时再取出凋落物称重（张洪江 等，2003）。

(6) 土壤持水量测定。用环刀在土壤剖面上分别取 0～20cm、20～40cm 厚度内的原状土壤样品。用 105℃烘干法测定土壤的自然含水量、毛管持水量、容重，并由此计算土壤的总孔隙度、毛管孔隙度、非毛管孔隙度、土壤饱和蓄水量。为与气象资料比较，土壤饱和蓄水量用毫米作单位，土壤饱和蓄水量（mm）= 土壤总空隙度（%）×土层厚度（mm）（吴秉礼 等，2003）。

(7) 本小节数据采用 Excel 和 SAS 软件进行处理。

3. 结果与分析

**1) 林冠层水文生态效应**

将 2004 年 3～8 月的 21 次观测数据整理，见表 2.25。由表 2.25 可知，林内透雨率和树干茎流率随着雨量级的增大而增大，而林冠截留率随着雨量级的增大而减小。当雨量级较小时，绝大部分雨水被林冠截留，而不会降落到林地，起到非常明显的水土保持作用。观测期内，马尾松林内透雨量占大气降水总量的 76.70%，林冠层截留量占降水总量的 23.03%，树干茎流占降水总量的 0.27%。共有 23.30%的大气降水不能直接降落到地面上，起到良好的防止水土流失的作用。

表 2.25 马尾松林内降雨的再分配

| 雨量级/mm | 频数 | 大气降水量/mm | 林内透雨 数量/mm | 林内透雨 占比/% | 树干茎流 数量/mm | 树干茎流 占比/% | 林冠截留 数量/mm | 林冠截留 占比/% |
|---|---|---|---|---|---|---|---|---|
| 0～1 | 5 | 0.58 | 0.18 | 30.9 | 0.000 2 | 0.04 | 0.40 | 69.1 |
| 1～5 | 2 | 2.95 | 1.70 | 57.7 | 0.001 1 | 0.04 | 1.25 | 42.2 |
| 5～10 | 4 | 7.33 | 4.69 | 64.0 | 0.003 5 | 0.05 | 2.64 | 36.0 |
| 10～15 | 5 | 13.18 | 9.73 | 73.8 | 0.022 2 | 0.17 | 3.43 | 26.0 |
| 15～20 | 2 | 18.55 | 14.93 | 80.5 | 0.087 7 | 0.47 | 3.54 | 19.1 |
| 20～35 | 3 | 30.37 | 25.53 | 84.1 | 0.110 2 | 0.36 | 4.73 | 15.6 |
| 合计 | 21 | 232.10 | 178.12 | 76.70 | 0.63 | 0.27 | 53.45 | 23.03 |

对马尾松林内透雨量（$y_1$）、树干茎流量（$y_2$）、林冠截留量（$y_3$）与大气降水量（$x_1$）、降雨强度（$x_2$）进行相关分析和多元线性回归分析，从分析结果可知，林内透雨量、树干茎流量、林冠截留量与大气降水量及降雨强度都具有显著的二元线性关系，且降水量

对林内透雨量、树干茎流量和林冠截留量的偏相关系数分别为 0.979、0.755 和 0.508，都达到了极显著水平。由此可见，降水量对因变量的贡献最大，即降水量是影响林内透雨量、树干茎流量和林冠截留量的主要因子。并可得回归方程如下。

林内透雨量与降水量和降雨强度的回归方程为
$$y_1 = -1.074 + 0.823x_1 + 0.130x_2, \quad R = 0.983^{**}$$
树干茎流量与降水量和降雨强度的回归方程为
$$y_2 = -0.017 + 0.003x_1 + 0.004x_2, \quad R = 0.872^{**}$$
林冠截留量与降水量和降雨强度的回归方程为
$$y_3 = -1.115 + 0.178x_1 - 0.168x_2, \quad R = 0.645^{*}$$

### 2）林下凋落物水文生态效应

（1）凋落物持水量与吸水速率。2004 年 3 月通过野外调查得出，研究区马尾松林下凋落物总量为 18.87 t/hm²，其中未分解层为 5.35 t/hm²，占 28.35%；半分解层为 13.52 t/hm²，占 71.65%。采集带回室内，将进行过风干称重的凋落物浸泡在清水中，分时段称其重量，并计算出不同分解层凋落物不同时段的持水量和吸水速率，结果见表 2.26 和表 2.27。

表 2.26　不同分解层凋落物不同时段的持水量　　　　　　　　单位：mm

| 分解层次 | 吸水时间/h |  |  |  |  |  |  |  |  |  |
|---|---|---|---|---|---|---|---|---|---|---|
|  | 0 | 0.5 | 1 | 1.5 | 2 | 4 | 6 | 8 | 10 | 12 | 20 |
| 未分解层 | 0 | 0.41 | 0.54 | 0.63 | 0.70 | 0.81 | 0.86 | 0.88 | 0.94 | 0.99 | 1.10 |
| 半分解层 | 0 | 0.32 | 0.57 | 0.72 | 1.01 | 1.29 | 1.42 | 1.57 | 1.68 | 1.83 | 2.30 |

表 2.27　不同分解层凋落物不同时段的吸水速率　　　　　　　单位：mm/h

| 分解层次 | 吸水时间/h |  |  |  |  |  |  |  |  |  |
|---|---|---|---|---|---|---|---|---|---|---|
|  | 0 | 0.5 | 1 | 1.5 | 2 | 4 | 6 | 8 | 10 | 12 | 20 |
| 未分解层 | 0 | 0.82 | 0.28 | 0.18 | 0.14 | 0.06 | 0.03 | 0.01 | 0.03 | 0.03 | 0.01 |
| 半分解层 | 0 | 0.64 | 0.50 | 0.30 | 0.58 | 0.14 | 0.07 | 0.08 | 0.06 | 0.08 | 0.06 |

（2）不同分解层凋落物持水特性。不同分解层凋落物持水量与吸水速率见表 2.26 及表 2.27。由表 2.26 可知，随着吸水时间延长，不同分解层凋落物持水量都是逐渐增加，但吸水量慢慢减少，最后趋于稳定。比较不同分解层凋落物的最大持水量，可以看出半分解层比未分解层最大持水量要大很多，其中未分解层最大持水量为 1.10 mm，半分解层最大持水量为 2.30 mm，整个凋落物层的最大持水量达到 3.40 mm。由表 2.27 可知，随着吸水时间延长，不同分解层凋落物吸水速率都是逐渐降低的，最后趋于 0。

不同分解层持水量、吸水速率与吸水时间表现出较好的相关性，如图 2.11 和图 2.12 所示。

从图 2.11 可看出，不同分解层凋落物在吸水时间达到 8 h 前，持水量一直有比较明显的增加趋势，此后随着浸泡时间的延长，持水量增加的趋势明显减弱，说明凋落物在浸泡 8 h 后基本达到饱和。从图 2.12 可看出，不同分解层凋落物在吸水时间达到 8 h 后，吸水速率基本上都不再变化，这也说明浸泡 8 h 后，在相同时间段内，凋落物吸水量基本相同。

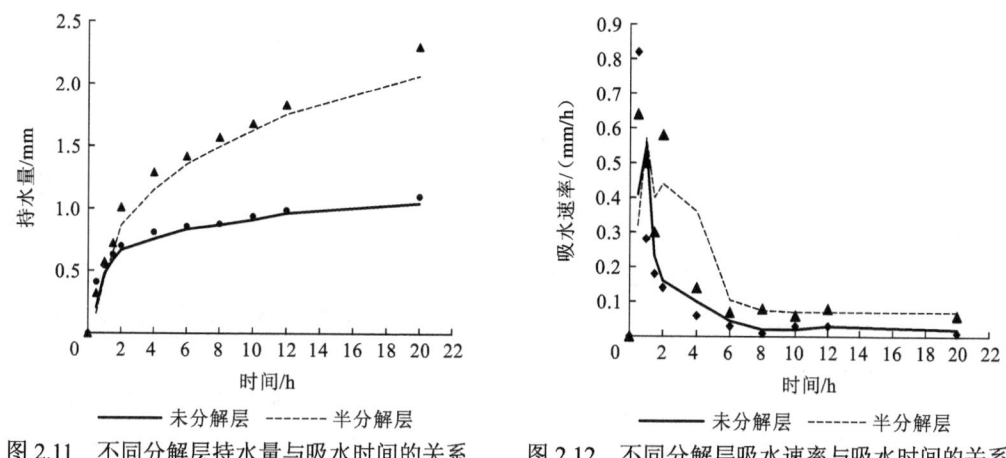

图 2.11 不同分解层持水量与吸水时间的关系　　图 2.12 不同分解层吸水速率与吸水时间的关系

（3）林地土壤水文生态效应。林地土壤是森林生态系统中的水分储藏所和调节器，强大的蓄水能力是其水文效应的主要特征之一，这一特征主要与土壤的物理特性有关。通过 2004 年 4 月的调查与测定，得出调查地区马尾松林地土壤的物理特性，见表 2.28。

表 2.28　土壤物理特性与土壤持水量

| 土层厚度/cm | 容重/(g/cm³) | 自然含水量/% | 土壤饱和蓄水量/mm | 毛管持水量/% | 总孔隙度/% | 毛管孔隙度/% | 非毛管孔隙度/% |
|---|---|---|---|---|---|---|---|
| 0～20 | 1.387 | 21.06 | 95.30 | 25.74 | 47.65 | 35.72 | 11.93 |
| 20～40 | 1.480 | 17.88 | 88.30 | 24.58 | 44.15 | 36.36 | 7.79 |

从表 2.28 可知，上层土壤的总孔隙度要比下层高，上层土壤的持水量也比下层多，其中 0～20cm 土壤饱和蓄水量为 95.30mm，20～40cm 层土壤饱和蓄水量为 88.30mm，即调查地区马尾松林地 0～40cm 层土壤的饱和蓄水量达到 183.60mm。

4. 小结

马尾松林生态系统的水文效应主要表现在林冠截留、林下凋落物持水和林地土壤蓄水三个层次。

（1）马尾松林内透雨占大气降水总量的 76.70%，林冠截留占大气降水总量的 23.03%，并可将降水总量的 0.27% 转化为树干茎流。

（2）林内透雨、树干茎流、林冠截流与大气降水量及降雨强度具有显著的二元线性关系，但降水量是影响林内透雨量、树干茎流量和林冠截留量的主要因子。

（3）不同分解层的凋落物持水特性有很大区别，未分解层最大持水量为 1.10 mm，半分解层最大持水量为 2.30 mm，整个凋落物层的最大持水量达到 3.40 mm。

（4）0～40 cm 层土壤的饱和蓄水量为 183.60 mm。

从以上数据和分析的资料可知，该地区马尾松林具有较好的水土生态效应。通过这三个层次对降水的截持与蓄积，改变了降水的时空分布，从而对水土保持起到了一定作用。

### 2.3.3 丹江口库区龙口林场水源涵养林林分质量评价[①]

丹江口库区水源涵养林生态防护功能的好坏,直接关系我国南水北调中线工程质量,特别是其水源涵养功能已经成为许多生态学家一直关注的热点(尹炜 等,2011;刘学全 等,2009,2006)。然而,不同森林类型由于树种生物学特性、林分结构、立地条件的不同,其林分质量往往具有明显的差异,进而导致其水源涵养功能水平不同。通过实现林分质量调控,改善其水源涵养能力,对实现丹江口库区水源涵养林生态效益的充分发挥,达成森林经营目标具有重要意义。

长期以来,评价林分质量多以林分蓄积量为主要依据(张洪斌和张兆田,2007),但影响林分质量的因素较多(赵慧勋 等,2000),特别是在强调森林生态效益的现代社会,由于林分缺乏系统的森林抚育,质量普遍较差,其生态防护功能很难充分发挥。如何客观评价森林质量变化,监测不同经营水平下营林目标实现的程度,实现森林可持续经营成为森林评价的重点。目前,对不同类型森林植被质量评价方面缺乏系统全面的研究,而层次分析法(analytic hierarchy process,AHP)是一种可以用来处理对定性问题进行定量分析的一种简便、灵活而又实用的多准则决策方法(庞振凌 等,2008),已经被人们广泛用于各领域的目标评价。本小节以丹江口库区龙口林场水源涵养林不同林分类型为研究对象,综合考虑森林结构、立地条件和更新演替潜力等制约其水源涵养功能发挥的因素,采用层次分析法对该区域林分质量进行综合评价,而且对各森林类型林分质量的影响因素进行排序。在此基础上,根据林分质量排序结果,将水源涵养林林分质量等级进行划分,旨在为丹江口库区水源涵养林可持续经营提供科学依据。

1. 研究区

研究区位于丹江口湖北库区龙口林场,其地理环境条件见2.2.2小节。

2. 研究方法

1) 样地设置与调查

根据典型调查的方法,本小节选择该区域主要的森林类型,包括马尾松林、柏木林、松柏混交林、栎类林、柑橘林各2块,黑松林和针阔混交林各1块,共设置12块样地,样地面积均为 20m×20m。对样地中胸径≥5cm 的所有树种进行每木检尺,记录其林分起源、林龄、树种组成、郁闭度、树高、胸径、冠幅等。在每块样地随机布置5个 2m×2m 样方进行灌木调查,以及胸径≤5cm 的树种按更新幼苗调查,记录种类、数量、盖度、高度等,在其中央设置一个 1m×1m 草本样方,记录种类、数量、高度等。环境因子调查包括海拔、坡度、坡向、土壤类型、土壤厚度、凋落物厚度等。具体情况见表2.29。

---

① 引自:王晓荣.丹江口库区龙口林场水源涵养林林分质量评价.南京林业大学学报(自然科学版),2013(4):63-68.

表 2.29 各林分概况

| 林分类型 | 林分起源 | 林龄/年 | 海拔/m | 坡度/(°) | 坡向 | 土壤类型 | 土壤厚度/cm | 树种组成 | 郁闭度 | 平均树高/m | 平均胸径/cm |
|---|---|---|---|---|---|---|---|---|---|---|---|
| 马尾松林 | 人工林 | 40 | 220.0 | 20 | 东南 | 黄壤 | 42.8 | 马尾松 | 0.65 | 9.07 | 13.45 |
| 柏木林 | 人工林 | 40 | 232.0 | 8 | 西北 | 黄棕壤 | 31.8 | 侧柏 | 0.55 | 8.67 | 12.66 |
| 黑松林 | 人工林 | 40 | 198.3 | 22 | 西南 | 黄棕壤 | 47.0 | 黑松 | 0.70 | 10.05 | 12.59 |
| 松柏混交林 | 人工林 | 40 | 217.2 | 16 | 西南 | 黄壤 | 40.8 | 马尾松、侧柏、黑松 | 0.62 | 6.88 | 10.44 |
| 针阔混交林 | 次生林 | 18 | 258.0 | 28 | 东南 | 黄壤 | 18.8 | 栓皮栎、马尾松、化香 | 0.75 | 7.69 | 9.14 |
| 栎类林 | 次生林 | 18 | 247.6 | 23 | 北 | 黄棕壤 | 20.0 | 栓皮栎 | 0.90 | 10.11 | 8.93 |
| 柑橘林 | 人工林 | 30 | 221.3 | 5 | 西南 | 黄棕壤 | 27.0 | 柑橘 | 0.95 | 4.00 | — |

**2）分析方法**

采用层次分析法对丹江口库区龙口林场水源涵养林不同林分类型的林分质量进行综合评价。首先，对影响林分质量的各因子进行分析，将不同评价因子划分为不同的层次，包括目标层、准则层和指标层构造判断矩阵，计算出各评价指标的综合权重。其次，对调查数据标准化。最后，将因子权重与标准化数据结合计算出不同样地林分质量综合评分值。

**3）数据标准化**

样地调查数据采用极差变换法进行无量纲标准化（李美娟 等，2004）。在决策矩阵 $X = (x_{ij})_{m \times n}$ 中，对于正向指标：

$$y_{ij} = \frac{x_{ij} - \min\limits_{1 \leqslant i \leqslant m} x_{ij}}{\max\limits_{1 \leqslant i \leqslant m} x_{ij} - \min\limits_{1 \leqslant i \leqslant m} x_{ij}} \quad (1 \leqslant i \leqslant m, 1 \leqslant j \leqslant n) \tag{2.2}$$

对于逆向指标：

$$y_{ij} = \frac{\max\limits_{1 \leqslant i \leqslant m} x_{ij} - x_{ij}}{\max\limits_{1 \leqslant i \leqslant m} x_{ij} - \min\limits_{1 \leqslant i \leqslant m} x_{ij}} \quad (1 \leqslant i \leqslant m, 1 \leqslant j \leqslant n) \tag{2.3}$$

**3. 结果与分析**

**1）建立层次结构模型**

在分析影响森林林分质量因素的基础上，将森林结构（$B_1$）、立地条件（$B_2$）与更新演替潜力（$B_3$）3 个方面作为准则层，由郁闭度（$C_{11}$）、林分密度（$C_{12}$）、凋落物厚度（$C_{13}$）、均匀度（$C_{14}$）、物种丰富度（$C_{15}$）、土壤容重（$C_{21}$）、土壤厚度（$C_{22}$）、坡度（$C_{23}$）、幼苗数量（$C_{31}$）和优势种幼树幼苗与乔木数量之比（$C_{32}$）10 个指标作为指标层，构建林分质量评价结构模型，如图 2.13 所示。

**2）构造判断矩阵**

判断矩阵表示各参数之间的相对重要状况，其取值标度和含义见表 2.30。用 $B_1$，$B_2$，…，$B_n$ 分别代表各参数，并采用专家评定值的办法构造两两比较的判断矩阵。

```
目标层          准则层              指标层
                                ┌── 郁闭度 C₁₁
                                ├── 林分密度 C₁₂
                ┌── 森林结构 B₁ ──┼── 凋落物厚度 C₁₃
                │                ├── 均匀度 C₁₄
                │                └── 物种丰富度 C₁₅
                │
                │                ┌── 土壤容重 C₂₁
林分质量 A ─────┼── 立地条件 B₂ ──┼── 土壤厚度 C₂₂
                │                └── 坡度 C₂₃
                │
                │                ┌── 幼苗数量 C₃₁
                └─更新演替潜力B₃─┤
                                 └── 优势种幼树幼苗与
                                     乔木数量之比 C₃₂
```

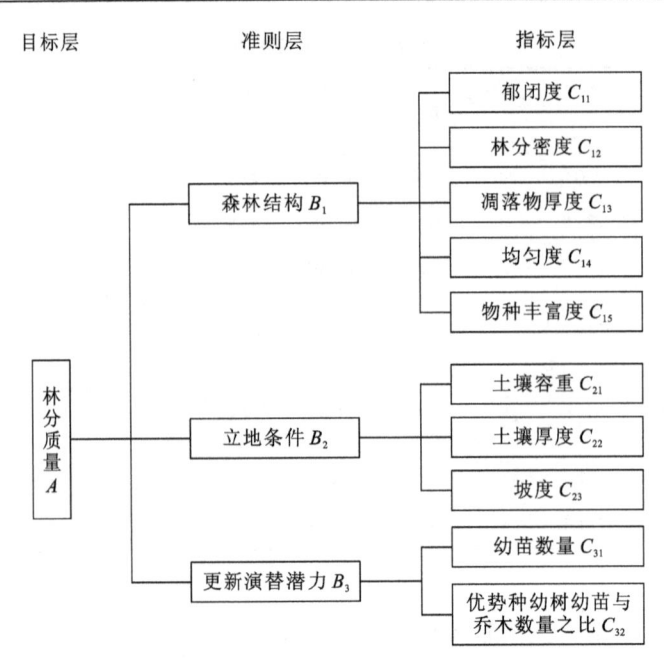

图 2.13 林分质量评价指标体系结构模型

表 2.30 判断矩阵标度及其含义

| 标度 | 含义 |
| --- | --- |
| 1 | 表示两个因素相比，具有同样重要性 |
| 3 | 表示两个因素相比，一个因素比另一个因素稍微重要 |
| 5 | 表示两个因素相比，一个因素比另一个因素明显重要 |
| 7 | 表示两个因素相比，一个因素比另一个因素强烈重要 |
| 9 | 表示两个因素相比，一个因素比另一个因素极端重要 |
| 2、4、6、8 | 上述两相邻判断的中值 |
| 倒数 | 两元素的反比较 |

在广泛调查和大量征求专家意见的基础上，聘请了 12 位森林经营和森林生态学领域的专家为各层次判断评分，构建了各评价指标的判断矩阵，并求出最大特征根所对应的特征向量，经过多次一致性检验，使其权重值分配合理，满足评价要求。根据专家评分的统计结果，整理得到森林质量评价目标层与准则层的判断矩阵（表 2.31），以及森林结构、立地条件和更新演替潜力准则层与其相对应的评价指标的判断矩阵（表 2.32～表 2.34）。

表 2.31 判断矩阵 $A-B_i$

| $A$ | $B_1$ | $B_2$ | $B_3$ | $W_i$（权重） |
| --- | --- | --- | --- | --- |
| $B_1$ | 1 | 3 | 5 | 0.633 5 |
| $B_2$ | 1/3 | 1 | 3 | 0.260 6 |
| $B_3$ | 1/5 | 1/3 | 1 | 0.105 9 |

注：一致性指标 CI=0.019 3，平均随机一致性指标 RI=0.58，随机一致性比率 CR=0.033 3＜0.1

表 2.32　判断矩阵 $B_1$-$C_{1i}$

| $B_1$ | $C_{11}$ | $C_{12}$ | $C_{13}$ | $C_{14}$ | $C_{15}$ | $W_i$（权重） |
|---|---|---|---|---|---|---|
| $C_{11}$ | 1 | 2 | 3 | 4 | 4 | 0.412 1 |
| $C_{12}$ | 1/2 | 1 | 2 | 3 | 3 | 0.256 5 |
| $C_{13}$ | 1/3 | 1/2 | 1 | 2 | 2 | 0.153 4 |
| $C_{14}$ | 1/4 | 1/3 | 1/2 | 1 | 3/2 | 0.096 4 |
| $C_{15}$ | 1/4 | 1/3 | 1/2 | 2/3 | 1 | 0.081 5 |

注：一致性指标 CI = 0.013 3，平均随机一致性指标 RI = 0.12，随机一致性比率 CR = 0.075 8＜0.1。

表 2.33　判断矩阵 $B_2$-$C_{2i}$

| $B_2$ | $C_{21}$ | $C_{22}$ | $C_{23}$ | $W_i$（权重） |
|---|---|---|---|---|
| $C_{21}$ | 1 | 1/5 | 1/4 | 0.096 4 |
| $C_{22}$ | 5 | 1 | 3 | 0.619 4 |
| $C_{23}$ | 4 | 1/3 | 1 | 0.284 2 |

注：一致性指标 CI = 0.043 3，平均随机一致性指标 RI = 0.58，随机一致性比率 CR = 0.074 7＜0.1。

表 2.34　判断矩阵 $B_3$-$C_{3i}$

| $B_3$ | $C_{31}$ | $C_{32}$ | $W_i$（权重） |
|---|---|---|---|
| $C_{31}$ | 1 | 1/4 | 0.2 |
| $C_{32}$ | 4 | 1 | 0.8 |

注：矩阵为二阶判断矩阵，平均随机一致性指标 RI 完全一致（均为 0），故不作判断一致性检验。

### 3）评价指标权重排序

由判断矩阵表 2.31 可知，森林结构是影响森林质量最重要的指标，其贡献率为 0.633 5，立地条件次之，贡献率为 0.260 6，而更新演替潜力影响最小，贡献率为 0.105 9。可见，对于水源涵养林而言，森林结构和立地条件是影响其森林质量及水源涵养功能发挥的主要因素，二者约占 90%。依据对影响森林质量的判断指标进行组合权重排序（表 2.35），表现为郁闭度＞林分密度＞土壤厚度＞凋落物厚度＞优势种幼树幼苗与乔木数量之比＞坡度＞均匀度＞物种丰富度＞土壤容重＞幼苗数量。可见，林分郁闭度是影响林分质量最重要的因素，这是因为林分郁闭度主要是通过乔、灌、草的空间层次结构对林内水、汽、热等条件的改造，形成良好的森林小气候环境，有利于林木的生长与更新，从而保持群落结构的稳定性（刘学全 等，2002）。而林下幼苗数量对森林质量的影响权重最小，但优势种幼树幼苗与乔木数量之比对森林质量会产生较大的影响（王乃江 等，2010），因为森林群落优势树种更新幼苗越多，可以防止森林进入衰老阶段，保证森林结构和功能永续处于优势状态（林武星 等，2003），特别是对以针叶树种组成的林分，林下阔叶树幼苗的更新情况，对于水源涵养林发展为针阔混交林或阔叶林具有重要意义。

表 2.35 林分质量评价指标权重排序

| 准则层 | 指标层 | 组合权重 | 序值 |
|---|---|---|---|
| 森林结构 $B_1$ | 郁闭度 $C_{11}$ | 0.261 0 | 1 |
| | 林分密度 $C_{12}$ | 0.162 5 | 2 |
| | 凋落物厚度 $C_{13}$ | 0.097 2 | 4 |
| | 均匀度 $C_{14}$ | 0.061 1 | 7 |
| | 物种丰富度 $C_{15}$ | 0.051 6 | 8 |
| 立地条件 $B_2$ | 土壤容重 $C_{21}$ | 0.025 1 | 9 |
| | 土壤厚度 $C_{22}$ | 0.161 3 | 3 |
| | 坡度 $C_{23}$ | 0.074 0 | 6 |
| 更新演替潜力 $B_3$ | 幼苗数量 $C_{31}$ | 0.021 2 | 10 |
| | 优势种幼树幼苗与乔木数量之比 $C_{32}$ | 0.084 9 | 5 |

**4) 森林质量评价和等级分级**

以对林分质量影响的各评价指标综合权重为基础,结合不同林分类型样地调查数据的标准化,进行逐层次加权计算,得到各调查样地林分质量评价的综合评分值:

$$V_j = \sum_{i=1}^{n} X_i W_i$$

式中:$V_j$ 为林分质量综合评分值;$X_i$ 为因素标准化数据;$W_i$ 为因素综合权重。

然后参照刘学全等(2002)和王乃江等(2010)对林分质量评价等级分级的研究结果,按综合评分值将林分质量等级划分为 5 级,分别是 I 级(1~0.8)、II 级(0.8~0.6)、III 级(0.6~0.4)、IV 级(0.4~0.2)、V 级(0.2~0),具体见表 2.36。

表 2.36 调查数据标准化及综合评分值

| 样地编号 | 样地类型 | 郁闭度 $C_{11}$ | 林分密度 $C_{12}$ | 凋落物厚度 $C_{13}$ | 均匀度 $C_{14}$ | 物种丰富度 $C_{15}$ | 土壤容重 $C_{21}$ | 土壤厚度 $C_{22}$ | 坡度 $C_{23}$ | 幼苗数量 $C_{31}$ | 优势种幼树幼苗与乔木数量之比 $C_{32}$ | 综合评分值 | 质量等级 |
|---|---|---|---|---|---|---|---|---|---|---|---|---|---|
| 1 | 马尾松林 | 0.33 | 0.00 | 0.37 | 0.40 | 0.95 | 0.15 | 0.82 | 0.25 | 0.15 | 1.00 | 0.44 | III |
| 2 | 马尾松林 | 0.44 | 0.19 | 0.84 | 0.39 | 0.98 | 0.33 | 0.94 | 0.15 | 0.18 | 0.13 | 0.49 | III |
| 3 | 柏木林 | 0.22 | 0.30 | 0.21 | 0.09 | 0.01 | 0.85 | 0.62 | 0.85 | 1.00 | 0.44 | 0.38 | IV |
| 4 | 柏木林 | 0.00 | 0.00 | 0.31 | 0.08 | 0.03 | 0.74 | 0.51 | 0.50 | 0.61 | 0.41 | 0.22 | IV |
| 5 | 黑松林 | 0.56 | 0.45 | 0.79 | 1.00 | 0.88 | 0.63 | 1.00 | 0.15 | 0.00 | 0.00 | 0.59 | III |
| 6 | 松柏混交林 | 0.22 | 0.55 | 0.26 | 0.32 | 0.89 | 0.37 | 0.79 | 0.45 | 0.04 | 0.03 | 0.41 | III |
| 7 | 松柏混交林 | 0.33 | 0.64 | 0.58 | 0.31 | 0.80 | 0.30 | 0.86 | 0.35 | 0.04 | 0.01 | 0.48 | III |
| 8 | 针阔混交林 | 0.56 | 1.00 | 1.00 | 0.40 | 1.00 | 0.41 | 0.19 | | 0.09 | 0.07 | 0.53 | III |
| 9 | 栎类林 | 0.89 | 0.92 | 0.10 | 0.36 | 0.34 | 0.67 | 0.00 | 0.10 | 0.16 | 0.03 | 0.46 | III |
| 10 | 栎类林 | 0.78 | 0.88 | 0.42 | 0.32 | 0.48 | 1.00 | 0.46 | 0.25 | 0.11 | 0.03 | 0.55 | III |
| 11 | 柑橘林 | 1.00 | 0.30 | 0.00 | 0.00 | 0.00 | 0.11 | 0.29 | 1.00 | 0.00 | 0.00 | 0.43 | III |
| 12 | 柑橘林 | 0.67 | 0.03 | 0.00 | 0.00 | 0.00 | 0.00 | 0.57 | 0.25 | 0.00 | 0.00 | 0.29 | IV |

从表 2.36 可以看出，丹江口库区龙口林场不同林分类型的质量存在明显差异，以黑松林、针阔混交林、栎类林林分质量较高，其次为马尾松林和松柏混交林，柏木林和柑橘林最低。除黑松林由于生长立地条件好，树木长势良好，地表凋落物厚度较高，林分质量最高外，阔叶树种组成的林分质量明显要高于针叶树种组成，这主要是因为该区域针叶林多为人工纯林，而阔叶树种均为天然生长，其林分结构、更新状况、凋落物厚度、林分密度和林分郁闭度都较人工针叶纯林好（王晓荣 等，2012a）。根据以上评价等级可知，该区域林分质量综合评分值均低于 0.6，大多属于 III 级到 IV 级，属中等水平的林分质量，而对于强调森林水源涵养功能的丹江口库区而言，其林分质量还需要进一步改善。建议从以下方面进行林分改造：①充分利用森林的自我更新能力，通过抚育间伐促进针叶林下阔叶树种的自然更新和生长，以此调整林分密度和林分群体结构。②选择乡土阔叶树种，抽针补阔，增加阔叶树种比例，优化群体结构和多层次结构，构建针阔混交林。③对经济林应结合灌木植物篱，形成经济林＋植物篱的水保型经济林模式。

### 4. 小结与讨论

丹江口库区水源涵养林林分质量的高低直接关系其水源涵养功能的高低及水质安全问题。本小节以调查数据为基础，应用层次分析法对丹江口库区龙口林场水源涵养林不同林分类型的林分质量进行综合评价。研究结果表明，该区域林分质量偏低，大多数为中等水平，而且不同林分类型的林分质量存在明显差异，阔叶树林分质量明显要高于针叶树林分，所得评价结果与实际情况相吻合。

同时，根据评价指标体系发现，森林结构是影响林分质量的主要因素，立地条件和更新演替潜力影响较低，其中又以郁闭度、林分密度、土壤厚度、凋落物厚度等指标最为重要，而土壤容重和幼苗数量影响却较小，这在该区域各林分中均得到了充分的体现。造成该区域林分质量低的主要原因是树种组成和林分结构不合理，林分多为针叶纯林，存在问题包括林分结构简单、稳定性差、生物多样性低下、天然更新能力低等。另外，立地条件的差异并没有成为林分质量低下的主要限制因素，因为生长于不同立地条件的马尾松林林分生长差异并不十分明显。同样更新演替潜力对其贡献也较少，比如柏木林下存在较多的更新幼苗，但其死亡率较高，几乎很少能够长大，导致林分没有形成多年龄结构。

可见，以充分发挥涵养水源效益为建设目标的丹江口水源涵养林，其林分质量和生态防护功能还需要进一步的提升。已有的研究表明，近自然林分改造的方法为现代林分质量的提高提供了有效的手段，其目的是对其林分结构的改造尽量选择适宜建设近自然的、符合植被演替规律、植物种类丰富的，形成具有明显的由多树种混交、多层次空间结构和异龄时间结构特征的混交林分，这已在许多研究和实践中都得到了验证（郭庆海，2011；何明月，2009；彭舜磊 等，2008；佘济云 等，2001；高甲荣 等 2000）。所以，未来可以将近自然林分经营改造技术作为提升该区域森林自然更新能力和森林质量，从而提升其森林的生态防护功能。

## 2.3.4 丹江口库区主要植被类型水源涵养功能综合评价[①]

本小节从林冠层、凋落物层及土壤层三个生态作用层次对丹江口库区栎类阔叶林、马尾松林、松柏混交林、柑橘园、灌木林5种主要森林类型的涵养水源功能进行定量研究，并以坡耕地作为对照，利用层次分析法对5种森林类型水源涵养能力进行综合评价，为库区内低效水源涵养林改造提供依据。

### 1. 研究区自然概况

研究区位于丹江口湖北库区，土壤构成大部分为黄棕壤、黄壤，成土母质为石灰岩、片麻岩等，质地疏松、肥沃，pH为6.5~7.5。水源区内森林覆盖率为23.2%，汉江上游两岸各宽20 km内的森林覆盖率仅5%~10%，且分布不均。库区森林植被以落叶阔叶-针叶混交林为主，主要树种为栎树、松树、柏树、杨树和刺槐。森林多为中幼、中龄林，林种结构单一，防护能力差，自然调节能力低下。据全国第二次遥感调查资料，水源区水土流失面积51 653.75 km$^2$，占土地总面积的53.1%，强度以上流失面积为1.57万 km$^2$，占流失面积30.4%。年均土壤侵蚀量1.82亿 t，平均侵蚀模数为3 517 t/(km·a)。水源区水土流失的重要源地主要来自坡耕地、荒山荒坡，其次来自大面积的疏、幼、残次林地。因此，在未来相当长的时期内，丹江口库区周边疏、幼、残次等低效水源涵养林的改造，是库区水源涵养林体系建设的一项重要任务。

### 2. 研究方法

**1) 林冠截留量测定**

每种植被类型选择3块样地，在每块样地采用常规方法测定降水量、林内透雨量和树干茎流量（崔鸿侠 等，2005；宋轩 等，2001；万师强和陈灵芝，2001）。

林冠截留量按公式 $I=P-S-T$ 计算。式中，$I$ 为林冠截留量（mm）；$P$ 为大气降水量（mm）；$S$ 为树干茎流量（mm）；$T$ 为林内透雨量（mm）。

**2) 凋落物持水量测定**

在不同类型的林地里分上、中、下坡面，各取面积20 cm×25 cm的凋落物样方3个，将未分解层、半分解层分别收集并保持原状装箱。将采集的凋落物带回风干并称其重量，然后将称重后的凋落物进行泡水，求算凋落物持水量（陈玉生 等，2005；张洪江 等，2003）。

**3) 土壤物理性质及蓄水量测定**

采用环刀法测定土壤的容重、孔隙度、渗透速率及渗透系数，并根据孔隙度计算土壤蓄水量（宫渊波 等，2004；吴秉礼 等，2003）。

**4) 地表径流及土壤侵蚀测定**

采用闭合集水区技术（李元寿 等，2005；崔向慧 等，2004），在6种植被类型（含对照）内设置面积为100 m$^2$（20 m×5 m）的径流场，长边顺坡垂直于等高线，短边与等

---

[①] 引自：刘学全.丹江口库区主要植被类型水源涵养功能综合评价.南京林业大学学报(自然科学版),2009(1):59-63.

高线平行，下口设体积为 1 m³ 的承水池。

**5）不同植被类型水源涵养能力综合评价**

采用层次分析法计算水源涵养功能综合指数（李世荣 等，2006；袁嘉祖，1986）。不同植被类型的水源涵养功能综合指数计算模型为

$$N = \sum_{i=1}^{m} W_i R_i \tag{2.4}$$

式中：$N$ 为水源涵养能力综合指数；$W_i$ 为第 $i$ 项指标权重；$R_i$ 为各植被类型第 $i$ 项指标的无量纲化数据矩阵；$m$ 为评价指标数。

**3. 结果与分析**

**1）样地选择与调查**

采用线路调查和典型调查相结合的方法，最终选择丹江口库区具有代表性的 5 个植被类型、15 块调查样地（每个类型重复 3 次），分别为栎类阔叶林、马尾松林、松柏混交林、柑橘园、灌木林等，以坡耕地作对照。对每类样地开展群落生物学和生态学调查，各样地基本情况见表 2.37。

表 2.37　不同植被类型样地基本情况

| 类型 | 林龄/年 | 坡度/（°） | 胸径/cm | 树高/m | 枝下高/m | 冠幅/m | 郁闭度 |
|---|---|---|---|---|---|---|---|
| 栎类阔叶林 | 25～30 | 25 | 10.6 | 9.1 | 1.9 | 2.3 | 0.7 |
| 马尾松林 | 25～30 | 25 | 12.4 | 8.7 | 4.1 | 2.7 | 0.6 |
| 松柏混交林 | 25～30 | 26 | 10.4 | 7.4 | 1.5 | 2.1 | 0.7 |
| 柑橘园 | 20～25 | 22 | — | 2.1 | — | — | 0.8 |
| 灌木林 | 15～20 | 23 | — | — | — | — | — |
| 坡耕地（对照） | — | 24 | — | — | — | — | — |

**2）林冠层截留能力比较**

林冠对降水的截留是森林植物对降水的最初分配，取决于森林植物的截留能力、树种、林冠结构、林龄、密度及降水量等。坡耕地由于没有林冠结构，因此降雨直接降落到地表，不会产生林冠截留。在 2005 年 7 月至 2006 年 8 月进行了 12 场有效降雨的观测，总降水量为 250.1 mm，不同植被类型的截留情况见表 2.38。

表 2.38　不同植被类型对降雨的截留情况

| 类型 | 大气降水量/mm | 树干茎流 数量/mm | 树干茎流 占比/% | 林内透雨 数量/mm | 林内透雨 占比/% | 林冠截留 数量/mm | 林冠截留 占比/% |
|---|---|---|---|---|---|---|---|
| 栎类阔叶林 | 250.1 | 17.1 | 6.84 | 180.3 | 72.09 | 52.7 | 21.07 |
| 马尾松林 | 250.1 | 2.2 | 0.88 | 192.7 | 77.04 | 55.2 | 22.08 |
| 松柏混交林 | 250.1 | 5.5 | 2.21 | 189.9 | 75.94 | 54.7 | 21.85 |
| 柑橘园 | 250.1 | 0.0 | 0.00 | 185.5 | 74.17 | 64.6 | 25.83 |
| 灌木林 | 250.1 | 0.0 | 0.00 | 219.2 | 87.64 | 30.9 | 12.36 |

从表 2.38 可知，不同植被类型树干茎流率为 0~6.84%，最大的是栎类阔叶林，这与阔叶林的树皮相对光滑，树枝分枝角度较小有很大关系。柑橘园和灌木林都没有树干茎流，主要是因为柑橘树的树干不明显，树干茎流可以忽略不计；而灌木林内都是矮小灌木，没有树干，也不产生树干茎流。

林内透雨在降雨的再分配中所占比例最大，影响林内透雨的主要因素是林冠的覆盖度及林冠的持水能力。不同森林类型的林内透雨率为 72.09%~87.64%，最大的是灌木林，最小的是栎类阔叶林。

影响树干茎流和林内透雨的因子共同影响着林冠截留量的大小。不同植被类型的林冠截留率为 12.36%~25.83%，最大的是柑橘园，主要是因为柑橘为常绿阔叶树种，而且林冠茂密，整个柑橘园覆盖度比较大，对雨水截留较多。然后依次是马尾松林、松柏混交林、栎类阔叶林和灌木林。

**3）林下凋落物层持水能力比较**

林下凋落物具有很强的保水作用，主要表现在对降雨的进一步吸收、改良土壤结构、增加土壤入渗作用、防止地表溅蚀及抑制土壤蒸发等方面。同期对不同植被类型的林下凋落物数量及持水量进行观测，柑橘园内凋落物极少，可以忽略不计，具体结果见表 2.39。

表 2.39 不同植被类型凋落物数量及持水量

| 类型 | 凋落物数量 未分解层 数量/(t/hm²) | 比例/% | 半分解层 数量/(t/hm²) | 比例/% | 总数量/(t/hm²) | 凋落物持水量/mm 未分解层 | 半分解层 | 总持水量 |
|---|---|---|---|---|---|---|---|---|
| 栎类阔叶林 | 3.99 | 21.49 | 14.58 | 78.51 | 18.57 | 0.78 | 3.30 | 4.08 |
| 马尾松林 | 4.76 | 38.51 | 7.60 | 61.49 | 12.36 | 0.58 | 1.13 | 1.71 |
| 松柏混交林 | 4.54 | 34.63 | 8.57 | 65.37 | 13.11 | 0.70 | 1.57 | 2.27 |
| 柑橘园 | 0.00 | 0.00 | 0.00 | 0.00 | 0.00 | 0.00 | 0.00 | 0.00 |
| 灌木林 | 2.17 | 29.17 | 5.27 | 70.83 | 7.44 | 0.36 | 0.85 | 1.21 |

从表 2.39 可知，不同植被类型的凋落物数量存在很大差别，总数量最多的是栎类阔叶林，然后依次是松柏混交林、马尾松林、灌木林和柑橘园。各森林类型的凋落物形态均以半分解层为主。

凋落物的持水能力由凋落物数量和凋落物持水特性共同决定。各植被类型凋落物半分解层持水能力明显强于未分解层，总持水量最大的是栎类阔叶林，然后依次是松柏混交林、马尾松林、灌木林和柑橘园。

**4）林地土壤蓄水能力比较**

林地土壤是森林生态系统中的水分储藏所和调节器，由于森林的存在，增加了土壤的孔隙，从而增强了土壤的渗透性能，因此即使是暴雨，径流也不至于急速，而是缓慢地流出。植被类型不同，林地表层的凋落物构成及地下根系的分布及生长发育也不会相同，从而引起林地土壤的蓄水能力的不同。通过同期调查与测定，得出不同植被类型土壤（0~20cm）的物理特性及持水量，见表 2.40。

表 2.40 不同植被类型土壤的主要物理性质及持水量

| 类型 | 稳渗速率 /(mm/min) | 渗透系数 /[mm/(cm²·min)] | 容重 /(g/cm³) | 毛管孔隙 孔隙度/% | 毛管孔隙 持水量/(t/hm²) | 非毛管孔隙 孔隙度/% | 非毛管孔隙 持水量/(t/hm²) | 总孔隙 孔隙度/% | 总孔隙 持水量/(t/hm²) |
|---|---|---|---|---|---|---|---|---|---|
| 栎类阔叶林 | 4.2 | 2.1 | 1.30 | 37.72 | 754.42 | 12.38 | 247.50 | 50.10 | 1 001.92 |
| 马尾松林 | 1.9 | 1.0 | 1.41 | 34.66 | 693.14 | 9.24 | 184.78 | 43.90 | 877.92 |
| 松柏混交林 | 3.8 | 1.9 | 1.35 | 34.54 | 690.86 | 11.84 | 236.88 | 46.39 | 927.74 |
| 柑橘园 | 2.8 | 1.4 | 1.38 | 36.15 | 722.98 | 10.15 | 202.96 | 46.30 | 925.94 |
| 灌木林 | 1.6 | 0.8 | 1.48 | 34.92 | 698.36 | 5.78 | 115.56 | 40.70 | 813.92 |
| 坡耕地（对照） | 1.4 | 0.7 | 1.52 | 32.84 | 656.70 | 3.73 | 74.52 | 36.56 | 731.22 |

从表 2.40 可知，不同植被类型土壤的孔隙度、容重及渗透性能等物理特性的优劣表现出很好的一致性，表现最好的是栎类阔叶林，这与阔叶林内凋落物丰富，对土壤的改良效果好有很大关系，然后依次是松柏混交林、柑橘园、马尾松林、灌木林及坡耕地。而孔隙度直接影响着土壤的蓄水量，不同植被类型土壤的蓄水量为 731.22~1 001.92t/hm²，蓄水量最大的是栎类阔叶林，然后依次是松柏混交林、柑橘园、马尾松林、灌木林及坡耕地。

**5）不同植被类型水土流失比较**

2005 年 7 月~2006 年 8 月，在降水因子相同、地形条件相似的条件下，对 6 种不同的植被类型在 6 场不同降水量条件下所产生的径流和土壤侵蚀情况进行观测，结果见表 2.41。

表 2.41 不同植被类型径流和侵蚀比较

| 类型 | 地表径流量/mm | 与对照相比削减率/% | 土壤侵蚀量/(t/hm²) | 与对照相比削减率/% |
|---|---|---|---|---|
| 栎类阔叶林 | 145.9 | 61.40 | 1.22 | 96.32 |
| 马尾松林 | 247.5 | 34.52 | 4.58 | 86.23 |
| 松柏混交林 | 184.6 | 51.16 | 1.70 | 94.89 |
| 柑橘园 | 235.4 | 37.72 | 6.42 | 80.69 |
| 灌木林 | 320.5 | 15.21 | 15.20 | 54.30 |
| 坡耕地（对照） | 378.0 | 0.00 | 33.26 | 0.00 |

从表 2.41 可以看出，坡耕地的径流量和土壤侵蚀量要明显高于其他植被类型，与对照相比，另外 5 种植被类型径流量削减率为 15.21%~61.40%，其中栎类阔叶林径流量最少，然后依次是松柏混交林、柑橘园、马尾松林和灌木林；土壤侵蚀量削减率为 54.30%~96.32%，其中栎类阔叶林土壤侵蚀量最少，然后依次是松柏混交林、马尾松林、柑橘园和灌木林。除马尾松林与柑橘园的径流量和侵蚀量顺序相反外，其他几种植被类型的径流量与侵蚀量表现出比较好的一致性，这说明土壤侵蚀量主要受地表径流量的影响，还与径流中的泥沙含量有关。

**6）不同植被类型水源涵养能力综合评价**

（1）评价指标选择。根据评价指标的选择原则，在分析森林涵养水源机理的基础上选择影响森林涵养水源能力的 3 个方面共 7 项指标，并建立综合评价指标体系，如

图 2.14 所示。

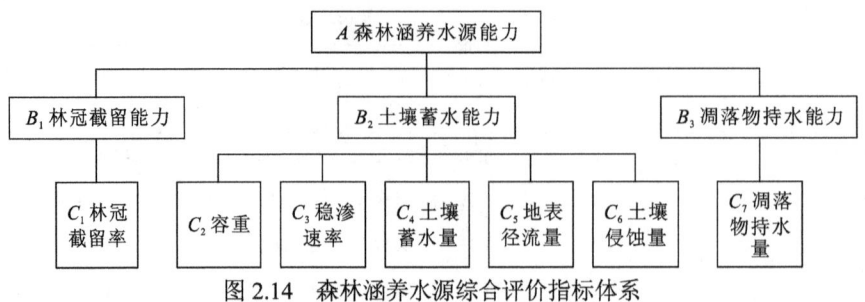

```
                    A 森林涵养水源能力
         ┌──────────────┼──────────────┐
    B₁ 林冠截留能力    B₂ 土壤蓄水能力    B₃ 凋落物持水能力
         │         ┌────┬────┬────┬────┐        │
    C₁ 林冠      C₂ 容重  C₃ 稳渗  C₄ 土壤  C₅ 地表  C₆ 土壤    C₇ 凋落
    截留率              速率    蓄水量  径流量  侵蚀量    物持水量
```

图 2.14　森林涵养水源综合评价指标体系

（2）各评价指标权重的确定。各个评价指标权重的确定在综合评价中占有非常重要的位置，它反映各指标的相对重要性。权重确定的合理与否将直接影响评判结果。依据层次分析法，请教有关从事该领域的专家，结合丹江口库区的生态环境，构造两两比较判断矩阵，经过一致性检验，最终计算确定各指标的权重，结果见表 2.42。

表 2.42　各评价指标权重值

| 指标代码 | $C_1$ | $C_2$ | $C_3$ | $C_4$ | $C_5$ | $C_6$ | $C_7$ |
|---|---|---|---|---|---|---|---|
| 权重（$W_i$） | 0.048 3 | 0.043 1 | 0.167 6 | 0.322 6 | 0.197 4 | 0.075 8 | 0.145 2 |

（3）指标的无量纲化处理。因为评价指标体系的量纲不同，并且指标间数量差异较大，所以不同指标间在量上不能直接进行比较，为此，必须使各种指标无量纲化，便于各类之间的比较和综合评价指标指数的计算。

对于数值越大，涵养水源能力越好的指标：$X_{无量纲化} = X_{实际} / (X_{max} + X_{min})$

对于数值越小，涵养水源能力越好的指标：$X_{无量纲化} = 1 - X_{实际} / (X_{max} + X_{min})$

式中：$X_{实际}$ 为不同植被类型某一评价指标的实际观测值；$X_{max}$ 和 $X_{min}$ 分别为不同森林类型某一评价指标的最大值和最小值。

（4）不同植被类型水源涵养能力的比较。根据表 2.39～表 2.41 的结果，利用水源涵养能力综合指数计算模型得出不同植被类型的水源涵养能力综合指数，数值越大，表示植被水源涵养能力越强，计算结果见表 2.43。

表 2.43　不同植被类型水源涵养能力

| 植被类型 | 栎类阔叶林 | 马尾松林 | 松柏混交林 | 柑橘园 | 灌木林 | 坡耕地 |
|---|---|---|---|---|---|---|
| 综合指数（$N$） | 0.735 6 | 0.513 8 | 0.630 4 | 0.496 9 | 0.405 1 | 0.255 5 |

分析以上权重计算结果可知，土壤蓄水能力、地被凋落物持水能力及林冠截留能力是影响森林水源涵养功能的重要因子；同时从水源涵养能力综合指数可以看到，栎类阔叶林是库区内最佳涵养水源林型，而坡耕地和灌木林的水源涵养能力较差，其他植被类型的水源涵养能力强弱顺序依次为松柏混交林、马尾松林和柑橘园。

4. 小结

（1）基于林冠层、凋落物层及土壤层三个生态作用层面上，对森林各生态层涵养水源功能进行了对比分析，结果表明：①丹江口库区不同植被类型的林冠截留率为12.36%~25.83%，林冠截留能力大小依次为柑橘园、马尾松林、松柏混交林、栎类阔叶林、灌木林；②不同森林类型的凋落物持水量为0~4.08 mm，持水量大小依次为栎类阔叶林、松柏混交林、马尾松林、灌木林、柑橘园；③不同植被类型土壤蓄水总量为731.22~1 001.92 t/hm²，蓄水能力大小依次为栎类阔叶林、松柏混交林、柑橘园、马尾松林、灌木林、坡耕地；④不同植被下产生的地表径流量为145.9~378.0 mm，径流量大小依次为坡耕地、灌木林、马尾松林、柑橘园、松柏混交林、栎类阔叶林。

（2）综合评价表明：丹江口库区几种植被类型中，栎类阔叶林水源涵养功能最佳，综合指数达到0.7356；灌木林最差，综合指数为0.405 1。各植被类型水源涵养功能大小依次为栎类阔叶林、松柏混交林、马尾松林、柑橘园、灌木林、坡耕地。

（3）由定量分析与综合评价结果表明，土壤蓄水能力、地被凋落物持水能力及林冠截留能力是影响森林水源涵养功能的重要因素，库区栎类阔叶林、松柏混交林、马尾松林等具有较好的水源涵养功能。因此，从库区生态林改造与提高水源涵养功能角度看，应大力营建阔叶林、混交林和马尾松林，提高其比例；同时要重点改造灌木林和林分质量较差的单层林、残次林和疏林，从整体上改善丹江口库区防护林的水源涵养功能。

## 2.3.5 大别山低山丘陵不同植被类型水土保持效益[①]

低山丘陵在长江中下游地区分布较广，占该区域面积的60%左右。该区长期存在人口密度大、森林质量不高、生态功能及生物多样性下降和生产力衰退等问题，容易发生水土流失，进而导致土壤退化和面源污染，是长江水系泥沙沉积、江河污染的重要来源及长江中下游水土流失的主要源地（刘艳 等，2010）。因此在该区域建立高效植被恢复模式，形成农林产业合理布局，构建小流域综合治理技术体系具有重要价值。

水土保持关系生态安全，是促进生态文明建设、保障经济社会可持续发展的重要基础。人们在认识和研究水土流失的过程中，已发现植被对水土流失具有很好的控制作用。植被的破坏会加速水土流失，反之，通过植被恢复可以减少水土流失。森林植被可以通过林冠截留、枯枝落叶层持水和土壤蓄水来发挥其水源涵养、水土保持、滞洪蓄洪和改善水质等生态服务功能（卢金伟和李占斌，2002；张青春 等，2002）。有关不同植被类型水土保持效益的差异研究，已有较多的研究报道（郑贵元 等，2017；徐清艳和周跃，2007；陈三雄 等，2007；王清 等，2005；李锡泉 等，2003）。本小节在大别山区红安县选择杉木林、毛竹林、茶园3种类型，并以荒坡地作为对照，通过对不同植被类型土壤蓄水能力和水土保持特征进行对比研究，为区域植被恢复及重建提供科学依据。

1. 研究区概况

红安县地处大别山南麓，位于鄂豫两省交界处，长江中游北岸。地势北高南低，海拔一般为200 m，属低山丘陵地区。红安县属亚热带季风气候，年平均气温为15.7℃，最高气温为41.5℃，最低气温为-14.5℃。全县无霜期平均为236.4 d；年均总日照为

---

① 引自：崔鸿侠.大别山低山丘陵不同植被类型水土保持效益研究.湖北林业科技，2018(5):1-3.

1 998.8 h，占可照时数 45%。全县年平均降水量为 1 116.2 mm，夏季降水量占年总降水量的一半，年平均降雪日为 8.3 d，年平均相对湿度为 77%。地带性土壤为黄棕壤，pH在 5.5～6.5，一般土层深 60～80 cm，主要树种有马尾松、湿地松、杉木、栎类、枫香等。

### 2. 研究方法

**1）观测设施建设**

在红安县选择杉木林、毛竹林、茶园 3 种类型，并以荒坡地作为对照，每种类型设置 3 块样地，样地大小为 20 m×20 m。在不同植被类型中分别选择 1 块坡度相近的样地，并在样地内修建 5 m×10 m 的径流场。在径流场附近建设自动气象站一个，进行大气降水、空气温湿度、土壤温湿度、蒸发等观测。

**2）土壤蓄水量测定**

在每块样地按照 0～20 cm 和 20～40 cm 两层分别采集土样，并重复 3 次。土壤容重和孔隙度采用环刀法测定，土壤饱和蓄水量采用如下公式计算：

$$W = 1\,000\,KH \tag{2.5}$$

式中：$W$ 为饱和蓄水量，mm；$K$ 为总孔隙度，%；$H$ 为计算土层厚度，cm。

**3）水土流失量测定**

每次降水后，量取径流场集水池中的水沙总量，然后将集水池中的水沙搅拌均匀，用量筒取 500 mL 水样，通过过滤、烘干测定泥沙含量。

### 3. 结果与分析

**1）土壤容重**

土壤容重是土壤的一个基本物理性质，与土壤质地、结构及腐殖质含量关系密切，对土壤的透气性、入渗性能、持水能力及土壤的抗侵蚀能力都有非常大的影响。不同植被发育的土壤，其土壤容重存在较大差别。从表 2.44 可知，各类型土壤容重相差较大，在 0～20 cm 土壤层，土壤容重最大的是荒坡地 1.47 g/cm³，其后依次是茶园 1.41 g/cm³ 和杉木林 1.38 g/cm³，毛竹林土壤容重最小为 1.35 g/cm³；在 20～40 cm 土壤层，土壤容重在 1.36～1.51 g/cm³，大小顺序与 0～20 cm 土壤层一致。与上层土壤相比，下层土壤容重均有一定程度的增加。与荒坡地相比，其他植被类型土壤容重均较低，说明植被覆盖对土壤结构具有较好的改良作用。茶叶虽然是当地一种较好的经济林模式，但常受到人为的干扰，也导致土壤容重较大，如果对该模式加强管理和维护，在发挥经济效益的同时，也能产生较好的生态效益。

**表 2.44　不同植被类型土壤结构特征**

| 植被类型 | 土层深度 /cm | 土壤容重 /(g/cm³) | 非毛管孔隙度 /% | 毛管孔隙度 /% | 总孔隙度 /% |
| --- | --- | --- | --- | --- | --- |
| 杉木林 | 0～20 | 1.38 | 5.27 | 35.29 | 40.56 |
|  | 20～40 | 1.40 | 3.78 | 33.38 | 37.16 |
| 毛竹林 | 0～20 | 1.35 | 7.18 | 34.46 | 41.64 |
|  | 20～40 | 1.36 | 7.12 | 32.13 | 39.25 |

续表

| 植被类型 | 土层深度/cm | 土壤容重/（g/cm³） | 非毛管孔隙度/% | 毛管孔隙度/% | 总孔隙度/% |
|---|---|---|---|---|---|
| 茶园 | 0~20 | 1.41 | 4.26 | 26.83 | 31.09 |
|  | 20~40 | 1.43 | 3.54 | 25.99 | 29.53 |
| 荒坡地 | 0~20 | 1.47 | 3.36 | 26.47 | 29.83 |
|  | 20~40 | 1.51 | 2.81 | 25.35 | 28.16 |

**2）土壤孔隙状况**

土壤孔隙是表征土壤结构的重要指标之一，土壤孔隙状况的评价常用总孔隙度、毛管孔隙度和非毛管孔隙度作为指标。从表 2.44 可以看出，不同植被类型的土壤非毛管孔隙度在 0~20 cm 深度为 3.36%~7.18%，在 20~40 cm 深度为 2.81%~7.12%，毛竹林土壤非毛管孔隙度最大，其后依次是杉木林、茶园和荒坡地。土壤毛管孔隙度在 0~20 cm 深度为 26.47%~35.29%，在 20~40 cm 深度为 25.35%~33.38%，杉木林土壤毛管孔隙度最大，其后依次是毛竹林、茶园和荒坡地。土壤总孔隙度在 0~20 cm 深度为 29.83%~41.64%，在 20~40 cm 深度为 28.16%~39.25%，毛竹林土壤总孔隙度最大，其后依次是杉木林、茶园和荒坡地。与荒坡地相比，其他植被类型的土壤非毛管孔隙度、毛管孔隙度和总孔隙度均有不同程度增加，且杉木林和毛竹林 2 种植被类型增加明显，这可能是林木的根系比较发达，能够对土壤的孔隙状况带来明显的改善作用。

**3）土壤饱和蓄水量**

土壤饱和蓄水量是指土壤孔隙全吸水后的饱和持水量，能够反映土壤的最大水分储存能力。利用孔隙度测定结果及公式计算不同植被类型下的土壤饱和蓄水量，可以发现各植被类型土壤饱和蓄水量的变化存在一定差异（图 2.15）。毛竹林 0~40 cm 层土壤饱和蓄水量最大（161.78 mm），其次是杉木林（155.14 mm）、茶园（121.24 mm），荒坡地土壤饱和蓄水量最小（115.98 mm）。与荒坡地相比，杉木林、毛竹林和茶园 0~40 cm 土壤饱和蓄水量分别增加 33.76%、39.48%和 4.54%，这说明植被覆盖较好的林地土壤蓄水能力明显高于其他无林地。土壤水分是影响低丘地区植被恢复的一个重要因素，因此培育土壤蓄水能力应该成为低丘生态恢复的重要内容。

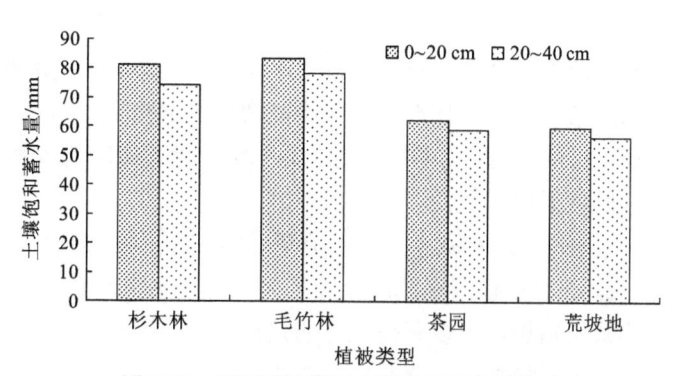

图 2.15 不同植被类型土壤饱和蓄水量比较

### 4）地表径流量、产沙量与输沙率

通过 2017～2018 年连续两年雨季对不同植被类型径流小区的定位观测,结果见表 2.45。由表 2.45 可知,在观测期内降水量为 855.1mm 的情况下,荒坡地(对照)坡面产流最大,达到 354mm。杉木林坡面产流为 202mm,为荒坡地产流量的 57.1%;毛竹林坡面产流为 178mm,为荒坡地产流量的 50.3%;茶园坡面产流为 232mm,为荒坡地产流量的 65.5%。与荒坡地相比,林地及茶园地表径流量均有较大程度减少,这主要是由于地上植被对土壤结构具有改善作用,增加了土壤孔隙度和蓄水能力。而茶园与其他两种林地相比,地表径流量偏大,这可能是由于乔木林的树冠对降水具有较大的截留作用,减少了大气降水到达林地的雨量,即相对减少了大气降水量。

表 2.45 不同植被类型观测期地表径流量、产沙量及输沙率

| 植被类型 | 面积/m² | 降水量/mm | 径流量/m³ | 产沙量/t | 输沙率/(t/m³) |
| --- | --- | --- | --- | --- | --- |
| 杉木林 | 50 | 855.1 | 9.3 | 0.071 4 | 0.007 7 |
| 毛竹林 | 50 | 855.1 | 8.9 | 0.057 9 | 0.006 5 |
| 茶园 | 50 | 855.1 | 11.6 | 0.132 2 | 0.011 4 |
| 荒坡地(对照) | 50 | 855.1 | 17.7 | 0.270 8 | 0.015 3 |

坡面产沙量是指坡面产生地表径流后,由于地表径流对地表土壤的冲刷而引起的泥沙流失量。输沙率是指单位径流量中所含泥沙的量,与产沙量成正比。不同植被类型的产沙量及输沙率见表 2.45。从表 2.45 中可看出,观测期不同植被类型产沙量大小顺序为荒坡地(对照)、茶园、杉木林、毛竹林,不同植被类型输沙率变化规律与产沙量一致。与荒坡地相比,其他几种植被类型产沙量减少 51.2%～78.6%,输沙率减少 25.5%～57.5%,表明林地及茶园均具有明显的保持土壤作用。这主要原因,一是林分具有强大的地下根系网络系统,增强了土壤的团聚能力,大大地提高了土壤的抗侵蚀性;二是林冠层对降水的有效拦截,降低了雨滴到达地面的速度,从而削弱了降水的动能,减弱了雨滴对地表的冲击力;三是林地地表凋落物多,可以保护地表免遭冲击,直接保护了土壤。

### 4. 小结

从土壤结构和水土流失两个方面对比分析了不同植被类型对大别山低山丘陵区水土流失的控制作用。与荒坡地相比,林地及茶园均能增加土壤孔隙度和蓄水能力,有效改善土壤结构,发挥水土保持效益。与茶园相比,乔木林土壤蓄水功能较强,对调节径流、减少降雨对坡面侵蚀的效果更明显。

与荒坡地相比,林地及茶园可减少地表径流量达 34.5%～49.7%,对土壤流失的控制率达到 51.2%～78.6%,该结果说明在低山丘陵区为了削减地表径流、防治水土流失,选择合理的植被恢复模式及措施,可以获得很好的治理效果。因此,从水土保持的角度来考虑,在裸露的荒坡地上,增加植被覆盖度对减少水土流失有重大意义。

## 2.3.6 低丘黄壤区不同植被恢复模式水土保持功能[①]

我国长江中下游地区低山丘陵分布广,面积大,占该区域面积的60%左右。低山丘陵区基本上都处于农林业结合的边缘地带,立地条件复杂多样,土地垦殖率较高,大多粗放经营,经济实力弱,产业开发缓慢,山绿民不富的矛盾突出。该区人口密度大,且易发生水力侵蚀,土壤侵蚀不可避免地导致了土壤退化和面源污染,是长江水系泥沙淤积、江河污染的重要来源及长江中下游水土流失的主要源地,历来是我国林业建设和生态工程建设的主战场。通过科学试验掌握该区森林结构及植被恢复模式的基本特征是提出高效的植被恢复模式、调整农林产业布局、改善林业开发利用模式、实施小流域综合治理的关键前提。探索出高效的生态经济型栽培利用模式,不仅能有效地减轻水土流失,保证小流域生态安全,而且有利于促进农业经济结构调整、生态产业发展和农民增收致富。

土壤侵蚀规律研究、水土保持措施效益分析与评价、土壤侵蚀预报模型的建立等都依赖于大量科学数据的观测、积累和分析,室内模拟和径流小区为上述数据的获取提供了技术平台(袁爱萍,2004)。本小节结合野外典型样地的植被、土壤调查及野外小区径流场地表产流产沙观测数据,分析比较各植被恢复模式的水土保持功能,为提出适宜长江中游低丘黄壤区推广的植被恢复措施及综合治理模式奠定基础。

1. 试验区

试验区位于湖北省东部的浠水县清泉镇象鼻咀村小流域,在地理上属于浠水、蕲春两县交界的低山与丘陵过渡地带。

2. 试验方法

**1) 样地选择及径流场布设**

根据实地踏查情况及试验需要,在小流域已有各植被恢复模式中选择马尾松林模式、桃树+黄花菜植物篱、板栗+黄花菜植物篱、竹+黄花菜植物篱、李+黄花菜植物篱模式作为野外径流场观测典型样地,并设撂荒地作对照。选择典型样地尽量保证各模式间的可比性,相对高差、水热状况、坡向、坡位、坡度等都是影响植被发育的主要因素,各样地间应相差不大。

在所选各模式样地中就梯地之势修建水土保持小区径流场,径流场为 5 m×20 m(水平矩)的长方形,顺坡向为长边,每种模式各设一个重复,重复小区紧邻。径流场 4 个边界均用 0.5 m 高的水泥墙体围筑而成。每个径流场下方对应一个 1 m×1 m×1 m 砖、水泥墙体且有防雨遮盖的径流池,池底用混凝土现浇而成。在径流场与径流池相连一端,沿径流场宽度方向设矩形断面的集流槽,将径流泥沙导入径流池,其表面铺设石棉水泥盖板,以防止雨水和灰尘落入。集流槽用砖砌砂浆抹面做成,表面平整光滑以减少沉积。用混凝土现浇时,在每一个径流池底沿池壁做一个 10 cm×10 cm 的凹型槽,砌砖时在池

---

[①] 引自:刘艳,刘学全.低丘黄壤区不同植被恢复模式水土保持功能分析.水土保持研究,2010(6):48-52.

壁相应的位置埋入直径为5cm的带盖的PVC管,连通到径流池外的排水沟。排径流水时打开连通管上的盖子,收集径流水时则盖上盖子再收集(路炳军 等,2009;中华人民共和国水利部,2006;张玉洪,1999;郑粉莉 等,1994)。

**2) 植被特征调查**

调查区域属长江中游地区的中亚热带常绿阔叶林地带,在先前确定的各植被恢复模式中选择具有地带性特征的植被群落,进行植被样方调查。每个样方的水平投影面积为20m×20m,样方内乔木层树种进行每木调查,灌草群落调查的样方设置在对角线上。调查灌木群落时,直接设置5个5m×5m的小样方;调查草本群落时,直接设置9个1m×1m的小样方。

植被调查的主要项目有:乔木的名称、高度、胸径、冠幅等;灌草的名称、平均高度、盖度、株(丛)数、地径等。密度和盖度调查均用估测法,调查密度时,丛生植物按丛数计算其个体数量,盖度用估测法测定其投影盖度。以下是植被群落特征各指标值的计算方法:

(1) 重要值。

乔木的重要值为

$$I_{乔木} = \frac{1}{300}（相对密度＋相对优势度＋相对频度）$$

灌木和草本植物重要值为

$$I_{灌木和草本} = \frac{1}{300}（相对密度＋相对盖度＋相对频度）$$

式中:相对密度＝每个种的密度/所有种的密度之和×100;相对优势度＝每个种所有个体的胸径断面积和/所有种个体的胸径断面积和×100;相对频度＝每个种的个体数量/所有种个体数量之和×100;相对盖度＝每个种的盖度/所有种的盖度之和×100。

(2) 丰富度指数。群落的丰富度指数采用Margalef丰富度指数计算,如式(2.6)。

$$R = (S-1)/\ln n \tag{2.6}$$

式中:$R$为Margalef丰富度指数;$S$为群落中物种总数;$n$为群落中所有物种的个体数之和。

(3) 多样性指数。群落的多样性采用辛普森(Simpson)和香农-维纳(Shannon-Wiener)多样性指数计算,如式(2.7)、式(2.8)。

$$D = 1 - \sum_{i=1}^{s} P_i^2 \tag{2.7}$$

$$H = -\sum_{i=1}^{s} P_i \ln P_i \tag{2.8}$$

式中:$D$为Simpson多样性指数;$H$为Shannon-Wiener多样性指数;$P_i$为物种$i$的重要值。

(4) 均匀度指数。均匀率指数$J$反映群落中个体的数目分布状况,即均匀程度,计算式为

$$J = -\sum_{i=1}^{s} P_i \ln P_i / \ln S \tag{2.9}$$

式中:$J$为均匀度指数,其余各项代表含义同上。

## 3)土壤取样及理化性质分析

在各典型样地中(径流场外)按"S"形随机挖取土壤剖面,分 0~20 cm、20~40 cm 两个土层深度进行环刀取样,每块样地重复 3 次,用于测定和计算土壤物理性质,包括含水量、土壤容重、总孔隙度、渗透系数等指标。同时每个样地每个重复取 1.0 kg 左右土壤带回实验室风干制样,进行化学性质分析,包括有机质、全氮、全磷、全钾、速效磷、速效钾等指标。

## 4)径流水采样及测试

降雨结束或期间发现产生径流时量测并记录水量,径流量大于 500 mL 时需采集径流水样。采集方法:每次采样时,先用清洁竹竿充分搅匀径流水,然后进行不同部位、不同深度多点采样,转入清洁矿泉水瓶中,贴上标签,供分析测试用。取完水样后,拧开每个径流池底排水凹槽处连通管的盖子,抽排径流水,排空后将径流池清洗干净,以备下一次采样和计量。

### 3. 结果与分析

#### 1)植被群落特征及土壤理化性质分析

(1)植被群落特征分析评价。各植被恢复模式的盖度、丰富度指数、多样性指数、均匀度指数等见表 2.46。其中马尾松天然林灌木层的盖度和均匀度指数最高,分别为 2.340、0.890;草本层丰富度指数最高,为 3.950。在人工植被恢复模式中,板栗+黄花菜模式盖度最高,为 1.716,其余各指标优势却不明显;李+黄花菜模式的丰富度指数、多样性指数 $H$ 值最高,分别为 3.960、2.342,多样性指数 $D$、均匀度指数也处于较高水平;撂荒地(对照)模式的多样性指数 $D$、均匀度指数最高,分别为 0.861、0.804,盖度及丰富度指数最低。

表 2.46 各恢复模式植被群落特征指标

| 植被恢复模式 | | 盖度 | 丰富度指数 $R$ | 多样性指数 $D$ | 多样性指数 $H$ | 均匀度指数 $J$ |
|---|---|---|---|---|---|---|
| 马尾松天然林 | 乔木层 | 1.732 | 0.588 | 0.345 | 0.874 | 0.357 |
| | 灌木层 | 2.340 | 1.780 | 0.817 | 1.852 | 0.890 |
| | 草本层 | 0.802 | 3.950 | 0.675 | 1.823 | 0.631 |
| 桃+黄花菜 | | 1.472 | 2.972 | 0.816 | 2.073 | 0.704 |
| 板栗+黄花菜 | | 1.716 | 2.455 | 0.798 | 1.841 | 0.680 |
| 竹+黄花菜 | | 1.072 | 2.840 | 0.829 | 2.067 | 0.730 |
| 李+黄花菜 | | 1.354 | 3.960 | 0.854 | 2.342 | 0.737 |
| 撂荒地(对照) | | 0.951 | 2.262 | 0.861 | 2.177 | 0.804 |

(2)土壤理化性质分析。通过典型样地取样分析,各植被恢复模式的土壤理化性质见表 2.47。

表 2.47　各植被恢复模式土壤理化性质

| 植被恢复模式 | 土层/cm | 物理指标 ||||  化学指标 ||||||
|---|---|---|---|---|---|---|---|---|---|---|---|
| | | 容重/(g/cm³) | 含水量 | 总孔隙度 | 渗透系数 | 有机质含量/(g/kg) | 全氮含量/(g/kg) | 全磷含量/(g/kg) | 全钾含量/(g/kg) | 速效磷含量/(mg/kg) | 速效钾含量/(mg/kg) |
| 马尾松天然林 | 0～20 | 1.486 | 0.239 | 0.439 | 4.00 | 27.88 | 2.083 | 0.084 | 1.679 | 4.38 | 135.0 |
| | 20～40 | 1.693 | 0.217 | 0.361 | 5.24 | 22.34 | 2.456 | 0.080 | 1.788 | 4.23 | 124.0 |
| 桃＋黄花菜 | 0～20 | 1.574 | 0.211 | 0.406 | 0.91 | 10.71 | 0.762 | 0.056 | 2.454 | 2.02 | 100.0 |
| | 20～40 | 1.623 | 0.196 | 0.388 | 1.71 | 8.77 | 0.550 | 0.033 | 2.100 | 2.13 | 89.5 |
| 板栗＋黄花菜 | 0～20 | 1.478 | 0.275 | 0.442 | 2.47 | 17.28 | 1.015 | 0.061 | 0.428 | 0.44 | 127.5 |
| | 20～40 | 1.400 | 0.308 | 0.472 | 4.40 | 11.69 | 0.896 | 0.049 | 0.420 | 0.67 | 100.0 |
| 竹＋黄花菜 | 0～20 | 1.478 | 0.305 | 0.442 | 3.03 | 12.16 | 0.715 | 0.071 | 0.507 | 2.00 | 110.0 |
| | 20～40 | 1.392 | 0.298 | 0.475 | 2.65 | 5.78 | 0.670 | 0.048 | 0.367 | 2.22 | 113.5 |
| 李＋黄花菜 | 0～20 | 1.491 | 0.304 | 0.437 | 0.64 | 12.58 | 0.951 | 0.045 | 0.731 | 0.30 | 52.5 |
| | 20～40 | 1.485 | 0.295 | 0.44 | 0.57 | 10.29 | 0.780 | 0.031 | 0.578 | 0.57 | 67.5 |
| 撂荒地（对照） | 0～20 | 1.507 | 0.235 | 0.431 | 2.74 | 13.56 | 0.813 | 0.136 | 1.366 | 3.96 | 102.5 |
| | 20～40 | 1.549 | 0.219 | 0.417 | 2.60 | 11.90 | 0.794 | 0.107 | 1.247 | 3.68 | 89.5 |

从表 2.47 中试验数据分析可知，各植被恢复模式土壤的主要物理性质差异不大。马尾松天然林模式的土壤渗透系数明显大于其他模式，在土壤容重方面也稍占优势，0～20 cm、20～40 cm 层间的土壤容重、总孔隙度相差较大；桃＋黄花菜模式的土壤容重最大，但含水量及土壤总孔隙度指标却小于其他模式；板栗＋黄花菜模式的土壤总孔隙度、渗透系数较大，含水量表现为 0～20 cm 层小于 20～40 cm 层；竹＋黄花菜模式的土壤含水量及总孔隙度、渗透系数均较大；李＋黄花菜模式的土壤含水量较大，但渗透系数最小；撂荒地（对照）模式的土壤容重、含水量、总孔隙度、渗透系数各物理指标均处于中下水平。

各植被恢复模式土壤的主要化学性质则表现比较复杂，差异也比较明显。马尾松天然林模式在土壤有机质、全氮、全磷、速效磷、速效钾含量方面均具有明显优势，其中有机质、全磷、速效磷、速效钾含量具有表聚性；桃＋黄花菜模式的全钾含量较高，但有机质、全氮含量较低，其余指标也不具比较优势，除速效磷外的指标均具有表聚性；板栗＋黄花菜模式的土壤有机质、全氮、速效钾含量较高，但速效磷、全钾含量较低，除速效磷外的指标均具有表聚性；竹＋黄花菜模式的土壤全磷、速效钾含量稍高，但有机质、全氮、全钾含量均较低，除速效磷、速效钾外的指标均具有表聚性；李＋黄花菜模式的土壤全氮量稍高，速效磷、速效钾含量均最低，其余指标不占比较优势，除速效磷、速效钾外的指标均具有表聚性；撂荒地（对照）模式的土壤全磷、速效磷含量较高，其余化学指标均处于比较系列的中间位置，除速效磷外的指标均具有表聚性。

土壤调查结果显示，各植被恢复模式下土壤的主要物理性质差异不大，主要化学性质则表现复杂，差异也比较明显，土壤养分具明显的表聚现象。综合以上各理化指标的分析，各植被恢复模式中马尾松天然林的土壤状况最好，板栗＋黄花菜次之，桃＋黄花菜、李＋黄花菜、竹＋黄花菜与撂荒地（对照）模式相差不大。

(3) 各模式地表径流、土壤侵蚀削减率比较分析。因条件限制,野外径流场水土流失观测难以控制,各种植被恢复模式在同一降雨条件下的产流、产沙特征差异较大,某一模式在降雨开始数小时后即开始发生地表产流,而别的模式则可能需要更长时间才发生,尤其是在雨强较小的情况下。故将一定观测期内各次观测的径流、泥沙进行累加作为一个观测数据。选取 2008 年 7～8 月、2009 年 4～5 月、2009 年 6～7 月三个时期观测的地表径流、泥沙流失数据进行分析比较(以撂荒地作对照),详见表 2.48～表 2.50。

表 2.48 各恢复模式地表径流和土壤侵蚀比较(一)

| 植被恢复模式 | 地表径流量/($m^3/hm^2$) | 地表径流削减率/% | 土壤侵蚀量/($t/hm^2$) | 土壤侵蚀削减率/% |
|---|---|---|---|---|
| 马尾松天然林 | 25.34 | 34 | 3.01 | 84 |
| 桃+黄花菜 | 31.34 | 18 | 9.23 | 50 |
| 板栗+黄花菜 | 30.50 | 20 | 5.23 | 71 |
| 竹+黄花菜 | 35.58 | 7 | 9.47 | 48 |
| 李+黄花菜 | 36.45 | 5 | 12.05 | 34 |
| 撂荒地(对照) | 38.26 | 0 | 18.34 | 0 |

注:观测时间为 2008 年 7～8 月

表 2.49 各恢复模式地表径流和土壤侵蚀比较(二)

| 植被恢复模式 | 地表径流量/($m^3/hm^2$) | 地表径流削减率/% | 土壤侵蚀量/($t/hm^2$) | 土壤侵蚀削减率/% |
|---|---|---|---|---|
| 马尾松天然林 | 29.56 | 41 | 4.23 | 82 |
| 桃+黄花菜 | 38.50 | 23 | 10.48 | 54 |
| 板栗+黄花菜 | 36.60 | 27 | 7.74 | 66 |
| 竹+黄花菜 | 41.72 | 16 | 10.90 | 53 |
| 李+黄花菜 | 45.78 | 8 | 15.56 | 32 |
| 撂荒地(对照) | 49.80 | 0 | 23.00 | 0 |

注:观测时间为 2009 年 4～5 月

表 2.50 各恢复模式地表径流和土壤侵蚀比较(三)

| 植被恢复模式 | 地表径流量/($m^3/hm^2$) | 地表径流削减率/% | 土壤侵蚀量/($t/hm^2$) | 土壤侵蚀削减率/% |
|---|---|---|---|---|
| 马尾松天然林 | 57.24 | 50 | 7.18 | 86 |
| 桃+黄花菜 | 88.4 | 22 | 25.74 | 49 |
| 板栗+黄花菜 | 65.78 | 42 | 18.54 | 63 |
| 竹+黄花菜 | 98.46 | 13 | 26.78 | 47 |
| 李+黄花菜 | 106.80 | 6 | 35.45 | 30 |
| 撂荒地(对照) | 113.45 | 0 | 50.67 | 0 |

注:观测时间为 2009 年 6～7 月

从以上三个观测期的数据可以看出，与撂荒地（对照）模式进行比较的所有模式中，马尾松天然林模式的地表径流与土壤侵蚀削减率均最大，蓄水、保土能力最为明显，人工植被恢复模式的蓄水、保土能力大小为板栗＋黄花菜、桃＋黄花菜、竹＋黄花菜、李＋黄花菜，均超过撂荒地（对照）模式。

（4）各种植被恢复模式水土保持功能分析。以撂荒地（对照）模式的水土保持功能分析，从植被群落特征来看，撂荒地（对照）模式的多样性指数 $D$、均匀度指数最高，盖度及丰富度指数较低，从土壤理化性质来看，撂荒地（对照）模式的土壤容重、含水量、总孔隙度、渗透系数各物理指标均处于 5 种植被恢复模式中的中下水平，土壤全磷、速效磷含量较高，其余化学指标均处于中等水平，土壤有机质、全氮、全磷、全钾、速效钾均具有表聚性。结合野外小区径流场观测数据，由于植被盖度、土壤肥力等方面的不利影响，撂荒地（对照）模式的蓄水、保土功能较差，不同程度地低于其他 5 种植被恢复模式。

以马尾松林为代表的天然林水土保持功能分析，从植被群落特征来看，马尾松天然林分乔、灌、草三层植被结构及林下约 0.3 cm 厚的枯落层，其灌木层的盖度、丰富度指数、多样性指数、均匀度指数等指标均高于乔木层和草本层。各植被恢复模式中马尾松天然林灌木层的盖度和均匀度指数最高，草本层的丰富度指数最高；从土壤理化性质来看，马尾松天然林模式的土壤渗透系数明显大于其他模式，在土壤容重方面也稍占优势，0~20 cm、20~40 cm 层间的土壤容重、总孔隙度相差较大，在土壤有机质、全氮、全磷、速效磷、速效钾含量方面均具有明显优势，其中有机质、全磷、速效磷、速效钾含量具有表聚性。结合野外小区径流场观测数据，多方面分析指标的明显优势决定了马尾松天然林模式的水土保持功能居于各植被恢复模式之首。与撂荒地（对照）模式相比，它的地表径流削减率约为 40%，土壤侵蚀削减率更是高达 80% 以上，水土保持功能非常显著。

以板栗＋黄花菜为代表的经济林＋植物篱模式水土保持功能分析，从植被群落特征来看，板栗＋黄花菜模式的盖度在人工植被恢复模式中最高，丰富度指数、多样性指数、均匀度指数不显优势；从土壤理化性质来看，板栗＋黄花菜模式的土壤有机质、全氮、速效钾含量较高，但速效磷、全钾含量较低，除速效磷外的指标均具有表聚性。结合野外小区径流场观测数据，板栗＋黄花菜模式的水土保持功能在人工植被恢复模式中稍显优势。与撂荒地（对照）模式相比，它的地表径流削减率为 30% 左右，土壤侵蚀削减率约为 67%，以其为代表的经济林＋植物篱模式的水土保持功能与天然林模式还有一定差距。

### 4. 讨论

（1）由于自然降雨复杂多变，难以进行全过程观测，通过野外径流场试验收集的相关数据具有很大的局限性，故本试验中由于人力、时间等条件的限制，将一定观测期内各植被恢复模式各次观测的径流、泥沙进行累加作为一个观测数据，以撂荒地作对照进行地表径流、土壤侵蚀削减率分析比较，偏颇之处在所难免。

（2）水土流失包括水的损失和土壤侵蚀两部分。此外，由于径流和土壤侵蚀中携带着大量的养分流失，因此具体来讲应包含土壤侵蚀、径流流失和养分流失三部分（解明曙和庞薇，1993；王汉存，1992）。本试验中并未涉及养分流失方面的特征分析，希望在以后不断改进试验条件的同时更多地涉足其中，使试验数据更具说服力与实用性。

（3）以板栗＋黄花菜模式为代表的经济林＋植物篱模式的水土保持功能比起天然林

模式还有一定差距。考虑研究区域天然林面积日益减少及当地经济社会发展等因素，此种植被恢复模式在研究区域具有一定的发展前景。但是本小节主要从各植被恢复模式的水土保持功能，即水土保持基础效益入手，若要涉及经济、生态、社会各方面的效益，还要具体考察其市场行情，才能确定适宜当地的最佳模式，走优质高效之路，实现效益最大化，才能确保选定模式的区域推广性。

## 2.4 水源涵养林改造[①]

丹江口湖北库区周边森林植被类型主要为马尾松-栓皮栎-茅草、马尾松-白刺花-茅草、松柏混交林和以栓皮栎为代表的阔叶林，且大多是人工针叶林，地带性阔叶次生林较为少见。库区森林植被特征表现为林种结构、林内空间结构和林龄结构单一，林分老化、退化现象严重，林分水源涵养等生态功能下降。针对以上突出问题，提出相应林分改造技术措施，为库区生态林体系建设提供依据。本节以丹江口湖北库区水源涵养林改造技术为例做具体说明。

### 1. 研究区

研究区位于南水北调中线工程水源地丹江口库区。

### 2. 研究方法

**1）植被调查方法**

采用线路调查和典型调查相结合的方法，调查范围以在丹江口库区最有代表性的龙口林场植被为主，开展群落生物学和生态学调查。具体方法是，设置 10 m×20 m 样地，进行乔木调查，调查树种、胸径、树高、枝下高、冠幅、生长势及病虫害情况等；在样地内机械布置 4 个 2 m×2 m 小样方，开展下木及草本调查，主要调查植物种类、高度、盖度；开展林地土壤剖面调查和林地侵蚀情况调查，主要调查土壤厚度、土壤类型、容重、石砾含量，以及地表侵蚀类型、程度等。

**2）分析方法**

根据森林生态学原理，采用"空间序列代替时间序列"的方法，对库区周边主要森林植被类型的群落组成、特征和演替过程进行分析，从而为人为"合理干预"提供依据；根据森林培育学原理并结合林分改造目标及库区低质林分类情况，提出具有针对性的改造措施；土样理化性质分析采用常规分析法。

### 3. 结果与分析

**1）植被类型与基本特征分析**

通过线路调查和典型抽样相结合的方法，共调查 6 个森林类型 20 块样地（平均每个类型重复 3~4 次），挖土壤剖面 20 个，取土样 20 个，环刀取样 60 个。野外调查结果表明，丹江口库区周边植被类型主要有 6 个：(Ⅰ) 马尾松（*Pinus massoniana*）纯林[马尾松-

---

① 引自:刘学全.丹江口湖北库区水源涵养林改造技术研究.南京林业大学学报(自然科学版),2009(1):59-63.

白花刺（*Pophora viciifolia* Hance）-茅草（*Stipa tenacissima*）]；(Ⅱ) 马尾松纯林[马尾松-栓皮栎（*Quercus variabilis*）-茅草]；(Ⅲ) 松柏混交林[黑松（*Pinus thunbergil*）＋侧柏（*Platycladus orientalis*）]；(Ⅳ) 松柏混交林（马尾松＋黑松＋侧柏）；(Ⅴ) 栓皮栎阔叶林；(Ⅵ) 柑橘园。各类林分的基本特征（表2.51）表述如下。

**表2.51 林分基本组成及其生境特征**

| 林分类型 | 起源 | 林龄/年 | 坡度/(°) | 坡向 | 坡位 | 土壤类型 | 土壤厚度/cm | 树种组成 | 平均树高/m | 平均胸径/cm | 郁闭度 | 林下植物 |
|---|---|---|---|---|---|---|---|---|---|---|---|---|
| Ⅰ | 人工林 | 34 | 23 | 西北 | 中坡 | 黄棕壤 | 4 | 马尾松 | 8.0 | 11.6 | 0.85 | 白花刺、盐肤木、苦楝、黄荆条、鸡窝草、茅草、白草 |
| Ⅱ | 人工林 | 34 | 25 | 东南 | 上坡 | 黄棕壤 | 4 | 马尾松 | 8.0 | 12.4 | 0.55 | 栓皮栎、盐肤木、槲栎、茅草、白草 |
| Ⅲ | 人工林 | 34 | 26 | 西 | 中坡 | 黄棕壤 | 4 | 侧柏 | 6.6 | 9.5 | 0.60 | 栓皮栎、侧柏、茅草、茅针、鸡窝草、龙须草 |
|  |  |  |  |  |  |  |  | 黑松 | 7.4 | 12.3 |  |  |
| Ⅳ | 人工林 | 34 | 15 | 西 | 上坡 | 黄棕壤 | 3 | 黑松 | 5.6 | 10.0 | 0.40 | 酸枣、侧柏、白花刺、茅草、茅针、鸡窝草、白草、龙须草 |
|  |  |  |  |  |  |  |  | 马尾松 | 7.1 | 10.6 |  |  |
|  |  |  |  |  |  |  |  | 侧柏 | 7.0 | 9.8 |  |  |
| Ⅴ | 次生林 | 12 | 30 | 东南 | — | 黄棕壤 | 7 | 栓皮栎 | 9.3 | 8.0 | — | 栓皮栎、盐肤木、槲栎、黄荆条、茅草 |
| Ⅵ | 人工林 | — | 20 | 东 | 上坡 | 黄棕壤 | 20 | 柑橘 | 2.1 |  |  | 甘薯、芝麻 |

马尾松纯林（马尾松-白刺花-茅草）：以马尾松为建群树种，林龄27年。群落样方立木统计46株，平均胸径为11.6cm，树高为7.9m，郁闭度为0.85，林下植物有白花刺平均高度为165.0cm，盖度为31.3%；盐肤木，平均高度为10.0cm，盖度为2.8%；黄荆条（*Negundo chastetree*）平均高度50.0cm，盖度1.1%；苦楝（*Melia azedarch*）平均高度25.0cm，盖度0.8%；栓皮栎平均高度为210.0cm，盖度为6.3%，茅草及鸡窝草（*Digitaria sanguinalis*）平均高度为17.0cm，盖度为24.5%。

马尾松纯林（马尾松-栓皮栎-茅草）：以马尾松为建群树种，林龄27年。样方立木统计46株，郁闭度为0.55，马尾松平均胸径为12.4cm，树高为7.97m。林下植物主要有栓皮栎，平均高度为143.0cm，平均盖度35%；盐肤木（*Rhus chinensis*）平均高度为10cm，盖度为0.8%；槲栎（*Quercus aliena*）平均高度为140cm，盖度为6.3%；茅草平均高度为36.7cm，盖度为51.3%；

松柏混交林（黑松＋侧柏-栓皮栎-茅草）：该群落以侧柏、黑松为建群树种，林龄27年，群落样方（200m²）立木统计39株，其中侧柏24株，黑松9株，伴生植物栓皮栎2株，马尾松1株。侧柏的平均胸径为9.5cm，平均树高为6.6m。黑松的平均胸径为12.3cm，树高为7.4m，郁闭度为0.69。林下植物有栓皮栎，平均高度为190.0cm，盖度为32.5%；侧柏平均高度为30.0cm，盖度为2.3%；茅草平均高度为36.3cm，盖度为52.8%，林下还有少量的茅针、鸡窝草、龙须草。该林也是1971年人工造林。

松柏混交林（马尾松＋黑松＋侧柏-白花刺-酸枣-草）：该群落以黑松、马尾松、侧柏为建群树种，群落样方（200m²）立木统计42株，其中黑松24株，马尾松11株，侧柏为 7 株,调查地点为龙口林场西坡的上坡,郁闭度为 0.4,其中黑松的平均胸径为 10.0 cm,平均树高为 5.70 m,马尾松平均胸径为 10.6 cm,平均树高为 7.1 m,侧柏平均胸径为 9.8 cm,平均树高为 7.0 m。林下植物酸枣平均高度为 60.0 cm,盖度为 5%;侧柏平均高度 220.0 cm,盖度为 5%;白花刺平均高度 50.0 cm,盖度为 7.5%;茅草高为 33.8 cm,盖度 46.3%;林下还有少量的茅针、鸡窝草、白草、龙须草。

栓皮栎阔叶林(栓皮栎-黑汉条-蒿草):该群落以栓皮栎为建群树种,林龄 12 年。样方立木统计 44 株,其中栓皮栎 30 株,槲栎 8 株,化香 6 株,调查地点为龙口林场,为西坡的上坡,郁闭度为 0.6,其中栓皮栎的平均胸径为 9.3 cm,平均树高为 8.0 m;槲栎平均胸径为 7.6 cm,平均树高为 7.5 m;化香平均胸径为 6.8 cm,平均树高为 7.0 m。林下灌木平均高度为 120.0 cm,平均盖度为 55%;主要灌木有大量萌生的栓皮栎、槲栎、化香等,另有黑汉条、盐肤木、野蔷薇等;草本以苔草、蒿、蕨类为主,比较稀疏,盖度为 30%,坡度为 35°,较陡峭,地表冲刷较严重。

柑橘园为 1978 年人工种植的柑橘园。样方立木统计 15 株,树高为 2.1 m,株行距为 3.5 m×2.5 m。其与甘薯、芝麻等农作物套种。

**2)林分结构变化分析**

一般来讲,在群落中凡是在下层有很高的频度,上层频度较低者,其生态特性与该立地条件相适应,该树种属进展种,它们是未来群落的主要组成者;凡在群落的各个层次中具有正常频度曲线,依一定比例出现于各个层次的树种属巩固种;凡是在下层频度低或者根本不存在,上层频度较高的树种属衰退种;分层频度无一定规律性,即看不出进展或衰退的特性属于随遇种。因此,根据以上判别标准,采用层次频度分析法对以上调查植被类型的群落及其主要组分的演替趋势进行分析(表 2.52)。结果表明所调查林分结构变化有如下特征:①在 4 个人工林分中,上层木如马尾松、黑松、侧柏等在林下出现的频度极小(仅侧柏为 25%,马尾松、黑松为 0),表明尽管目前马尾松、黑松、侧柏为建群种,但在未来演替中将被取代,因而属衰退种;②由表 2.52 可以看到,林下植被以栓皮栎和白花刺为代表,其出现频度较高,如栓皮栎为 60、酸枣为 50、盐肤木为 28.6、槲栎为 20、白花刺为 28.6。由此可见以栓皮栎、盐肤木、槲栎等和白花刺为代表的北亚热带阔叶树种在林分中属进展种,有良好的适应性,是林下改造的首选树种;③栓皮栎阔叶林为地带性次生林,属自然演替的结果,从频度分析看,其结构稳定,因此在林分改造中应以封育为主,防止人畜破坏(连华萍,1999;唐宏伟和王本传,1999;庄晨辉,1995)。

表 2.52 群落层次频度分析表

| 林分类型 | 林下树种 | 相对频度(×100) | 林分类型 | 林下树种 | 相对频度(×100) |
|---|---|---|---|---|---|
| I | 栓皮栎 | 60 | II | 盐肤木 | 28.6 |
| | 盐肤木 | 20 | | 白花刺 | 28.6 |
| | 槲栎 | 20 | | 黄荆条 | 14.3 |
| III | 酸枣 | 50 | | 苦楝 | 14.3 |
| | 侧柏 | 25 | | 栓皮栎 | 14.3 |
| | 白花刺 | 25 | IV | 栓皮栎 | 60.0 |
| 柑橘园 | — | — | | 侧柏 | 40.0 |

以上林分结构变化分析为林分改造（如林分结构调整、树种选择、管护措施等）提供了理论依据。

### 3）主要低效林类型及其改造技术

主要低效林改造技术配置如表 2.53 所示。

**表 2.53  主要低效林改造技术配置表**

| 低效林类型 | 结构与功能特征 | 改造措施 | 树种配置 | 造林方式 | 配置规格/m 株距 | 配置规格/m 行距 |
|---|---|---|---|---|---|---|
| 马尾松林 | 树种单一，多代择伐，林木稀疏，林地衰退 | 改纯林为针阔混交林，配置阔叶树种 | 栓皮栎、麻栎、枫香、东京野茉莉等 | 人工植苗直播 | 2.0 | 3.0 |
| 松柏林 | 土层薄，林分稀疏，生长缓慢 | 补植栎类、刺槐等阔叶树种，改单层林为复层林、纯林为混交林 | 刺槐、麻栎等、东京野茉莉、辐射松等 | 人工植苗直播 | 2.5 | 2.5 |
| 栎类林 | 多代萌发、生长量低 | 更新改造，营建混交林 | 马尾松等针叶树 | 人工植苗 | 1.5 2.5 | 2.0 3.0 |
| 柑橘园 | 林分生长缓慢、老化、品质较差 | 高位嫁接更换品种 | 高位嫁接金水柑 | — | — | — |

马尾松低效林：主要特征为树种单一，多代择伐，林木稀疏，林地衰退，生长量低，生态效益差。改造措施为改纯林为针阔混交林，配置阔叶树种，如栓皮栎、麻栎、枫香、东京野茉莉等。

松柏低效林：主要特征为树种单一，土层薄，结构差，石砾含量多，呈碱性。造林成活率低，生长缓慢，多为疏林，防护功能差。改造措施以补植栎类、刺槐等阔叶树种为主，改单层林为复层林，改纯林为混交林，以达到调整树种结构、改善林地环境、增加郁闭度的目的。

栎类低效林：形成原因一是由于多次采伐后经多代萌生，林分质量逐渐下降；二是栎类树种的生长需要大量的钙，林下土壤不断呈酸性化，导致栎类在多代萌生后地力下降。因此，该类低效林的改造宜采用局部改造与更新改造相结合的方法，配置马尾松等针叶树种，形成针阔混交林，改善林地的物理结构其化学性状（刘传祥 等，2005；蓝肖 等，2003；田国启，1996；王宗喜 等，1996；王炳生和汪群，1996；隋传顺，1994）。

### 4. 讨论

通过以上对丹江口湖北库区周边主要植被类型的典型调查和分析，可以看到库区周边植被在结构和功能上存在以下问题：①人工针叶林面积较大，导致林种、树种单一，林地退化严重，生产力低下。27 年生的马尾松胸径仅有 12 cm 左右，生长不良，小老头林、郁闭度在 0.5 以下的疏林普遍存在，林地冲刷严重，水源涵养功能较差。②水源涵养功能较好的阔叶林、针阔混交林等地带分布性植被较少。由于历史原因，库区自然分布的阔叶林被砍伐殆尽，目前仅残存少量的次生林，林相破坏严重。③管护粗放，病虫害、火灾等自然灾害严重的林分大量存在，严重影响了林分的生态防护功能。

针对库区植被存在的问题，以恢复森林水源涵养功能为目标，提出以下改造措施：①林分结构改造，注重林分乔、灌、草空间结构的配置，依据森林培育学、森林生态学原理，改单层林为复层林，改纯林为混交林；②引种和补植，针对库区气候干旱，造林成活率低的特点，根据适生性原则，以筛选地带性林下树种为主（如栓皮栎、槲栎、白花刺、盐肤木等），引进耐旱新品种为辅（如引种适生性较强的东京野茉莉、辐射松等），通过引种抗性强的树（草），提高造林成活率以消除林窗，提高林分郁闭度；③加强抚育管理，主要是采用封山育林、加强抚育、病虫害防治等管理措施来实现林分质量的改善。

# 参 考 文 献

蔡晟, 刘学全, 张家来, 等, 2000. 鄂西三峡库区大老岭珍稀树木群落特征研究[J]. 应用生态学报, 11(2): 165-168.

陈三雄, 谢莉, 张金池, 等, 2007. 黄埔江源区主要植被类型土壤水土保持功能研究[J]. 中国水土保持 (3): 33-35.

陈玉生, 张卓文, 韩兰, 等, 2005. 连峡河小流域不同森林类型凋落物持水特性研究[J]. 华中农业大学学报, 24(2): 207-212.

崔鸿侠, 张卓文, 陈玉生, 等, 2005. 三峡库区连峡河小流域马尾松水文生态效应[J]. 中南林学院学报, 25(2): 46-49.

崔向慧, 王兵, 邓宗富, 2004. 江西大岗山常绿阔叶林水文生态效应的研究[J]. 江西农业大学学报, 26(5): 660-665.

杜佐华, 1999. 三峡库区的水土保持与生态环境[J]. 中国水土保持(5): 7-9.

杜国举, 李建兵, 2002. 丹江口水库水源区水土保持生态环境建设与发展对策[J]. 水土保持通报, 22(5): 66-68.

范荣生, 李占斌, 1991. 用于降雨侵蚀的人工模拟降雨装置实验研究[J]. 水土保持学报(2): 38-45.

冯秀云, 赵继红, 2001. 黑龙江省东南部山区气候特征分析[J]. 黑龙江气象(2): 40-41.

傅涛, 2001. 坡耕地土壤侵蚀研究进展[J]. 水土保持学报, 15(3): 125-128.

高甲荣, 1998. 秦岭林区锐齿栎林林水文效应的研究[J]. 北京林业大学学报, 11(6): 31-35.

高甲荣, 刘德高, 吴家兵, 2000. 密云水库北庄示范区水源保护林林种配置研究[J]. 水土保持学报, 14(1): 12-17.

宫渊波, 麻泽龙, 陈林武, 等, 2004. 嘉陵江上游低山暴雨区不同水土保持林结构模式水源涵养效益研究[J]. 水土保持学报, 18(3): 28-36.

郭宏忠, 冯明汉, 赵健, 等, 2010. 三峡库区水土流失防治分区及防治对策[J]. 西南农业大学学报(社会科学版), 8(3): 25-27.

郭剑芬, 杨玉盛, 陈光水, 等, 2006. 森林凋落物分解研究进展[J]. 林业科学, 42(4): 93-100.

郭景唐, 刘曙光, 1988. 华北油松人工林树枝特征函数对干流量影响的研究[J]. 北京林业大学学报, 10(4): 11-16.

郭庆海, 2011. 小浪底库区低效刺槐防护林改造技术研究[J]. 河南林业科技, 31(1): 39-41.

何汉杏, 韦炳贰, 1991. 广西龙桥林区不同植被类型水文效益的研究[J]. 中南林学院学报, 11(1): 25-33.
何明月, 2009. 北京密云水库集水区水源保护林近自然分析与经营模式[D]. 北京: 北京林业大学.
黄承标, 梁宏温, 1994. 广西亚热带主要林型的树干茎流[J]. 植物资源与环境, 3(4): 10-17.
贾云, 杨会侠, 王卫, 等, 2010. 辽东山地不同退耕还林模式的生态效益[J]. 林业科学, 46(3): 44-51.
金慧芳, 韦杰, 贺秀斌, 2011. 三峡库区面向水土保持的土地利用模式[J]. 中国水土保持, 10: 36-38.
康苗, 冯磊, 孙保平, 等, 2012. 重庆合川区坡耕地退耕还林后改土效应研究[J]. 中国农学通报, 28(16): 89-94.
蓝肖, 黄大勇, 曹艳云, 等, 2003. 人工促进马尾松林天然更新技术[J]. 广西林业科学, 32(4): 188-190.
李海涛, 于贵瑞, 李家永, 等, 2007. 亚热带红壤丘陵区四种人工林凋落物分解动态及养分释放[J]. 生态学报, 27(3): 898-908.
李美娟, 陈国宏, 陈衍泰, 2004. 综合评价中指标标准化方法研究[J]. 中国管理科学, 12(专刊): 45-48.
李世荣, 李文忠, 李福源, 等, 2006. 青海省大通县退耕还林生态功能综合评价[J]. 水土保持通报, 26(2): 65-68.
李锡泉, 田育新, 袁正科, 等, 2003. 湘西山地不同植被类型的水土保持效益研究[J]. 水土保持研究, 10(2): 123-126.
李元寿, 王根绪, 沈永平, 等, 2005. 长江源区不同植被覆盖下产流产沙效应初步研究[J]. 冰川冻土, 27(6): 869-875.
连华萍, 1999. 国有林场马尾松速生丰产合理经营密度的研究[J]. 福建林业科技, 26(2): 55-58.
林武星, 叶功富, 徐俊森, 等, 2003. 滨海沙地木麻黄基干林带不同更新方式综合效益分析[J]. 林业科学, 39(专刊1): 112-116.
刘霞, 车克钧, 2004. 祁连山青海云杉林凋落物层水文效应分析[J]. 甘肃农业大学学报, 39(4): 434-438.
刘艳, 刘学全, 崔鸿侠, 等, 2010. 低丘黄壤区不同植被恢复模式水土保持功能分析[J]. 水土保持研究, 17(6): 48-52.
刘传祥, 李久贵, 吕长伟, 2005. 根据多样性原理比较天然林与人工林的稳定性[J]. 林业勘查设计(2): 51.
刘飞鹏, 曾曙才, 莫罗坚, 等, 2013. 尾叶桉人工林改造对土壤和凋落物持水效能的影响[J]. 生态学杂志, 32(5): 1111-1117.
刘小林, 李惠萍, 郑子龙, 等, 2016. 小陇山林区主要林地类型土壤入渗特征[J]. 甘肃农业大学学报, 51(6): 89-94.
刘学全, 唐万鹏, 汤景明, 等, 2002. 鄂西三峡库区防护林林分质量综合评价[J]. 应用生态学报, 13(7): 911-914.
刘学全, 唐万鹏, 章建斌, 等, 2006. 丹江口湖北库区水源涵养林改造技术研究[J]. 湖北林业科技(5): 3-6.
刘学全, 唐万鹏, 崔鸿侠, 2009. 丹江口库区主要植被类型水源涵养功能综合评价[J]. 南京林业大学学报(自然科学版), 33(1): 59-63.
刘泽田, 毕庆雨, 1996. 数量化在林业工作中的应用[J]. 河北林学院学报, 11(3): 247-252.
卢金伟, 李占斌, 2002. 植被在水土保持中的地位和作用[J]. 水土保持学报, 16(1): 80-83, 102.
路炳军, 袁爱萍, 张超, 2009. 坡地径流场监测数据质量控制[J]. 北京水务, 增刊(2): 55-57.
罗新萍, 2012. 云南泸水5种生态公益林凋落物持水性研究[J]. 西南林业大学学报, 32(4): 51-55.

马文济, 赵延涛, 张晴晴, 等, 2014. 浙江天童常绿阔叶林不同演替阶段地表凋落物的 C：N：P 化学计量特征[J]. 植物生态学报, 38(8): 833-842.

孟光涛, 朗南军, 2001. 滇中高原山地防护林体系水土保持效益研究[J]. 水土保持通报, 21(1): 66-69.

米文宝, 樊新刚, 谢应忠, 2008. 宁南山区退耕还林还草效益评估研究[J]. 干旱地区农业研究, 26(1): 118-125.

潘磊, 唐万鹏, 肖文发, 等, 2012. 三峡库区不同退耕还林模式林地水文效应[J]. 水土保持通报, 32(5): 103-107.

庞振凌, 常红军, 李玉英, 等, 2008. 层次分析法对南水北调中线水源区的水质评价[J]. 生态学报, 28(4): 1810-1819.

彭舜磊, 王得祥, 赵辉, 等, 2008. 我国人工林现状与近自然经营途径探讨[J]. 西北林学院学报, 23(2): 184-188.

彭耀强, 薛立, 曹鹤, 等, 2006. 三种阔叶林凋落物的持水特性[J]. 水土保持学报, 20(5): 189-191.

任向荣, 薛立, 曹鹤, 等, 2008. 3 种人工林凋落物的持水特性[J]. 华南农业大学学报, 29(3): 47-51.

佘济云, 曾思齐, 李志辉, 等, 2001. 湖南省低质低效马尾松次生林改造技术研究[J]. 中南林学院学报, 21(3): 18-21.

宋轩, 李树人, 姜凤岐, 等, 2001. 长江中游栓皮栎林水文生态效益研究[J]. 水土保持学报, 6(2): 76-79.

苏子友, 吴文良, 张劲松, 等, 2007. 小浪底库区坡地不同利用方式下土壤养分的流失特征研究[J]. 水土保持通报, 27(3): 27-31.

隋传顺, 1994. 关于对辽宁省东部国营林场森林经营中几个问题的探讨[J]. 辽宁林业科技(6): 27-29.

唐宏伟, 王本传, 1999. 黄松与马尾松、黑松林分生长比较分析[J]. 江苏林业科技, 26(1): 47-47, 54.

唐洪辉, 张卫强, 严峻, 等, 2014. 南亚热带杉木林改造对土壤及凋落物持水能力的影响[J]. 水土保持研究, 21(6): 47-53.

田国启, 1996. 国有林场如何利用自身的优势发展多种经营[J]. 林业经济(2): 37-43.

万师强, 陈灵芝, 2001. 东灵山地区大气降水特征及树干茎流[J]. 生态学报, 20(1): 61-67.

王洁, 胡少伟, 周跃, 2005. 人工模拟降雨装置在水土保持方面的应用[J]. 水土保持研究, 12(4): 188-190, 194.

王清, 喻理飞, 李先林, 2005. 黔中喀斯特植被恢复过程中水土保持功能变化初步研究[J]. 贵州科学, 23(1): 58-61.

王幸, 张洪江, 程金花, 等, 2011. 三峡库区坡耕地植物篱土壤改良作用研究[J]. 西北农林科技大学学报(自然科学版), 39(5): 59-64.

王炳生, 汪群, 1996. 正确使用生长率提高林场经营水平[J]. 华东森林经理(2): 25-27.

王汉存, 1992. 水土保持原理[M]. 北京: 水利电力出版社.

王乃江, 张文辉, 同金霞, 等, 2010. 黄土高原蔡家川林场森林质量评价[J]. 林业科学, 46(9): 7-13.

王晓荣, 刘学全, 唐万鹏, 等, 2012a. 丹江口库区水源涵养林的近自然化改造: 以龙口林场为例[J]. 湖北林业科技(3): 1-5.

王晓荣, 唐万鹏, 刘学全, 等, 2012b. 丹江口湖北库区不同林分类型凋落物储量及持水性能[J]. 水土保持学报, 26(5): 244-248.

王珠娜, 王晓光, 史玉虎, 等, 2007. 三峡库区秭归县退耕还林工程水土保持效益研究[J]. 中国水土保持科学, 5(1): 68-72.

王宗喜, 孙承善, 李观和, 1996. 黑松侧柏混交林调查报告[J]. 山东林业科技(6): 16-20.
魏晓华, 周晓峰, 1989. 三种阔叶次生林的茎流研究[J]. 生态学报, 9(4): 325-329.
温丁, 何念鹏, 2016. 中国森林和草地凋落物现存量的空间分布格局及其控制因素[J]. 生态学报, 36(10): 2876-2884.
吴秉礼, 石建忠, 谢忙义, 等, 2003. 甘肃水土流失区防护效益森林覆盖率研究[J]. 生态学报, 23(6): 1125-1137.
吴代坤, 戴应金, 李双龙, 等, 2011. 鄂西南退耕还林6种经营模式综合效益评价[J]. 西南林业大学学报, 31(1): 34-38.
吴中能, 付军, 庄家尧, 2003. 毛竹等森林类型水文·水保生态效益的研究[J]. 安徽农业科学, 31(2): 200-202.
肖玖金, 马海燕, 张晓庆, 等, 2014. 四川盆周西缘山地典型人工林下苔藓和凋落物的持水特性[J]. 东北林业大学学报, 42(9): 62-65.
解明曙, 庞薇, 1993. 关于中国土壤侵蚀类型与侵蚀类型区的划分[J]. 中国水土保持(5): 8-10.
徐跃, 1988. 枯枝落物在森林系统中的作用[J]. 林业科技通讯(12): 23-49.
徐清艳, 周跃, 2007. 大红山铁矿林草植被水土保持效益的研究[J]. 福建林业科技, 34(3): 73-76.
徐之华, 黄健民, 2002. 长江三峡库区气候特征与生态环境[J]. 四川气象, 22(3): 22-24.
薛立, 何跃君, 屈明, 等, 2005. 华南典型人工林凋落物的持水特性[J]. 植物生态学报, 29(3): 415-421.
尹炜, 史志华, 雷阿林, 2011. 丹江口库区生态环境保护的实践与思考[J]. 人民长江, 42(2): 59-63.
余家林, 1993. 农业多元试验统计[M]. 北京: 北京农业大学出版社.
袁爱萍, 2004. 美国人工降雨模拟设备的引进与应用[J]. 北京水利(6): 36-37.
袁嘉祖, 1986. 模糊数学及其在林业上的应用[M]. 北京: 中国林业出版社: 147-162.
张洪斌, 张兆田, 2007. 落叶松-桦树混交林幼林质量评价[J]. 黑龙江生态工程职业学院学报, 20(2): 39-41.
张洪江, 程金花, 史玉虎, 等, 2003. 三峡库区三种林下凋落物储量及其持水特性[J]. 水土保持学报, 17(3): 55-58.
张青春, 刘宝元, 翟刚, 2002. 植被与水土流失研究综述[J]. 水土保持研究, 9(4): 96-101.
张学全, 2014. 典型强降雨下不同植被类型水土保持特征分析[J]. 成都大学学报, 33(3): 294-296.
张有万, 李耀山, 李金成, 等, 1999. 祁连山东端封山育林涵养水源作用初步分析[J]. 甘肃农业大学学报, 34(2): 168-170.
张玉洪, 1999. 西双版纳热带森林地表径流场设计的研究[J]. 土壤侵蚀与水土保持学报, 5(6): 56-60.
张振明, 余新晓, 牛健植, 等, 2005. 不同林分凋落物层的水文生态功能[J]. 水土保持学报, 19(3): 139-143.
张中旺, 江华军, 李长安, 等, 2012. 南水北调中线工程核心水源区水安全模糊综合评价[J]. 南水北调与水利科技, 10(3): 16-21.
赵慧勋, 周晓峰, 王义勋, 等, 2000. 森林质量评价指标和评价指标[J]. 东北林业大学学报, 28(5): 58-61.
曾思奇, 余济云, 1996. 马尾松水土保持林水文功能计量研究[J]. 中南林学院学报, 16(3): 1-7.
曾昭霞, 刘孝利, 王克林, 等, 2011. 桂西北喀斯特区原生林与次生林凋落物储量及持水特性[J]. 生态学杂志, 30(2): 201-207.
郑粉莉, 唐克丽, 白红英, 1994. 标准小区和大型坡面径流场径流泥沙监测方法分析[J]. 人民黄河(7):

19-22.

郑贵元, 张文太, 李建贵, 等, 2017. 伊犁河谷不同植被类型的水土保持效果[J]. 安徽农业科学, 45(1): 64-66, 78.

中华人民共和国水利部, 2006. 水土保持监测设施通用技术条件(SL 342—2006) [S]. 北京: 中国水利水电出版社.

朱金兆, 刘建军, 朱清科, 等, 2002. 森林凋落物层水文生态功能研究[J]. 北京林业大学学报, 24(5): 30-34.

朱兴武, 张鸿昌, 陈选, 等, 1993. 大通宝库林区森林凋落物层水文特征研究[J]. 青海农林科技(4): 1-6.

庄晨辉, 1995. 马尾松定量间伐研究[J]. 林业科技通讯(6): 20-22.

HARMEL R D, RICHCHARDSON C W, KING K W, et al., 2006. Runoff and soil loss relationships for the Texas Blackland Prairies ecoregion[J]. Journal of hydrology, 331(3/4): 471-483.

# 第3章　森林碳汇量

气候变化受到国际社会普遍关注，森林碳汇在应对全球气候变暖中的重要作用和地位逐渐被世人所认识和接受。本章介绍国内外森林土壤碳呼吸空间异质性研究方面的进展，对杨树、马尾松、栎类等湖北主要树种及湖北全省不同地区、不同森林类型碳储量及碳密度开展深入研究，具体分析鄂西等地森林碳汇个案，也对例如林下灌木等特定层级碳汇量进行专项研究，系统分析湖北全省森林碳汇潜力、总量等，介绍有关项目级、区域级直至全省森林碳汇计量监测及土地利用森林碳汇等方面研究成果。

## 3.1　森林生态系统土壤呼吸空间异质性研究进展[①]

土壤是生物圈的主要碳库之一，大约是大气碳库的2倍（Granier et al.，2000）。在森林生态系统，作为仅次于光合作用的第二大通量（Song et al.，2013），土壤呼吸很小的变化即可对大气$CO_2$浓度产生巨大影响（Borken et al.，2002；IPCC，2001），由此导致的气温升高又为加强土壤呼吸提供了一个潜在的积极反馈，最终加剧全球气候变暖（Rodeghiero and Cescatti，2005；Schlesinger and Andrews，2000）。土壤呼吸是实现生态系统碳循环的一个关键生态过程，具有很强的空间异质性，不确定因素较多，虽然一些学者对生态系统尺度的土壤呼吸做了研究，然而对整个过程的理解仍然不够完整，尤其是在土壤呼吸空间变异及其驱动因子方面（Song et al.，2013）。因此，了解影响土壤呼吸空间变异的因素及其机制对于尝试将样地尺度测量结果大尺度化并进行空间模式预测具有重要意义，忽视其空间变异则会导致在样地尺度推广到大尺度的过程中过高或过低估计土壤呼吸。

### 3.1.1　研究方法

1. 传统方法

土壤呼吸空间异质性程度通常用变异系数（coefficient of variation，CV）表示，CV可以定量反映测量样本的变异情况：CV＜10%，属于弱度变异；10%＜CV＜90%，属于中度变异；CV＞90%，属于重度变异。相关性分析和主成分分析也是研究土壤呼吸空间异质性的常用方法，多元线性回归用来探索不同因素的贡献情况。当有几个变量同时影响一个潜在进程时，主成分分析可用来减少变量个数（Song et al.，2013），但是传统方法很难了解土壤呼吸的空间分布情况。

---

[①] 引自：王晓荣.森林生态系统土壤呼吸空间异质性研究进展.西部林业科学,2017(3):177-186.

## 2. 地统计方法

在研究土壤呼吸具体空间变异情况时,传统方法主要是通过曲线拟合来描述土壤特征,但是传统的参数统计不能在不违背样本独立性的核心假设前提下来评价自相关数据,实际上所有的环境样本都是自相关的,取样距离近的样品比距离远的样品的值就要更接近。地统计学就提供了一种方法来定义这种自相关性,这种方法在描述空间结构现象方面有很大的作用,能解释空间格局对生态过程与功能的影响。随着地统计学在生态学研究中的广泛应用,研究土壤呼吸的空间异质性成为可能,半方差函数(semivariance)表达式如下:

$$\gamma(h) = \frac{1}{2n(h)} \sum_{x=1}^{n}(z_x - z_{x+h})^2 \quad (3.1)$$

式中:$h$ 为样点之间的距离;$n(h)$ 为间隔为 $h$ 的样点对数;$z_x$ 和 $z_{x+h}$ 分别为点 $x$ 和点 $x+h$ 处对应的变量 $z$ 的值。对于一个空间相关的变量来说,变异函数理论上应该是从原点逐渐增大,当渐近线等于样本方差时就超过了自相关的范围。在没有空间自相关的地方,变异函数就不会从原点开始增加而是表现出地统计学所说的块金值效应。地统计学已经被用来描述不同景观尺度下的空间变异。

在具体参数中,变程是描述空间异质性尺度的参数,它与影响土壤呼吸的各个生态进程的相互作用有关,变程还取决于取样尺度和时间间隔。在变程之内,变量具有空间自相关性,超出变程自相关性则消失,所以采样尺度小于空间自相关距离时才适合用空间异质性分析。块金值和基台值的比值则可以反映空间相关性的强弱,一般来说,块金值/基台值<0.25,则表明有很强的空间自相关性,且主要是由结构因素引起;0.25<块金值/基台值<0.75,表明有中度空间自相关性;块金值/基台值>0.75,表明空间自相关性较弱,此时随机因素引起的空间变异占主导地位。

## 3. 合理取样点数量

在变异程度高的区域需要大量的测量点才能得到有意义的结果,尤其是在要说明生态系统之间的差异时,为获得可靠的生态系统土壤呼吸值,一般都需要超过 30 个取样点,通过变异系数可以确定能代表生态系统土壤呼吸值合理取样点的个数:

$$n = \frac{\mathrm{CV}^2 t_\alpha^2}{D^2} \quad (3.2)$$

式中:$n$ 为合理取样点的个数;CV 为变异系数;$t_\alpha$ 为与所需显著性水平对应的学生氏 $t$ 分布双侧分位数;$D$ 为试验允许误差范围。取样点的数量和取样气室的面积也有关系,大的气室需要的取样点可能就少些,而小的气室可能就需要较多的取样点(Ohashi et al., 2007)。

## 3.1.2 研究现状

土壤呼吸包含植物新陈代谢及有机质分解的自养呼吸和微生物活动的异养呼吸,由这两个组分的动态变化而引起的时间和空间异质性都很大。在某些森林生态系统,微生物呼吸主导土壤呼吸;在另外一些森林生态系统,根呼吸则占土壤呼吸大部分比例,而控制不同组分呼吸作用的因素又存在差别。因此，从微尺度到立地尺度甚至到景观尺度，土壤呼吸都存在很大的空间异质性。尽管控制土壤呼吸时间异质性的因素已大致明确，但是对控制空间异质性的因素却所知甚少，微气候变量（土壤温度等）能够在很多生态系统解释土壤呼吸的大部分时间变异，但不能很好地独立解释土壤呼吸空间变异。地形、有机质底物及轻质有机碳、气候带、根系生物量及其分布、凋落物生物量、土壤细菌和动物、凋落物含水量、平均胸径及胸高断面积、净初级生产力、土壤理化性质、氮沉降、土壤水分、物种组成、树的空间分布（密度等）和冠层结构、距离树的距离、光合作用、竞争强度及树的生长阶段（林龄和树高）等在不同生态系统都有可能成为控制土壤呼吸异质性的主导因素。土壤呼吸时空异质性对环境因素变化的响应非常敏感且复杂。总的来说，不同尺度条件下影响土壤呼吸空间异质性的因素也会随之发生改变。即使在同一区域，影响因素对土壤呼吸空间变异的贡献率也会随着生态系统、季节的变化而高度变异。同时，变异系数还和取样气室面积有关。

多种尺度的研究表明，在各种尺度上土壤呼吸都存在较强的空间异质性（表3.1）。总的来说，土壤呼吸空间变异系数介于20%~50%。从表3.1可以看出，在同一个生态系统，土壤呼吸变异程度会随着取样尺度的增加而增大，而在不同生态系统则没有这种规律。在不同季节，土壤呼吸空间变异程度会发生改变，这在Song等（2013）的研究中也得到了同样的结论。尽管如此，土壤呼吸的空间模式在不同时间似乎却是高度相同的。有研究表明，结构因素（如胸径和胸高断面积）、立地因素和土壤呼吸空间模式有非常紧密的关系，任何一个森林生态系统相对稳定的特征就是立地结构，所以土壤呼吸空间模式的稳定性一定和相对稳定的地下进程特征有关，Luan等（2012）在不同测量期间发现的土壤呼吸高度相似性也证明了这一点。

表 3.1 土壤呼吸空间异质性概况

| 取样尺度 /[（m×m）或 m] | 林分类型 | 变异系数 /% | 块金值 | 基台值 | 块金值/基台值 | 变程 /m | 95%置信区间允许10%误差时的取样点数 | 参考文献 |
| --- | --- | --- | --- | --- | --- | --- | --- | --- |
| 2×2 | 灌木林 | 121.40 | 0.003 9 | 0.008 | 0.49 | 4.78 | — | Franzluebbers 等（2002） |
| 4×4 | 天然次生林 | 22.00 | — | — | — | — | 74 | |
| 2×2 | 天然次生林 | 17.00 | 0.770 0 | 2.450 | 0.31 | 16.84 | 44 | Luan 等（2012） |
| 1×1 | 天然次生林 | 16.00 | — | — | — | — | 39 | |
| 30×30 | 热带雨林 | 42.84 | 0.050 0 | — | 0.80 | 32.90 | 71 | |
| 30×30 | 热带雨林 | 38.58 | 0.010 0 | — | 0.92 | 54.00 | 51 | Song 等（2013） |
| 6×6 | >60年无干扰的阔叶人工林 | 44.75 | — | — | — | 0.4~9.7 | | Jansen 等（2002） |
| <2 | 杨树林 | 37.00 | 0.077 0 | 0.290 | 0.27 | 11.70 | — | Högberg 等（2001） |
| <3 | 杨树林 | 36.00 | 0.288 0 | 0.949 | 0.30 | 6.00 | | |
| 约 4.2×4.2 | 人工林 | 29.00 | — | — | — | — | 33 | Ohashi 等（2007） |
| 约 17.7×17.7 | 针叶林 | 41.50 | — | — | — | — | | Han 等（2007） |

续表

| 取样尺度<br>/(m×m 或 m) | 林分类型 | 变异系数 CV/% | 块金值 | 基台值 | 块金值/基台值 | 变程/m | 95%置信区间允许10%误差时的取样点数 | 参考文献 |
|---|---|---|---|---|---|---|---|---|
| 20×20 | 原始林 | 42.70 | — | — | — | — | 75 | |
| 20×20 | 次生林 | 42.30 | — | — | — | — | 72 | Famiglietti 等（1998） |
| 20×20 | 油棕榈人工林 | 44.50 | — | — | — | — | 85 | |
| 20×20 | 橡树人工林 | 39.60 | — | — | — | — | 67 | |
| 10×10 | 人工林 | 22.00 | — | — | — | 1.16~4.17 | — | Scott-Denton 等（2003） |
| 10×10 | 次生林 | 27.00 | — | — | — | 1.07~3.16 | — | |

相对天然林来说，人工林的结构更具匀质性，但不能就此而断定其土壤呼吸空间异质性就应该较小（表3.1）。由表3.1可知，油棕榈人工林的土壤呼吸空间变异大于原始林和次生林，而同样作为人工林的橡树林其土壤呼吸空间变异则比这两个林分小。这可能与经营方式和树种的组成有一定关系。在热带雨林中土壤呼吸空间自相关的距离明显高于其他林分，说明在一个相对复杂多元的生态系统中，有更多的潜在进程交互协作影响着土壤呼吸的空间分布。从空间自相关的程度来看，热带雨林则明显小于其他林分，在热带雨林中随机因素引起的空间变异占据了主导地位。

由于土壤呼吸的空间异质性较强，在获取一个能准确代表土壤呼吸值的测量过程中需要大量的取样点，很多研究在估算生态系统土壤呼吸的时候只用了10个甚至更少的取样点，不仅如此，这些研究通常没有在测量之前判断森林土壤呼吸异质性，导致这些估计很有可能存在错误。目前，在大部分森林生态系统中，95%置信水平误差在5%内所需的采样数量一般都大于30个。

## 3.1.3 影响因子

### 1. 地形和土壤类型

Hanson等（1993）曾指出地形的变化对土壤呼吸空间异质性有重大影响，地形导致的土壤水分、树种空间格局、土壤养分等因素的差异影响着土壤呼吸的空间模式。Sotta等（2006）在研究平地、山谷、下坡和上坡的土壤呼吸时没有发现差异，但发现地形和时间的交互作用对土壤呼吸有显著影响。因此，当要把二氧化碳通量外推到更大尺度时，地形的复杂性则是必须要考虑的因素之一。此外，由于土壤结构等因素的不同，不同土壤类型的呼吸速率虽然差别很大（沙土的土壤呼吸速率显著高于黏土，约高21%），但沙土（CV=23%）和黏土（CV=25%）土壤呼吸空间变异的差异并不大，但这只是在亚马孙东部热带雨林的研究结果，其他类型和地带的情况还有待进一步研究。

### 2. 土壤温度

土壤温度对土壤呼吸时间变异的决定性作用是公认的，在大部分地方独立的温度因子都能解释土壤呼吸时间变异的60%以上,甚至达到95%,然而土壤温度对于土壤呼吸空间异质性的影响却十分有限。已有研究结果表明,无论是天然林还是人工林,土壤温度都不能解释土壤呼吸空间变异(Ohashi et al.,2007;Scott-Denton et al.,2003;Jansen et al.,2002),之所以土壤呼吸的空间异质性不由土壤温度决定,其原因可能是在整个测量期间土壤温度的空间变异很小($CV < 10\%$)。因此,在空间尺度上土壤呼吸和土壤温度的相关性就较弱。即使在某些地方土壤温度能够影响土壤呼吸空间变异,其贡献率也不高,且影响方式也存在差别。有些研究认为土壤呼吸空间变异和土壤温度呈负相关(Luan et al.,2012;Qi et al.,2010),相反,有些则认为呈积极正相关(Song et al.,2013;Savin et al.,2001)。

### 3. 土壤水分

土壤水分是一个非常重要的环境变量,控制着微生物的活性和生存状况、根系分布及活力、物种组成和分布等。土壤水分的快速变化可能导致细胞渗透性休克,包括细胞溶解和不稳定有机底物的释放,同时限制氧气扩散,从而抑制根和微生物的活性,使土壤呼吸减小;但在有些区域,土壤水分的增加则可以显著提高土壤呼吸,所以土壤呼吸空间变异和土壤水分之间既有正相关也有负相关。雨季土壤水分的空间变异一般大于旱季,这主要是由径流和渗透的减少引起;但在由乔木和草地组成的生态系统中,旱季时的土壤呼吸空间变异大于雨季,Tang and Baldocchi(2005)将这归因于雨季的土壤呼吸平均值较大($CV=SD/mean$),而且雨季相对匀质的草地覆盖和根呼吸减少了呼吸作用的空间变异。而在一个物种组成更加丰富、地形条件更加复杂的热带雨林生态系统,则是雨季时的土壤呼吸空间变异程度大于旱季,这充分说明土壤水分可以直接或间接通过不同作用方式或和其他因素的交互作用在不同生态系统内发挥影响。值得注意的是,土壤孔隙含水率是反映土壤气体扩散条件的一个很好参数,而田间持水力不仅能反映土壤养分和底物活性条件,还能代表土壤物理特征,可见土壤水分是一个可能影响土壤呼吸空间异质性的重要潜在因素。

### 4. 土壤微生物

土壤微生物是土壤有机质中活的部分,通常占有机质含量的1%~5%。微生物虽然少,但是C、N、P、S等元素的转换都发生在它们之间,由于它们在有机质分解和养分循环中扮演着不可替代的角色,在影响土壤养分含量和初级生产力方面有巨大作用。同时,作为土壤呼吸的重要组分之一,微生物分布的空间异质性必然会影响土壤呼吸的空间变异。在Wang等(2002)的研究中,土壤微生物属于中等变异,其活性和生态进程主要受土壤水分、有机质含量、pH及土壤类型的控制。此外,作为森林生态系统重要有机质来源之一的凋落物对土壤二氧化碳通量的平均贡献率可以达到20%。

### 5. 根系

作为土壤呼吸的重要组成部分,根系生物量及其分布状况能直接影响土壤呼吸的空间异质性。如果土壤呼吸空间变异主要是由植物活动(地上和地下)引起的,这可能就暗示根呼吸在总呼吸里占支配地位,这个推测在几个温带森林(Yan et al.,2015;Thierron and Laudelout，1996；Paul and Clark，1996）和北方森林（Gärdenäs，2000）的研究中得到了印证，这些研究都认为根呼吸至少占土壤呼吸总量的一半以上。概括来说，森林生态系统根呼吸占总呼吸的20%~90%不等（Tang and Baldocchi，2005）。值得注意的是，在整个生长周期中，根呼吸所占比例并不是固定不变的，因为同非生长季节相比，生长季节根的活性更强，在生长季节的根呼吸不仅包括维持个体正常运转所需的呼吸还包括生长所需呼吸，而在非生长季节，根呼吸主要是维持个体正常运转所需的呼吸。此外，生长季节的相对高温也可以加强根的呼吸作用。因此，在不同生长周期根呼吸所占比例也会发生一定程度的变化。从另一个方面看，在生长季节来源于同化产物的根分泌物及根的废弃物，分配到土壤后通过刺激微生物的生长和活力又加强了土壤呼吸，这就加剧了根呼吸对土壤呼吸空间变异的影响。很多研究表明，越靠近植株的地方土壤呼吸就越强（Dore et al.，2014；Franzluebbers et al.，2002）。在根的影响中，细根生物量（<2 mm）对土壤呼吸异质性的影响尤为突出，是解释土壤呼吸空间变异的重要参数，甚至能解释土壤呼吸空间异质性的30%~40%。

6. 植被

植物在土壤呼吸空间异质性中扮演着重要的角色，植被对土壤性质有基础性的作用。在干旱半干旱地区，灌木对土壤的很多性质也有非常明显的影响，由此引起土壤呼吸的变化。在杨树林里的微尺度（2 m）研究表明，植物和根的分布模式控制着土壤呼吸部分空间异质性（Högberg et al.，2001）。作为反映植被立地结构因素的重要特征，距离测量点4 m内的平均胸径、最大胸径和胸高断面积都有可能是影响土壤呼吸空间异质性的重要潜在因素，因为这些因素在一定程度上可以反映出净初级生产力（net primary productivity，NPP）的大小，而NPP是控制生态系统动植物和地下进程的主要因素之一。已有研究表明，植物的生长速率和土壤呼吸有明显的关系（Sotta et al.，2004），根呼吸对NPP的季节变化很敏感，主要是根呼吸很大程度上依赖于地上部分光合作用转移到地下的同化产物量，因此NPP也是可以解释土壤呼吸异质性的因素之一。林下植被对土壤呼吸的影响程度要低于森林树木。在森林立木中，大树和小树的影响也不相同，在大树附近的土壤呼吸速率明显高于小树附近，这一方面是因为大树比小树可能有更高的地下碳分配，另一方面则可能是因为大树附近细根的活力更强，相当可观的植物同化产物被转移到根部后，随后就被快速呼吸释放，大树在解释土壤呼吸空间模式时的影响表明植物自养呼吸的重要性。也有研究认为树干周围的土壤呼吸较高是因为水分的关系，由于树干茎流，树干根部水分较多（Gärdenäs，2000），这就可以解释有较大胸高断面积或者较多细根的地方土壤呼吸更大。在Søe和Buchmann（2005）的研究中，土壤呼吸空间异质性和树木的数量呈负相关，距离测量点4 m内的平均胸径在生长季节可以解释土壤呼吸空间变异的10%~19%。在人工林和天然林中，相同的因子表现出的影响也有可能不同，距离测量点4 m内的平均胸径、最大胸径和胸高断面积对天然次生林土壤呼吸空间变异有显著影响，然而这种影响在人工林中却没有发现。总的来说，植被的组成、密度、生长状况、生长阶段等因素可以直接通过根呼吸或者间接通过根的分泌物、细根生物量和分布、凋落物的总量等来对土壤呼吸空间异质性产生影响。

### 7. 土壤

土壤的影响主要包括土壤的物理性质和化学性质两个方面，这两个方面的性质通过交互作用共同影响着土壤呼吸的空间变异。土壤容重、孔隙含水率、田间持水力、有机碳含量、轻质有机碳、土壤氮含量、磷含量、镁含量等在不同类型生态系统中不同程度地发挥着作用。温性森林中，土壤中氮、磷、镁含量的变化都有可能成为描述土壤呼吸空间变异的关键变量。矿化后的土壤碳是潜在的基质来源，可以影响微生物活动，当土壤有机质含量增加时，土壤呼吸速率就会显著增加。其中，轻质有机碳作为土壤有机质含量的指示因子，可以在一定程度反映底物的活性和微生物的活动。氮元素是植物生长的重要元素，氮元素含量过少会影响植物的光合作用，速效氮含量增加可使细根生物量大幅增加，同时，细根氮含量是一个很好的根活力指示因子，因此土壤呼吸空间变异和土壤氮含量具有潜在的相关关系。在很多研究中，代表土壤底物供应的土壤碳、氮和土壤呼吸空间异质性都表现出了显著正相关关系（Wang et al.，2002），能解释其空间变异的40.56%。镁元素是叶绿素的必要组成部分，在土壤化学参数里，土壤碳和镁含量可解释土壤呼吸空间变异的62%；物理参数中，土壤容重也占少部分比例，与土壤呼吸空间变异呈负相关。综合来看，土壤物理性质、化学性质和微气候因素（如土壤水分）等交互协同作用共同控制着土壤呼吸的空间分布。

### 8. 扰动

森林生态系统总体上是一个碳汇，然而扰动往往可以将森林从碳汇转变成碳源。扰动因类型和强度而异，高强度扰动包括土地利用变化、整体火烧或者皆伐等，低强度扰动包括间伐和低强度火烧等。扰动影响的大小在很大程度上取决于它们对土壤$CO_2$通量的影响，因为即使在扰动后植被迅速恢复，新、老材料分解损失的碳也可以超过新储存的碳汇。Dore等（2014）的研究表明，对照样地、火烧地、皆伐地和皆伐后翻耕地的土壤呼吸空间异质性依次增大，变异系数分别是32%、37%、49%和51%；Kobziar和Stephens（2006）的研究也得到了类似的结果，对照样地、火烧地、火烧后翻耕地的变异系数分别是42%、49%和66%。Wang等（2002）对灌丛火烧后的研究表明，土壤呼吸会在2 d后迅速下降。扰动减少了立木覆盖，导致大量增加的能量到达地面，同时也减少了植被蒸腾作用能利用的水分，导致林冠层和凋落物层缓冲作用的缺失。砍伐地的微环境最为极端，温度和水分的变异由于植被覆盖的改变出现了大幅增加，虽然温度空间变异只有20%，但水分的空间变异超过100%，由于温度和水分空间变异的改变，强烈地影响土壤的生态进程，增加了土壤呼吸对环境因子的敏感性。

## 3.1.4 存在的问题及研究展望

### 1. 合理取样点数量

在没有进行土壤呼吸空间异质性探索，并选取合适取样点数量的前提下，仅仅用测量样本的平均值来对等土壤呼吸值是不可靠的。因为在大部分森林生态系统中土壤呼吸都具有较强的空间异质性，所以精确估计土壤呼吸值一般都需要大量的取样点才能满足需要。因此，在测量土壤呼吸大小时，都应该积极探索其空间异质性，确定能够代表生态系统土壤呼吸值的合理取样点的数量。

2. 区域研究向大尺度转化

将土壤呼吸样地测量结果尺度化到理想预测模式时，了解哪些因子及其机制是影响土壤呼吸空间模式的控制因素显得尤为必要，因为这些控制因素都有可能是预测大尺度土壤呼吸值的主要参数。许多研究结果表明，立地结构因素（平均胸径和胸高断面积等）和土壤呼吸的空间模式有非常紧密的联系（Dore et al., 2014; Jansen et al., 2002）。因此，通过样地的土壤呼吸值获取其他尺度可靠的土壤呼吸值时，要充分探索影响其异质性的生物因素和非生物因素，了解影响机制和模式，找出决定因素，为建立合适的尺度化方程或模型建立基础。将样点测量结果推广到需要的尺度是今后研究的重点，同时也是未来研究应该把握的一个方向。

3. 人为活动对土壤呼吸的影响机制

人为活动对森林生态系统的影响越来越突出，无论是对人工林的管理还是在自然生态系统的活动，都会通过各种各样的方式对土壤呼吸空间异质性产生一定的影响。如皆伐对地面接收到的光照的影响，放牧对地表植被的影响等都有可能是改变土壤呼吸空间异质性的因素。因此，在今后的研究中，还要加强对扰动过的生态系统的研究，为预判不同的人为管理活动对土壤呼吸的影响提供依据。

## 3.2　森林碳储量及密度变化

对江汉平原 4 年生、6 年生和 8 年生杨树人工林的林木生物量和碳储量、土壤碳含量和碳储量进行测定，结果表明：杨树人工林总碳储量随着林龄的增加而增加，0~20 cm 土层土壤碳储量为 27.78~61.41 t/hm$^2$。土壤有机碳储量与大于 2 mm 的团聚体含量及土壤养分中的速效氮呈极显著正相关；与全氮和碳氮比呈显著正相关；与小于 0.25 mm 的团聚体含量呈显著负相关。

系统地比较鄂西地区锐齿槲栎（RCHL）和栓皮栎（SPL）林乔木层、灌木层、凋落物层和林壤层的碳密度特征。结果表明，鄂西地区 RCHL 林和 SPL 林碳密度分别为 183.68 t/hm$^2$ 和 150.61 t/hm$^2$；RCHL 林和 SPL 林不同龄组间乔木层碳密度差异较大，土壤层之间的差异则较小，RCHL 林中龄林和幼龄林的乔木层碳密度显著大于 SPL 林（$P<0.05$），SPL 林凋落物层碳密度却显著大于 RCHL 林。在 0~10 cm 层，RCHL 林中龄林碳密度显著大于 SPL 林，SPL 林中龄林和幼龄林碳密度则在 30~100 cm 层显著大于 RCHL 林。两种栎类林乔木层碳密度均与海拔呈显著正相关，与林分密度和经度呈显著负相关，但土壤层碳密度仅与纬度呈显著负相关。

选择 87 块马尾松天然林样地，系统调查乔木层、灌木层、凋落物层和土壤层碳储量和碳密度，评估湖北省马尾松天然林碳储量及碳密度现状。结果表明：湖北省2012年马尾松林总碳储量为 $1.10\times10^8$ t，平均碳密度为 121.16 t/hm²。其中乔木层、灌木层、凋落物层、土壤层碳储量分别为 $4.06\times10^7$ t、$1.26\times10^6$ t、$2.79\times10^6$ t 和 $6.51\times10^7$ t；碳密度分别为 44.82 t/hm²、1.39 t/hm²、3.08 t/hm² 和 71.87 t/hm²。

在湖北全省内的 12 种森林类型中设置 212 块样地，采用标准木全株收获法测定林下灌木层生物量和碳密度，评估湖北省不同森林类型和不同地区间林下灌木层生物量和碳密度现状。结果表明：湖北省不同森林类型灌木层碳密度为 0.44~8.35 t/hm²，平均碳密度为 2.80 t/hm²，最大的为天然阔叶中龄林，最小的为人工针阔混交林。天然林灌木层生物量和碳密度明显高于人工林；碳密度大小为阔叶林＞针叶林＞针阔混交林；灌木层碳密度随着林龄的增加而不断增加。不同地区间天然灌木层碳密度，除神农架林区与其他地区间均存在显著差异外，其他地区间无差异。灌木层生物量和碳密度只与森林起源、森林类型和林龄具有密切联系，与地区间的分布相关性不大。

以鄂西北山区典型森林生态系统为研究对象，划分为 13 种森林类型，对不同森林类型碳密度进行估算。结果表明：鄂西北森林生态系统平均碳密度为 175.812 t·C/hm²，各层碳密度的大小顺序为土壤层＞乔木层＞灌木层＞凋落物层。天然林林龄碳密度序列为近成过熟林＞中龄林＞幼龄林，人工林不同森林类型碳密度为针阔混交林＞针叶林＞阔叶林。

采用 2009 年湖北省林业资源连续调查第六次复查数据和标准地实测数据，研究湖北省森林生态系统的碳储量、碳密度和组分特征。结果表明：湖北省森林生态系统总碳储量 710.01 亿公斤碳（Tg·C），其中乔木层、灌木层、凋落物层、土壤层分别占其总碳储量的 15.74%、2.89%、2.11%、80.56%，天然林和人工林碳储量分别为 420.43 Tg·C 和 151.59 Tg·C。湖北省森林生态系统平均碳密度为 111.51 t/hm²，乔木层碳密度为 7.63~55.7 t/hm²，灌木层碳密度为 0.25~12.49 t/hm²，凋落物层碳密度为 1.14~3.53 t/hm²，土壤层碳密度为 73.25~136.87 t/hm²，主要集中在 30 cm 的土层厚度，呈现明显的表聚特征，土壤碳储量平均为植被层的 3.88 倍。森林生态系统碳密度表现为针阔混交林＞阔叶林＞针叶林，近成过熟林＞中龄林＞幼龄林。湖北省森林以中幼林为主，林业碳汇潜力巨大，合理的经营方式可以提高森林结构质量水平，有效增加森林的碳汇功能。

通过核算湖北省各市（州）碳排放强度与森林碳汇，分析省内县域能源消耗与碳吸收现状，并采用聚类分析方法将各市（州）按其地区差异划分为四个类别。结果表明：①湖北省大部分地区碳排放强度超过 0.5 t/万元 GDP，其中黄石地区碳排放强度最高，随州地区最低。②湖北省各地区森林碳汇差异较大，森林碳汇的总体分布格局为鄂西北＞鄂东＞鄂中。③天门、仙桃、荆州、武汉、随州属于低碳排放强度-低森林碳汇地区，潜江、荆门、鄂州属于高碳排放强度-低森林碳汇地区，宜昌、黄石、咸宁、孝感、襄阳、恩施属于高碳排放强度-高森林碳汇地区，黄冈、神农架、十堰属于低碳排放强度-高森林碳汇地区。

### 3.2.1 杨树人工林生长过程中碳储量动态[①]

森林生态系统是陆地生态系统的主体,它储存了陆地生态系统有机碳地上部分的76%~98%和地下部分的40%(王效科 等,2001;方精云,2000;Msihi et al.,1999)。作为全球气候系统的重要组成部分,森林在陆地生态系统碳循环研究中占有十分重要的地位。森林生态系统中植被和土壤固碳量减少已被认为是造成大气 $CO_2$ 浓度升高的原因之一(王叶和延晓冬,2006;Ciais et al.,2000;Houghton et al.,1999)。目前,国内外许多学者对森林生态系统的碳储量进行了调查研究(Liu and Peng,2002;王效科和冯宗炜,2000;方精云 等,1996;Dixon et al.,1994),徐新良等(2007)的研究结果显示,中国森林植被的碳汇功能主要来自人工林的贡献。在人工林的碳储量研究中,对杉木(*Cunninghamia Lanceolata*)、毛竹(*Phyllostachys pubescens*)等树种的报道较多(肖复明 等,2009;田大伦 等,2004),而对杨树碳储量的研究较少(唐罗忠 等,2004)。

杨树人工林是江汉平原最主要的森林类型,目前该地区杨树人工林已达到 30 万 $hm^2$,杨树产业已成为江汉平原的经济支柱之一。为保证杨树人工林的可持续发展,有必要对杨树人工林的碳蓄积规律及其土壤碳蓄积动态进行研究。本小节对江汉平原地区栽植 4 年生、6 年生和 8 年生的杨树人工林林分及土壤碳动态进行初步研究,为了解和发挥人工林的生态功能、正确评估人工林的碳储存能力、探讨森林生态系统碳蓄积规律和森林碳库的调控提供科学依据。

1. 研究区概况

研究区在江汉平原的石首市。江汉平原地处长江中游,是由长江、汉水及湖泊泛滥淤积而形成的冲积平原,与洞庭湖平原合称两湖平原。江汉平原地势低平,海拔一般低于 100 m,大部分在 40 m 以下,平原边缘的蚀余丘陵海拔也多为 200~300 m。该地区属典型的亚热带季风气候区,年日照时数 2 000 h 左右,年均气温 15~17℃,≥10℃年积温 5 000~5 400℃,无霜期 240~270 d,年降水量 1 100~1 300 mm。区域内河网交织、湖泊众多、堤垸纵横,大小湖泊约 300 多个。水、热、光、温等资源丰富,且土壤质地好,水热同季,是我国重要的优质农产品、林产品、水产品等生产基地。

2. 研究方法

**1) 样地设置与土样采集**

2008 年 6 月在杨树林区选择立地条件相近、品种和栽植密度相同的不同林龄杨树人工林。按照 4 年生、6 年生和 8 年生各设置样地 3 块,面积为 20 m×20 m,共计 9 块样地。对样地内林木进行每木调查,并分别在每块样地按 S 形布设 5 个采样点,用直径为 5 cm 的取土钻在林地表层(0~20 cm)取出完整的土芯,将 5 个采样点的土样混合均匀,留取 1 kg 土样自然风干,用于测定土壤有机碳含量、土壤养分含量及土壤团聚体结构。同时用 100 $cm^3$ 环刀测定土壤密度。样地基本情况见表 3.2。

---

[①] 引自:崔鸿侠.杨树人工林生长过程中碳储量动态.东北林业大学学报,2012(2):47-49.

表 3.2　样地基本情况

| 林龄/年 | 株行距/m | 胸径/cm | 树高/m | 密度/(g/cm³) | 全氮质量分数/(g/kg) | 全磷质量分数/(g/kg) | 碳氮比 | 速效氮质量分数/(mg/kg) | 速效磷质量分数/(mg/kg) | 速效钾质量分数/(mg/kg) | $d>$ 2 mm | 0.50 mm $<d<$ 2.0 mm | 0.25 mm $<d<$ 0.50 mm | $d<$ 0.25 mm |
|---|---|---|---|---|---|---|---|---|---|---|---|---|---|---|
| 4 | 4×5 | 12.9 | 13.6 | 1.44 | 0.59 | 0.62 | 16.39 | 35.42 | 7.02 | 0.19 | 54.00 | 25.33 | 10.67 | 10.00 |
| 6 | 4×5 | 17.5 | 17.8 | 1.43 | 0.74 | 0.65 | 22.46 | 51.75 | 7.36 | 0.25 | 57.67 | 23.33 | 10.33 | 8.67 |
| 8 | 4×5 | 23.5 | 21.7 | 1.29 | 0.86 | 0.78 | 27.56 | 63.52 | 8.75 | 0.26 | 60.00 | 24.00 | 8.67 | 7.33 |

**2）林木生物量测定**

杨树人工林下灌草极少，相对于乔木层生物量可以忽略不计。对江汉平原杨树人工林单木生物量的估算，采用唐万鹏等（2004）已建立的生物量回归方程进行，见表 3.3。再根据栽植密度推算单位面积杨树人工林林分的生物量。

表 3.3　杨树单木各组分生物量估测模型

| 名称 | 模型方程 | 回归系数 $r$ | $F$ 值 | Sig. |
|---|---|---|---|---|
| 树干 | $W=0.030\,(D^2H)^{0.8734}$ | 0.933 3 | 121.60 | 0 |
| 树枝 | $W=0.017\,4\,(D^2H)^{0.8578}$ | 0.751 0 | 23.24 | 0 |
| 树皮 | $W=0.002\,8\,(D^2H)^{0.9875}$ | 0.879 8 | 61.57 | 0 |
| 树叶 | $W=0.456\,2\,(D^2H)^{0.3193}$ | 0.546 8 | 7.69 | 0.013 |
| 树根 | $W=0.004\,(D^2H)^{0.9035}$ | 0.817 9 | 36.44 | 0 |

注：$W$ 表示生物量；$D$ 表示胸径；$H$ 表示树高

**3）林木碳储量测定**

林木碳储量由生物量乘以碳含量转换系数得出。一般碳含量的转换系数取值为 0.45~0.50，本小节碳含量的转换系数采用 0.5（李海涛 等，2007；Fang et al.，2001）。

**4）土壤有机碳含量测定**

土壤有机碳含量采用重铬酸钾-硫酸氧化法进行测定。

**5）土壤有机碳储量测定**

土壤有机碳储量采用以下公式计算：

$$SOC=C\times D\times E\times (1-G)/100 \qquad (3.3)$$

式中：$C$ 为土壤有机碳含量，g/kg；$D$ 为密度，g/cm³；$E$ 为土层厚度，cm；$G$ 为直径 >2 mm 的石砾所占的体积比例，%。由于杨树人工林地土壤石砾含量很少，本小节可以忽略不计。

**6）数据处理**

数据分析采用 Excel 和 SAS 统计分析软件进行。

### 3. 结果与分析

**1）杨树人工林林木碳储量动态**

（1）林木生物量。杨树人工林在生长过程中各器官和总生物量的变化见表 3.4。从

表 3.4 中可知,随着林龄的增加,栽植 4 年生、6 年生和 8 年生的杨树人工林总生物量成倍增加,8 年生时总生物量达到 111.34 t/hm²。不同林龄生物量在各器官分配中,均表现为树干生物量最大,为 12.77~54.74 t/hm²,占乔木层总生物量的 47.21%~49.16%,其次是树枝,生物量为 6.56~27.42 t/hm²,占乔木层总生物量的 24.25%~24.63%。在 4 年生时树根生物量最小,而达到 6 年生以后,均表现为树叶生物量最小。

表 3.4 杨树生物量分配

| 林龄/年 | 树干 单木/kg | 树干 林分/(t/hm²) | 树枝 单木/kg | 树枝 林分/(t/hm²) | 树皮 单木/kg | 树皮 林分/(t/hm²) | 树叶 单木/kg | 树叶 林分/(t/hm²) | 树根 单木/kg | 树根 林分/(t/hm²) | 总计 单木/kg | 总计 林分/(t/hm²) |
|---|---|---|---|---|---|---|---|---|---|---|---|---|
| 4 | 25.53 | 12.77 | 13.13 | 6.56 | 5.75 | 2.88 | 5.37 | 2.69 | 4.30 | 2.15 | 54.08 | 27.05 |
| 6 | 55.03 | 27.51 | 27.91 | 13.95 | 13.71 | 6.85 | 7.12 | 3.56 | 9.51 | 4.75 | 113.28 | 56.62 |
| 8 | 109.49 | 54.74 | 54.85 | 27.42 | 29.84 | 14.92 | 9.15 | 4.58 | 19.37 | 9.68 | 222.70 | 111.34 |

(2)林木碳储量。森林碳是以森林生物量为载体的,根据林木含碳量即可从林分生物量估算出整个林分的碳储量,不同林龄的林木碳储量结果见表 3.5。不同林龄的杨树人工林林木碳储量变化规律与生物量变化具有一致性。从表 3.5 中可知,随着林龄的增加,栽植 4 年生、6 年生和 8 年生的杨树人工林林木碳储量成倍增加。杨树人工林 8 年生时林木碳储量达到 55.67 t/hm²,这与杉木、柳杉等树种相同林龄阶段的碳储量相当(侯振宏 等,2009;段文霞 等,2007),而明显高于 8 年生的人工侧柏林和刺槐林(王蕾 等,2010)。与 Fang 等(2001)对我国森林生态系统中林木碳储量的估计值(平均 45 t/hm² 左右,其中人工林为 30 t/hm² 左右,天然林为 50 t/hm² 左右)相比,6 年生杨树人工林林木碳储量接近全国人工林碳储量平均值,8 年生杨树人工林林木碳储量接近全国人工林碳储量的 2 倍。而江汉平原杨树人工林轮伐期一般在 8~10 年,因此在砍伐前,江汉平原杨树人工林在碳汇方面发挥着巨大作用。

表 3.5 不同林龄杨树人工林有机碳储量　　　　　　单位:t/hm²

| 碳储量 | 4 年 | 6 年 | 8 年 |
|---|---|---|---|
| 林木碳储量 | 13.52 | 28.32 | 55.67 |
| 土壤碳储量 | 27.78 | 47.33 | 61.41 |
| 总碳储量 | 41.30 | 75.65 | 117.08 |

**2)杨树人工林土壤碳储量动态**

(1)土壤碳含量。森林中土壤有机碳的积累,就是林木碳积累的继续,它将植被无法继续保存的碳截留到了土壤中,扩展了植被固定大气中 $CO_2$ 的能力。加上以腐殖质的形态存在的土壤有机碳,则能相当持久地被保存下来。不同林龄杨树人工林林下 0~20 cm 层土壤中有机碳含量分别为 9.61 g/kg、16.53 g/kg 和 23.79 g/kg,平均为 16.64 g/kg。随着林龄的增加,土壤有机碳含量在林木覆盖下不断积累。这是因为林木凋落物是土壤有机碳的主要来源,凋落物一旦转化为腐殖质,就将长期而稳定地保存在土壤中,除非它被侵蚀而损失。

（2）土壤碳储量。根据不同林龄杨树人工林林下土壤的实测土壤密度、土壤有机碳含量和式（3.3），可计算出土壤的碳储量，见表3.5。不同林龄杨树人工林林下0~20cm层土壤中有机碳的储量为27.78~61.41 t/hm²，随着林龄的增加，土壤有机碳储量不断积累，这同样是因为凋落物不断积累并转化的缘故。

### 3）杨树人工林总碳储量动态

根据林木碳储量和土壤碳储量，可以得到杨树人工林生态系统总碳储量。不同林龄杨树人工林总碳储量变化见表3.5。不同林龄杨树人工林总有机碳储量为41.30~117.08 t/hm²，随着林龄的增加，总碳储量显著增加，8年生人工林总碳储量大约是4年生的3倍。由于江汉平原杨树人工林轮伐期在8~10年，因此该地区从造林开始，杨树人工林生态系统有着很大的碳汇潜力。

从表3.5中还可以看出，4年生和6年生人工林土壤碳储量远大于林木碳储量，而到8年生时，林木碳储量与土壤碳储量相当。说明在生长早期和中期，杨树人工林生态系统中土壤发挥着更大的碳汇作用，在生长后期，杨树林木的碳储量增加快于土壤的碳积累，林木和土壤在碳汇方面发挥着同样的作用。可见，森林植被和森林土壤均是发挥森林碳汇功能中不可缺少的部分，整个森林的地上、地下都是庞大的碳库，只有二者的结合才能在调节环境中的$CO_2$浓度方面具有强大的力量。

### 4）土壤有机碳与团聚体结构的关系

对土壤有机碳储量与土壤团聚体结构进行相关性分析，结果见表3.6。从表3.6中可知，土壤有机碳储量与>2mm的团聚体含量呈正相关，且相关性达到极显著水平，而与<2mm的团聚体含量呈负相关，且与<0.25mm的团聚体含量相关性达到显著水平。国内外许多研究结果（毛艳玲 等，2008；Eynard et al.，2005）也认为土壤有机碳储量与土壤大团聚体含量具有显著相关性，这与本小节研究结果一致。土壤有机碳储量随着土壤大团聚体含量的增加而增加，主要是因为大团聚体的形成主要靠有机质的胶结作用。

表3.6 土壤有机碳储量与土壤团聚体结构相关性

| 土壤团聚体粒径（d） | d>2 mm | 0.50<d<2 mm | 0.25<d<0.50 mm | d<0.25 mm |
|---|---|---|---|---|
| 土壤有机碳 | 0.807 3** | -0.445 2 | -0.539 2 | -0.758 2* |
|  | (0.008 5) | (0.229 8) | (0.134 1) | (0.017 9) |

注：*表示在0.05水平下相关显著；**表示在0.01水平下相关显著。括号中的数值为显著性检验的概率值

### 5）土壤有机碳与土壤养分的关系

对土壤有机碳储量与土壤氮、磷、钾等养分指标进行相关性分析，结果见表3.7。从表3.7中可知，土壤有机碳储量与土壤养分指标均有较好的正相关，其中与速效氮相关性达到极显著水平，与全氮和碳氮比相关性达到显著水平。这说明土壤有机碳储量能较准确地反映土壤养分状况，可以用土壤有机碳储量作为江汉平原杨树人工林土壤肥力的指示指标。

表3.7 土壤有机碳储量与土壤养分指标相关性

| 土壤养分 | 全氮 | 全磷 | 碳氮比 | 速效氮 | 速效磷 | 速效钾 |
|---|---|---|---|---|---|---|
| 土壤有机碳 | 0.754 5* | 0.584 4 | 0.717 1* | 0.932 1** | 0.427 2 | 0.130 5 |
|  | (0.018 8) | (0.098 4) | (0.029 7) | (0.000 3) | (0.251 4) | (0.737 8) |

4. 小结

杨树人工林林木生物量随着林龄的增长而显著增加,从 4 年生到 8 年生变化范围为 27.04～111.35 t/hm$^2$。生物量在各器官分配中,均表现为树干生物量最大,占乔木层总生物量的 47.23%～49.16%,其次是树枝,占乔木层总生物量的 24.26%～24.63%。林木碳储量与生物量变化规律具有一致性,从 4 年生到 8 年生变化范围为 13.52～55.67 t/hm$^2$。

不同林龄杨树人工林林下 0～20 cm 层土壤中有机碳含量为 9.61～23.79 g/kg,平均为 16.64 g/kg。0～20 cm 层土壤中有机碳的储量为 27.78～61.41 t/hm$^2$,随着林龄的增加,土壤有机碳含量和储量均不断增加。

从 4 年生到 8 年生杨树人工林总有机碳储量为 41.30～117.08 t/hm$^2$,8 年生人工林总碳储量大约是 4 年生的 3 倍。在 4 年生和 6 年生时,人工林土壤碳储量远大于林木碳储量,而到 8 年生时,林木碳储量与土壤碳储量相当。

土壤有机碳储量与>2 mm 的团聚体含量呈极显著正相关,与<0.25 mm 的团聚体含量呈显著负相关。土壤有机碳储量与土壤养分中的速效氮相关性达到极显著水平,与全氮和碳氮比相关性达到显著水平,可以用土壤有机碳储量作为江汉平原杨树人工林土壤肥力的反映指标。

## 3.2.2 锐齿槲栎和栓皮栎林生态系统碳密度比较[①]

在全球气候变暖背景下,森林生态系统成为调节大气 $CO_2$ 浓度和养分循环的关键(Brown and Lugo,1982),在应对全球气候变化方面有着不可替代的作用。准确估计森林生态系统碳储量和碳密度特征不仅可以为预测森林生态系统应对全球变化的潜力提供资料(Litton et al.,2007),帮助更好地解释全球碳收支方面的问题(方精云 等,2001),还在评价森林生态功能方面具有重要作用(Fang et al.,2001),因此,探索研究森林生态系统碳储量和碳密度分配规律的研究显得尤为必要。

当前,关于全国尺度的森林碳库估算已有较多研究,据估算,我国森林平均碳密度在 38.56～57.07 t/hm$^2$(方精云 等,2007;徐新良 等,2007;赵敏和周广胜,2004;周玉荣 等,2000),由于我国地形复杂,植被类型丰富,气候带跨度较大,在尺度转换过程中很容易出现偏差。近年来,关于省域尺度和区域尺度(王晓荣 等,2015;曹扬 等,2014;王新闯 等,2011)的研究越来越多,但是我们仍然不能很清楚地了解不同树种在区域碳密度分配中的特征,即使在同一区域,不同森林类型生态系统碳密度的差别也可能很大(张全智和王传宽,2010),因此,开展特定树种森林类型碳密度的研究也逐渐得到重视(任毅华 等,2012;王向雨 等,2007)。落叶栎类林是我国分布广泛的重要森林资源之一(张学顺 等,2013),然而关于其生态系统碳密度的研究却显得较少,现有研究只关注了森林植被层碳密度特征(沈彪 等,2014;宋华萍 等,2014)或土壤层碳密度特征(张学顺 等,2013;王肖楠 等,2012)等单一层次土壤碳库的研究,而对整个生态系统的碳密度分配、林分不同龄级的碳密度研究相对不足(Teklemariam et al.,2009)。

栎类林是湖北省西北部地区重要的森林资源,其中以锐齿槲栎和栓皮栎作为栎类林

---

① 引自:胡文杰.锐齿槲栎和栓皮栎林生态系统碳密度比较研究.森林与环境学报,2017(1):8-15.

的主要建群种。锐齿槲栎木材坚硬,喜湿润气候及土壤,稍耐阴,自然条件下更新较好,萌芽能力很强;栓皮栎根系发达,喜光且耐阴,对立地条件要求不高,分布范围广阔,萌芽能力极强。开展这两种森林生态系统碳密度比较研究较少,仅有刘玉萃等(2001,1998)对河南宝天曼自然保护区的锐齿槲栎林和栓皮栎林森林植被层碳密度分别做了相关研究,但未系统比较两种林分不同林龄条件下的碳密度分配差异,对这两种林分不同林龄碳密度分配规律的了解还不够充分。本小节以鄂西地区锐齿槲栎和栓皮栎天然林为研究对象,按不同龄组对乔木层、灌木层、凋落物层和土壤层碳密度特征及分配格局进行研究,为评估栎类林在湖北省甚至全国森林碳汇功能提供基础资料。

## 1. 研究区概况

鄂西地区主要包括湖北省恩施土家族苗族自治州、十堰市、襄阳市、神农架林区和宜昌市,东经108°23′12″~113°43′00″,北纬29°07′10″~33°15′29″,年均降水800~1 600 mm,年均气温15~17℃。鄂西山地较多,是由秦岭山脉东延部分、武当山脉、大巴山东段和荆山山脉组成,整个山脉呈西北至东南走向,平均海拔1 000 m左右,最高海拔3 105 m。土壤类型以黄棕壤、山地黄棕壤、山地棕壤、黄色石灰土等为主。该区域植被类型丰富,在海拔1 400 m以下的地区,森林植被为常绿、落叶阔叶混交林,常绿树种以壳斗科(Fagaceae)及樟科(Lauraceae)植物为主,落叶树种以壳斗科落叶栎类为主,还有化香(*Platycarya strobilacea* Sieb. et Zucc.)、鹅耳枥(*Carpinus turczaninowii* Hance)等;海拔1 400~1 800 m区域是落叶阔叶林生长茂盛的地方,主要有栓皮栎(*Quercus variabilis*)、茅栗(*Castanea seguinii*)、漆树(*Toxicodendron verniclfluum*)等;海拔1 800 m以上区域则以针阔混交林为主,主要有锐齿槲栎(*Quercus aliena var. acuteserrata*)、红桦(*Betula albosinensis*)、山杨(*Populus davidiana*)、华山松(*Pinus armandii*)、巴山冷杉(*Abies fargesii*)等。

## 2. 研究方法

### 1)样地调查

基于湖北省2009年森林资源清查第6次复查成果数据分布情况,根据《国家森林资源连续清查主要技术规定》中的方法,按幼龄林、中龄林和近成过熟林三种类型进行样地设置,在鄂西地区共调查锐齿槲栎和栓皮栎林标准样地91块,其中恩施7块、神农架50块、襄阳10块、十堰11块、宜昌13块,样地具体信息见表3.8。

表3.8 样地基本信息表

| 林分类型 | 龄组 | 样地数 | 土壤剖面数 | 海拔/m | 林分密度/(株/hm²) | 坡度/(°) | 经度范围/(°) | 纬度范围/(°) |
| --- | --- | --- | --- | --- | --- | --- | --- | --- |
| 锐齿槲栎 | 幼龄林 | 13 | 10 | 1 614~2 040 | 1480 | 16~28 | 110.032~110.529 | 31.458~31.817 |
|  | 中龄林 | 17 | 10 | 1 240~2 058 | 1463 | 17~38 |  |  |
|  | 近成过熟林 | 11 | 7 | 1 592~1 820 | 956 | 17~36 |  |  |
| 栓皮栎 | 幼龄林 | 30 | 16 | 138~1 549 | 1947 | 9~39 | 109.068~111.848 | 29.797~32.705 |
|  | 中龄林 | 16 | 10 | 132~1 508 | 1532 | 7~34 |  |  |
|  | 近成过熟林 | 4 | 4 | 992~1 472 | 880 | 11~30 |  |  |

乔木层调查对标准样地内所有胸径大于等于 5 cm 的树进行每木检尺,并在标准样地内沿两条对角线随机设置 3 个 2 m×2 m 的灌木样方,调查样方内所有物种名(包括未到起测胸径的乔木幼树)、平均高度、盖度、株(丛)数等,选取 3 株平均大小的灌木或 1~2 丛平均冠幅的灌丛,采用全株收获法(冯宗炜,1999),并在混合取样后带回,进行含水率测定,在每个灌木样方中间选取 1 个 1 m×1 m 的凋落物样方,收集样方内所有凋落物,称重并取样带回烘干测定含水率。土壤层取样按 0~10 cm、10~30 cm、30~100 cm 取样,不到 100 cm 的按实际土层厚度取样,包括环刀取样和土壤取样,并记录石砾含量等信息,之后在实验室测定土壤容重、有机碳含量等,共计 57 个土壤剖面。

**2) 植被层生物量的计算**

乔木层生物量,通过实地调查数据计算每个标准样地蓄积量,乔木层生物量($t$)根据 IPCC(2006)的方法建立材积源生物量模型,公式如下:

$$B = V_g D_g \text{BEF}_g (R+1) \quad (3.4)$$

式中:$V_g$ 为森林蓄积量,m³;$D_g$ 为木材平均密度,t/m³;$\text{BEF}_g$ 为平均生物量扩展因子;$R$ 为根茎比。本小节中的参数 $D_g$、$\text{BEF}_g$ 和 $R$ 参照《中华人民共和国气候变化初始国家信息通报》(2004)给出的数值。

灌木层和凋落物层生物量,将样地调查带回的灌木混合样和凋落物混合样放入烘箱(80℃)烘干,结合样方总鲜重、样品鲜重和干重,计算得到样方内总干重,即生物量。

**3) 土壤层碳密度计算**

土壤有机碳含量采用重铬酸钾-硫酸氧化法,土壤层碳密度(t/hm²)计算公式如下:

$$\text{SOC} = \sum_{i=1}^{n} C_i D_i E_i (1-G_i)/10 \quad (3.5)$$

式中:$C_i$ 为第 $i$ 层土壤有机碳含量,g/kg;$D_i$ 为第 $i$ 层土壤容重,g/cm³;$E_i$ 为第 $i$ 层土层厚度,cm;$G_i$ 为第 $i$ 层土壤直径大于等于 2 mm 的石砾含量,%。

**4) 生态系统碳密度**

单位面积生物量乘以转换系数 0.5(Fang et al.,2001;周玉荣 等,2000)得到单位面积碳储量,即碳密度。乔木层、灌木层和凋落物层平均碳密度累加得到植被层碳密度,再加上土壤层平均碳密度即为生态系统碳密度。因草本层在生态系统所占比例小(王晓荣 等,2015;胡青 等,2012),故本小节将其忽略。

3. 结果与分析

**1) 锐齿槲栎林和栓皮栎林碳密度空间分布特征**

乔木层是森林植被层碳密度最主要的组成部分。鄂西地区锐齿槲栎林和栓皮栎林乔木层平均碳密度分别为 97.66 t/hm² 和 53.11 t/hm²(表 3.9),锐齿槲栎林乔木层的平均碳密度为栓皮栎林的 184%,这主要是因为该区域锐齿槲栎林主要分布在神农架林区,该地区自然条件优越,人为干扰较少,现存锐齿槲栎天然林生长旺盛。同时,两种林分乔木层蓄积、生物量和碳密度都随着林龄的增长而增大,锐齿槲栎林幼龄林、中龄林和近成过熟林的碳密度依次为 58.21 t/hm²、71.72 t/hm² 和 163.05 t/hm²,分别为栓皮栎林的 195.20%、145.77%和 202.99%,且两种林分乔木层碳密度在中龄林和幼龄林中表现出了显著性差异。

表 3.9　锐齿槲栎林和栓皮栎林乔木层碳密度

| 乔木层 | 锐齿槲栎 |  |  | 栓皮栎 |  |  |
|---|---|---|---|---|---|---|
|  | 蓄积量 /($m^3/hm^2$) | 单位面积生物量 /($t/hm^2$) | 碳密度 /($t/hm^2$) | 蓄积量 /($m^3/hm^2$) | 单位面积生物量 /($t/hm^2$) | 碳密度 /($t/hm^2$) |
| 幼龄林 | 135.84 | 116.42 | 58.21a | 69.35 | 59.65 | 29.82b |
| 中龄林 | 167.64 | 143.43 | 71.72a | 114.58 | 98.39 | 49.20b |
| 近成过熟林 | 378.63 | 326.10 | 163.05a | 187.02 | 160.65 | 80.32a |
| 平均 | 227.37 | 195.32 | 97.66 | 123.65 | 106.23 | 53.11 |

注：不同字母代表碳密度在锐齿槲栎林和栓皮栎林间存在显著性差异（$P<0.05$）

在自然条件下，灌木层的碳密度与林分类型、林龄及林分密度有关（黄从德 等，2008a）。由表 3.10 可知，鄂西地区主要栎类林灌木层的平均碳密度为 1.81 $t/hm^2$，其中锐齿槲栎林灌木层平均碳密度为 2.47 $t/hm^2$，栓皮栎灌木层平均碳密度为 1.14 $t/hm^2$，锐齿槲栎林灌木层在各林龄阶段的碳密度明显高于栓皮栎林，并在在中龄林中表现出显著差异（$P<0.05$）。在锐齿槲栎林中，灌木层碳密度表现为中龄林（3.29 $t/hm^2$）>近成过熟林（2.57 $t/hm^2$）>幼龄林（1.56 $t/hm^2$），而在栓皮栎中则表现为近成过熟林（1.70 $t/hm^2$）>中龄林（0.90 $t/hm^2$）>幼龄林（0.83 $t/hm^2$）。已有研究表明，林下灌木层发育状况与林龄存在显著性关系，如沈彪等（2014）在秦岭中段锐齿栎林的研究认为，灌木层碳密度和林龄大小呈负相关，与本小节结果相反。这与不同林分树种特性、林冠结构、演替阶段、立地类型及竞争性有关（胡海清 等，2015；Baker et al.，2004），导致两种栎类林灌木层碳密度随林龄变化不一致。

表 3.10　锐齿槲栎林和栓皮栎林灌木层碳密度　　　　　　　　　单位：$t/hm^2$

| 灌木层 | 锐齿槲栎 |  |  |  | 栓皮栎 |  |  |  |
|---|---|---|---|---|---|---|---|---|
|  | 地上生物量 | 地下生物量 | 总生物量 | 碳密度 | 地上生物量 | 地下生物量 | 总生物量 | 碳密度 |
| 幼龄林 | 2.03 | 1.08 | 3.11 | 1.56a | 1.01 | 0.78 | 1.67 | 0.83a |
| 中龄林 | 4.84 | 1.75 | 6.59 | 3.29a | 1.06 | 0.74 | 1.81 | 0.90b |
| 近成过熟 | 3.46 | 1.68 | 5.14 | 2.57a | 2.22 | 1.18 | 3.4 | 1.70a |
| 平均 | 3.44 | 1.5 | 4.95 | 2.47 | 1.43 | 0.9 | 2.29 | 1.14 |

注：不同字母代表碳密度在锐齿槲栎林和栓皮栎林间存在显著性差异（$P<0.05$）

林分类型、林龄、环境因子和微生物活性等都是影响凋落物碳密度的因素（Baker et al.，2004）。从表 3.11 可知，锐齿槲栎林凋落物层平均碳密度（1.17 $t/hm^2$）<栓皮栎（2.27 $t/hm^2$），且在幼龄林和中林龄中，栓皮栎凋落物层的碳密度都显著高于锐齿槲栎林，在近成过熟林中则没有显著性差异。此外，在锐齿槲栎林中，凋落物层碳密度在中龄林中达到最大，这与王晓荣等（2015）对湖北省阔叶林的研究结果相一致，但栓皮栎林则是幼龄林最大。

表 3.11 锐齿槲栎林和栓皮栎林凋落物层碳密度  单位：t/hm²

| 凋落物层 | 锐齿槲栎 生物量 | 锐齿槲栎 碳密度 | 栓皮栎 生物量 | 栓皮栎 碳密度 |
| --- | --- | --- | --- | --- |
| 幼龄林 | 1.39 | 0.70b | 5.99 | 3.00a |
| 中龄林 | 3.05 | 1.52b | 5.6 | 2.80a |
| 近成过熟林 | 2.58 | 1.29a | 1.99 | 1.00a |
| 平均 | 2.34 | 1.17 | 4.53 | 2.27 |

注：不同字母代表碳密度在锐齿槲栎林和栓皮栎林间存在显著性差异（$P<0.05$）

土壤层是森林生态系统碳库的重要组成部分，其大小受土壤类型、土层厚度、林分发育阶段、凋落物的输入和分解速率等因素影响（张学顺 等，2013；梁启鹏 等，2010）。从表 3.12 可知，在两种林分中，有机碳都随着层次的加深而减少，锐齿槲栎林不同林龄表层有机碳含量都大于 30 g/kg，其中近成过熟林最大，达到 37.94 g/kg，栓皮栎林幼龄林和中龄林表层土壤有机碳含量相差不大（18.64～19.84 g/kg），但都远小于近成过熟林（63.95 g/kg）。两种林分土壤碳密度随深度变化的趋势不是很明显，这主要是由于土壤碳密度的影响因素较多，土壤厚度、质地类型、历史植被等都可能是影响其碳密度的主要因素（王晓荣 等，2015）。两种栎类林在近成过熟林阶段，土壤各层次的土壤层碳密度都没有显著性差异。总的来说，两种林分不同龄组间土壤层碳密度的差异较小，锐齿槲栎林为 76.7～86.04 t/hm²，栓皮栎林为 94.09～99.26 t/hm²，且都是幼龄林最小，这在一定程度上反映了合计数林分不同发育阶段对土壤的影响。

表 3.12 锐齿槲栎林和栓皮栎林土壤层碳密度

| 土壤层 | 锐齿槲栎 0～10 cm 有机碳含量/(g/kg) | 碳密度/(t/hm²) | 锐齿槲栎 10～30 cm 有机碳含量/(g/kg) | 碳密度/(t/hm²) | 锐齿槲栎 30～100 cm 有机碳含量/(g/kg) | 碳密度/(t/hm²) | 栓皮栎 0～10 cm 有机碳含量/(g/kg) | 碳密度/(t/hm²) | 栓皮栎 10～30 cm 有机碳含量/(g/kg) | 碳密度/(t/hm²) | 栓皮栎 30～100 cm 有机碳含量/(g/kg) | 碳密度/(t/hm²) |
| --- | --- | --- | --- | --- | --- | --- | --- | --- | --- | --- | --- | --- |
| 幼龄林 | 32.47 | 28.61a | 17.44 | 25.85a | 9.95 | 22.24b | 19.84 | 23.60a | 12.84 | 27.75a | 8.57 | 35.57a |
| 中龄林 | 31.88 | 28.51a | 17.93 | 29.94a | 10.50 | 27.59b | 18.64 | 20.72b | 12.96 | 28.79a | 10.67 | 46.56a |
| 近成过熟林 | 37.94 | 29.64a | 20.98 | 27.45a | 13.06 | 27.33a | 63.95 | 38.44a | 28.03 | 29.00a | 11.00 | 31.82a |
| 平均 | 34.10 | 28.92 | 18.78 | 27.75 | 11.17 | 25.72 | 34.14 | 27.59 | 17.94 | 28.51 | 10.08 | 37.98 |

注：不同字母代表碳密度在锐齿槲栎林和栓皮栎林间存在显著性差异（$P<0.05$）

**2）锐齿槲栎林和栓皮栎林生态系统碳密度分布特征**

生态系统碳库分配受立地、林龄、林分特征、树种组成等因素的影响（张全智和王传宽，2010）。锐齿槲栎和栓皮栎作为鄂西地区栎类林的主要建群种，其生态系统碳密度及其分配比例存在一定的差异（表 3.13）。锐齿槲栎林生态系统碳密度平均为 183.68 t/hm²，栓皮栎则为 150.56 t/hm²。在乔木层，锐齿槲栎的平均碳密度大幅超过栓皮栎达 44.55 t/hm²，这可能和树种特性及其生长条件密切相关。在锐齿槲栎林成熟林样地中，有部分树的胸径达到了 60~85 cm，而在栓皮栎林中则未出现这种情况。从不同层次碳密度所占林分生态系统比例来看，乔木层和土壤层是生态系统碳密度的主要组成部分，其中锐齿槲栎林乔木层和土壤层碳密度分别占比 53.17%和 44.86%，栓皮栎林则分别占比 35.27%和 62.49%，说明乔木层和土壤层是生态系统碳库的主要碳库。

表 3.13　锐齿槲栎林和栓皮栎林生态系统碳密度　　单位：t/hm²

| 林分类型 | 龄组 | 乔木层 | 灌木层 | 凋落物层 | 植被层 | 土壤层 | 生态系统 |
|---|---|---|---|---|---|---|---|
| 锐齿槲栎 | 幼龄林 | 58.21 | 1.56 | 0.70 | 60.46 | 76.70 | 137.16 |
|  | 中龄林 | 71.72 | 3.29 | 1.52 | 76.53 | 86.04 | 162.57 |
|  | 近成过熟林 | 163.05 | 2.57 | 1.29 | 166.90 | 84.42 | 251.32 |
|  | 平均（百分比） | 97.66 (53.17%) | 2.47 (1.34%) | 1.17 (0.64%) | 101.30 (55.15%) | 82.39 (44.86%) | 183.68 |
| 栓皮栎 | 幼龄林 | 29.82 | 0.83 | 3.00 | 33.65 | 86.92 | 120.57 |
|  | 中龄林 | 49.20 | 0.90 | 2.80 | 52.90 | 96.07 | 148.97 |
|  | 近成过熟林 | 80.32 | 1.70 | 0.85 | 82.88 | 99.27 | 182.15 |
|  | 平均（百分比） | 53.11 (35.27%) | 1.14 (0.76%) | 2.22 (1.47%) | 56.48 (37.51%) | 94.09 (62.49%) | 150.56 |

**3）锐齿槲栎林和栓皮栎林碳密度的影响因素**

植被层和土壤层碳密度会随着海拔、坡向、林分密度、优势树种、林龄等因素的变化而变化（黄中秋 等，2014；潘帅 等，2014）。从表 3.14 可以看出，两种林分乔木层碳密度和海拔呈显著正相关，这和不同海拔条件下的生境条件和人为干扰强度有关，乔木层碳密度和林分密度、经度呈显著负相关，就本研究而言，幼龄林的林分密度最大，而近过成熟林的林分密度最小，这就解释了乔木层碳密度随林分密度的变化规律，而乔木层碳密度和经度呈显著负相关主要是因为随着经度变化，鄂西地区地形发生了显著变化，从西往东，平均海拔总体逐渐降低。土壤层碳密度随着纬度的增加而减小，并表现出显著性关系。

表 3.14　乔木层、土壤层碳密度和不同因子的相关性

| 项目 | 海拔 | 密度 | 坡度 | 经度 | 纬度 |
|---|---|---|---|---|---|
| 乔木层碳密度 | 0.394** | −0.260* | 0.008 | −0.316* | −0.132 |
| 土壤层碳密度 | 0.224 | −0.353 | −0.075 | −0.324 | −0.412* |

**4. 小结和讨论**

**1）鄂西栎类林植被层碳密度特征**

林龄、胸高断面积、土壤类型和质地、组成树种、生长环境、木材密度、林分起源等都可能成为影响碳密度的关键因素（王祖华 等，2011；张全智和王传宽，2010；Paul et al.，2002）。结合森林资源清查复查数据和野外调查数据，全面考虑生态系统各个层次，得出鄂西地区主要栎类林植被层平均碳密度为 78.89 t/hm²，其中锐齿槲栎林植被层碳密度

(101.30 t/hm²)高于全国落叶阔叶林碳密度(80.9 t/hm²)(李克让 等，2003)，而栓皮栎林植被层碳密度(56.48 t/hm²)则较全国落叶阔叶林碳密度低。

鄂西地区锐齿槲栎林植被层碳密度与在神农架锐齿槲栎林植被层碳密度(115.8 t/hm²)(王向雨 等，2007)及秦岭地区的锐齿栎林的碳密度(101.4~118.724 t/hm²)(沈彪 等，2014；任毅华 等，2012)较为接近，这主要由于本小节采样区域与以上研究区域相近，自然环境条件相对一致。但是，略低于河南宝曼山地区对35年生锐齿栎林的研究(134.48t/hm²)(刘玉萃 等，2001)，可见不同区域之间同样森林类型植被碳密度存在差异。

从表3.15可以看出，鄂西地区栓皮栎植被层碳密度明显低于河南宝天曼自然保护区栓皮栎林植被层碳密度(161.395 t/hm²)，这主要是由于该研究中的栓皮栎林龄为45年，并处于保护区内，生长条件较好，而鄂西地区栓皮栎林大部分为生长在离地条件较差的天然次生林，且大部分都是中、幼林龄。有研究表明，植被层中最主要的乔木层碳密度随着林龄的增大而增大(沈彪 等，2014；王娟 等，2012)，本小节也反映了相同的规律(表3.9)。此外，立地条件对林分碳密度也有重要影响(成向荣，2012)，可能是导致其碳密度差别较大的主要原因之一。同时，鄂西地区栓皮栎林植被层的碳密度也明显低于秦岭地区、河南宝天曼自然保护区和神农架林区的锐齿栎林和锐齿槲栎林植被层碳密度，这和本小节结果一致。本小节中栓皮栎林植被层碳密度低于59年生的蒙古栎(115.5 t/hm²)和32年生的人工麻栎林植被层碳密度(120.54 t/hm²)，该麻栎林位于广西壮族自治区，水热条件都优于鄂西地区，故其碳密度较高，但是，相比于陕西省栎类林和黄土高原辽宁栎则略高。

表3.15 不同林分植被层碳密度

| 树种 | 地区 | 植被层碳密度/(t/hm²) | 林龄（组） | 来源 |
| --- | --- | --- | --- | --- |
| 栓皮栎 | 河南宝天曼 | 161.395 | 45年 | 刘玉萃等（1998） |
| 锐齿栎 | 秦岭 | 101.4（平均） | 幼、中、成熟林 | 沈彪等（2014） |
| 锐齿栎 | 秦岭 | 118.724 | — | 任毅华等（2012） |
| 锐齿栎 | 河南宝天曼 | 134.48 | 35年 | 刘玉萃等（2001） |
| 锐齿槲栎 | 神农架林区 | 115.8 | — | 王向雨等（2007） |
| 蒙古栎 | 黑龙江省 | 115.5 | 59年 | 张全智和王传宽（2010） |
| 麻栎 | 广西南宁 | 120.54 | 32年 | 宋华萍等（2014） |
| 辽宁栎 | 黄土高原 | 42.02（平均） | 幼、中、成熟林 | 李克让等（2003） |
| 栎类 | 陕西省 | 40.35（平均） | 幼、中、成熟林 | 曹扬等（2014） |
| 落叶阔叶林 | 全国 | 80.9 | | 李克让等（2003） |
| 落叶阔叶林 | 湖北省 | 44.51（平均） | 幼、中、成熟林 | 王晓荣等（2015） |

总的来说，湖北省西部地区主要栎类林植被层碳密度都高于湖北省落叶阔叶林植被层碳密度(44.51 t/hm²)(表3.15)，说明鄂西地区栎类林是湖北省森林碳汇的重要组成部分，具有较大的碳汇潜力。

**2）鄂西栎类林土壤层碳密度特征**

鄂西地区栎类林土壤平均碳密度为88.24 t/hm²，与湖北省森林土壤碳密度(89.84 t/hm²)

接近（王晓荣 等，2015），其中锐齿槲栎林土壤层平均碳密度为 82.39 t/hm$^2$，栓皮栎林土壤平均碳密度为 94.09 t/hm$^2$。张学顺等（2013）认为，在落叶栎林中，0~20 cm 土层有机碳含量可占到总有机碳含量的 77%~93%，而在本小节中的 0~10 cm 土层中，锐齿槲栎和栓皮栎的有机碳含量则分别占总含量的 52.71%和 62.1%。鸡公山落叶栎林 0~60 cm 土层碳密度为 66.2 t/hm$^2$（张学顺 等，2013），北京市栓皮栎林 0~60 cm 土层碳密度仅为 7.85 t/hm$^2$（梁启鹏 等，2010），这可能是由不同地理、气候和植被类型等因素导致的土壤碳库差异化分配造成的（张学顺 等，2013）。

在锐齿槲栎林中，土壤碳库在生态系统中所占比例由大到小依次为幼龄林（56.85%）＞中龄林（54.54%）＞近成过熟林（34.11%），而在栓皮栎林中也表现出了相同的趋势，为幼龄林（74.46%）＞中龄林（54.54%）＞近成过熟林（34.11%），表明随着林龄的增大，植被层在生态系统所占比例逐渐减增大，而土壤层则逐渐减小（Peichl and Arain，2006）。土壤碳库在生态系统所占比例在某种程度上取决于植被功能型和气候条件的共同作用（Jobbágy and Jackson，2000），辽东栎群（韩娟娟 等，2010）和麻栎人工林（宋华萍 等，2014）的土壤碳密度在生态系统碳库分配中所占比例最大，本小节中的栓皮栎林土壤碳密度特征符合这个结果，而锐齿槲栎林土壤碳密度在生态系统中的占比则比乔木层略小，这和在热带森林的研究结果相似（Malhi et al.，1999）。

**3）碳密度的影响因素**

乔木层碳密度和海拔呈显著正相关，和密度呈显著负相关，而锐齿槲栎林和栓皮栎林的平均海拔分别为 1 787 m 和 569 m，密度分别为 1 364 株/hm$^2$ 和 1 743 株/hm$^2$，这就在一定程度上解释了鄂西地区锐齿槲栎林乔木层碳密度大于栓皮栎林，而在该研究区域，随着经度的改变，地形发生了明显的变化，这是乔木层碳密度和经度呈负相关的主要原因。降水、气温、土壤理化性质、土层厚度都是影响土壤有机碳的主要因素（代杰瑞 等，2015），本小节中，土壤层碳密度和海拔没有表现出显著性关系（表 3.15），和张学顺等（2013）的研究存在差异，但土壤层碳密度和纬度表现出了显著负相关，则和魏亚伟等（2013）的研究一致。从全球尺度来看（Jobbágy and Jackson，2000），由于水热条件等原因，土壤碳密度随着纬度的增加而增加，而本研究未表现出该规律的原因则可能是土壤发生层的厚度随纬度变化出现了改变。

## 3.2.3 湖北省马尾松天然林碳储量及碳密度特征[①]

森林生态系统是陆地的主要生态系统，也是全球最大的碳库，储存了陆地生态系统总碳库的 56%（吴庆标 等，2008），在调节全球碳循环、减缓大气中 CO$_2$ 浓度上升等方面具有重要地位。随着国际气候变化框架协议的实施，森林碳汇问题越来越受到各国政府部门的重视，许多学者也对此进行了大量的研究（胡青 等，2012；田杰 等，2012；赵敏和周广胜，2004）。马尾松为我国南方山地主要速生用材针叶树种，近年来有关马尾松林生物量及碳储量的研究已有不少报道（秦晓佳和丁贵杰，2012；徐晓和杨丹，2012；薛沛沛 等，2011；张仕光 等，2010）。湖北省地处亚热带，森林类型丰富多样，马尾松广泛分布于境内海拔 100~1 500 m 的山地，集中分布于 1 200 m 以下的山坡或丘陵低山。

---

① 引自：庞宏东.湖北省马尾松天然林碳储量及碳密度特征.东北林业大学学报,2014(7):40-43.

据湖北省 2010 年第六次森林资源连续清查资料可知，马尾松天然林面积为 $9.06 \times 10^5 \mathrm{hm}^2$，蓄积量为 $5.19 \times 10^7 \mathrm{m}^3$，分别占全省天然林面积和蓄积量的 17.45% 和 22.90%，为湖北省分布面积最广、蓄积量最大的森林类型。本小节在湖北省马尾松天然林主要产区布设样地，通过实地调查，研究马尾松天然林碳密度及碳储量基本现状，为准确评估湖北省马尾松天然林碳汇能力、生产力及森林生态功能提供科学参考依据。

1. 研究区概况

湖北省位于长江中游，处于中国第二级阶梯向第三级阶梯过渡地带，地理位置为北纬 29°01′~33°6′，东经 108°21′~116°7′，全省总面积为 $1.86 \times 10^5 \mathrm{km}^2$，山地约占全省总面积的 55.5%，丘陵和岗地占 24.5%，平原湖区占 20%。全省西、北、东三面被武陵山、巫山、大巴山、秦岭、武当山、桐柏山、大别山、幕阜山、大洪山等山地环绕，最高峰神农顶海拔 3 105.4 m，位于鄂西山地的神农架。全省属亚热带季风气候区，年均气温为 15~22℃，年均降水量为 800~1 600 mm，主要土壤类型有黄棕壤、黄壤、石灰（岩）土、紫色土、红壤、黄褐土、潮土和水稻土 8 个土类。全省林地面积为 $8.50 \times 10^6 \mathrm{hm}^2$，占比 45.72%；森林面积为 $7.14 \times 10^6 \mathrm{hm}^2$，森林覆盖率为 38.40%，活立木总蓄积量为 $3.13 \times 10^8 \mathrm{m}^3$，森林蓄积量为 $2.87 \times 10^8 \mathrm{m}^3$，占活立木总蓄积量的 91.69%；其中天然林面积为 $5.19 \times 10^6 \mathrm{hm}^2$，蓄积量为 $2.26 \times 10^8 \mathrm{m}^3$。

2. 调查方法

1）样地调查方法

野外样地调查于 2012 年 7~10 月进行，选择在湖北省马尾松集中分布的 9 个地区 18 个县（表 3.16），一共设置样地 87 块，样地面积约为 667 m² (25.82 m×25.82 m)。主要调查内容有乔木层每木检尺、灌木层生物量、凋落物生物量和土壤有机碳含量。

表 3.16 调查样地基本情况

| 市（自治州、林区） | 县 | 样地数 | 地貌 | 海拔/m | 坡度/(°) | 郁闭度 | 土壤类型 |
| --- | --- | --- | --- | --- | --- | --- | --- |
| 恩施土家族苗族自治州 | 利川市、建始县、鹤峰县 | 10 | 中山 | 700~1 200 | <35 | 0.8 | 黄棕壤 |
| 神农架林区 | 神农架林区 | 6 | 中山 | 600~900 | <25 | 0.8 | 黄棕壤 |
| 十堰市 | 丹江口市、房县 | 10 | 低山 | 150~800 | <35 | 0.7 | 黄棕壤、黄壤 |
| 宜昌市 | 五峰土家族自治县、秭归县、远安县 | 16 | 低山 | 150~1 000 | <33 | 0.8 | 黄棕壤、黄壤 |
| 黄冈市 | 罗田县、英山县 | 13 | 低山 | 100~500 | <35 | 0.7 | 黄棕壤、黄壤 |
| 黄石市 | 大冶市 | 4 | 丘陵 | 80~120 | <30 | 0.7 | 黄棕壤 |
| 咸宁市 | 通城县、通山县、咸安区 | 13 | 低山、丘陵 | 50~200 | <33 | 0.8 | 黄棕壤、黄壤 |
| 襄阳市 | 南漳县、谷城县 | 11 | 低山、丘陵 | 100~350 | <30 | 0.7 | 黄棕壤 |
| 孝感市 | 大悟县 | 4 | 丘陵 | 60~130 | <30 | 0.7 | 黄棕壤 |

乔木层调查，对胸径>5 cm 的所有植株进行每木检尺（含枯立木的调查），记录样方内各树种名称、胸径、高度；灌木层调查，在乔木样方中按梅花形设置 3 个 2 m×2 m 的灌木样方，调查灌木优势种（包括起测直径<5 cm 的幼树），记录优势灌木名称、盖度、株数（高度<50 cm 不计入）、平均树高等，采取全株收获法分别测定 3 株（少于 3 株则全部取样）标准木地上干、枝、叶和地下根系鲜重，将各部分器官取部分样品带回实验室 75℃恒温烘干测含水率。在每个灌木样方中设置 1 m×1 m 凋落物样方，收取全部凋落物，现场称量鲜重，混合后取部分样品带回实验室烘干测含水率。土壤调查采样，在每个乔木样方中挖取 1 个土壤剖面，按 0~10 cm、>10~30 cm、>30~100 cm 分层采取土壤样品，带回实验室风干，过 0.149 mm 筛，储存备用；同时用环刀取样测定各层土壤容重。

根据本研究目的和调查数据，将湖北省马尾松林划分为 3 个龄组，分别为幼龄林、中龄林和近成过熟林，基本情况见表 3.17。

表 3.17　龄组划分基本情况

| 龄组 | 林龄/年 | 样地数量 | 林分密度/（株/hm²） | 平均胸径/cm | 平均树高/m | 蓄积/（m³/hm²） |
| --- | --- | --- | --- | --- | --- | --- |
| 幼龄林 | ≤20 | 29 | 1 796 | 9.1 | 7.5 | 51.27 |
| 中龄林 | 21~40 | 43 | 1 844 | 12.4 | 9.8 | 126.25 |
| 近成过熟林 | >40 | 15 | 1 463 | 16.8 | 12.2 | 183.44 |

**2）数据处理**

（1）乔木层生物量测定。

基于样地每木调查结果，考虑立木树高的测量误差值较大，采用主要树种一元材积公式计算样地单株立木蓄积量，然后根据木材密度、生物量扩展因子，计算乔木地上生物量，地下生物量通过根茎比计算得到。其中材积计算公式采用湖北省主要树种一元材积公式；木材密度与生物量扩展因子参照国家和 IPCC 碳计量参考值（李海奎和雷渊才，2010），地上生物量<125（t/hm²）根茎比为 0.20，地上生物量≥125（t/hm²）根茎比为 0.24。

湖北省马尾松一元材积公式如下。$V$ 为一元材积，m³；$d$ 为胸径，m。

鄂东马尾松：

$$V = 0.000\,060\,049\,144 \times (-0.132\,103\,36 + 0.979\,870\,17 \times d)^{1.871\,975\,3}$$
$$\times [24.269\,237 - 591.977\,56/(24+d)]^{0.971\,802\,32}$$

鄂西北马尾松：

$$V = 0.000\,060\,049\,144 \times (-0.128\,114\,77 + 0.986\,679\,91 \times d)^{1.871\,975\,3}$$
$$\times [22.154\,621 - 401.746\,2/(17+d)]^{0.971\,802\,32}$$

鄂西南马尾松：

$$V = 0.000\,060\,049\,144 \times (-0.374\,652\,81 + 0.998\,431\,50 \times d)^{1.871\,975\,3}$$
$$\times [45.978\,7 - 2\,765.870\,1/(63+d)]^{0.971\,802\,32}$$

单株乔木生物量计算公式为

$$M_{乔} = V_{乔} \times \text{WD} \times \text{BEF} \times (1+R)$$

式中：$M_{乔}$ 为乔木生物量，t；$V_{乔}$ 为乔木蓄积，m³；WD 为木材平均密度，t/m³；BEF 为生物量扩展因子；$R$ 为乔木平均根茎比。

根据单株立木生物量统计出样地乔木层生物量，然后再换算成每公顷乔木层生物量。枯立木生物量测定与乔木层测定相同，视为无枝、叶乔木，其测定结果记入乔木层。

(2) 灌木层生物量测定。

根据取样灌木各器官的含水率计算样品各器官的干鲜比，根据干鲜比和野外调查的植株各部分的鲜重，计算出单株灌木各器官及全株干重。然后按下式计算各灌木样方的灌木总干重：

$$标准灌木总干重=干鲜比×标准灌木总鲜重/灌木样品总鲜重$$
$$样方灌木总干重=株数×标准灌木总干重$$

根据样方灌木生物量计算结果，换算成每公顷灌木层生物量。

(3) 凋落物生物量测定。

根据取样凋落物的含水率得到样品的干鲜比，按下式计算各样方凋落物总干重：

$$样方总干重=干鲜比×样方总鲜重$$

根据样方凋落物生物量计算结果，换算成每公顷凋落物生物量。

(4) 土壤有机碳测定。

采用重铬酸钾氧化-外加热法（中国土壤学会，2000）测定土壤不同层次有机碳含量，然后根据测定的各土层有机碳含量、土壤容重、厚度、石砾含量计算土壤剖面有机碳储量。单位面积土壤碳储量（t/hm²）的计算公式（李强 等，2008）为

$$\text{SOC}_i = 0.1 \times \sum_{i=1}^{k} C_i \cdot D_i \cdot E_i \cdot (100 - G_i)/100$$

式中：$\text{SOC}_i$ 为单位面积土壤碳储量；$C_i$ 为土壤有机碳含量，g/kg；$D_i$ 为土壤容重，g/cm³；$E_i$ 为土壤厚度，cm；$G_i$ 为直径≥2 mm 的石砾所占体积分数，%；$k$ 为土层数。

3. 结果与分析

**1) 马尾松林碳储量**

生物量含碳率采用国际上常用的 0.5 转换系数（Fang et al., 2001；刘国华 等，2000）。从表 3.18 可知，湖北省马尾松天然林平均碳密度为 121.16 t/hm²，以马尾松天然林面积 $9.06×10^5$ hm² 来进行估算，湖北省马尾松天然林总碳储量为 $1.10×10^8$ t。各层碳密度大小顺序为土壤层、乔木层、凋落物层、灌木层。不同龄组其碳密度分别为幼龄林 68.44 t/hm²，中龄林 138.66 t/hm²，近成过熟林 156.39 t/hm²。幼龄林平均碳密度明显低于中龄林和近成过熟林，但中龄林和近成过熟林的碳密度差异较小。

表 3.18　湖北省马尾松天然林碳密度　　　　　　　　　　单位：t/hm²

| 龄组 | 乔木层 | 灌木层 | 凋落物层 | 土壤层 | 合计 |
|---|---|---|---|---|---|
| 幼龄林 | 20.36 | 1.48 | 1.69 | 44.91 | 68.44 |
| 中龄林 | 49.73 | 1.06 | 3.34 | 84.53 | 138.66 |
| 近成过熟林 | 64.37 | 1.63 | 4.22 | 86.17 | 156.39 |
| 平均 | 44.82 | 1.39 | 3.08 | 71.87 | 121.16 |

### 2）乔木层碳储量

乔木层是森林碳储量的重要组成部分，湖北省马尾松天然林乔木层碳储量为 $4.06×10^7$ t，占总碳储量的 36.99%；不同龄组间碳密度相差较大，以近成过熟林的碳密度最大，为 64.37 t/hm², 为幼龄林（20.36 t/hm²）的 3 倍多，也远大于中龄林（49.73 t/hm²）（表 3.18）；平均碳密度为 44.82 t/hm², 不同样地乔木层碳密度在 3.30~91.92 t/hm², 相差达 28 倍之多，差异极为明显。即使在同一龄组内，不同地区间也存在较大的差别（表 3.19），幼龄林中不同地区间碳密度相差可达 3 倍多，近成过熟林地区间可相差 2 倍多，中龄林地区间差异较小。

表 3.19 不同地区间乔木层碳密度　　　　　　　　单位：t/hm²

| 市（自治州、林区） | 幼龄林 | 中龄林 | 近成过熟林 | 平均 |
|---|---|---|---|---|
| 恩施土家族苗族自治州 | 10.35 | 49.52 | 66.09 | 41.99 |
| 神农架林区 | 16.11 | — | — | 16.11 |
| 十堰市 | 26.93 | 53.67 | 67.36 | 49.32 |
| 宜昌市 | 33.97 | 52.54 | 64.27 | 50.26 |
| 黄冈市 | 17.84 | 39.15 | 60.88 | 39.29 |
| 黄石市 | 31.54 | 45.03 | — | 38.29 |
| 咸宁市 | 19.55 | 54.53 | 76.44 | 50.17 |
| 襄阳市 | 19.13 | 40.01 | 32.79 | 30.64 |
| 孝感市 | 20.94 | 45.03 | — | 32.99 |

### 3）灌木层和凋落物层碳储量

灌木层平均碳密度为 1.39 t/hm², 碳储量为 $1.26×10^6$ t，占总碳储量的 1.15%。灌木层以近成过熟林碳密度最大，其次为幼龄林，最小的为中龄林。在幼龄阶段乔木层郁闭度较低，林下光线较好，灌木大量生长；到中龄阶段林分郁闭度增大，林下光照条件变差，部分灌木枯死，导致其生物量降低，而到林分成熟林后，耐阴灌木已经充分长成，且由于部分立木枯死形成林窗，因此林下灌木较中龄林丰富。

凋落物层平均碳密度为 3.08 t/hm², 碳储量为 $2.79×10^6$ t，占总碳储量的 2.54%。不同林龄阶段碳密度大小顺序为近成过熟林、中林龄、幼龄林。凋落物层有机碳主要来自植物的落叶与枯枝，林分年龄越大，其凋落物累积就越多。

### 4）土壤碳储量

土壤层平均碳密度为 71.87 t/hm², 碳储量为 $6.51×10^7$ t，占总碳储量的 59.32%。为森林中碳储量最重要的部分。不同林龄阶段土壤碳密度大小顺序与凋落物层的相同，以近成过熟林最大，幼龄林最小。土壤中有机碳主要来源于动植物的残体和凋落物经微生物分解转化和化学淋溶，因此土壤碳储量与森林类型和林分年龄有很大程度的相关（林培松和高全洲，2009；李跃林 等，2004）。林分年龄越大，土壤碳储量相应增加，幼龄林的土壤碳密度明显低于中龄林和近成过熟林，这与幼龄林中凋落物较少、分解转化时间较短有关。近成过熟林土壤碳密度虽然最大，但与中龄林相比无明显差异，由于近成过熟林多位于坡度较大的山坡处，土层较薄，凋落物和腐殖质容易随雨水流失而难以分解转化成土壤碳,土层中累计下来的碳储量较低。

4. 小结与讨论

（1）湖北省2012年马尾松天然林总碳储量为 $1.10×10^8$ t,平均碳密度为 121.16 t/hm²。其中乔木层碳密度为 44.82 t/hm²，灌木层为 1.39 t/hm²，凋落物层为 3.08 t/hm²，土壤层为 71.87 t/hm²。各层碳密度大小顺序为土壤层＞乔木层＞凋落物层＞灌木层，这与张田田等（2012）、许雯等（2011）、杜红梅等（2009）的研究结果相同，表明土壤层碳库和乔木层碳库是森林生态系统中最重要的碳库，而针叶林下灌木大多生长较差因而其碳密度最小。森林碳储量与林分年龄成正比，随着林分年龄的增加而增加，但不同林层间的变化并不一致，灌木层在中龄林阶段碳密度反而降低，这是林分郁闭后部分灌木枯死所导致的，这与森林的实际生长情况相符合。

（2）湖北省马尾松天然林平均碳密度小于鄂西北山地森林的平均碳密度（175.812 t/hm²），也小于天然针叶林平均碳密度，与天然针阔混交幼龄林的相当（119.53 t/hm²）（郑兰英等，2013）。乔木层平均碳密度值小于湖北省 20~40 年天然阔叶次生林和人工针叶林的碳密度（73.42 t/hm²，111.62 t/hm²）（胡青 等，2012），与中国森林植被乔木层的碳密度（42.82 t/hm²）（李海奎 等，2011）及云南省的森林植被层碳密度（43.77 t/hm²）（曾伟生，2005）相当；远高于中国马尾松林的平均碳密度（26.67 t/hm²）（李海奎 等，2011）及相邻的湖南省马尾松林平均碳密度（15.81 t/hm²）（徐晓和杨丹，2012）和四川省及重庆市的马尾松林平均碳密度（22.01 t/hm²）（黄从德 等，2008）；其中龄林乔木层碳密度相当于 18 年生人工马尾松的碳密度（49.06 t/hm²）（傅运生 等，1992）。

（3）湖北省马尾松天然林乔木层碳密度与国内主要树种相比只处于中等水平，远低于高山松（*Pinus densata*）、冷杉（*Abies*）、铁杉（*Tsuga*）、云杉（*Picea*）等树种（李海奎 等，2011）。这与湖北省马尾松天然林大部分由中龄林所组成有关，由于近成过熟林所占比重较小，森林的总体蓄积量偏小，从而降低了马尾松林的碳储量。但也由于大量中龄林的存在，湖北省马尾松林在未来将拥有巨大的生长潜力和开发价值，未来生产中所要重点解决的问题，就是如何通过科学的经营管理措施来调整马尾松的林分和林龄结构，以提高林分的总体生产能力。

## 3.2.4 湖北省不同地区森林类型灌木层生物量和碳密度特征[①]

森林生态系统是陆地的主要生态系统，也是全球最大的碳库，储存了陆地生态系统总碳库的 56%（吴庆标 等，2008），在调节全球碳循环、减缓大气中 $CO_2$ 浓度上升等方面具有重要地位。随着国际气候变化框架协议的实施，森林碳汇问题越来越受到各国政府部门的重视，许多学者也对此进行了大量的研究（冷清波和周早弘，2013；黄从德 等，2008；赵敏和周广胜，2004；王效科 等，2001）。灌木层作为森林生态系统的重要组成部分，在生态保护、植被恢复和碳循环等方面起到重要作用。但由于其与乔木层相比生物量所占比重较小而对其研究重视程度不够（迟璐 等，2013；郑兰英 等，2013；李海奎

---

①引自:庞宏东.湖北省不同森林类型和不同地区间林下灌木层生物量和碳密度特征.西北林业大学学报,2014(6):46-51.

等，2011；王晓芳 等，2010），再加上灌木其特殊的个体形态和群落结构，不适合用乔木蓄积量法测定其生物量，样方直接收获法测定虽然精确却费时费力，因此大多数学者对灌木生物量的研究多倾向于建立回归模型和数量化的方法来估算和预测整体生物量（陈富强 等，2013；何列艳 等，2011；曾慧卿 等，2007；陈遐林 等，2002）。而对不同森林类型和不同区域间灌木层生物量和碳密度的变化却鲜有报道。本小节通过在湖北全省范围内不同森林类型中布设样地，根据样地调查数据并结合植物含碳率计算各森林类型灌木层生物量和碳密度，旨在为湖北省林业碳汇计量监测体系建设和准确估算森林生态系统生物量和碳储量提供科学参考依据。

## 1. 研究区

研究区位于湖北省，其概况见3.2.3小节。

## 2. 调查方法

### 1）样地布设

将全省森林按起源分为天然林和人工林，然后按林分类型再划分为针叶林、针阔混交林和阔叶林，天然林进一步按龄组分为幼龄林、中龄林和近成过熟林，共划分为12种森林类型。龄组的划分根据优势乔木树种的平均年龄来确定，本调查中采用＜20年为幼龄林，21～40年为中龄林，＞40年为近成过熟林，同时根据实际情况对某些树种的龄级进行调整。根据湖北省森林资源分布状况，选择在森林资源最为丰富的11个地区22个县（市、区）一共设置样地212块，其中人工林36块，天然林176块（表3.20）。样地面积为667 m²（25.82 m×25.82 m），在乔木样方中按梅花形设置3个2 m×2 m的灌木样方。乔木层调查，对胸径＞5 cm的所有植株进行每木检尺，记录样方内各树种名称、胸径和树高；灌木样方中，调查样方中所有灌木（包括起测胸径＜5 cm的幼树），记录所有灌木名称、冠幅、株数（高度＜50 cm不计入）、株高、地径等指标，同时记录每块样地的海拔、经纬度、坡度、郁闭度等环境因子。

表3.20 调查样地基本情况

| 森林类型 | 样方数 | 主要树种 | 优势灌木 | 林分密度/（株/hm²） | 平均高/m | 平均胸径/cm |
| --- | --- | --- | --- | --- | --- | --- |
| Ⅰ 天然针叶幼龄林 | 18 | 马尾松、华山松 | 杜鹃、毛黄栌、牡荆 | 1 994 | 8.1 | 10.2 |
| Ⅱ 天然针叶中龄林 | 23 | 马尾松、巴山冷杉、杉木 | 华中山楂、檵木、荚蒾 | 1 720 | 10.6 | 13.6 |
| Ⅲ 天然针叶近成过熟林 | 19 | 马尾松、巴山冷杉 | 鄂西绣线菊、箭竹、檵木 | 1 310 | 13.7 | 19.4 |
| Ⅳ 天然针阔混交幼龄林 | 29 | 马尾松、栓皮栎、枫香 | 杜鹃、水竹、檵木 | 1 689 | 8.6 | 10.2 |
| Ⅴ 天然针阔混交中龄林 | 25 | 马尾松、华山松、枫香 | 鄂西绣线菊、檵木、水竹 | 1 576 | 10.2 | 12.9 |
| Ⅵ 天然针阔混交近成过熟林 | 5 | 马尾松、华山松、锐齿槲栎 | 箭竹、盐肤木 | 1 389 | 10.2 | 13.1 |

续表

| 森林类型 | 样方数 | 主要树种 | 优势灌木 | 林分密度/(株/hm²) | 平均高/m | 平均胸径/cm |
|---|---|---|---|---|---|---|
| VII 天然阔叶幼龄林 | 21 | 栓皮栎、苦槠、枫香 | 火棘、绿叶胡枝子、山胡椒 | 1 788 | 8.4 | 10.6 |
| VIII 天然阔叶中龄林 | 24 | 锐齿槲栎、栓皮栎、枫香 | 华中山楂、胡枝子、山胡椒 | 1 341 | 10.9 | 13.5 |
| IX 天然阔叶近成过熟林 | 12 | 樟树、锐齿槲栎、枫香 | 白檀、烟管荚蒾、杜鹃 | 888 | 12.9 | 19.9 |
| X 人工针叶林 | 11 | 杉木、湿地松、马尾松 | 牡荆、野花椒 | 1 786 | 11 | 15.1 |
| XI 人工针阔混交林 | 11 | 杉木、马尾松、枫香 | 牡荆、檵木、白背叶 | 2 043 | 9.2 | 11.9 |
| XII 人工阔叶林 | 14 | 樟树、栓皮栎 | 构树、檵木、六月雪 | 1 376 | 9.9 | 12.4 |

**2）样品采集及数据处理**

采用标准木全株收获法取样。根据样方内所测定的灌木地径、株高、冠幅，按大、中、小 3 种类型各选取 1 株（样方内灌木少于 3 株则全部取样）共 3 株标准木，测定地上干、枝、叶和地下根系鲜重，将各部分器官取部分样品带回实验室，并 75 ℃恒温烘干测含水率。根据取样灌木各器官的含水率计算样品各器官的干鲜比，根据干鲜比和野外调查的植株各部分的鲜重，计算出单株灌木各器官及全株干重。这 3 株标准木的平均值即为单株灌木的生物量。生物量含碳率采用目前国际上常用的转换系数 0.5（Fang et al.，2001；周玉荣 等，2000）。

灌木总干重计算公式如下：

标准灌木总干重（kg）=干鲜比×标准灌木总鲜重/灌木样品总鲜重

样方灌木总干重（kg）=株数×标准灌木总干重

$$灌木生物量(t/hm^2) = \left(\frac{样方灌木总干重}{样方数量 \times 样方面积}\right) \times \frac{10\,000}{1\,000}$$

数据测定结果用 Excel 和 SPSS 统计软件进行处理和统计分析。

**3. 结果与分析**

**1）不同森林类型灌木层生物量和碳密度**

根据不同起源和龄组可将湖北省森林划分为天然针叶幼龄林、天然针叶中龄林、天然针叶近成过熟林、天然针阔混交幼龄林、天然针阔混交中龄林、天然针阔混交近成过熟林、天然阔叶幼龄林、天然阔叶中龄林、天然阔叶近成过熟林和人工针叶林、人工针阔混交林、人工阔叶林等 12 种森林类型。不同森林类型下灌木种类差异较大，群落组成复杂，主要灌木种类有檵木（*Loropetalum chinense*）、杜鹃（*Rhododendron simsii*）、箭竹（*Fargesia spathacea*）、水竹（*Phyllostachys heteroclada*）、毛黄栌（*Cotinus coggygria* var. *pubescens*）等。

从表 3.21 可以看出，湖北省不同森林类型灌木层碳密度介于 0.44～8.35 t/hm²，最大值与最小值之间相差约 19 倍，平均碳密度为 2.80 t/hm²，灌木层生物量大部分集中在地上部分，占总生物量的 68.5%。天然林灌木层总生物量和碳密度最大的为天然阔叶中龄林，其次为天然针叶近成过熟林，最小的为天然阔叶幼龄林；其中天然阔叶中龄林与天然针叶幼龄林、天然针叶中龄林、天然针阔混交幼龄林、天然针阔混交中龄林、天然阔叶幼龄林之间存在显著差异（$P<0.05$），天然针叶近成过熟林与天然针阔混交幼龄林、天然针阔混交中龄林之间也存在显著差异（$P<0.05$）。人工林最大的为人工针叶林，最小的为人工针阔混交，但无显著差异。从森林起源上比较，天然林灌木层碳密度明显高于人工林；从森林类型上比较，阔叶林（4.17 t/hm²）＞针叶林（2.88 t/hm²）＞针阔混交林（1.33 t/hm²）；从龄组上比较灌木层碳密度随着林龄的增加具有不断增加的趋势，分别为近成过熟林（5.82 t/hm²）＞中龄林（3.69 t/hm²）＞幼龄林（1.44 t/hm²），但在不同森林类型中其变化趋势有所不同。

表 3.21　不同森林类型灌木层生物量和碳密度　　　　　　　　单位：t/hm²

| 森林类型 | 地上生物量 | 地下生物量 | 总生物量 | 碳密度 |
| --- | --- | --- | --- | --- |
| I | 1.81±0.36b | 1.02±0.22bc | 2.83±0.55bc | 1.42 |
| II | 2.01±0.47b | 0.85±0.13c | 2.85±0.59bc | 1.43 |
| III | 8.87±4.53ab | 5.55±3.58a | 14.42±8.02ab | 7.21 |
| IV | 2.02±0.38b | 1.13±0.28c | 3.15±0.62c | 1.58 |
| V | 1.74±0.41b | 0.84±0.17c | 2.58±0.53c | 1.29 |
| VI | 2.88±0.66ab | 1.21±0.39abc | 4.10±0.94abc | 2.05 |
| VII | 1.74±1.01b | 0.82±0.38c | 2.56±1.38bc | 1.28 |
| VIII | 12.24±7.30a | 4.45±1.90ab | 16.69±9.01a | 8.35 |
| IX | 7.73±4.69ab | 2.65±1.12abc | 10.38±5.78abc | 5.19 |
| X | 1.15±0.20b | 0.50±0.07bc | 1.65±0.24bc | 0.83 |
| XI | 0.57±0.12b | 0.31±0.06bc | 0.88±0.18bc | 0.44 |
| XII | 0.49±0.14b | 0.40±0.10c | 0.89±0.24c | 0.45 |
| 合计/平均 | 3.83±0.98 | 1.76±0.40 | 5.59±1.33 | 2.80（均值） |

注：表格内数据为 Mean ± SE，同列不同字母表示差异显著（$P<0.05$）

### 2）不同地区间天然林灌木层生物量和碳密度

不同地区间灌木层生物量以天然林为研究对象，包括天然针叶林、天然阔叶林和天然针阔混交林等所有天然林类型，不同地区间优势灌木种类差异性较小，除神农架林区外，主要灌木种类为杜鹃、水竹、檵木、胡枝子（*Lespedeza bicolor*）、山胡椒（*Lindera glauca*）等。从表 3.22 可以看出，湖北省 9 个不同地区间天然林灌木层碳密度介于 0.56~9.34 t/hm²，平均碳密度为 3.26 t/hm²，神农架林区的最大为 9.34 t/hm²，其次为恩施土家族苗族自治州，为 1.80 t/hm²，宜昌市最小，为 0.56 t/hm²。神农架林区与其他地区间森林灌木层总生物量均存在显著差异（$P<0.05$），其他地区之间无显著差异。

表 3.22　不同地区间天然林灌木层生物量和碳密度　　　　　　　单位：t/hm²

| 地区 | 优势灌木 | 地上生物量 | 地下生物量 | 总生物量 | 碳密度 |
|---|---|---|---|---|---|
| 恩施土家族苗族自治州 | 油茶、水竹、小蜡 | 2.64±0.53b | 0.95±0.20b | 3.59±0.71b | 1.80 |
| 神农架林区 | 箭竹、华中山楂、鄂西绣线菊 | 14.88±4.10a | 5.79±1.66a | 18.67±5.49a | 9.34 |
| 十堰市 | 杜鹃、栓皮栎、牡荆 | 1.00±0.15b | 0.61±0.11b | 1.61±0.24b | 0.81 |
| 宜昌市 | 杜鹃、胡枝子、檵木 | 0.70±0.13b | 0.41±0.06b | 1.11±0.17b | 0.56 |
| 黄冈市 | 杜鹃、水竹、胡枝子 | 0.87±0.23b | 0.58±0.15b | 1.45±0.37b | 0.73 |
| 黄石市 | 檵木、水竹、栀子 | 1.92±1.10b | 0.76±0.30b | 2.68±1.40b | 1.34 |
| 咸宁市 | 檵木、荚蒾、山胡椒 | 1.36±0.25b | 0.63±0.11b | 1.99±0.35b | 1.00 |
| 襄阳市 | 盐肤木、毛黄栌、牡荆 | 0.84±0.22b | 0.61±0.18b | 1.45±0.37b | 0.73 |
| 孝感市 | 山胡椒、牡荆、木姜子 | 1.19±0.72b | 0.41±0.14b | 1.61±0.84b | 0.81 |
| 合计/平均 |  | 4.47±1.18 | 2.04±0.48 | 6.51±1.59 | 3.26（均值） |

注：表格内数据为 Mean ± SE，同列不同字母表示差异显著（$P < 0.05$）

### 4. 小结与讨论

（1）湖北省地处亚热带北缘，山地众多，森林植被丰富多样，林下灌木种类繁多，不同森林类型灌木层碳密度介于 0.44～8.35 t/hm²，平均碳密度为 2.80 t/hm²，最大值和最小值之间相差约 19 倍，差异较大。而江西省林下灌木层碳密度在 3.1～6.8 t/hm²，不同森林类型间灌木层碳密度差异较小（王兵和魏文俊，2007）。胡青等对湖北省封山育林下的次生林和次生林的研究结果表明其灌木层平均碳密度分别为 1.65 t/hm² 和 1.40 t/hm²，要低于本小节的研究结果，但人工林灌木层碳密度为 1.52 t/hm²，远高于本小节的结果（胡青 等，2012）。这可能是与所研究的侧重对象和森林类型的选择不同有关。

（2）不同森林类型灌木层总生物量和碳密度最大的为天然阔叶中龄林，最小的为人工针阔混交林。从森林起源上比较，天然林灌木层生物量和碳密度明显高于人工林的，吴鹏等的研究结果也证明了这一点（吴鹏 等，2012），这可能是由于人工林受到人为干扰因素较多，林下灌丛常被抚育砍伐，从而其生物量和碳密度较低。从森林类型上比较，阔叶林的碳密度最大，针阔混交林的碳密度最小，与吴鹏等（2012）的研究结果相一致。从龄组上比较，天然林灌木层碳密度随着林龄的增加而不断增加，这与许雯等（2011）的研究结果灌木层生物量因乔木层郁闭度的增加而减少有所不同。通常情况下，灌木层的生长与乔木层的郁闭度密切相关，在幼龄林阶段，乔木层郁闭度小，灌木大量生长，生物量急剧增加，到中龄林后郁闭度增大，林下灌木部分枯死，生物量减少，成熟林阶段由于乔木层的自然竞争导致郁闭度降低，从而给灌木提供了更大的生长空间。本小节结果与此不完全相同，可能与样地选择有关，大部分幼龄林样地基本上已经郁闭，林下灌木已经形成分化，耐阴灌木随着林龄的增加而生长，从而使灌木层生物量增大。

（3）灌木层生物量与灌木种类和数量密切相关，湖北省不同地区间由于地理环境的不同，林下灌木在物种组成和群落结构上存在较大差异，但优势灌木种类差异性不强，而且在本次调查中，不同地区间天然林森林类型除神农架林区与其他地区有明显不同外，其他地区间较为相似。研究结果表明不同地区间天然林灌木层碳密度除神农架林区与其他地区间均存在显著差异外，其他地区间的差异较小，虽然从整体上看鄂西地区的要稍微高于鄂东地区的，但不具有规律性。神农架林区灌木层生物量和碳密度远高于平均值，这主要是该地区中龄林和近成过熟林所占比重较大，林下大型灌木如华中山楂（*Crataegus wilsonii*）、箭竹等数量众多，导致整体灌木层生物量和碳密度偏大，然而这种由于局部地区特殊原因造成的差异现象在全省范围内不具有普遍性。

由此可见林下灌木层生物量和碳密度只与森林起源、森林类型和林龄具有密切联系，与地区间的分布相关性不大。

## 3.2.5 鄂西北主要森林类型碳密度特征[①]

森林生态系统是陆地生态系统的最大碳库，在全球碳循环中发挥着源、汇的作用（胡青 等，2012），区域性森林生态系统碳库的储量和变化对全球碳平衡产生巨大的影响（张亮 等，2010）。因此，明确森林生态系统的固碳特征，分析不同地区、不同森林类型的碳密度变异规律，对促进森林生态系统固碳能力的增加具有重要意义（田杰 等，2012）。

目前，碳密度研究已广泛运用于评价一个国家、省份及地区的碳平衡（胡青 等，2012），从以往的研究发现，区域尺度上气候类型、植被类型复杂多样，研究尺度、取样数量等不同往往导致森林生态系统碳密度存在很大差异。目前许多学者也已经对我国的一些省份或地区的森林植被碳储量和碳密度进行大量的研究（胡青 等，2012；田杰 等，2012；王新闯 等，2011；张亮 等，2010），但针对鄂西北森林生态系统碳密度的研究较少。

鄂西北山地丘陵区位于湖北省西北部边缘地带，该区域地处北亚热带向暖温带气候的过渡地带，森林类型复杂多样，森林资源丰富，其森林碳密度对于反映湖北省区域森林碳储量和中国森林植被碳储量具有重要的现实意义。因此，本小节通过对鄂西北主要森林类型乔木层、灌木层、凋落物层及土壤层碳密度的研究，旨在准确揭示该区域森林生态系统的碳汇功能的变化规律，为制定森林经营管理策略提供科学参考。

### 1. 研究区概况

研究区域位于湖北省西北部，属山地丘陵区，地势由东北到西南逐渐升高。地貌以中山和亚高山为主，海拔为 1 000~2 000 m，最高可达 3 105 m（神农顶）。境内水利资源丰富发达，主要河流有汉江及其支流堵河、南河等。本区域地形复杂，气候状况差异较大，属北亚热带季风气候区，具有光热丰富、雨量偏大、雨热同季、气候温和、四季分明的特征。海拔 500 m 以下的河谷盆地，热量资源丰富，年平均气温 14~16 ℃，最冷月（1 月）均温 2~3 ℃，最热月（7 月）均温 26~29 ℃，年活动积温（≥10 ℃）为 5 100 ℃左右，无霜期 230~250 天，年降水量 8 000~1 000 mm。海拔 500~1 000 m 的低山区，气候寒冷，无霜期仅 200 天左右，降水量偏多。海拔 1 000 m 以上的山区属高寒地带，具有常年寒冷、多雨、多霜的气候特征。全区土壤以黄棕壤、黄壤和棕壤为主，也有部分石灰土及潮土分布。受人类长期活动的影响，该区部分森林已遭受严重破坏，

---

[①] 引自：郑兰英，王晓荣. 鄂西北主要森林类型碳密度特征. 湖北林业科技，2013(2)：1-6.

除神农架林区尚保存有原始残林外，大部分是天然次生林和人工林。地带性植被以落叶阔叶林为主，还有常绿阔叶林、针阔叶混交林、针叶纯林等分布，其乔木树种主要包括栓皮栎（*Quercus variabilis*）、锐齿槲栎（*Quercus aliena* var. *acuteserrata*）、红桦（*Betula albo-sinensis*）、马尾松（*Pinus massoniana*）、巴山松（*Pinus henryi*）等，灌木树种主要包括香柏（*Thuja occidentalis*）、山腊梅（*Chimonanthus nitens*）、胡枝子（*Lespedeza bicolor*）、粉红杜鹃（*Rhododendron oreodoxa*）、毛黄栌（*Cotinus coggygria* var.*pubescens*）等。

## 2. 研究方法

### 1）样地设置与调查

2012年，在湖北省鄂西北山区考虑植被类型的差异，按照植被类型划分和典型选样相结合的方法，将植被类型按起源分为天然植被和人工植被，每种植被类型再分为针叶林、阔叶林和针阔混交林三种森林类型，其中天然植被的各森林类型又划分为幼龄林、中龄林和近成过熟林。另外，根据该区域特灌林的分布情况，设置特灌林典型样地。分别在13个林分类型中设置0.066 hm²（25.82 m×25.82 m）的标准地，共设置138块样地（表3.23）。

表3.23 鄂西北主要森林类型样地的基本特征

| 森林类型 | 样本数 | 坡度/(°) | 平均高/m | 平均胸径/cm | 林分密度/（株/hm²） | 郁闭度 | 主要树种 |
| --- | --- | --- | --- | --- | --- | --- | --- |
| 天然针叶幼龄林 | 7 | 7～23 | 8.7 | 10.5 | 1 944 | 0.71 | 华山松、巴山冷杉、马尾松、杉木 |
| 天然针叶中龄林 | 10 | 10～35 | 10.7 | 14.0 | 1 647 | 0.79 | 巴山冷杉、华山松、马尾松 |
| 天然针叶近成过熟林 | 12 | 6～30 | 15.4 | 21.6 | 1 119 | 0.73 | 巴山冷杉、秦岭冷杉、马尾松 |
| 天然针阔混交幼龄林 | 16 | 8～39 | 8.7 | 9.9 | 1 700 | 0.80 | 巴山冷杉、华山松、红桦、马尾松、栓皮栎、锐齿槲栎、短柄枹栎 |
| 天然针阔混交中龄林 | 14 | 15～39 | 10.3 | 12.4 | 1 484 | 0.74 | 巴山松、华山松、红桦、马尾松、落叶松、栓皮栎、锐齿槲栎、短柄枹栎 |
| 天然针阔混交近成过熟林 | 2 | 17～22 | 11.9 | 12.6 | 1 268 | 0.85 | 华山松、漆树、锐齿槲栎 |
| 天然阔叶幼龄林 | 16 | 9～38 | 8.5 | 9.9 | 1 763 | 0.82 | 栓皮栎、水青冈、锐齿槲栎、四照花、漆树 |
| 天然阔叶中龄林 | 16 | 7～36 | 10.7 | 12.8 | 1 241 | 0.80 | 锐齿槲栎、山杨、糙皮桦、栓皮栎、小叶青冈、化香、短柄枹栎、黑壳楠 |
| 天然阔叶近成过熟林 | 7 | 18～36 | 14.5 | 22.4 | 849 | 0.75 | 锐齿槲栎、栓皮栎、樟树 |
| 人工针叶林 | 16 | 4～36 | 10.9 | 15.1 | 1 457 | 0.72 | 马尾松、湿地松、落叶松、华山松、杉木、侧柏、巴山松、巴山冷杉 |
| 人工针阔混交林 | 3 | 13～22 | 10.9 | 14.1 | 1 820 | 0.80 | 杉木、椿树、柳杉、马尾松、栓皮栎 |
| 人工阔叶林 | 9 | 3～30 | 8.9 | 10.9 | 1 320 | 0.80 | 栓皮栎、樟树、杨树、楸树、刺槐 |
| 特灌林 | 10 | 10～30 | 3.1 | — | 697 700 | — | 箭竹、粉红杜鹃、光叶陇东海棠 |

乔木样方内，对于胸径>5cm 的树种进行每木检尺（含枯死木的调查），调查因子包括郁闭度、物种名、数量、胸径、高度等。在每个乔木样方中设置 3 个 2m×2m 的灌木样方，调查优势种名（包括胸径<5cm 的幼树）、盖度、株数（高度不足 50cm 不计入）、平均高等，选择样方中 3 株平均大小的标准灌木，采用全株收获法分别测定标准木地上干、枝、叶和根的鲜重，且带回实验室测定样方各器官的干鲜比。在每个灌木样方中设置 1 个 1m×1m 的凋落物样方，全部收获称取其鲜重，且取混合样带回实验室测定干鲜比。

在各种森林类型中随机选取 4~6 块样地挖取土壤剖面，共挖取 64 个，每个土壤剖面采样层次按 0~10cm、10~30cm、30~100cm 划分土层，土层厚度不到 100cm，按实际厚度分层取样，将土壤样品带回实验室测定土壤有机碳含量，同时环刀法测定土壤容重。

**2）计算方法**

（1）乔木层生物量的测定。采用生物量扩展因子法，基于各样地每木调查的胸径，利用一元立木材积公式得到单株林木材积，然后利用树干材积密度、生物量扩展因子、样地内林木株数和样地面积计算地上生物量碳储量，通过根茎比计算地下生物量。其中木材密度与生物量扩展因子参照国家和 IPCC 碳计量参考值（李海奎和雷渊才，2010）（表 3.24）。

$$W_P = \sum_{j=1}^{n}(V_j \cdot N_j \cdot \mathrm{WD}_j \cdot \mathrm{BEF}_j) \tag{3.6}$$

式中：$W_P$ 为 1 hm² 所有乔木的生物量，t/hm²；$V_j$ 为 $j$ 树种的单株材积，m³/株；$N_j$ 为 $j$ 树种每公顷株数，株/hm²；$\mathrm{WD}_j$ 为 $j$ 树种的木材密度，tDM/m³；$\mathrm{BEF}_j$ 为将 $j$ 树种的树干生物量转换到地上生物量的生物量扩展因子。

表 3.24 木材密度与生物量扩展因子国家参考值

| 树种森林类型 | 木材密度/(tDM/m³) | 扩展因子 |
| --- | --- | --- |
| 巴山冷杉 | 0.366 | 1.72 |
| 秦岭冷杉 | 0.366 | 1.72 |
| 马尾松 | 0.380 | 1.46 |
| 湿地松 | 0.380 | 1.46 |
| 黄山松 | 0.380 | 1.46 |
| 柏木 | 0.478 | 1.80 |
| 侧柏 | 0.478 | 1.80 |
| 川柏 | 0.478 | 1.80 |
| 落叶松 | 0.490 | 1.40 |
| 银杏 | 0.490 | 1.40 |
| 桉树 | 0.578 | 1.48 |
| 华山松 | 0.396 | 1.96 |
| 巴山松 | 0.396 | 1.96 |
| 杉木 | 0.307 | 1.53 |
| 铁杉 | 0.442 | 1.84 |

续表

| 树种森林类型 | 木材密度 / tDM/m³ | 扩展因子 |
|---|---|---|
| 红豆杉 | 0.442 | 1.84 |
| 水杉 | 0.278 | 1.49 |
| 柳杉 | 0.294 | 1.55 |
| 樟树 | 0.460 | 1.42 |
| 杨树 | 0.378 | 1.59 |
| 山杨 | 0.378 | 1.59 |
| 椅杨 | 0.378 | 1.59 |
| 响叶杨 | 0.378 | 1.59 |
| 小叶杨 | 0.378 | 1.59 |
| 高山杨 | 0.378 | 1.59 |
| 大叶杨 | 0.378 | 1.59 |
| 栎类（锐齿槲栎、栓皮栎等） | 0.676 | 1.56 |
| 桦木（红桦、光皮桦等） | 0.541 | 1.37 |
| 檫木 | 0.477 | 1.70 |
| 椴树 | 0.420 | 1.41 |
| 硬阔（四照花、野核桃、青冈等） | 0.598 | 1.79 |
| 软阔（紫枝柳、枫香、苦楝等） | 0.443 | 1.54 |
| 楠木（红润楠、黑壳楠等） | 0.477 | 1.42 |
| 杂木（花楸、海棠、山楂等） | 0.515 | 1.30 |

乔木地下生物量采用 IPCC 树木根茎比参考值（李海奎和雷渊才，2010），地上生物量<125（tDM/hm²），根茎比为 0.20；地上生物量>125（tDM/hm²），根茎比为 0.24。

（2）灌木层和凋落物层生物量的测定。将样地调查取回的灌木（干、枝、叶、根）和凋落物样品放入 80℃的烘箱烘干至恒重。利用样品烘干重、样品鲜重及样方内总鲜重换算样方内总生物量。

**3）土壤碳含量的测定**

将土壤样品研磨后，过 100 目筛，采用重铬酸钾-硫酸氧化法，测定土壤不同层次的有机碳含量。

**4）森林生态系统碳密度计算**

森林生态系统碳密度由单位面积上森林乔木层、灌木层、草本层、凋落物层和土壤各层平均碳密度累计得到（田杰 等，2012），由于草本层所占比例较少，本小节忽略了草本层碳密度。乔木层、灌木层、凋落物层碳密度为生物量乘以含碳率，其中三者均采用目前国际上常用的转换系数 0.5。

**5）土壤有机碳密度计算**

结合各土层土壤容重、厚度、有机质含量，分别按下式求算土壤有机碳密度。

$$SOC = 0.58 \cdot C \cdot D \cdot E \frac{100-G}{100}$$

式中：SOC 为土壤有机碳密度，$10^{-3}$ g/cm$^2$；$C$ 为土壤样品有机质含量，g/kg；$D$ 为土壤容重，g/cm$^3$；$E$ 为土壤厚度，cm；$G$ 为直径≥2 mm 的石砾体积分数，%。土壤有机碳密度（t·C/hm$^2$），需要从土壤有机碳含量换算得到；土壤有机碳密度=土壤有机碳含量/10。

### 3. 结果与分析

**1）鄂西北森林生态系统碳密度**

由表 3.25 可知，鄂西北森林生态系统平均碳密度为 175.812 t·C/hm$^2$，各层碳密度的大小顺序为土壤层（110.130 t·C/hm$^2$）＞乔木层（48.278 t·C/hm$^2$）＞灌木层（15.187 t·C/hm$^2$）＞凋落物层（2.217 t·C/hm$^2$），分别占整个生态系统的 62.64%、27.46%、8.64% 和 1.26%。

表 3.25　鄂西北森林乔木层、灌木层、凋落物层、土壤层和生态系统碳密度　　单位：t·C/hm$^2$

| 森林类型 | 乔木层 | 灌木层 | 凋落物层 | 土壤层 | 生态系统 |
| --- | --- | --- | --- | --- | --- |
| 天然针叶幼龄林 | 23.984 | 1.962 | 2.239 | 57.655 | 85.840 |
| 天然针叶中龄林 | 48.090 | 0.943 | 2.187 | 153.350 | 204.570 |
| 天然针叶近成过熟林 | 84.065 | 20.171 | 3.203 | 136.440 | 243.879 |
| 天然针阔混交幼龄林 | 27.948 | 2.129 | 1.891 | 87.562 | 119.530 |
| 天然针阔混交中龄林 | 50.629 | 1.602 | 1.797 | 110.090 | 164.118 |
| 天然针阔混交近成过熟林 | 45.989 | 2.150 | 0.755 | 175.880 | 224.774 |
| 天然阔叶幼龄林 | 38.298 | 9.775 | 1.990 | 73.230 | 123.293 |
| 天然阔叶中龄林 | 52.585 | 5.969 | 2.016 | 120.870 | 181.440 |
| 天然阔叶近成过熟林 | 182.681 | 16.361 | 2.437 | 152.920 | 354.399 |
| 人工针叶林 | 42.532 | 0.482 | 2.752 | 78.972 | 124.738 |
| 人工针阔混交林 | 44.863 | 0.512 | 4.460 | 89.312 | 139.147 |
| 人工阔叶林 | 23.217 | 0.334 | 1.833 | 78.464 | 103.848 |
| 特灌林 | — | 139.110 | 1.791 | 143.480 | 284.381 |
| 平均 | 48.278 | 15.187 | 2.217 | 110.130 | 175.812 |

不同森林类型生态系统碳密度在 85.840~354.399 t·C/hm$^2$，天然阔叶近成过熟林＞特灌林＞天然针叶近成过熟林＞天然针阔混交近成过熟林＞天然针叶中龄林＞天然阔叶中龄林＞天然针阔混交中龄林＞人工针阔混交林＞人工针叶林＞天然阔叶幼龄林＞天然针阔混交幼龄林＞人工阔叶林＞天然针叶幼龄林。从天然林林龄可以发现，近成过熟林＞中龄林＞幼龄林，说明随着林龄的增加而增大，其固碳能力逐渐增加。同时，人工林为针阔混交林＞针叶林＞阔叶林，这说明在人为造林方面，人工针阔混交林固碳潜力更高。不同森林类型均以土壤层碳密度最高，乔木层碳密度次之，灌木层碳密度高于凋落物层碳密度，包括天然针叶近成过熟林、天然针阔混交近成过熟林、天然阔叶幼龄林、天然阔叶中龄林、天然阔叶近成过熟林；灌木层碳密度与凋落物层碳密度相当的包括天然针叶幼龄林、天然针阔混交幼龄林、天然针阔混交中龄林；灌木层碳密度低于凋落物层碳密度的包括天然针叶中龄林、人工针叶林、人工针阔混交林、人工阔叶林，说明人工林下灌木自然生长相对较差，导致该层碳密度较低。

## 2）乔木层碳密度

乔木林是森林植被生物量的主要部分，在森林碳储量分布中是仅次于土壤层碳储量。不同林分类型乔木层碳密度在 23.217~182.681 t·C/hm² （图 3.1），天然阔叶近成过熟林（182.681 t·C/hm²）＞天然针叶近成过熟林（84.065 t·C/hm²）＞天然阔叶中龄林（52.585 t·C/hm²）＞天然针阔混交中龄林（50.629 t·C/hm²）＞天然针叶中龄林（48.09 t·C/hm²）＞天然针阔混交近成过熟林（45.989 t·C/hm²）＞人工针阔混交林（44.863 t·C/hm²）＞人工针叶林（42.532 t·C/hm²）＞天然阔叶幼龄林（38.298 t·C/hm²）＞天然针阔混交幼龄林（27.948 t·C/hm²）＞天然针叶幼龄林（23.984 t·C/hm²）＞人工阔叶林（23.217 t·C/hm²），其中以天然阔叶近成熟林最高，为 182.681 t·C/hm²，其远远高于其他森林类型，这可能主要与树种的生态特性有着密切的关系。天然林中的不同林型乔木层碳密度随林龄的增加而增大，但该研究中天然针阔混交近成过熟林则低于中龄林，这是因为所调查样地，森林平均高和平均胸径均与中龄林相差不大，但林分密度却显著降低，导致其碳密度也随之下降。另外，人工林乔木层碳密度相差不大，以人工针阔混交林最高，为 44.863 t·C/hm²。

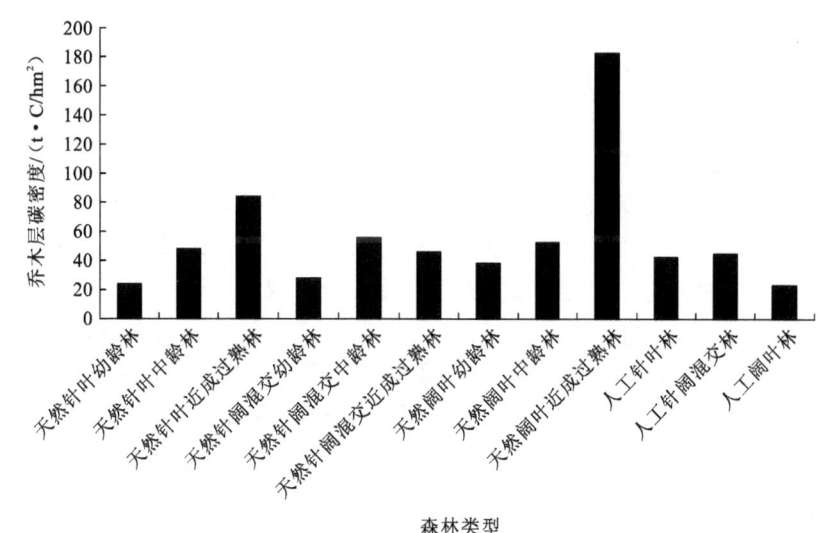

图 3.1 不同森林类型乔木层碳密度

## 3）灌木层碳密度

灌木层作为森林垂直结构的重要层次，其生长好坏与森林结构有着密切的关系。鄂西北不同森林类型灌木层碳密度在 0.334~139.110 t·C/hm²（图 3.2），排序大小分别是特灌林＞天然针叶近成过熟林＞天然阔叶近成过熟林＞天然阔叶幼龄林＞天然阔叶中龄林＞天然针阔混交近成过熟林＞天然针阔混交幼龄林＞天然针叶幼龄林＞天然针阔混交中龄林＞天然针叶中龄林＞人工针阔混交林＞人工针叶林＞人工阔叶林。可见，该区域以特灌林灌木层碳密度最高，这主要是因为特灌林样地多为粉红杜鹃和箭竹等生长密集的高大林分，由于缺失乔木上层林分层次的影响，且集中分布在神农架区域，很少存在人为干扰，其碳密度最高，其他乔木林分灌木层碳密度在 0.334~20.171 t·C/hm²。同时，天然林中的不同林分类型不同林龄阶段，灌木层碳密度均表现为近成过熟林＞幼龄林＞中龄林，这与林分生长过程中乔木与灌木间的生长竞争有关，近成过熟林和幼龄林阶段灌木生长旺盛，而中龄林阶段则较弱。另外，灌木层碳密度显著高于人工林灌木层碳密度，这与所调查结果相一致，因为人工林林分结构单一、生物多样性较低，林下灌木生长较少的缘故。

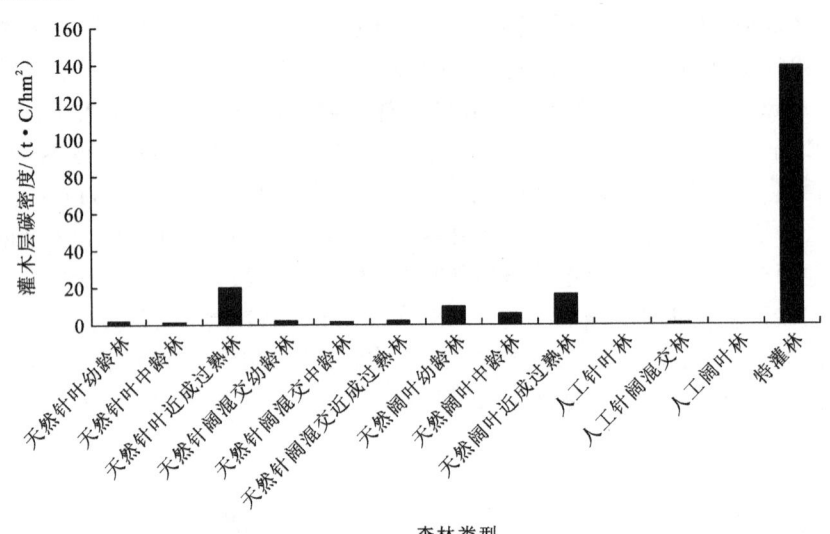

图 3.2　不同森林类型灌木层碳密度

**4）凋落物层碳密度**

凋落物层的碳密度与森林类型、森林年龄、凋落物的分解速度、人为干扰，以及温度、水分等环境因子有关。一般情况下，植物生长茂盛，年凋落物量大，随着时间的增加，凋落物量呈增加的趋势，而凋落物的现存量又受到温度、降水量、蒸发量和人为活动的影响（黄从德 等，2008b）。从图 3.3 可知，不同森林类型凋落物层碳密度以人工针阔混交林最高，为 4.460 t·C/hm²，而天然针阔混交近成过熟林最低，仅为 0.755 t·C/hm²，其他森林类型均介于 1.791～3.203 t·C/hm²。不同森林类型凋落物层碳密度并没有表现明

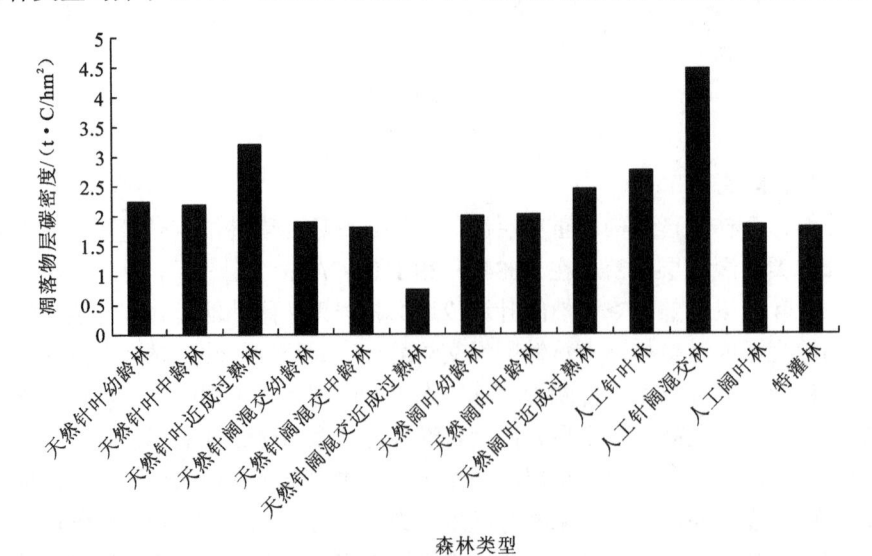

图 3.3　不同森林类型凋落物层碳密度

显的变化规律性,随着林龄的增加,天然针叶林和天然阔叶林凋落物层碳密度逐渐增加,而天然针阔混交林则为逐渐降低。人工林中针叶树种高于阔叶树种,这是因为阔叶树种凋落物更容易分解,而针叶树种分解速度慢(王晓荣 等,2012)。

**5)土壤层碳密度**

不同森林类型土壤层碳密度在 57.655~175.88 t·C/hm² (图 3.4),以天然针阔混交近成过熟林和天然针叶中龄林最高,天然针叶幼龄林、人工阔叶林和天然阔叶幼龄林最低,可以发现不同森林类型土壤层碳密度相差较大。同时,随着林分不断发育,天然林土壤层碳储存量逐渐增加,而人工林土壤层碳密度则相差不大且含量较低,这可能与人工林林分结构简单、生长年限较短,转化到土壤层的碳含量较少有关,因为土壤有机碳含量主要决定于植被每年的归还量和分解速率,归还量大、分解速率缓慢会造成土壤积累较多有机碳(田大伦 等,2011)。

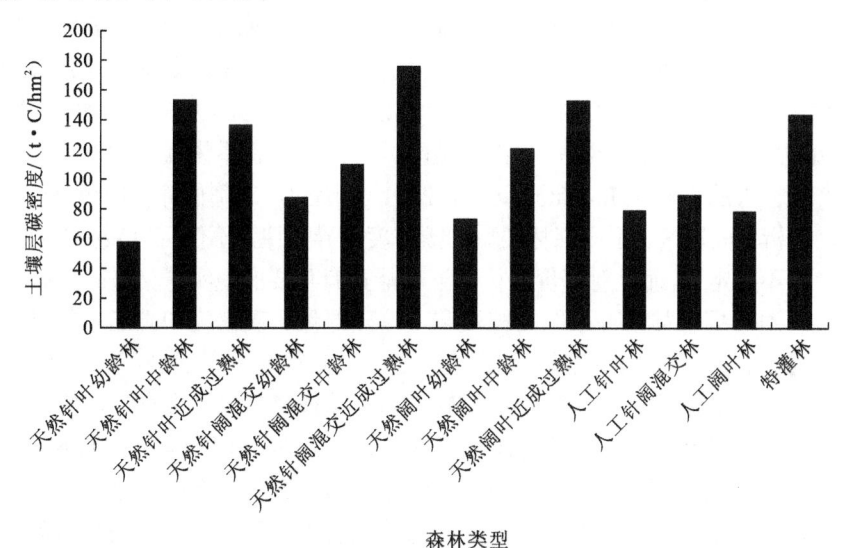

图 3.4　不同森林类型土壤层碳密度

**4. 小结与讨论**

本小节结果表明,鄂西北山区森林生态系统的平均碳密度为 175.812 t·C/hm²,各层碳密度的大小顺序为土壤层(110.130 t·C/hm²)、乔木层(48.278 t·C/hm²)、灌木层(15.187 t·C/hm²)、凋落物层(2.217 t·C/hm²),分别占整个生态系统的 62.64%、27.46%、8.64%和 1.26%,其中土壤层碳密度最高,约为乔木层的 2.28 倍,与王新闯等(2011)研究结果相一致。乔木层碳密度显著高于全国平均水平(周玉荣 等,2000),可见鄂西北森林在全国范围内具有较强的碳储存能力。

不同森林类型生态系统碳密度大小依次为天然阔叶近成过熟林、特灌林、天然针叶近成过熟林、天然针阔混交近成过熟林、天然针叶中龄林、天然阔叶中龄林、天然针阔混交中龄林、人工针阔混交林、人工针叶林、天然阔叶幼龄林、天然针阔混交幼龄林、人工阔叶林、天然针叶幼龄林。从碳密度的龄组构成来看,近成过熟林>中龄林>幼龄林,表现出随年龄增加其固碳能力逐渐增长的趋势。同时人工林为针阔混交林>针叶林>阔叶林,建议对人工林尽快形成结构较稳定合理的针阔混交林,提高森林质量,增加其碳汇功能。

相对各森林类型各层次而言，不同森林类型乔木层碳密度在 23.217~182.681 t·C/hm²，灌木层碳密度在 0.334~139.110 t·C/hm²，凋落物层碳密度为 0.755~4.460 t·C/hm²，土壤层碳密度为 57.655~175.88 t·C/hm²。随着林龄的增加，天然林中的不同林型乔木层和土壤层碳密度逐渐增大，灌木层碳密度均表现为近成过熟林＞幼龄林＞中龄林，天然针叶林和天然阔叶林凋落物层碳密度逐渐增加，而天然针阔混交则为逐渐降低。

此外，由于调查样地有限，且选择的样地林相较好，与林业清查数据计算结果相比，本小节可能会高估鄂西北山区森林生态系统的碳密度，而且植被层碳含率均采用了 50%的含率，导致所得碳密度参数精度不是特别的高，这有待于在未来的研究中进一步考虑。

### 3.2.6 湖北省森林生态系统碳储量及碳密度特征[①]

以全球变暖为主要表现的全球气候急剧变化及其与不断增加的大气温室气体的关系已经成为无可争议的事实（Lal，2004）。森林生态系统作为陆地生态系统最大的碳库，在全球碳循环中起着源、库、汇的作用，森林状况很大程度影响大气 $CO_2$ 浓度的变化（黄从德 等，2009；杨晓菲 等，2001），特别是区域性森林生态系统碳库的储量和变化对全球碳平衡产生巨大的影响（Houghton et al.，2001）。因此，准确估算我国森林生态系统的固碳特征，分析不同地区、不同森林类型的碳密度变异规律，不仅可以减少全球或区域碳平衡估算中的不确定性，而且对评价森林碳汇功能具有重要的现实意义（Fang et al.，2001）。

目前，针对不同森林生态系统的植被和土壤碳储量、碳密度和碳汇功能等进行了大量的研究工作，取得了显著的成就（胡青 等，2012；路秋玲 等，2012；黄从德 等，2009；Fang et al.，2001）。然而，区域尺度上气候类型、植被类型复杂多样，研究尺度、取样数量等不同，往往导致森林生态系统碳密度存在很大差异（王鹏程 等，2009；方精云和陈安平，2001）。特别是以往小尺度样地和标注地上的研究和测定结果不能直接用于推算区域森林碳储量，如何准确测算区域尺度的森林生态系统碳储量一直是区域碳汇功能研究面临的瓶颈问题（卢景龙 等，2012）。森林资源清查资料分布范围广，几乎包含地区所有的森林类型，测量的因子容易获得且时间连续性强，利用森林资源清查数据与布设调查样地相结合的方法估测区域森林生态系统碳储量大大提高了测算精度（周伟 等，2012）。

湖北省地处亚热带与暖温带衔接地带的气候区，包括北亚热带常绿落叶混交林地带和中亚热带常绿阔叶林北部亚地带等两个地带，是对全球气候变化反应最为敏感的区域之一（胡青 等，2012）。虽然有部分学者对湖北省森林碳储量和碳密度进行了初步探讨，但仍缺乏全面系统的研究（胡青 等，2012；陈红林 等，2010）。本小节以湖北省主要森林植被为研究对象，采用 2009 年湖北省森林资源连续清查第六次复查成果数据，结合自设 251 块标准样地调查不同森林类型的灌木层、凋落物层和土壤层数据，参考 IPCC 温室气体清单中关于树木的相关参数（IPCC，2006），来研究湖北省森林生态系统碳密度和碳储量现状，旨在为评估我国区域森林植被碳汇功能提供基础数据，为科学制定森林应对气候变化管理和方法提供科学参考。

---

[①] 引自：王晓荣，张家来，等，湖北省森林生态系统碳储量及碳密度特征. 中南林业科技大学学报，2015(10)：93-100.

## 1. 研究区

研究区域为湖北全省，其概况见 3.2.3 小节。

## 2. 研究方法

### 1）样地选择与设置

按照 2012 年湖北省林业碳汇计量监测体系建设要求，将森林按起源分为天然林和人工林，按林分类型再划分为针叶林、针阔混交林和阔叶林，天然林进一步按林组分为幼龄林、中龄林和近成过熟林，共划分为 12 种森林类型。根据湖北省森林资源分布状况，并结合湖北省一类清查样点来布设不同森林类型标准样地数量和分布，其中宜昌 30 块、十堰 25 块、咸宁 26 块、恩施 29 块、黄冈 32 块、黄石 5 块、荆州 5 块、神农架林区 66 块、武汉 2 块、襄阳 26 块、孝感 5 块，共计 251 块。

标准地样地设置规格为 25.82 m×25.82 m，对样地中胸径≥5 cm 的树种进行每木检尺，乔木调查主要包括物种名、数量、胸径、树高等。在每个乔木样方的西北、东北和东南 3 个角各设置 1 个 2 m×2 m 的灌木样方，调查优势种名（包括胸径<5 cm 的幼树、幼苗）、盖度、株数（高度不足 50 cm 不计入）、平均高等。同时，选择样方中 3 株平均大小的标准灌木，采用全株收获法分别测定 3 株标准木地上干、枝、叶和地下根系的鲜重，如果灌木为丛生状，则在样方选取 1~2 丛平均冠幅的灌丛，混合后取样带回实验室测定各器官含水率。在每个灌木样方中央设置 1 个 1 m×1 m 的凋落物样方，调查凋落物厚度，收集样方内全部凋落物，包括各种枯枝、叶、果、枯草、半分解部分等枯死混合物，剔除其中石砾、土块等非有机质，称量其鲜重，且取混合样带回实验室测定含水率。

在各种森林类型中随机选取 4~12 块样地，于其正中央挖取土壤剖面，共 96 块，每个土壤剖面划分为 0~10 cm、10~30 cm、30~100 cm，土层厚度不到 100 cm 按实际厚度分层取样，将土壤样品带回实验室测定土壤有机碳含量，同时调查土壤质地、石砾含量，采用环刀法测定各层土壤容重。具体见表 3.26。

表 3.26 样地基本特征

| 森林类型 | 样本数 | 土壤剖面数 | 郁闭度 | 林分密度/(株/hm²) | 平均高/m | 平均胸径/cm | 坡度/(°) |
| --- | --- | --- | --- | --- | --- | --- | --- |
| 天然针叶幼龄林 | 19 | 10 | 0.5~0.9 | 1 941 | 8.1 | 10.2 | 4~32 |
| 天然针叶中龄林 | 23 | 10 | 0.6~0.9 | 1 756 | 10.2 | 13.1 | 5~35 |
| 天然针叶近成过熟林 | 20 | 12 | 0.6~0.9 | 1 252 | 13.7 | 19.4 | 5~33 |
| 天然针阔混交幼龄林 | 30 | 7 | 0.55~0.9 | 1 716 | 8.6 | 10.2 | 6~40 |
| 天然针阔混交中龄林 | 27 | 8 | 0.7~0.95 | 1 573 | 10.2 | 12.9 | 3~39 |
| 天然针阔混交近成过熟林 | 5 | 4 | 0.75~0.9 | 1 389 | 10.2 | 13.1 | 17~34 |
| 天然阔叶幼龄林 | 26 | 9 | 0.6~0.95 | 1 718 | 8.4 | 10.6 | 9~36 |
| 天然阔叶中龄林 | 28 | 10 | 0.65~0.9 | 1 341 | 10.9 | 13.5 | 5~38 |
| 天然阔叶近成过熟林 | 13 | 5 | 0.6~0.9 | 888 | 12.9 | 19.9 | 10~37 |
| 人工针叶林 | 23 | 8 | 0.5~0.9 | 1 711 | 11.0 | 15.1 | 4~36 |
| 人工针阔混交林 | 12 | 5 | 0.65~0.9 | 1 953 | 9.2 | 11.1 | 4~40 |
| 人工阔叶林 | 25 | 8 | 0.5~0.85 | 1 132 | 9.9 | 12.4 | 0~30 |

## 2）植被生物量分析

乔木层碳估算基于 2009 年湖北省森林资源连续清查第六次复查成果数据，将全省主要森林归类为 12 种森林类型，统计各森林类型的面积和蓄积量。参照 IPCC（2006）推荐的方法进行森林生物量的估算，以森林蓄积、木材密度、生物量转换因子和根茎比等为参数，建立材积源生物量模型（邓蕾和上官周平，2011），具体公式为

$$B = V_g D_g \mathrm{BEF}_g (1+R)$$

式中：$B$ 为乔木层生物量，t；$V_g$ 为蓄积量，m³；$D_g$ 为木材平均密度，t/m³；$\mathrm{BEF}_g$ 为平均生物量扩展因子；$R$ 为树木根茎比。

由于木材密度、生物量转换因子、根冠比较为详细，且存在一定的变化幅度。本小节选取《中华人民共和国气候变化初始国家信息通报》（2004 年）中林业碳汇计量参数参考值，按照林分类型进行整合和纠正，得到不同森林类型平均木材密度、平均生物量转换系数和树木根茎比参数（表 3.27）。

表 3.27　湖北省不同森林类型林木平均木材密度、平均扩展因子和树木根茎比

| 森林类型 | 平均木材密度/（t/m³） | 平均扩展因子 | 树木根茎比 |
| --- | --- | --- | --- |
| Ⅰ | 0.355 | 1.61 | 0.200 0 |
| Ⅱ | 0.355 | 1.61 | 0.200 0 |
| Ⅲ | 0.355 | 1.61 | 0.205 7 |
| Ⅳ | 0.447 | 1.62 | 0.200 0 |
| Ⅴ | 0.447 | 1.62 | 0.200 0 |
| Ⅵ | 0.447 | 1.62 | 0.200 0 |
| Ⅶ | 0.458 | 1.55 | 0.200 2 |
| Ⅷ | 0.458 | 1.55 | 0.200 6 |
| Ⅸ | 0.458 | 1.55 | 0.210 0 |
| Ⅹ | 0.369 | 1.55 | 0.200 0 |
| Ⅺ | 0.441 | 1.49 | 0.200 0 |
| Ⅻ | 0.419 | 1.51 | 0.200 0 |

Ⅰ.天然针叶幼龄林；Ⅱ.天然针叶中龄林；Ⅲ.天然针叶近成过熟林；Ⅳ.天然针阔混交幼龄林；Ⅴ.天然针阔混交中龄林；Ⅵ.天然针阔混交近成过熟林；Ⅶ.天然阔叶幼龄林；Ⅷ.天然阔叶中龄林；Ⅸ.天然阔叶近成过熟林；Ⅹ.人工针叶林；Ⅺ.人工针阔混交林；Ⅻ.人工阔叶林。表 3.28～表 3.31 各含义同此

灌木层和凋落物层碳估算基于样地实测数据，将样地调查取回的灌木（干、枝、叶、根）样品和凋落物样品放入 80℃的烘箱烘干至恒重。利用样品烘干重、样品鲜重及样方内总鲜重换算样方内总生物量。具体换算公式如下：

$$\text{灌木、凋落物碳库生物量（t/hm}^2\text{）} = \left( \frac{\text{样方总干重}}{\text{样方数量} \times \text{样方面积}} \right) \times \frac{10\,000}{1000}$$

## 3）土壤碳含量测定

基于样地土壤剖面实际取样，采用重铬酸钾-硫酸氧化法，测定土壤不同层次有机碳含量。参照周玉荣等（2000）和宫超等（2011）对土壤碳储量估算的方法求算不同土壤

层次的有机碳密度，进一步求算土壤碳储量。

$$\text{SOC}_n = \sum_{i=1}^{n} 0.58 \cdot (1-G_i) \times D_i \times C_i \times T_i / 10$$

式中：$\text{SOC}_n$ 为分 $n$ 层调查的土壤单位面积碳储量，t/hm²；0.58 为换算因子，是指 < 2mm 的土壤颗粒有机质含碳量；$C_i$ 为第 $i$ 层土壤有机质含量，g/kg；$D_i$ 为第 $i$ 层土壤容重，g/cm³；$T_i$ 为第 $i$ 层土壤的厚度，cm；$G_i$ 为第 $i$ 层直径≥2 mm 的石砾含量，%。其中，由于土壤类型分布与植被类型分布几乎是一致的，本小节利用植被面积代替土壤类型的面积计算土壤碳储量。

**4）碳储量和碳密度测算**

森林植被碳储量即为生物量乘以转换系数（即干物质的碳质量分数），本小节采用目前国际上常用的转换系数 0.5（周伟 等，2012；Fang et al.，2001；周玉荣 等，2000）。森林生态系统碳密度由单位面积上森林乔木层、灌木层、草本层、凋落物层和土壤层各层平均碳密度累计得到，由于草本层所占比例较少，本小节忽略了草本层碳储量（胡青 等，2012；王新闯 等，2011）。结合 2009 年湖北省森林资源清查资料中不同森林类型的分布面积进而计算得到各森林类型碳储量。

**3. 结果与分析**

**1）不同森林类型碳储量及碳密度空间分布特征**

（1）乔木层碳储量及碳密度。乔木层作为森林的主体部分，是森林经营和培育的主要目标，其林分质量的高低很大程度上决定着生物量的多少。由表 3.28 可知，湖北省不同森林类型乔木层碳密度介于 7.63~55.7t/hm²，平均碳密度为 17.56t/hm²。除人工阔叶林最低外，森林乔木层平均碳密度整体表现为阔叶林（29.72 t/hm²）＞针阔混交林（24.13t/hm²）＞针叶林（20.38 t/hm²），由于阔叶林生长速度快，从而会累积更多的生物量，而人工阔叶林可能由于种植密度低，其碳储量不高。随着林龄的增加，天然林乔木层碳密度具有不断增加的趋势，分别为近成过熟林（42.16 t/hm²）＞中龄林（31.22 t/hm²）＞幼龄林（14.63 t/hm²），这是森林不断生长发育生物量积累的结果。湖北省乔木层碳储量为 111.79 Tg·C，以天然阔叶幼龄林最高，为 33.03 Tg·C，占总储量的 29.55%，天然针阔混交近成过熟林最低，为 0.58 Tg·C，占其总储量的 0.52%，这主要是由于湖北省森林经过长期人为干扰和砍伐，形成面积较大的幼龄林，另外，乔木层碳储量大小与森林面积相关，导致不同的类型碳储量变化较大。

**表 3.28 不同森林类型乔木层蓄积量、碳密度和碳储量**

| 森林类型 | 面积/（10⁴hm²） | 蓄积量/m³ | 单位面积生物量/（t/hm²） | 碳密度/（t/hm²） | 碳储量/（Tg·C） |
|---|---|---|---|---|---|
| I | 55.36 | 17 085 300.00 | 21.17 | 10.58 | 5.86 |
| II | 59.51 | 41 041 700.00 | 47.30 | 23.65 | 14.07 |
| III | 22.08 | 21 991 000.00 | 68.31 | 34.15 | 7.54 |
| IV | 41.59 | 16 659 800.00 | 34.81 | 17.40 | 7.24 |
| V | 13.44 | 9 409 600.00 | 60.84 | 30.42 | 4.09 |
| VI | 1.60 | 1 345 600.00 | 73.08 | 36.54 | 0.58 |
| VII | 207.67 | 77 545 600.00 | 31.81 | 15.90 | 33.03 |

续表

| 森林类型 | 面积/ ($10^4 hm^2$) | 蓄积量/$m^3$ | 单位面积生物量/($t/hm^2$) | 碳密度/ ($t/hm^2$) | 碳储量/ ($Tg·C$) |
|---|---|---|---|---|---|
| VIII | 28.80 | 26 762 900.00 | 79.16 | 39.58 | 11.40 |
| IX | 11.84 | 15 504 300.00 | 111.55 | 55.78 | 6.60 |
| X | 106.45 | 40 775 991.16 | 26.29 | 13.15 | 13.99 |
| XI | 14.26 | 4 397 175.24 | 24.31 | 12.15 | 1.73 |
| XII | 74.14 | 14 897 533.60 | 15.26 | 7.63 | 5.66 |
| 合计/平均 | 636.74 | 287 416 500.00 | 35.12（均值） | 17.56（均值） | 111.79 |

（2）灌木层碳储量及碳密度。研究表明，灌木层碳储量、碳密度与森林类型、年龄、密度、面积及人为干扰有关（黄从德 等，2008）。由表 3.29 可知，天然林的中幼林与人工林灌木层生物量间差异不显著，与近成过熟林却存在显著的差异（$P<0.05$），其中以天然针叶近成过熟林最高（14.49 $t/hm^2$），而人工阔叶林最低（0.25 $t/hm^2$），平均值为 3.22 $t/hm^2$。由针阔叶林型划分灌木层碳密度可知，针叶林最高（4.35 $t/hm^2$），阔叶林次之（3.69 $t/hm^2$），针阔混交林最低（1.29 $t/hm^2$），说明针阔混交林对林下灌木的生长抑制作用强于单纯的针叶或者阔叶林，导致其林下灌木生物量较少。同时，随着林龄的增加，天然林灌木层碳密度均表现为近成过熟林＞幼龄林＞中龄林，表明林龄影响了灌木层碳密度的变化，可能在中林龄时乔木正处于生长旺盛阶段，一定程度上抑制了灌木层植物的生长，而在近成过熟林时由于树木生长已经趋于稳定，且林分自疏作用为灌木生长又提供了较大的营养空间，促使其快速生长，积累了较高的生物量。但人工林则由于人为干扰严重且树种单一，造成灌木层植物生长相对困难，其碳密度相差不大且较低，人工针叶林、人工针阔混交林和人工阔叶林分别是 0.39 $t/hm^2$、0.41 $t/hm^2$、0.25 $t/hm^2$。全省灌木层碳储量为 20.50 $Tg·C$，各种森林类型碳储量变化范围在 0.03~3.20 $Tg·C$，以天然针叶近成过熟林最高，人工针阔混交林最低。

表 3.29 不同森林类型灌木层生物量、碳密度和碳储量

| 森林类型 | 地上生物量/($t/hm^2$) | 地下生物量/($t/hm^2$) | 总生物量/($t/hm^2$) | 碳密度/($t/hm^2$) | 碳储量/($Tg·C$) |
|---|---|---|---|---|---|
| I | 1.81±0.34b | 0.99±0.21bc | 2.80±0.52bc | 1.40 | 0.78 |
| II | 1.51±0.33b | 0.68±0.11bc | 2.20±0.42bc | 1.10 | 0.65 |
| III | 21.72±10.41a | 7.27±3.41a | 28.99±13.09a | 14.49 | 3.20 |
| IV | 1.90±0.38b | 1.08±0.29bc | 2.98±0.62bc | 1.49 | 0.62 |
| V | 1.61±0.39b | 0.78±0.16bc | 2.39±0.51bc | 1.19 | 0.16 |
| VI | 2.88±0.66ab | 1.21±0.39bc | 4.10±0.94abc | 2.05 | 0.03 |
| VII | 1.46±0.86b | 0.68±0.32bc | 2.14±1.17bc | 1.07 | 2.22 |
| VIII | 11.96±7.5ab | 3.76±1.59bc | 15.73±8.98ab | 7.86 | 2.26 |
| IX | 8.33±5.09ab | 2.85±1.21bc | 11.19±6.26ab | 5.59 | 0.66 |
| X | 0.55±0.15b | 0.24±0.06c | 0.79±0.21c | 0.39 | 0.42 |
| XI | 0.52±0.12b | 0.29±0.06bc | 0.81±0.18c | 0.41 | 0.06 |
| XII | 0.27±0.09bc | 0.22±0.07c | 0.49±0.16c | 0.25 | 0.19 |
| 平均/合计 | 4.71±1.36 | 1.72±0.38 | 6.44±1.68 | 3.11 | 11.25（合计） |

注：表格内数据为 Mean±SE，同列不同字母表示差异显著（$P<0.05$）

（3）凋落物层碳储量及碳密度。凋落物层碳密度与森林类型、森林年龄、凋落物的分解速度、人为干扰、温度、水分等环境因子有关（黄从德 等，2008a）。不同森林类型凋落物层碳密度为 1.14~3.53 t/hm²，且整体变化不大，平均为 2.50 t/hm²，但仍可发现随着林龄的增大，植物生长茂盛，年凋落物量变大，凋落物量呈累加的趋势。针叶林凋落物碳密度要高于阔叶林，这与阔叶树种凋落物更容易分解，而针叶树种分解速度较慢有关（王晓荣 等，2012），特别是在人工阔叶林中更为明显。凋落物层碳储量介于 0.44~4.82 Tg·C，以天然阔叶幼龄林最高，天然针阔混交近成过熟林最低。不同森林类型凋落物碳储量变化趋势为阔叶林（6.73 Tg·C）＞针叶林（6.58 Tg·C）＞针阔混交林（1.64 Tg·C），这主要与森林面积大小有较大的关系。

（4）土壤层碳储量及碳密度。土壤碳储量受地上植被、凋落物输入和有机质分解的影响，同时气候条件也往往对土壤碳库容量造成强烈影响（宫超 等，2011）。由表 3.30 可知，各森林类型不同层次土壤有机碳含量变化显著，在 5.87~38.58 g/kg 波动，且均随土壤层次的增加而逐渐降低，不同层次间存在显著差异性（$P < 0.05$）。各种森林类型土壤碳密度整体没有显著变化规律，大小范围介于 73.57~136.87 t/hm²，这是由于森林植被影响土壤碳密度变化速度有限，植被通过凋落物分解积累到土壤的有机碳量需较漫长的时间，同时土壤密度又与土层厚度、土质类型、气候特征等存在较大的关联性。但仍可看出，随着林龄的增加，森林不断生长发育促进了土壤有机碳含量等增加，改善了土壤碳储存能力。各森林类型土壤碳密度平均值为 99.54 t/hm²，以天然针阔混交近成过熟林最高，而天然针叶幼龄林最低。不同森林类型土壤碳密度，针阔混交林最高（105.15 t/hm²），阔叶林次之（97.03 t/hm²），针叶林最低（96.44 t/hm²），说明阔叶树种对于改善土壤有机质的效果更佳。以 100 cm 厚度来研究各森林类型土壤碳密度，30 cm 厚的土层碳密度占其比例的 45.20%~66.74%，具有明显的表聚性特征（巫涛 等，2012）。湖北省森林生态系统土壤碳储量为 572.02 Tg·C，且主要集中在表层土壤 30 cm 厚度，占总碳储量的 59.89%。各种森林类型土壤碳储量在 2.19~180.07 Tg·C，以天然阔叶幼龄林最高，天然针阔混交近成过熟林最低。

**2）湖北省森林生态系统碳储量及碳密度**

由表 3.31 可知，湖北省森林生态系统总碳储量 710.01 Tg·C，乔木层、灌木层、凋落物层和土壤层分别占总碳储量的 15.74%、1.58%、2.11%和 80.57%，可见土壤层和乔木层碳储量是森林生态系统最重要的碳储量部分，而林下植被层则比重较小。各种森林生态系统的碳储量介于 2.84~220.14 Tg·C，其中天然林为 532.22 Tg·C 和人工林为 177.79 Tg·C。森林生态系统平均碳密度为 111.51 t/hm²，各层碳密度的大小顺序为土壤层（89.84 t/hm²）、乔木层（17.56 t/hm²）、灌木层（3.22 t/hm²）、凋落物层（2.35 t/hm²），这与王兵和魏文俊（2007）在相邻的江西省森林生态系统碳密度研究结果相似。各种类型森林生态系统碳密度差异较大，变化范围为 88.32~177.79 t/hm²，这主要是由于林型、树种组成、立地条件等差异影响系统中不同组分的碳分配格局（宫超 等，2011）。除天然针叶幼龄林外，其他天然林碳密度均明显高于人工林，说明天然林有着更高的碳储存功能，而人工林以人工针阔混交林（106.50 t/hm²）为最高，而人工针叶林和人工阔叶林相差不大，分别是 91.50 t/hm² 和 90.92 t/hm²，可见混交林可以作为碳汇林造林最佳模式。不同森林类型生态系统碳密度变化趋势为针阔混交林（132.99 t/hm²）＞阔叶林（132.67 t/hm²）＞

表 3.30 土壤层碳密度及碳储量

| 森林类型 | 0~10 cm 有机碳含量 /(g/kg) | 0~10 cm 碳密度 /(t/hm²) | 0~10 cm 碳储量 /(Tg·C) | 10~30 cm 有机碳含量 /(g/kg) | 10~30 cm 碳密度 /(t/hm²) | 10~30 cm 碳储量 /(Tg·C) | 30~100 cm 有机碳含量 /(g/kg) | 30~100 cm 碳密度 /(t/hm²) | 30~100 cm 碳储量 /(Tg·C) | 总计 碳密度 /(t/hm²) | 总计 碳储量 /(Tg·C) |
|---|---|---|---|---|---|---|---|---|---|---|---|
| I | 17.04±2.49a | 19.01±2.46a | 10.52 | 10.27±1.87b | 23.11±4.36a | 12.79 | 6.48±0.99b | 31.45±7.30a | 17.41 | 73.57 | 40.73 |
| II | 25.53±6.57a | 22.86±4.05b | 13.60 | 21.69±5.70a | 41.84±8.54ab | 24.90 | 12.23±3.83a | 60.35±19.74a | 35.91 | 125.04 | 74.41 |
| III | 30.29±7.94a | 28.21±4.94a | 6.23 | 22.35±5.46ab | 42.63±7.36a | 9.41 | 12.84±3.96b | 41.08±16.94a | 9.07 | 111.92 | 24.71 |
| IV | 23.00±9.57a | 21.22±5.93a | 8.82 | 16.24±6.23a | 32.57±10.32a | 13.55 | 12.76±5.69a | 40.65±17.32a | 16.91 | 94.45 | 39.28 |
| V | 20.74±3.33a | 21.85±2.47a | 2.94 | 13.61±1.84ab | 30.30±3.21a | 4.07 | 10.14±2.45b | 46.13±18.60a | 6.20 | 98.28 | 13.21 |
| VI | 37.63±17.57a | 33.56±11.43a | 0.54 | 30.73±11.40a | 55.64±14.24a | 0.89 | 13.67±9.02a | 47.66±18.31a | 0.76 | 136.87 | 2.19 |
| VII | 23.82±3.06a | 27.95±3.68a | 58.04 | 12.17±3.25b | 27.09±6.19a | 56.26 | 5.87±1.61b | 31.67±9.65a | 65.77 | 86.71 | 180.07 |
| VIII | 27.08±4.64a | 23.74±3.11b | 6.84 | 19.51±3.78ab | 39.88±7.23a | 11.49 | 13.84±2.99b | 53.40±5.53a | 15.38 | 117.02 | 33.70 |
| IX | 38.58±9.83a | 38.37±9.72a | 4.54 | 13.65±6.60b | 30.03±15.80a | 3.56 | 8.15±5.82b | 34.08±20.38a | 4.04 | 102.48 | 12.13 |
| X | 28.34±6.01a | 25.26±2.52a | 26.89 | 12.50±1.87b | 23.68±6.30a | 25.21 | 7.90±1.95b | 26.31±16.55a | 28.00 | 75.25 | 80.11 |
| XI | 16.22±3.34a | 18.29±4.37a | 2.17 | 12.32±3.55a | 22.84±2.03b | 2.70 | 10.18±1.24a | 49.87±6.96a | 5.90 | 90.99 | 10.77 |
| XII | 20.13±3.17a | 23.20±3.44a | 17.20 | 12.64±2.38ab | 28.24±4.07a | 20.94 | 9.25±3.25b | 30.45±8.75a | 22.58 | 81.90 | 60.71 |
| 平均/合计 | — | 24.87 | 158.33 | — | 29.18 | 185.77 | — | 35.80 | 227.93 | 99.54 | 572.02 |

注：表格内数据为 Mean±SE。不同字母表示有机碳含量、碳密度同在不同土壤层次上差异显著（$P<0.05$）。

针叶林（124.01 t/hm²）。随着林龄的增加，各种类型森林生态系统碳密度变化趋势均表现出逐渐增加的趋势。

表 3.31 湖北省森林乔木层、灌木层、凋落物层、土壤层和生态系统碳密度和碳储量

| 森林类型 | 乔木层 碳密度 /(t/hm²) | 乔木层 碳储量 /(Tg·C) | 灌木层 碳密度 /(t/hm²) | 灌木层 碳储量 /(Tg·C) | 凋落物层 碳密度 /(t/hm²) | 凋落物层 碳储量 /(Tg·C) | 土壤层 碳密度 /(t/hm²) | 土壤层 碳储量 /(Tg·C) | 生态系统 碳密度 /(t/hm²) | 生态系统 碳储量 /(Tg·C) |
|---|---|---|---|---|---|---|---|---|---|---|
| I | 10.58 | 5.86 | 1.40 | 0.78 | 2.77 | 1.53 | 73.57 | 40.73 | 88.32 | 48.90 |
| II | 23.65 | 14.07 | 1.10 | 0.65 | 2.34 | 1.39 | 125.04 | 74.41 | 152.13 | 90.52 |
| III | 34.15 | 7.54 | 14.49 | 3.20 | 3.53 | 0.78 | 111.92 | 24.71 | 164.09 | 36.23 |
| IV | 17.40 | 7.24 | 1.49 | 0.62 | 2.10 | 0.87 | 94.45 | 39.28 | 115.44 | 48.01 |
| V | 30.42 | 4.09 | 1.19 | 0.16 | 2.34 | 0.31 | 98.28 | 13.21 | 132.23 | 17.77 |
| VI | 36.54 | 0.58 | 2.05 | 0.03 | 2.33 | 0.04 | 136.87 | 2.19 | 177.79 | 2.84 |
| VII | 15.90 | 33.03 | 1.07 | 2.22 | 2.32 | 4.82 | 86.71 | 180.07 | 106.00 | 220.14 |
| VIII | 39.58 | 11.40 | 7.86 | 2.26 | 2.43 | 0.70 | 117.02 | 33.70 | 166.89 | 48.06 |
| IX | 55.78 | 6.60 | 5.59 | 0.66 | 3.01 | 0.36 | 102.48 | 12.13 | 166.86 | 19.75 |
| X | 13.15 | 13.99 | 0.39 | 0.42 | 2.71 | 2.88 | 75.25 | 80.11 | 91.50 | 97.40 |
| XI | 12.15 | 1.73 | 0.41 | 0.06 | 2.95 | 0.42 | 90.99 | 10.77 | 106.50 | 12.98 |
| XII | 7.63 | 5.66 | 0.25 | 0.19 | 1.14 | 0.85 | 81.90 | 60.71 | 90.92 | 67.41 |
| 合计/平均 | 17.56 | 111.79 | 3.22 | 11.25 | 2.35 | 14.95 | 89.84 | 572.02 | 111.51 | 710.01 |

## 3. 结论与讨论

### 1）植被层碳密度和碳储量特征

一般而言，森林植被层碳储量和碳密度主要是受林分生长环境、林龄、林型和起源的影响（王祖华等，2011），且不同林分类型不同生长发育阶段，其生物量累积均存在差异，而土壤碳储量则相对稳定。本小节根据湖北省森林资源清查数据和实际调查数据，综合考虑了乔木层、灌木层、凋落物层，估算出湖北省森林植被层平均碳密度为 21.67 t/hm²，其中天然林为 25.30 t/hm²，人工林为 13.45 t/hm²，与王鹏程等（2009）对三峡库区森林植被层碳密度（24.15 t/hm²）相近，但显著低于胡青等（2012）研究湖北省主要森林类型生态系统植被碳密度的结果，其得到封山育林下的次生林、次生林和人工林三种类型的碳密度为 136.12 t/hm²、76.25 t/hm²、114.20 t/hm²，可能与森林类型划分及采样尺度存在差异有关。湖北省森林植被层平均碳密度明显高于湖南省（15.88 t/hm²）（焦秀梅等，2005），但低于广东省（23.11 t/hm²）（叶金盛和佘光辉，2010）、河南省（23.64 t/hm²）（光增云，2007）及四川省（38.04 t/hm²）（黄从德等，2009），说明湖北省森林植被层碳密度仍处于较低水平，通过人为改造促进林分碳储量提升的潜力巨大。湖北省不同森林类型碳密度为针阔混交林＞针叶林＞阔叶林，可见针阔混交林具有更高的植被碳密度，当不同生态位的针阔叶树种混交时可充分利用林内的光、水等资源，进一步改善土壤结构和理化性质，提

高林地土壤肥力，从而促进林分生长（张国斌 等，2012），提高其林分生物量（王祖华 等，2011），进一步提升森林植被层碳密度，这与王祖华等（2011）研究南京城市森林生态系统的碳储量和碳密度的结果相一致。不同林龄碳密度变化趋势为近成过熟林＞中龄林＞幼龄林，说明随着林龄的增加植被层碳密度也呈现增长的趋势，这与王兵和魏文俊（2007）及王效科等（2001）研究结果相一致，主要由于幼龄林和中龄林直径小，近成过熟林直径大，而直径是决定森林植被层碳密度的关键因素（周伟 等，2012；Nowak and Crane，2002）。

湖北省森林植被层碳储量为 137.99 Tg·C，略低于湖南省（173.94 Tg·C）（焦秀梅 等，2005），明显低于广东省（215.55 Tg·C）（叶金盛和佘光辉，2010），但高于河南省（46.73 Tg·C）（光增云，2007），说明湖北省森林植被碳储量在全国仍具有举足轻重的地位。不同因素下森林植被层碳储量和碳密度见表 3.32。天然林和人工林碳储量分别占植被层总储量的 81.01%和 18.99%，天然林仍是该区域碳汇功能的主体部分。天然林中按林龄划分植被层碳储量，幼龄林占 50.96%、中龄林占 31.34%、近成过熟林占 17.70%，中幼龄林占其天然林总碳储量的 82.30%，可见湖北省天然林碳储量以中幼龄林为主。因此，未来森林经营管理的过程中要加强中幼龄林的培育，促进林分健康发展，从而不断增强该区域森林碳汇功能。按不同林分类型划分植被层碳储量，阔叶林、针叶林、针阔混交林分别占总储量的 49.82%、38.47%和 11.71%，阔叶林相对高于针叶林，远高于针阔混交林，说明阔叶林仍是该区域森林植被碳储量的主要贡献者，这与胡青等（2012）研究相一致。

表 3.32  不同因素下森林植被层碳储量和碳密度

| 因素 | 类型 | 面积/ ($10^4 hm^2$) | 碳密度/ ($t/hm^2$) | 碳储量/ (Tg·C) |
| --- | --- | --- | --- | --- |
| 林龄 | 幼龄林 | 304.62 | 18.70 | 56.97 |
| | 中龄林 | 101.75 | 34.43 | 35.03 |
| | 近成过熟林 | 35.52 | 55.72 | 19.79 |
| 起源 | 天然林 | 441.89 | 25.30 | 111.79 |
| | 人工林 | 194.85 | 13.45 | 26.20 |
| 林分类型 | 针叶林 | 243.40 | 21.81 | 53.09 |
| | 针阔混交林 | 70.89 | 22.78 | 16.15 |
| | 阔叶林 | 322.45 | 21.32 | 68.75 |

**2）土壤层碳储量**

湖北省森林生态系统土壤碳储量为 572.02 Tg·C，约为植被层碳储量的 4.15 倍，与周玉荣等（2000）的研究结果相近。表明土壤是森林生态系统中最大的碳库，土壤有机碳主要以腐殖质形式存在，并受到物理保护，因此土壤碳周转速率慢，能维持较长时间的碳储存（黄从德 等，2008b）。土壤碳储量主要集中在表层土壤 0～30 cm，占其总碳储量的 59.89%，不同森林类型 0～30 cm 土层碳密度比例在 45.20%～66.74%，呈现明显的表聚性，说明表层土壤碳密度占据森林土壤总碳密度的大部分比例，如果土壤表层水土流失和人为破坏严重均会在一定程度上造成土壤碳储量的减少（黄从德 等，2008b）。森林土壤平均碳密度为 89.84 $t/hm^2$，明显低于全国森林土壤碳密度（193.55 $t/hm^2$），说明该区域森林土壤碳储存水平较低。其中，针阔混交林（105.15 $t/hm^2$）最高，阔叶林（97.03 $t/hm^2$）

次之，针叶林（96.44 t/hm$^2$）最低，因为混交林可产生更多的凋落物及地下细根产量，其不断的分解流动可提高土壤碳含量的储存潜力（胡青 等，2012；Kaye et al.，2000）。同时，湖北省天然林和人工林土壤碳密度分别为 95.14 t/hm$^2$ 和 77.80 t/hm$^2$，可见天然林土壤储碳能力明显高于人工林，这主要是因为湖北省地处我国亚热带地区，往往山高坡陡，土壤抗侵蚀性能差，降水量大且集中，天然林被破坏之后营造的人工林，其群落结构简单，树种单一，水肥流失严重，森林有机碳库的损失严重。天然林的破坏不仅造成植被储碳能力的下降，而且土壤碳储存能力也随之降低（王兵和魏文俊，2007）。

#### 3）湖北省森林生态系统碳储量

现有的森林生态系统碳储量研究主要关注乔木层，对林下植被层、凋落物和土壤有机碳库研究较少，一定程度上低估了森林的碳储量（周伟 等，2012；王祖华 等，2011）。林下植被层、凋落物层及土壤层均是森林生态系统的重要组成部分，在森林生态系统的碳密度中占有一定比例（胡青 等，2012；王新闯 等，2011）。本小节从乔木层、灌木层、凋落物层和土壤层来综合估测湖北省森林生态系统碳储量的组成及其特征。李克让等（2003）估测我国森林生态系统碳储量为 15.55 Pg·C，其中植被和土壤碳储量分别为 4.29 Pg·C 和 11.26 Pg·C，以此为基准，湖北省森林生态系统植被层和土壤层碳储量分别占全国森林总碳储量、全国森林植被和土壤总碳储量的 4.57%、3.22% 和 5.08%。但是，湖北省森林面积仅占全国森林面积的 3.26%（以全国第七次森林清查数据为准），此外本小节还未包括竹林、经济林、灌木林、疏林、四旁树、散生木等森林类型面积和蓄积量，导致估算的湖北省森林碳储量比实际偏低，说明湖北省森林生态系统碳储量在全国森林碳储量占有举足轻重的地位。

湖北省森林生态系统平均碳密度为 111.51 t/hm$^2$，与三峡库区森林生态系统总有机碳密度（117.68 t/hm$^2$）（王鹏程 等，2009）一致，明显低于我国森林生态系统的平均碳密度（258.83 t/hm$^2$）（周玉荣 等，2000）。这可能是由于湖北省现有森林面积中，天然林中幼林占了 63.82%，人工林占了 30.60%，森林整体质量不高，在一定程度上造成森林碳储量偏低。另外，根据 2009 年湖北省森林二类资源清查数据资料统计结果，湖北省森林资源主要分布在鄂西山地，其土地面积占全省的 38.83%，而林地、有林地和乔木林地面积则分别占全省的 55.95%、55.43% 和 56.47%，导致全省森林资源分布极不均匀。再者，湖北省人多地少，人地矛盾尖锐，天然林破坏严重，导致现有森林多以天然次生林和人工林为主，且森林质量异质性较高（胡青 等，2012）。因此，未来如何通过保护和改造现有的森林，提高林分生产力和该区域森林生态系统碳储量，来减缓和适应气候变化，以提高森林的稳定性和综合服务功能，成为森林经营过程中森林增汇所面临的挑战（张国斌 等，2012）。

### 3.2.7 湖北省区域碳排放强度和森林碳汇差异[①]

#### 1. 背景

气候变化问题是人类面临的共同挑战。作为全球最大的发展中国家，中国是最大的 $CO_2$ 排放国。2009 年，中国承诺到 2020 年中国单位 GDP 的 $CO_2$ 排放量（碳排放强度）

---

[①] 引自：付甜.湖北省区域碳排放强度和森林碳汇差异分析.湖北林业科技，2018(2)：1-3.

比2005年下降40%~45%，并作为约束性指标，纳入国民经济和社会发展中长期规划，显示出一个负责任的大国为全球应对气候变化做出的巨大努力。在2015年的巴黎气候变化大会上，中国承诺到2030年单位GDP的$CO_2$排放量比2005年下降60%~65%。随着武汉市加入"C40城市气候领袖群""中美峰会"，中国提出2030年左右$CO_2$排放达到峰值等现实背景的确立，湖北省面临的低碳压力越来越大（龙妍等，2016）。2017年，湖北省人民政府印发《湖北省"十三五"控制温室气体排放工作实施方案》，力争到2020年，单位地区生产总值$CO_2$排放比2015年下降19.5%，能源消费总量控制在1.89亿t标准煤以内。因此，在保持经济增长的情况下如何削减碳排放成了具有重大现实意义的课题（栾晏，2015）。近年来，在经济增长与碳排放的关系方面取得了不少研究成果。张红等（2014）基于33个国家的GVAR模型探讨了中国经济增长对国际能源消费和碳排放的动态影响。陈红梅等（2012）分析了1965~2007年的数据，研究发现碳排放和GDP之间存在单向因果关系，GDP和能源消费之间存在双向因果关系。森林碳汇研究则主要集中在碳储量和固碳量的估算及计量方法上（张小全等，2004；周玉荣，2000），近几年随着节能减排工作的开展，也出现了对森林碳汇在能源碳排放上的抵消作用的研究（周健等，2013）。

从碳排放抵消的角度来看，森林碳汇的增加有助于减少碳排放给环境带来的压力。本小节通过对湖北省17个地市（州）的碳排放强度和森林碳汇量的核算，摸清全省各地区碳排放和森林碳汇的基本情况，并针对地域差异进行分类研究，以期为湖北省的碳减排工作策略提供理论与数据基础。

## 2. 研究方法

**1）碳排放强度计算**

碳排放强度是指单位国内（地区）生产总值产生的碳排放量。能源消费数据选用《中国统计年鉴》《湖北统计年鉴》，各类能源折算成标准煤的系数采用《中国能源统计年鉴》。

本小节采用碳排放系数法计算碳排放量，该方法是联合国政府间气候变化专门委员会碳排放计算指南的推荐方法。计算表达式为

$$C = \sum_{i=1}^{n} E_i C_i$$

式中：$C$为碳排放量；$E_i$为第$i$种能源的终端消费量；$C_i$为第$i$种能源的碳排放系数；$n$为包括煤炭与石油等各种含碳能源，这些能源在使用过程中会产生$CO_2$排放，$CO_2$排放量可以通过$CO_2$气化系数折算成碳排放量。

碳排放主要来源于化石能源的燃烧，根据《中国能源统计年鉴》的统计项目，选择煤炭、汽油、煤油、柴油、天然气、燃料油、原油、焦炭、电力9种最终能源消费数据对碳排放量进行测算。测算时应首先将各种能源消费量转化为标准统计量，再乘以各自碳排放系数，最后将9种能源消费碳排放量加总即可得到某省某年碳排放量。在统计年鉴的数据中，大部分区域能源消费已经被统一折算成了万吨标准煤的单位。这类数据可采取国家发展和改革委员会能源研究所规定的取值（0.67）作为标准煤的碳排放折算系数。

**2）碳汇量计算**

森林碳汇量是不同测量时期内森林固碳量的变化情况。本小节采取的是基于森林蓄

积量与林地面积数据进行运算的蓄积量法（Kaya 恒等式）。蓄积数据来源于省级林业资源清查统计数据。蓄积量法对于不同林分结构的森林具有普适的核算效果，而且不用考虑生物量和微气象变化等其他影响因子，是适用于林业经济类科学研究的方法（康凯丽，2012）。根据蓄积量法，森林各部分的碳储量用活立木蓄积量或森林面积乘以它们的换算因子得出。具体的核算模型推导过程如下：

$$C = CD + CL + CR + CGP + CE \quad (3.7)$$

$$CD = 0.3V \quad (3.8)$$

$$CL = 6.5S \quad (3.9)$$

$$CR = 0.2(CD + CL) \quad (3.10)$$

$$CGP = S \quad (3.11)$$

$$CE = 70S \quad (3.12)$$

式中：$C$ 为森林的总固碳量；$V$ 为活立木的蓄积量；$S$ 为森林面积；CD 为立木的固碳量；CL 为枝叶的固碳量；CR 为树桩和根部的固碳；CGP 为地被植物的固碳量；CE 为森林土壤的固碳量。由上述公式（3.7）~（3.12）可以推导得出森林固碳量的计算公式：

$$C = 0.36V + 78.8S \quad (3.13)$$

式（3.13）计算出来的是数据被测算的时间点上的森林储存碳的数量，是一种广义的森林碳汇。一定时期内的森林碳汇可以根据两次被测算时间点的差值计算出来。

**3）聚类分析法**

本小节采用 $k$-means 聚类分析方法，这是一种传统划分方法。它的基本原理是：随机选择 $k$ 个对象，每个对象初始地代表一个簇的均值或中心。对研究样本内剩余的对象，根据其与各个簇中心的距离，将它赋给最近的簇，然后重新计算每个簇的平均值。重复这个过程，直到准则函数收敛（袁立嘉 等，2016）。

**3. 结果与分析**

**1）湖北省碳排放现状与碳排放强度地域差异**

湖北省能源消费总量从"十一五"开始处于持续上升态势，但增速自"十二五"持续降低。2005 年略高于 1 亿 t 标准煤，2007 年达到 1.2 亿 t 标准煤，2010 年突破 1.5 亿 t 标准煤，2013 年达到 1.86 亿 t 标准煤。从增长速度看，湖北省能源消费增速保持在 5% 以上，2010 年增速达到 10.43%，之后增速持续回落，2013 年降至 5.51%。湖北省是"中部崛起"战略的重要省份，自"中部崛起"战略实施以来，湖北省经济社会发展速度不断加快，核心竞争力不断提升，但是单位生产总值能耗水平较高的能源问题严重制约了经济的进一步发展。2005 年，湖北省万元 GDP 能耗高达 1.53 t 标准煤/万元 GDP（全国是 1.28 t 标准煤/万元 GDP）；"十一五"期间由于加大了节能减排的力度，2010 年万元 GDP 能耗降低至 1.20 t 标准煤/万元，比 2005 年降低 21.6%。"十二五"期间万元 GDP 能耗继续保持下降态势，2015 年降低至 0.73 t 标准煤/万元 GDP。

将湖北省 17 个市（州）区域的 GDP 和综合能源消费量数据进行对比，能直观地看出全省各地区的产业结构与能源消费效率（图 3.5）。

采取国家发展和改革委员会能源研究所规定的取值（0.67）作为标准煤的碳排放折

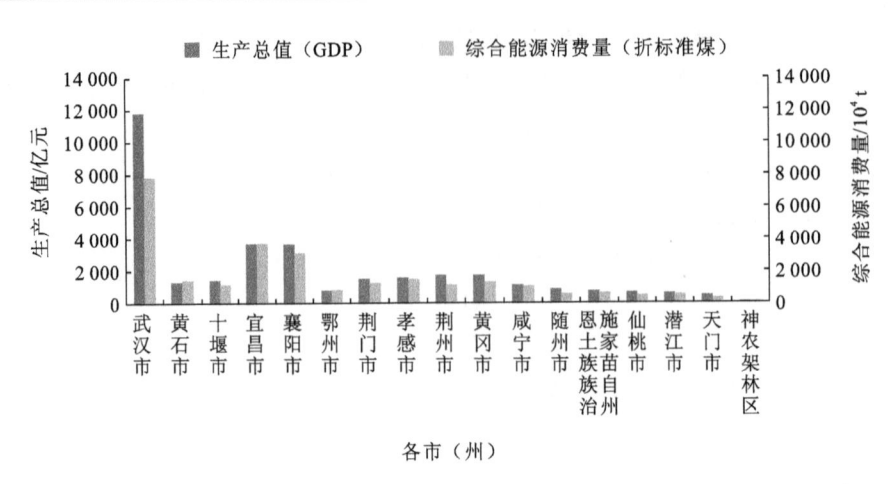

图 3.5　2016 年湖北省各市（州）地区生产总值（亿元）与综合能源消费量（万吨）

算系数，折算出各地区碳排放量，也可将万元 GDP 能耗折算成单位（地区）生产总值产生的碳排放量，即碳排放强度。2016 年，武汉碳排放量全省最高，为 5286.05 万 t；宜昌和襄阳地区排名第二、第三，碳排放量分别达到 2493.24 万 t 和 2107.09 万 t；全省碳排放量最少的地区是神农架，仅 11.79 万 t。全省碳排放强度最高的地区是黄石，达到 0.74 t/万元 GDP，其次为鄂州 0.71 t/万元 GDP、宜昌 0.67 t/万元 GDP；随州市碳排放强度最低，仅为 0.43 t/万元 GDP，武汉、荆州和天门碳排放强度均为 0.44 t/万元 GDP，其他地区碳排放强度均超过 0.5 t/万元 GDP。

**2）湖北林业资源现状与森林碳汇评估**

（1）湖北省林业资源现状。依据第九次湖北省森林资源清查成果，湖北省林地面积为 876.09 万 hm²，占全省总面积的 47.13%；森林面积为 736.27 万 hm²，占林地面积的 84.04%，森林覆盖率 39.61%。活立木总蓄积为 39 579.82 万 m³，其中森林蓄积量为 36 507.91 万 m³，占 92.24%。清查间隔期内，全省林地面积有所增加，净增了 26.24 万 hm²，全省活立木蓄积增加 8 255.13 万 m³，其中森林蓄积增加 7 854.94 万 m³。采取基于森林蓄积量与林地面积数据进行运算的蓄积量法，采用两次被测算时间点的差值计算区域森林的固碳量，可得广义的森林碳汇，最后得出湖北省年平均森林碳汇量为 1 007.91 万 t。假设清查期内的森林资源变动是匀速的，即可看作每年湖北省森林可吸收碳排放 1 007.91 万 t，占 2016 年全省碳排放总量的 6.2%。

（2）湖北省森林碳汇地域差异。森林碳汇反映的是森林所承载的碳排放量情况。因为年鉴与连续清查数据中未对各市（州）进行区域分析，所以这里采用湖北省 2009 年二类调查小班统计数据与 2016 年各市（州）的省年度蓄积监测数据，计算得出各市（州）森林碳汇量（表 3.33）。2009～2016 年，湖北省大部分地区森林面积与蓄积量均有大幅度上升，其中恩施土家族苗族自治州和十堰市年均碳汇量最高，分别达到了约 293.56 万 t/年和 263.52 万 t/年，武汉市年均碳汇量最少，仅约为 0.53 万 t/年。有 4 个地区（荆州市、仙桃市、潜江市、天门市）因森林面积减少或其他原因造成不同程度的碳流失，荆州市碳损失量最大，高达约 29.50 万 t/年。

第3章 森林碳汇量

表3.33 湖北省各市（州）森林资源固碳情况表

| 地区 | 2009年 森林面积 /hm² | 2009年 森林蓄积 /10³m³ | 2009年 碳储量 /万t | 2016年 森林面积 /hm² | 2016年 森林蓄积 /10³m³ | 2016年 碳储量 /万t | 年均碳汇量 /万t |
|---|---|---|---|---|---|---|---|
| 武汉市 | 120 632.2 | 4 616.064 | 950.747 6 | 121 098.3 | 5 333.351 | 954.446 7 | 0.528 441 |
| 黄石市 | 91 639.68 | 3 776.641 | 722.256 6 | 158 155.4 | 4 875.357 | 1246.44 | 74.883 35 |
| 十堰市 | 1 300 094 | 65 330.48 | 10 247.09 | 1 534 093 | 85 230.96 | 12 091.72 | 263.518 1 |
| 宜昌市 | 1 205 277 | 49 554.96 | 9 499.367 | 1 380 509 | 61 743.55 | 10 880.63 | 197.323 6 |
| 襄阳市 | 725 255.2 | 23 946.24 | 5 715.873 | 816 591.5 | 30 197.66 | 6 435.828 | 102.850 7 |
| 鄂州市 | 14 392.86 | 777.572 8 | 113.443 7 | 17 531.43 | 926.546 9 | 138.181 | 3.533 899 |
| 荆门市 | 401 315.7 | 16 494.86 | 3 162.962 | 405 180.2 | 20 570.82 | 3 193.561 | 4.371 285 |
| 孝感市 | 151 764.3 | 8 322.992 | 1 196.202 | 168 495.7 | 9 936.967 | 1 328.104 | 18.843 09 |
| 荆州市 | 187 161.2 | 11 593.03 | 1 475.248 | 160 941.2 | 15 125.7 | 1 268.761 | −29.498 1 |
| 黄冈市 | 586 835.2 | 28 647.93 | 4 625.293 | 737 780.6 | 36 312.35 | 5 815.018 | 169.960 8 |
| 咸宁市 | 430 191.6 | 11 751.72 | 3 390.333 | 485 877.1 | 14 396.9 | 3 829.23 | 62.699 56 |
| 随州市 | 473 523 | 14 595.9 | 3 731.887 | 477 648.3 | 17 699.52 | 3 764.505 | 4.659 803 |
| 恩施土家族苗族自治州 | 1 278 938 | 62 850.37 | 10 080.29 | 1 539 650 | 77 460.59 | 12 135.23 | 293.562 4 |
| 仙桃市 | 26 917.95 | 3 117.034 | 212.225 6 | 16 855.42 | 4 346.908 | 132.977 2 | −11.321 2 |
| 潜江市 | 19 196.62 | 1 651.192 | 151.328 8 | 13 033.32 | 1 848.881 | 102.769 1 | −6.937 1 |
| 天门市 | 32 576.68 | 2 856.766 | 256.807 1 | 19 979.09 | 4 267.423 | 157.588 9 | −14.174 |
| 神农架林区 | 222 658 | 15 913.2 | 1 755.118 | 294 904.2 | 24 336.83 | 2 324.721 | 81.371 92 |
| 全省合计 | 7 268 369 | 325 797 | 57 286 | 8 348 324 | 414 610 | 65 800 | 1 216 |

**3）聚类分析**

从湖北省各地区2016年碳排放强度与年均森林碳汇量的对比来看（图3.6），第二产业、第三产业占主导，经济发展较好的地区如武汉、襄阳等地，碳排放量虽高位运行，其碳排放强度和森林碳汇量却均较低；而森林资源相对丰富且第一产业、第三产业占主导的地区如恩施、黄冈等地，则碳吸收效益明显，年均碳汇量较高，而碳排放强度则较低。

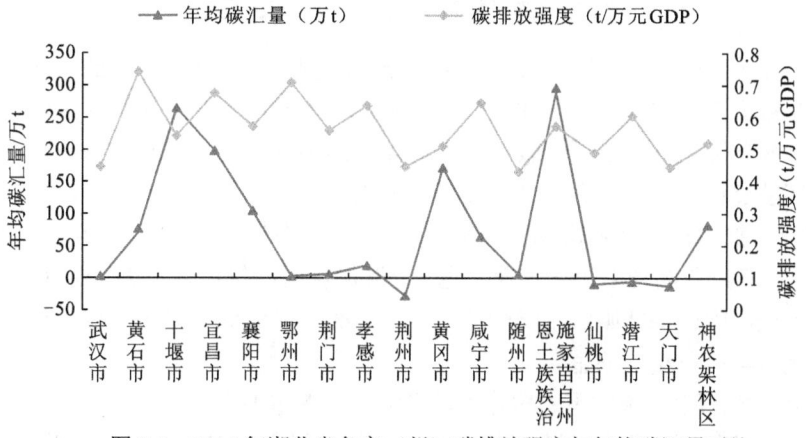

图3.6 2016年湖北省各市（州）碳排放强度与年均碳汇量对比

这里采用碳排放强度和森林碳汇这两项指标对湖北省各地区的绿色发展等级做一个分类。为避免极值对分类造成的影响，先对湖北省各地区的碳排放强度和森林碳汇数据进行标准化处理，将各地区的碳排放强度和森林碳汇依照排名由高到低依次赋值为 17 到 1；以森林碳汇为横轴，碳排放强度为纵轴，制作碳排放强度-森林碳汇散点图，通过统计分析软件 SPSS 对湖北省 17 个市（州）进行二维 k-means 聚类分析，确定聚类分析的初始中心点；将散点图划分四个象限，即将区域划分为以下四个类别（图 3.7）。其中，低碳排放强度-低森林碳汇地区，初始中心点为天门市；高碳排放强度-低森林碳汇地区，初始中心点为潜江市；高碳排放强度-高森林碳汇地区，初始中心点为宜昌市；低碳排放强度-高森林碳汇地区，初始中心点为黄冈市。从聚类分析的结果可以看出，低碳排放强度-低森林碳汇地区包含天门市、荆州市、仙桃市、武汉市、随州市；高碳排放强度-低森林碳汇地区包含潜江市、荆门市、鄂州市；高碳排放强度-高森林碳汇地区包含宜昌市、黄石市、咸宁市、孝感市、襄阳市、恩施土家族苗族自治州；低碳排放强度-高森林碳汇地区包含黄冈市、神农架林区、十堰市。

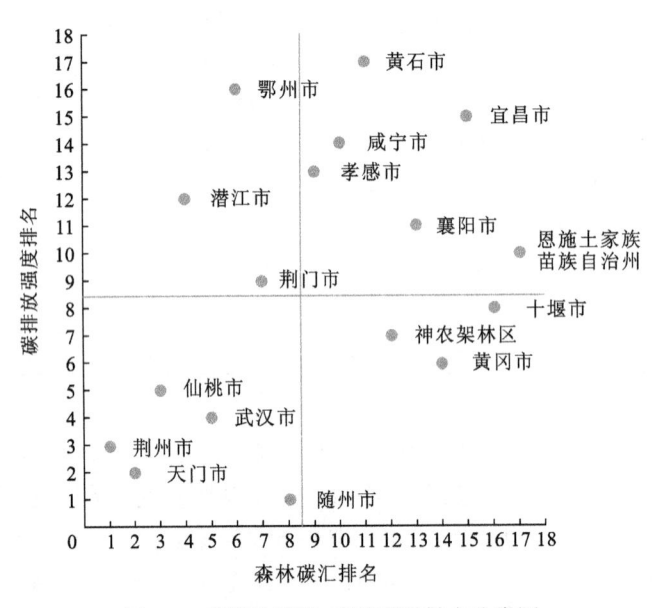

图 3.7　碳排放强度-森林碳汇散点分类图

天门市、仙桃市、荆州市、武汉市、随州市属于低碳排放强度-低森林碳汇地区，分布于湖北省中东部地区。这类地区的产业结构较为合理，同时森林面积较少，其碳排放强度和森林碳汇在省内都属于较低水平，需要加强林业建设，提高森林碳汇，并在发展工业经济的过程中保持现有的低碳经济发展水平。

潜江市、荆门市、鄂州市属于高碳排放强度-低森林碳汇地区，分布于湖北省中部和东部地区，其产业结构以重化工业为主，能源消耗与碳排放量巨大，而森林面积较少，蓄积量也较低，因此森林碳汇出于较低水平，这类地区的碳减排工作压力最大，需同时兼顾林业建设与产业结构调整。

宜昌市、黄石市、咸宁市、孝感市、襄阳市、恩施土家族苗族自治州属于高碳排放强度-高森林碳汇地区，分布于湖北省西北部和东部地区。这类地区多半以第二产业为主，低碳经济发展水平较低,但同时森林资源较为丰富,因此森林碳汇较高。这类地区应当将碳汇工作重心放在调整产业结构、加快产业升级等技术领域,促进低碳经济的发展。

黄冈市、神农架林区、十堰市属于低碳排放强度-高森林碳汇地区,分布于湖北省东部和西北部山区。这类地区的产业结构以第一产业、第三产业为主,这类地区森林资源较为丰富,森林管护工作较为成功,森林碳汇在省内属于较高水平,减排压力最小。

**4)结论与讨论**

①湖北省各地区碳排放强度存在明显的差异。经济发展水平较高的武汉市、襄阳市、宜昌市等地的碳排放量处于省内较高水平;全省大部分地区碳排放强度均超过 0.5 t/万元 GDP,黄石市、鄂州市地区的碳排放强度处于省内较高水平,应该与当地经济发展的主要产业为工业产业有关。②湖北省各地区森林碳汇差异较大。省内大部分地区森林面积与蓄积量均有大幅度上升,有少数地区存在不同程度的碳流失。森林碳汇的总体分布格局为鄂西北>鄂东>鄂中。③通过聚类分析法可以将全省17个地区划分为四个区域类型。天门市、仙桃市、荆州市、武汉市、随州市属于低消耗-低碳汇地区;潜江市、荆门市、鄂州市属于高碳排放强度-低森林碳汇地区;宜昌市、黄石市、咸宁市、孝感市、襄阳市、恩施土家族苗族自治州属于高碳排放强度-高森林碳汇地区;黄冈市、神农架林区、十堰市属于低碳排放强度-高森林碳汇地区。

森林是陆地生态系统的主体,管理良好的林业能够以低成本实现减源和增汇的双重功效(林德荣 等,2011)。针对湖北省各地区碳排放强度和森林碳汇存在的差异,为促进各地区增汇减排工作,提出以下建议。

(1)加强造林与森林经营。植树造林、森林抚育和经营等已有较为成熟的理论和技术体系,早已被广大森林经营者和林业管理者掌握和应用,在林业碳汇政策支持下和市场机制作用下,只需要较为简单的业务培训与技术推广,相关工作就可以迅速开展。通过在高消耗-低碳汇地区加强造林,在高碳汇地区大力开展森林抚育和经营,增加林业碳汇进行间接减排具有很强的可操作性。

(2)加大木质产品和可再生能源的开发。经济的快速发展意味着对煤炭、石油等不可再生的化石资源的巨大需求,能源问题是碳减排工作中避不开的重要议题。森林作为一种可再生资源,具有巨大的潜力。在高消耗地区,转变经济发展方式、发展绿色经济、促进绿色增长具有重要意义。此外,林木生物质能源可以部分替代化石能源,有效减少碳排放,而大力发展木本粮油不仅能增加碳汇,还能够维护国家粮油安全。

(3)完善碳汇交易市场。现有的森林碳汇由于政策方法等原因一时难以进入计量,但新增的森林在开始就应争取进入碳汇造林体系。一方面要通过造林项目增加森林面积和蓄积量,充分挖掘林业碳汇潜力,为抵消工业碳排放提供碳汇量;另一方面应积极探索碳汇交易机制,通过林业碳汇交易试点逐步扩大森林碳汇产业,切实发挥林业减排的作用。湖北省作为碳交易市场试点,具有整合碳交易市场低碳资源的先发优势和潜力。在高能耗地区大力加强参与碳交易市场的几大重点排放行业的基础能力建设、节能减排技术改造和低碳投融资,充分利用碳交易市场降低湖北省排放企业的减排成本,从碳交易市场获得碳金融的各种支持和服务,促进全省以较低成本实现"十三五"的减排目标。

## 3.3 森林碳汇计量监测

本节对湖北主要造林树种的碳汇量及潜力进行了分析，并就具体碳汇项目的效益进行了定量评价及预测，阐述了有关林业重大工程项目产生的碳汇量的巨大变化进行了监测与计量。

运用典型取样和随机抽样法相结合的方法，对马尾松、湿地松、杨树、栎类、枫香、杉木等6个湖北主要造林树种固碳能力进行了分析，估算出全省人工林固碳总量，结论如下：①6个树种中杨树、枫香和湿地松固碳能力最强、碳汇前景最好，应大力推广；森林经营管理方式对森林固碳能力有较大影响。②到2004年湖北省人工林总面积111.56万 $hm^2$，蓄积量4 307万 $m^3$，人工林累计吸收二氧化碳5 805.9万 t。③湖北省2004年排放工业二氧化碳2.09亿 t，人工林年均吸收二氧化碳193.59万 t，湖北省现有33.3万 $hm^2$ 荒山无林地，若选用杨树等6树种造林，每年将增加47.62万 t 二氧化碳吸收能力。

江夏区碳汇造林项目碳储量计量估算结果表明：①江夏区碳汇造林项目碳储量年变化累计增加二氧化碳49 891.07 t，项目累计排放二氧化碳17.06 t，泄露二氧化碳累计2.59 t，项目净碳汇量49871.42 t 二氧化碳；②由于项目区整地和造林时，不清除原有散生木，在监测时也没有将原有散生木计入项目碳储量，上述计算没有考虑原有植被基线碳储量的年变化；③项目碳储量年变化中间出现减少或负值是间伐所致；④上述估算结果是对实际造林面积323.4 $hm^2$ 的预估，分年结果还须通过具体监测及评估才能得出。

2005年以来，湖北省依托退耕还林工程、长防林建设工程、抑螺防病林工程等林业工程建设，通过实施人工造林、封山育林、低效林改造及中幼林抚育措施，实现了林地面积和蓄积量的双增长；2005~2013年，湖北省在加大林业工程建设力度的基础上，基于已有林地的自身更新及管护措施等，使得森林碳储量得以提高，其中森林植被碳储量从2005年的13 471.84万 t 提高至2013年的19 483.15万 t，增长量达到13年森林植被碳储量的30.9%，林地土壤有机碳储量由49 416.21万 t 增长到51 645.74万 t，共增长2 229.5276万 t；湖北省向林地转移面积共60.98万 $hm^2$，在林地转出面积中，因修路等征占用林地转出共10.73万 $hm^2$；因种植结构调整转变为耕地面积12.53万 $hm^2$，所占比例为53.87%，此类土地利用变化造成碳储量损失的共329.73万 t，土地利用造成的碳储量损失只占2013年森林碳储量的1.7%，而碳储量的增加则占27.9%，湖北省整体碳储量处于持续增长的总体态势。

### 3.3.1 湖北省森林碳汇现状及潜力[①]

以气候变暖为主要特征的全球气候变化问题，已经成为国际社会日益关注的热点，也是我国经济社会可持续发展的重大问题。全球气候变暖的主要原因是人类大量燃烧煤炭、石油、天然气等化石燃料及毁林等向大气中过量排放二氧化碳等温室气体，造成大气层中的温室气体浓度大幅度增加，形成温室效应。据估计目前人类每秒释放的二氧化

---

①引自：刘伟,张家来.湖北省森林碳汇现状及潜力.2010中国科协年会第五分会场全球气候变化与碳汇林业学术研讨会优秀论文集.北京:中国林学会,2010.

碳已超过 700 t，一年就是 230 亿 t。2005 年大气温室气体浓度为 379 mg/L，远远超过工业革命前的 280 mg/L。这些气体有二氧化碳、甲烷、氯氟化碳、臭氧、氮的氧化物和水蒸气等，其中最主要的是二氧化碳。

树木通过光合作用吸收了大气中大量的二氧化碳，减缓了温室效应，这就是通常所说的森林碳汇作用。二氧化碳是植物生长的重要营养物质，植物可以将叶子吸收的二氧化碳和根部输送上来的水分，在光能作用下转变为糖和氧气。绿色植物通过光合作用将太阳能转化为化学能，并将大气中的二氧化碳转化成有机物，提供枝叶、茎根、果实、种子等最基本的物质和能量来源。森林生长吸收并固定二氧化碳，是二氧化碳的吸收器、储存库和缓冲器。

我国多年持续不断地开展了大规模造林绿化，对吸收二氧化碳等温室气体做出了重要贡献。有关研究结果表明，1949～1998 年，我国开展的主要生态建设活动中，造林绿化的固碳率最高。每年每公顷可固碳 1～1.4 t，是其他生态建设固碳率的 1.25～5 倍。造林绿化在我国生态建设固定二氧化碳总量中的贡献比例占 88%，最具成效，对缓解气候变化起到了积极作用（李怒云 等，2005）。我国人均排放量远低于发达国家，虽然 1997 年总量位居第二，但是我国多年造林绿化在吸收、固定二氧化碳方面发挥了重要贡献。

本小节运用扩展因子法对马尾松、杉木等湖北省 6 个主要人工林树种碳汇能力进行分析，并估算出全省人工林固碳总量，以此说明森林碳汇对减少本省碳排放的重要作用。以上 6 个树种到 2004 年人工林面积及所占比例见表 3.34[据《湖北省森林资源连续清查第五次复查成果》（1999～2004 年）]。

**表 3.34　6 个树种人工林面积及所占比例表（2004 年）**

| 树种 | 面积/万 hm² | 所占比例/% |
| --- | --- | --- |
| 马尾松 | 25.60 | 22.90 |
| 杉 | 23.04 | 20.60 |
| 杨树 | 20.50 | 18.36 |
| 栎类 | 3.20 | 2.90 |
| 湿地松 | 2.87 | 2.60 |
| 枫香 | 1.60 | 1.40 |
| 合计 | 76.81 | 68.70 |

### 1. 材料及方法

**1）样地调查**

调查样地设在湖北省黄冈市，地理位置为东经 114°25′～116°8′，北纬 29°45′～31°35′，海拔为 50～990 m。本小节运用典型取样和随机抽样相结合的方法选择立地条件及树木生长情况，能够代表湖北省平均水平的林地进行调查，共 18 块样地，6 个树种中每一个树种均选择 3 块不同龄级样地，样地规格为（20×30）m²。

选好样地后对样地进行实地调查，分别调查树木的高、胸径等测树因子，现场求出平均值后，选取一株平均木伐倒，挖出树根，实地分别称出树根、主干、树枝、树叶的重量，各采样 1 kg 供室内分析，并按树干解析的要求区分段锯圆盘带回。

**2）室内分析测定**

将所取样品放入烘箱以 105 ℃的恒温烘烤至恒重，根据质量和体积算出树木的绝对密度，如杉木树干绝对密度测定为 0.37。根据树主干的质量与树枝、树叶及树根的质量比得到该树种的扩展因子，如杉木的扩展因子为 1.455 8。

对 6 个树种的标准木进行树干解析，分别计算树干、胸径、材积连年生长量、总生长量等，结合湖北省森林清查资料拟合林龄、胸径、材积生长曲线。

**3）有关数据来源**

本小节所使用的湖北省森林面积、蓄积等 6 个树种到 2004 年人工林面积及所占比例数据均来自《湖北省森林资源连续清查第五次复查成果》（1999~2004 年），森林碳汇计算参数来自国家林业局应对气候变化和节能减排工作领导小组办公室编的《中国绿色碳基金造林项目碳汇计量与监测指南》。

**4）碳汇量估算方法**

林木固碳量的计算采用扩展因子法：

$$C = V \cdot WD \cdot BEF \cdot CF \cdot (1 + R_1) \tag{3.14}$$

$$CO_2 = C \cdot R_2 \tag{3.15}$$

式中：$C$ 为林分地上地下生物量碳储量，t；$CO_2$ 为吸收的二氧化碳吨数；$V$ 为林分单位面积蓄积量，$m^3/hm^2$；WD 为木材的平均密度，$g/cm^3$；BEF 为从树干生物量转换到地上生物量的生物量扩展因子；CF 为平均含碳量，该值一般取公用的默认值 0.5；$R_1$ 为林分生物量根径比，该值一般取公用的默认值 0.223 3（为方便计算，本小节的扩展因子已经考虑地下部分的生物量，所以不再使用根茎比这一系数）；$R_2$ 为二氧化碳与碳的分子量的比，即 44/12，取值为 3.67。

**2. 结果与分析**

**1）6 个树种的木材密度及扩展因子（表 3.35）**

表 3.35　6 个树种木材密度及扩展因子

| 树种 | 木材密度/(t/m³) | 扩展因子 |
| --- | --- | --- |
| 马尾松 | 0.433 | 1.450 1 |
| 杉 | 0.370 | 1.455 8 |
| 杨树 | 0.379 | 1.732 0 |
| 栎类 | 0.710 | 1.480 1 |
| 湿地松 | 0.417 | 1.458 2 |
| 枫香 | 0.455 | 1.450 1 |

**2）6 个树种林龄、胸径、蓄积生长曲线**

杉木：

$$V = 0.000\,058\,777\,042 \times (-0.196\,215\,08 + 0.985\,057\,39 \times d)^{1.969\,983\,1} \\ \times [30.561\,575 - 985.482\,75/(33 + d)]^{0.896\,461\,57}$$

马尾松、湿地松：

$$V = 0.000\,060\,049\,144 \times (-0.132\,103\,36 + 0.979\,870\,17 \times d)^{1.871\,975\,3} \\ \times [24.269\,237 - 591.977\,56/(24 + d)]^{0.971\,802\,32}$$

枫香：

$$V = 0.000\,050\,479\,054 \times (-0.217\,006\,21 + 0.984\,810\,55 \times d)^{1.908\,505\,4}$$
$$\times [17.823\,386 - 272.420\,14/(17 + d)]^{0.990\,765\,07}$$

杨树：

$$V = 0.000\,137\,428\,808\,384 \times D^{2.451\,344\,383\,7}$$

栎类：

$$V = 0.000\,050\,479\,054 \times (-0.382\,813\,45 + 0.995\,168\,80 \times d)^{1.908\,505\,4}$$
$$\times [28.869\,903 - 657.131\,07/(21 + d)]^{0.990\,765\,07}$$

根据平均胸径与平均林龄的对应关系近似地将上述关系式转换成林龄与蓄积量的关系式，根据关系式分别绘制出单株林木及相应林分随林龄固碳量的变化图，分别如图 3.8、图 3.9 所示。

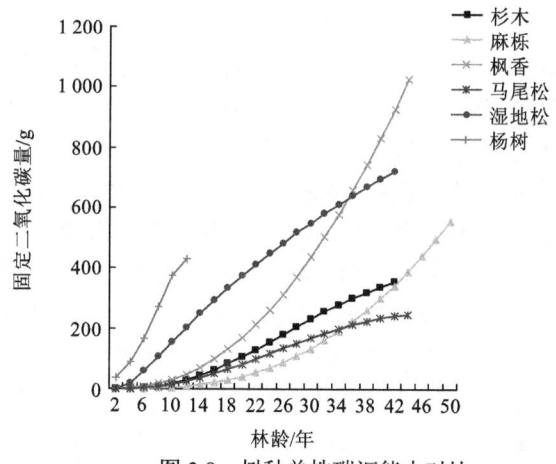

图 3.8　树种单株碳汇能力对比

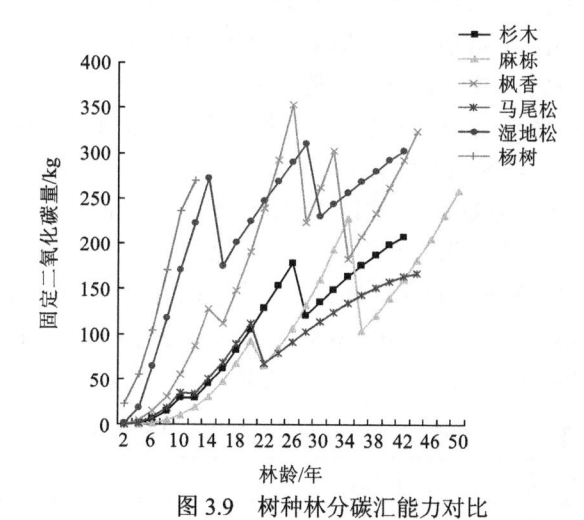

图 3.9　树种林分碳汇能力对比

**3）6 个树种碳汇能力及碳汇量估算**

由图 3.8 可以看出，10 年生以内杨树固碳能力远远超过其他树种，10 年过后进入下一个轮伐期，可以证明其生长速率同样超过其他树种 10 年后的生长速率（表现为图中杨树生长曲线斜率大于其他树种10年后斜率），假设杨树固定二氧化碳像其他树种一样不会产生泄漏或者不会很快产生泄漏，就成为林业碳汇造林项目首选树种，杨树以其速生、用途广泛、利用率高、利用技术成熟等优势在林业实际工作中受到普遍欢迎，特别在平原湖区有良好推广应用的社会基础。此外，35年生内湿地松、枫香固碳能力明显强于其他树种（杨树除外），在低产林改造、商用林基地、荒山荒地造林等项目中应尽量选用上述两树种，以获取较大的碳汇效益。杉木、马尾松是湖北省传统的造林树种，分布面积最广，马尾松耐瘠薄，是所谓的"造林先锋"，杉木材质优良，深受群众喜爱，但在所选6个树种中二者固碳能力一般，实际工作中对于项目造林（更新改造、地产林改造等）在保证造林目标基本不变的情况下，应尽量选择固碳能力更强的树种，如湿地松、枫香等，社会造林（指自有造林）不易控制，也应该积极进行宣传和引导，选择固碳能力更强的树种。栎类木材坚硬，还是生产香菇、木耳特种原料林，湖北部分地区资源紧缺，经济价值较高，但固碳能力低下，在全省范围内应做出科学规划，有针对性地划定部分地区、规模适度发展，其他地方应逐步选用固碳能力较强的树种代替栎类。

众所周知造林树种选择的基本原则是适地适树，在低碳经济时代还应该加上一条"碳汇至上"的原则，即在造林目的基本一致条件下，首先选择固碳能力强、碳汇量大的树种或品种。其次林分经营管理也是关系森林固碳能力的重要环节，尤其是造林初植密度、抚育间伐方式（时间、强度等）、主伐年龄等对森林碳汇量有较大影响。图3.9对6个树种在不同初植密度、不同间伐方式（间伐时间、间伐强度等）等条件下对林分固碳量进行了比较，可以看出管理方式对林分碳汇量的影响，如单株枫香固碳能力虽然比湿地松小，但前者初植密度较大，同样在第14年间伐，尽管枫香间伐强度（62.5%）比湿地松（45.2%）还大，在其后第24年时枫香林固碳量就超过了湿地松林，马尾松、栎类也存在类似现象。从图3.9还可以看出，由于间伐次数多，第三次间伐后枫香林固碳量出现被湿地松林反超的情况，因此林分间伐次数不宜过多，应控制在2次以内，同时间伐次数过多也会增加管理成本，得不偿失。碳汇林经营管理一条重要原则就是通过技术经济手段获得单位面积最大生物量，而不一定是木材等最大经济产量。

截至2004年，湖北省马尾松面积25.6万$hm^2$，各龄级树木蓄积1 020.28万$m^3$，固碳总量346.14万t；杉木面积23.04万$hm^2$，各龄级树木蓄积1 068.02万$m^3$，固碳总量433.75万t；杨树面积9.28万$hm^2$，各龄级树木蓄积45.58万$m^3$，固碳总量18.27万t；栎类面积3.2万$hm^2$，各龄级树木蓄积17.97万$m^3$，固碳总量8.94万t；湿地松面积2.87万$hm^2$，各龄级树木蓄积123.97万$m^3$，固碳总量56.84万t；枫香面积1.6万$hm^2$，各龄级树木蓄积87.13万$m^3$，固碳总量34.93万t。6个树种总面积65.59万$hm^2$，蓄积量2 362.95万$m^3$，固碳总量（二氧化碳当量）898.87万t，见表3.36。

表3.36 全省人工乔木林树种碳汇表（截至2004年）

| 树种 | 蓄积/万$m^3$ | 固碳量/万t | 二氧化碳量/万t | 面积/万$hm^2$ |
| --- | --- | --- | --- | --- |
| 落叶松 | 44.86 | 18.82 | 69.06 | 3.83 |
| 黑松 | 3.27 | 1.38 | 5.07 | 0.32 |
| 油松 | 23.35 | 8.17 | 30.00 | 1.28 |
| 华山松 | 39.94 | 18.96 | 69.57 | 0.96 |

续表

| 树种 | 蓄积/万 m³ | 固碳量/万 t | 二氧化碳量/万 t | 面积/万 hm² |
|---|---|---|---|---|
| 马尾松 | 1 020.28 | 346.14 | 1 270.34 | 25.60 |
| 黄山松 | 83.79 | 30.90 | 113.39 | 0.96 |
| 湿地松 | 123.97 | 56.84 | 208.60 | 2.87 |
| 杉木 | 1 068.02 | 433.75 | 1 591.87 | 23.04 |
| 柳杉 | 325.81 | 90.79 | 333.20 | 1.92 |
| 水杉 | 136.10 | 34.47 | 126.52 | 1.60 |
| 池杉 | 83.69 | 21.20 | 77.80 | 0.64 |
| 柏木 | 89.85 | 47.27 | 173.49 | 1.28 |
| 刺柏 | 7.89 | 4.15 | 15.23 | 0.96 |
| 侧柏 | 24.63 | 12.96 | 47.56 | 1.92 |
| 栎类 | 17.97 | 8.94 | 32.81 | 3.20 |
| 茅栗 | — | 0.00 | 0.00 | 0.32 |
| 青冈栎 | 11.44 | 4.68 | 17.19 | 0.32 |
| 樟木 | 6.47 | 2.58 | 9.48 | 0.32 |
| 杨树 | 45.58 | 18.27 | 67.07 | 9.28 |
| 白杨 | — | 0.00 | 0.00 | 0.32 |
| 国外杨 | 133.23 | 53.42 | 196.04 | 10.88 |
| 柳树 | 26.73 | 10.72 | 39.33 | 0.64 |
| 其他软阔类 | 51.79 | 21.61 | 79.29 | 1.28 |
| 枫香 | 87.13 | 34.93 | 128.21 | 1.60 |
| 其他种 | 5.80 | 2.33 | 8.53 | 0.32 |
| 针叶混 | 342.94 | 137.50 | 504.62 | 5.44 |
| 阔叶混 | 66.00 | 26.46 | 97.12 | 1.60 |
| 针阔混 | 336.56 | 134.94 | 495.23 | 7.04 |
| 杜仲 | — | 0.00 | 0.00 | 0.64 |
| 厚朴 | 0.70 | 0.28 | 1.03 | 0.31 |
| 乌桕 | — | 0.00 | 0.00 | 0.32 |
| 栓皮栎 | — | 0.00 | 0.00 | 0.64 |
| 合计 | 4 207.79 | 1 582.46 | 5 807.65 | 111.65 |

**4）全省森林碳汇量估算**

湖北省其他造林树种碳汇量计算相关参数采用"国家和 IPCC 碳计量参数"的默认值，结果见表 3.36。

由表 3.36 可知，截至 2004 年，全省 111.65 万 hm² 林木蓄积量 4 207.79 万 m³，吸收二氧化碳量 5 807.65 万 t，平均每年吸收二氧化碳 193.59 万 t，每公顷林木蓄积量 37.69 m³，平均每公顷每年吸收二氧化碳 1.73 t，低于国家林业局公布的全国平均水平。

据调查，湖北省仍有 33.3 万 hm² 荒山和无林地，如果全部选择上述湿地松、枫香等 6 个树种造林，在未来的 30 年所产生的碳汇量是非常大的，按平均水平计算，每公顷每年吸收二氧化碳 1.43 t，33.3 万 hm² 的林木每年将吸收二氧化碳约 47.62 万 t，30 年内将吸收二氧化碳 1 428.6 万 t。

**5）湖北省二氧化碳排放量及森林固碳量**

根据《中华人民共和国气候变化初始国家信息通报》公布的数据和《2006 年各省、自治区、直辖市单位 GDP 能耗等指标公报》，2004 年湖北省温室气候排放总量约为 2.53 亿 t 二氧化碳当量，其中二氧化碳排放量约为 2.09 亿 t，甲烷约为 0.3 亿 t 二氧化碳当量，氧化亚氮约为 0.14 亿 t 二氧化碳当量，相对于森林平均每年吸收 193.59 万 t 二氧化碳的固碳量而言，湖北省减排工作任重道远，森林固碳能力有很大提升空间。

### 3. 结论与讨论

湖北省 6 个主要人工林树种中杨树、湿地松、枫香固碳能力最强、碳汇前景最好，是碳汇造林项目首选树种；造林初植密度、抚育间伐方式、主伐年龄等技术经济指标和经营管理措施对森林固碳能力有较大影响。

根据《湖北省森林资源连续清查第五次复查成果》（1999～2004 年），截至 2004 年人工林总面积 111.65 万 hm²，蓄积量 4 207.79 万 m³，人工林累计固碳 1 582.46 万 t，相当于吸收 5 807.65 万 t 二氧化碳当量。

湖北省 2004 年排放工业二氧化碳 2.09 亿 t，全省森林年平均吸收二氧化碳 193.59 万 t，吸收率接近 1%，湖北省尚有 33.3 万 hm² 的荒山和无林地，若选择杨树、湿地松等 6 个树种造林，平均每年将增加吸收 47.62 万 t 二氧化碳，每年可吸收固定 241.21 万 t 二氧化碳，一定程度上缓解了二氧化碳减排压力。

## 3.3.2 武汉市江夏区碳汇计量与监测[①]

2008 年 5 月国家林业局植树造林司与湖北省林业科学研究院签订协议，由湖北省林业科学研究院承担中国绿色碳基金中国石油武汉江夏碳汇造林项目（以下简称"江夏区碳汇造林项目"）碳汇计量与监测任务，监测期（同计入期）为 20 年，即 2008～2027 年。按照合同及国家林业局应对气候变化和节能减排工作领导小组办公室编制的中国绿色碳基金《造林项目碳汇计量与监测指南》的要求，湖北省林业科学研究院于 2008 年 11 月 25 日～12 月 5 日对武汉市江夏区碳汇造林项目进行了造林边界测定、现有植被碳储量调查、造林活动泄漏计量及建立监测固定样地（建立 30 个固定监测样地）等工作，于 2009 年 3 月提交了首次计量与监测报告，其后有过多次修改，最后根据 2010 年 5 月在北京召开的专家评审会意见和建议对报告进行了相应的修改和补充，定稿完成首次计量与监测报告。

---

① 本小节作者：张家来等

## 1. 江夏区碳汇造林项目概况

江夏区碳汇造林项目是中国石油作为志愿者参加的通过植树造林吸收二氧化碳、应对全球气候变化的公益性生态项目，该项目于 2008 年初启动。项目建设单位为江夏区林业局，建设范围涉及江夏区流芳街道办事处二龙村、营泉村、龙泉山风景区、油茶场、福利村及豹澥镇潜力村、同力村，造林地点的土地权属全部为集体所有。项目建设规模近 400 hm², 其中：流芳街道办 270 hm², 豹澥镇 130 hm²。2008 年春季江夏区完成造林 323.4 hm²，余下 76.6 hm² 在 2008~2009 年冬春造林完成。项目建设总投资 690.91 万元，其中：中国绿色碳基金 300 万元，地方政府配套 390.91 万元。项目设计小班 38 个，其中：流芳街道办 26 个，豹澥镇 12 个。造林树种有刺槐、枫香、柏木、香椿、马褂木、木荷、樟树等，栽植模式为刺槐＋枫香混交、刺槐＋香椿混交、刺槐＋木荷混交、枫香＋柏木＋樟树混交、柏木纯林、香椿＋柏木混交、枫香＋马褂木＋麻栎混交 7 种。

## 2. 江夏区碳汇造林项目土地合格性及项目边界

### 1）江夏区碳汇造林项目土地合格性

根据 1999 年全国森林资源二类清查资料，该项目区内所有设计小班均为无林地，植被覆盖不满足森林定义阈值，即最低树冠覆盖度＜20%，其上零星散生木连片面积小于 0.067 hm²，即使生长到成熟，其树冠覆盖度仍远低于 20%。项目造林地无疑不是采伐迹地和火烧迹地，由于远离有林地，预计在相当长的时间内（至少 50 年）无法进行天然更新。由于当地信息闭塞，林业科技普及率不高，造林树种选择、林地经营管理等方面存在诸多困难，加之长期处于荒芜状态，虽然地处武汉周边地区，但多年无人问津，商业价值低，没有市场竞争力。按照目前现状发展，不可能纳入国家、企业或其他形式的造林计划。但该地属城乡接合部，地理位置重要，区位优势明显，林地权属明确，通过本项目的实施，引进项目资金和先进技术，极大地调动了当地政府和群众参入项目造林的积极性，能给项目区带来明显的生态效益、社会效益和经济效益（表 3.37、图 3.10）。

表 3.37 江夏区碳汇造林项目土地合格性调查表

| | 调 查 内 容 | 是（√）/否（×） |
|---|---|---|
| 1 | 自 2000 年 1 月 1 日以来一直为无林地 | √ |
| 1.1 | 植被覆盖不满足森林定义的阈值（树冠覆盖度或立木度＜20%、就地生长成熟时树高＜2 m 及面积＜0.067 hm²） | √ |
| 1.2 | 不是人工或天然幼林和未成林造林地 | √ |
| 1.3 | 造林地上现有散生木，到生长成熟时其树冠覆盖度仍低于 20% | √ |
| 1.4 | 不是采伐迹地或火烧迹地 | √ |
| 1.5 | 造林地不具备天然更新能力，或在基线情景下通过天然更新成有林地 | √ |
| 2 | 近五年内尚不可能纳入国家、企业或其他形式的造林计划，不具有商业和市场竞争力 | √ |
| 3 | 林地权属清晰，当地政府和群众有参与造林的积极性，能够获得组织保证和一定的技术支持 | √ |

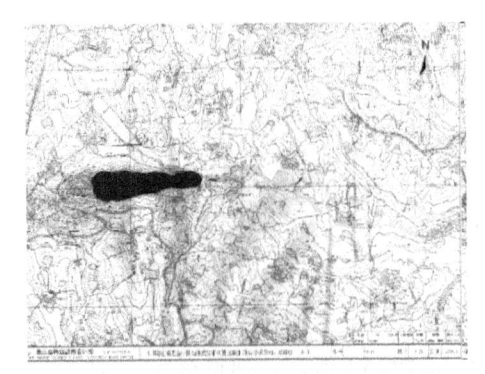

(a) 江夏碳汇项目豹澥4号小班边界监测图 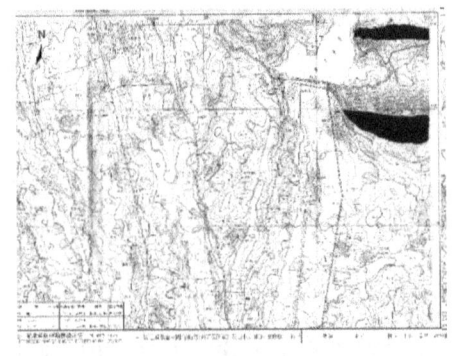　　(b) 江夏碳汇项目豹澥1-3号小班边界监测图

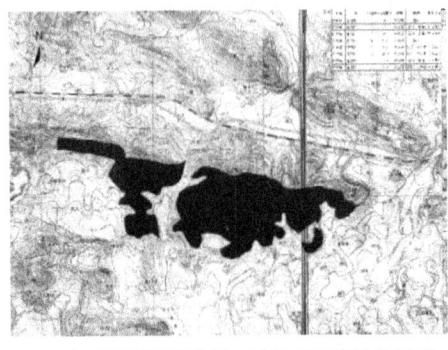

(c) 江夏碳汇项目豹澥5-12号小班边界监测图 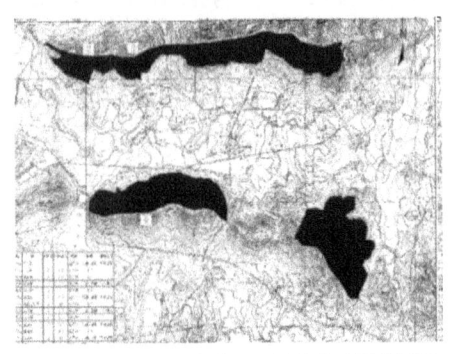　　(d) 江夏碳汇项目流芳1-13号小班边界监测图

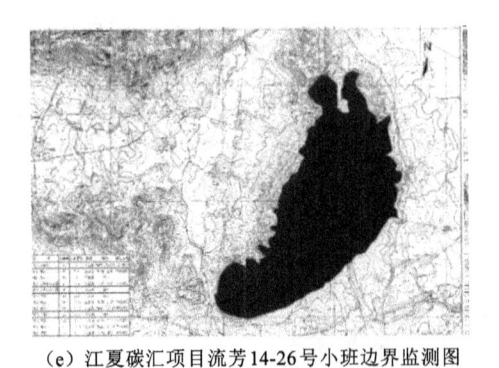

(e) 江夏碳汇项目流芳14-26号小班边界监测图

图3.10　江夏区碳汇造林项目边界监测图

### 2）江夏区碳汇造林项目项目边界监测

根据江夏区2008年碳汇造林项目造林规划设计方案，实地勘测造林地边界、层间边界、亚层边界、小班边界等，将造林规划设计图（1∶10 000地形图）按1 200 dpi分辨率扫描，在Arcview3.3中矢量化后生成电子文档，打印后归档。江夏区碳汇造林项目层、亚层样地分配见表3.38。

表 3.38　江夏区碳汇造林项目层、亚层样地分配表

| 层 | 亚层 | 识别号 | 面积（hm²） |
|---|---|---|---|
| 刺槐香椿混交林 | 豹澥林地 | I-1 | 25.4 |
|  | 流芳林地 | I-2 | 11.0 |
| 刺槐枫香混交林 | 豹澥林地 | II-1 | 47.5 |
|  | 流芳林地 | II-2 | 37.5 |
| 刺槐木荷混交林 | 豹澥林地 | III-1 | 34.4 |
| 枫香柏木樟树混交林 | 豹澥林地 | IV-1 | 19.7 |
| 柏木林 | 流芳林地 | V-1 | 60.8 |
| 香椿柏木混交林 | 豹澥林地 | VI-1 | 3.0 |
|  | 流芳林地 | VI-2 | 30.5 |
| 枫香马褂木麻栎混交林 | 流芳林地 | VII-1 | 130.2 |

实地勘测江夏碳汇造林项目造林小班边界后，豹澥镇 1 号、2 号、3 号、4 号、6 号、10 号造林小班边界发生了变动，原设计造林面积为 130 hm²，实际造林面积为 113.3 hm²，减少了 16.7 hm²（表 3.39，表 3.40）。流芳街 1 号、21 号、25 号、26 号造林小班边界发生了变动，原设计造林面积为 270 hm²，实际造林面积为 210.1 hm²，减少了 59.9 hm²（表 3.41）。整个江夏碳汇造林设计面积为 400 hm²，实际造林面积为 323.4 hm²，减少了 76.6 hm²。

表 3.39　江夏区造林实施面积总表

| 地区 | 乡镇（林班） | 造林面积/hm² | 造林年度 | 树种 |
|---|---|---|---|---|
| 江夏区 | 豹澥镇 | 113.3 | 2008 | 刺槐、枫香、柏木、木荷、樟树、香椿 |
|  | 流芳街 | 210.1 | 2008 | 柏木、香椿、刺槐、马褂木、麻栎、枫香 |
| 总计 |  | 323.4 | 2008 |  |

设计面积和实际验收面积变动情况说明。

（1）部分小班没有完成造林计划，如流芳街 15 号、16 号、17 号、18 号造林小班。

（2）部分小班造林实际面积减少。原设计范围内存在部分人工林和坟地，致使实际造林面积小于图纸设计面积。如豹澥镇 1 号、5 号、6 号小班，流芳街 1 号、4 号、14 号、26 号小班。

（3）部分小班设计有防火线，按照国家《森林防火条例》的有关规定，空白防火线上一般不允许造林，如流芳街 15 号、16 号、17 号、18 号小班。

（4）部分小班造林实际面积增加。如豹澥镇的 2 号、3 号、4 号、10 号小班，流芳街的 2 号、3 号、12 号、21 号、25 号小班造林面积比原设计面积增大。

3. 江夏区碳汇造林项目碳库选择与温室气体排放源的确定

1）江夏区碳汇造林项目碳库选择

按照保守性原则，本项目选择林木地上生物量、地下生物量、土壤有机质 3 个碳库（表 3.42），忽略凋落物、枯死木。理由是任何情况下林木地上生物量、地下生物量是重

表 3.40 江夏区豹澥镇碳汇造林面积变化情况

| 街、镇 | 村 | 树种 | 层识别号 | 混交方式 | 小班号 设计 | 小班号 检查 | 小班面积/hm² 设计 | 小班面积/hm² 检查 | 小班面积/hm² 核实 | 小班面积/hm² 合格 | 面积变化/hm² | 备注 |
|---|---|---|---|---|---|---|---|---|---|---|---|---|
| 豹澥 | 潜力村 | 刺槐+枫香 | II-1 | 带状 | 1 | 1 | 12.9 | 12.9 | 6.7 | 6.7 | −6.2 | 小班界线调整 |
| 豹澥 | 同力村 | 刺槐+枫香 | II-1 | 带状 | 2 | 2 | 3.6 | 3.6 | 4.4 | 4.4 | 0.8 | 小班界线调整 |
| 豹澥 | 同力村 | 香椿+柏木 | VI-1 | 带状 | 3 | 3 | 3.0 | 3.0 | 7.6 | 7.6 | 4.6 | 小班界线调整 |
| 豹澥 | 同力村 | 刺槐+香椿 | I-1 | 带状 | 4 | 4 | 13.7 | 13.7 | 14.8 | 14.8 | 1.1 | 小班界线调整 |
| 豹澥 | 同力村 | 刺槐+香椿 | I-1 | 带状 | 5 | 5 | 11.7 | 11.7 | 0.5 | 0.5 | −11.2 | 小班换位造林 |
| 豹澥 | 潜力村 | 刺槐+木荷 | III-1 | 行间 | 6 | 6 | 17.7 | 17.7 | 10.7 | 10.7 | −7 | 小班界线调整 |
| 豹澥 | 潜力村 | 刺槐+木荷 | III-1 | 行间 | 7 | 7 | 16.7 | 16.7 | 16.7 | 16.7 | 0.0 | 小班界线未变 |
| 豹澥 | 潜力村 | 枫香+柏木 | IV-1 | 行间 | 8 | 8 | 8.3 | 8.3 | 8.3 | 8.3 | 0.0 | 小班界线未变 |
| 豹澥 | 潜力村 | 刺槐+樟树 | IV-1 | 块状 | 9 | 9 | 9.5 | 9.5 | 9.5 | 9.5 | 0.0 | 小班界线未变 |
| 豹澥 | 潜力村 | 刺槐+枫香 | II-1 | 带状 | 10 | 10 | 26.1 | 26.1 | 27.3 | 27.3 | 1.2 | 小班界线调整 |
| 豹澥 | 潜力村 | 刺槐+枫香 | II-1 | 带状 | 11 | 11 | 4.9 | 4.9 | 4.9 | 4.9 | 0.0 | 小班界线未变 |
| 豹澥 | 潜力村 | 枫香+柏木+樟树 | IV-1 | 行间 | 12 | 12 | 1.9 | 1.9 | 1.9 | — | 0.0 | 小班成活率低 |
| 豹澥小计 | | | | | | | 130 | 130 | 113.3 | 111.4 | −16.7 | |

表3.41 江夏区流芳街碳汇造林面积变化情况

| 街、镇 | 村 | 树种 | 层识别号 | 混交方式 | 小班号 设计 | 小班号 检查 | 小班面积/hm² 设计 | 小班面积/hm² 检查 | 小班面积/hm² 核实 | 小班面积/hm² 合格 | 面积变化/hm² | 备注 |
|---|---|---|---|---|---|---|---|---|---|---|---|---|
| 流芳 | 二龙村 | 刺槐+枫香 | II-2 | 带状 | 1 | 1 | 6.0 | 6.0 | 5.2 | 5.2 | −0.8 | 小班界线调整 |
| 流芳 | 二龙村 | 刺槐+枫香 | II-2 | 带状 | 2 | 2 | 1.2 | 1.2 | 4.2 | 4.2 | 3.0 | 小班换位造林 |
| 流芳 | 二龙村 | 柏木 | V-1 | 带状 | 3 | 3 | 2.9 | 2.9 | 5.1 | 5.1 | 2.2 | 小班换位造林 |
| 流芳 | 二龙村 | 柏木 | V-1 | 行间 | 4 | 4 | 5.4 | 5.4 | 3.9 | 3.9 | −1.5 | 小班换位造林 |
| 流芳 | 营泉村 | 香椿+柏木 | VI-2 | 行间 | 5 | 5 | 9.0 | 9.0 | 9.0 | 9.0 | 0.0 | 小班界线未变 |
| 流芳 | 营泉村 | 香椿+柏木 | VI-2 | 行间 | 6 | 6 | 6.5 | 6.5 | 6.5 | 6.5 | 0.0 | 小班界线未变 |
| 流芳 | 龙泉山 | 香椿+柏木 | VI-2 | 行间 | 7 | 7 | 15.0 | 15.0 | 15.0 | 15.0 | 0.0 | 小班界线未变 |
| 流芳 | 二龙村 | 柏木 | V-1 | 带状 | 8 | 8 | 8.7 | 8.7 | 8.7 | 8.7 | 0.0 | 小班界线未变 |
| 流芳 | 二龙村 | 柏木 | V-1 | 带状 | 9 | 9 | 3.5 | 3.5 | 3.5 | 3.5 | 0.0 | 小班界线未变 |
| 流芳 | 营泉村 | 柏木 | V-1 | 带状 | 10 | 10 | 10.7 | 10.7 | 10.7 | 10.7 | 0.0 | 小班界线未变 |
| 流芳 | 营泉村 | 柏木 | V-1 | 带状 | 11 | 11 | 5.7 | 5.7 | 5.7 | 5.7 | 0.0 | 小班界线未变 |
| 流芳 | 营泉村 | 刺槐+香椿 | I-2 | 带状 | 12 | 12 | 11.0 | 11.0 | 12.0 | 12.0 | 1.0 | 小班界线未变 |
| 流芳 | 营泉村 | 枫香+马褂木 | VII-1 | 行间 | 13 | 13 | 20.6 | 20.6 | 20.6 | 20.6 | 0.0 | 小班界线未变 |

续表

| 街、镇 | 村 | 树种 | 层识别号 | 混交方式 | 小班号 设计 | 小班号 检查 | 小班面积/hm² 设计 | 小班面积/hm² 检查 | 小班面积/hm² 核实 | 小班面积/hm² 合格 | 面积变化/hm² | 备注 |
|---|---|---|---|---|---|---|---|---|---|---|---|---|
| 流芳 | 营泉村 | 枫香+马褂木 | VII-1 | 行间 | 14 | 14 | 20.0 | 20 | 0.5 | 0.5 | −19.5 | 小班界线未变 |
| 流芳 | 营泉村 | 刺槐+枫香 | II-2 | 带状 | 15 | 15 | 7.4 | 7.4 | 0.0 | 0.0 | −7.4 | 小班界线未变 |
| 流芳 | 营泉村 | 柏木 | V-1 | 株间 | 16 | 16 | 4.0 | 4.0 | 0.0 | 0.0 | −4.0 | 小班界线未变 |
| 流芳 | 营泉村 | 刺槐+枫香 | II-2 | 带状 | 17 | 17 | 26.7 | 26.7 | 0.0 | 0.0 | −26.7 | 小班界线未变 |
| 流芳 | 油茶场 | 柏木 | V-1 | 株间 | 18 | 18 | 9.0 | 9.0 | 0.0 | 0.0 | −9.0 | 小班界线未变 |
| 流芳 | 油茶场 | 麻栎+柏木 | V-1 | 行间 | 19 | 19 | 11.8 | 11.8 | 11.8 | 11.8 | 0.0 | 小班界线未变 |
| 流芳 | 营泉村 | 刺槐+枫香 | II-2 | 带状 | 20 | 20 | 11.9 | 11.9 | 11.9 | 11.9 | 0.0 | 小班界线未变 |
| 流芳 | 营泉村 | 枫香+马褂木 | VII-1 | 株间 | 21 | 21 | 23.3 | 23.3 | 28.9 | 28.9 | 5.6 | 小班界线调整 |
| 流芳 | 营泉村 | 柏木+枫杨 | V-1 | 行间 | 22 | 22 | 12.1 | 12.1 | 12.1 | 12.1 | 0.0 | 小班界线未变 |
| 流芳 | 营泉村 | 刺槐+枫香 | II-2 | 带状 | 23 | 23 | 8.8 | 8.8 | 8.8 | 8.8 | 0.0 | 小班界线未变 |
| 流芳 | 营泉村 | 枫香+马褂木 | VII-1 | 株间 | 24 | 24 | 11.4 | 11.4 | 11.4 | 11.4 | 0.0 | 小班界线未变 |
| 流芳 | 福利村 | 刺槐+枫香 | II-2 | 带状 | 25 | 25 | 9.6 | 9.6 | 10.8 | 10.8 | 1.2 | 小班界线调整 |
| 流芳 | 福利村 | 枫香+马褂木 | VII-1 | 株间 | 26 | 26 | 7.8 | 7.8 | 3.8 | 3.8 | −4.0 | 小班界线调整 |
| 流芳小计 | | | | | | | 270 | 270 | 210.1 | 210.1 | −59.9 | |

要的碳库,不能忽略;而凋落物、枯死木通过分解一部分作为温室气体返回到大气中,另一部分经过转化、渗透成为土壤有机质储存在林地土壤中,因此不将凋落物、枯死木选择为碳库,而将土壤有机质选择为碳库。

表 3.42 碳库选择结果表

| 碳库 | 选择与否 | 选择或忽略某碳库的理由 |
| --- | --- | --- |
| 地上生物量 | √ | 碳储量主要的碳库 |
| 地下生物量 | √ | 碳储量主要的碳库 |
| 土壤有机质 | √ | 凋落物、枯死木经过转化、渗透成为土壤有机质储存在林地土壤中 |
| 凋落物 | × | 转化 |
| 枯死木 | × | 转化 |

**2）江夏区碳汇造林项目温室气体排放源的确定**

江夏区碳汇造林项目温室气体排放源有7种:①造林整地使用燃油机械;②造林整地释放土壤有机碳;③苗木运输、森林经营使用燃油机械;④施用化肥或有机肥;⑤森林经营管理人员使用燃油交通工具;⑥放牧、采薪等活动转移到项目区外;⑦森林火灾。主要排放源见表3.43。

表 3.43 温室气体主要排放源

| 排放源 | 温室气体 | 包括与否 | 相关解释 |
| --- | --- | --- | --- |
| 运输工具 | $CO_2$ | √ | 根据规定,运输工具在使用过程中,尽管会产生气体有害气体,但只将$CO_2$作为温室气体计入 |
|  | $CH_4$ | × |  |
|  | $N_2O$ | × |  |
| 燃油机械 | $CO_2$ | √ | 根据规定,运输工具在使用过程中,尽管会产生气体有害气体,但只将$CO_2$作为温室气体计入 |
|  | $CH_4$ | × |  |
|  | $N_2O$ | × |  |
| 肥料施用 | $CO_2$ | × | 没有使用肥料 |
|  | $CH_4$ | × | 没有使用肥料 |
|  | $N_2O$ | × | 没有使用肥料 |

按照规定并结合江夏碳汇造林项目实际,本项目确定关键排放源有2种:①运输工具;②燃油机械。(表3.44)

表 3.44 关键排放源的确定

| 排放源 | 排放量 /t | 相对贡献（$RC_{Ei}$） | 累计贡献 | 是否关键排放源 |
| --- | --- | --- | --- | --- |
| 燃油机械 | 17.06 | 86.82 | 0.87 | 是 |
| 运输工具 | 2.59 | 13.18 | 1.00 | 是 |
| 肥料施用 | 0.00 | 0.00 | 0.00 | 否 |
| 合计 | 19.65 |  |  |  |

## 4. 江夏区碳汇造林项目碳汇计量

### 1）江夏区碳汇造林项目分层

（1）事前基线分层。根据江夏豹澥、流芳项目区现有植被分布状况，事前基线按优势树种马尾松、杉木分为 2 层，林地灌木和草本植物主要是茅草、黄荆条、野蔷薇、山胡椒、铁菱角等，分层情况见表 3.45，由于散生木单位面积株数差别较大，在实际基线调查中，不同项目层或不同小班分别设置样地进行调查统计（表 3.45）。

表 3.45 事前基线分层情况表

| 基线碳层编号 | 散生木 优势树种 | 平均年龄/年 | 每公顷株数 | 草本植物 平均盖度/% | 平均高度/cm | 灌木 平均盖度/% | 平均高度/cm |
|---|---|---|---|---|---|---|---|
| BSL-1 | 马尾松 | 30 | 30～330 | 90 | 60 | 10 | 130 |
| BSL-2 | 杉木 | 32 | 450～750 | 90 | 60 | 10 | 130 |

（2）事前项目分层。事前项目分层由树种、地点等因子确定，按照层内一致、层间有别的原则将项目区分为 7 层及 10 亚层，具体分层情况见表 3.46。

表 3.46 事前项目分层情况表

| 事前项目碳层编号（层-亚层号） | 树种 | 混交方式 | 比例 | 造林时间 | 首次间伐 年龄/年 | 首次间伐 强度/% | 二次间伐 年龄/年 | 二次间伐 强度/% | 主伐 年龄/年 |
|---|---|---|---|---|---|---|---|---|---|
| I-1 | 刺槐+香椿 | 块状 | 6:4 | 2008年3月 | 15 | 25 | | | 25 |
| I-2 | 刺槐+香椿 | 行间 | 5:5 | 2008年3月 | 15 | 25 | | | 25 |
| II-1 | 刺槐+枫香 | 块状 | 6:4 | 2008年3月 | 15 | 20 | | | 25 |
| II-2 | 刺槐+枫香 | 行间 | 6:4 | 2008年3月 | 12 | 20 | | | 25 |
| III-1 | 刺槐+木荷 | 行间 | 7:3 | 2008年3月 | 15 | 20 | | | 25 |
| IV-1 | 枫香+柏木+樟树 | 块状 | 5:3:2 | 2008年3月 | 18 | 20 | | | 30 |
| V-1 | 柏木 | 行间 | | 2008年3月 | 20 | 15 | | | 35 |
| VI-1 | 香椿+柏木 | 行间 | 6:4 | 2008年3月 | 18 | 15 | | | 30 |
| VI-2 | 香椿+柏木 | 行间 | 5:5 | 2008年3月 | 18 | 15 | | | 30 |
| VII-1 | 枫香+马褂木+麻栎 | 行间 | 4:3:3 | 2008年3月 | 15 | 20 | | | 25 |

### 2）江夏区碳汇造林项目植被基线碳储量监测与计量

在造林地中间或周边地区仍保留原有同类型植被的地方，设置 8 块分布均匀的 20 m×20 m 样地，样地分布情况见表 3.47。每块样地设置 2～3 个 2 m×2 m 的样方调查植被基线，挖掘 8 个土壤剖面调查土壤基线，采集土壤样品，室内分析土壤有机质等相关指标。图 3.11 为项目组进行样地调查、挖掘土壤剖面、标准木、称鲜重等野外工作情形。

## 第 3 章　森林碳汇量

表 3.47　样地概况

| 小班号 | 亚层识别号 | 主要植被类型 | 地点 | 坡向 | 坡位 | 坡度/(°) | 海拔/m |
|---|---|---|---|---|---|---|---|
| 流芳20 | II-2 | 茅草 | 流芳街刘扬村 | 东 | 下坡 | 20 | 77 |
| 流芳22 | V-1 | 茅草、黄荆条 | 流芳街刘扬村 | 东 | 上坡 | 25 | 189 |
| 流芳21 | VII-1 | 茅草、野蔷薇 | 流芳街刘扬村 | 东 | 下坡 | 10 | 52 |
| 流芳23 | II-2 | 茅草 | 流芳街刘扬村 | 东 | 上坡 | 25 | 147 |
| 流芳13 | VII-1 | 茅草、野蔷薇 | 流芳街营泉村 | 北 | 上坡 | 20 | 100 |
| 流芳12 | I-2 | 茅草 | 流芳街营泉村 | 北 | 中坡 | 20 | 80 |
| 流芳11 | V-1 | 茅草、山胡椒 | 流芳街营泉村 | 北 | 上坡 | 30 | 115 |
| 流芳7 | VI-2 | 茅草、黄荆条 | 流芳街营泉村 | 北 | 上坡 | 30 | 232 |
| 流芳6 | IV-1 | 茅草 | 流芳街营泉村 | 北 | 上坡 | 35 | 233 |
| 流芳2 | II-2 | 茅草 | 流芳街二龙村 | 南 | 上坡 | 30 | 84 |
| 流芳1 | II-2 | 茅草、铁菱角 | 流芳街二龙村 | 南 | 下坡 | 10 | 17 |
| 豹澥2 | II-1 | 茅草、黄荆条 | 豹澥镇同力村 | 南 | 下坡 | 15 | 30 |
| 豹澥3 | VI-1 | 茅草、野蔷薇 | 豹澥镇同力村 | 南 | 中下坡 | 18 | 51 |
| 豹澥4 | I-1 | 茅草、野蔷薇 | 豹澥镇同力村 | 北 | 中上坡 | 18 | 57 |
| 豹澥3 | VI-1 | 茅草、野蔷薇 | 豹澥镇同力村 | 南 | 中下坡 | 18 | 51 |
| 豹澥3 | VI-1 | 茅草、野蔷薇 | 豹澥镇同力村 | 南 | 中下坡 | 20 | 80 |
| 豹澥11 | II-1 | 茅草、野蔷薇 | 豹澥镇潜力村 | 东 | 上坡 | 20 | 103 |
| 豹澥11 | II-1 | 茅草、黄荆条 | 豹澥镇潜力村 | 东 | 上坡 | 18 | 84 |
| 豹澥1 | II-1 | 茅草、野山楂 | 豹澥镇潜力村 | 北 | 中下坡 | 15 | 80 |

图 3.11 项目组研究人员在野外调查情况

（1）散生木碳储量计量。马尾松、杉木等散生木生物量的测定，设置 20m×20m 的样地进行每木检尺调查，以平均胸径为标准选取 1 株标准木。分别在树干的基部、1.3 m 处和 3.6 m 处锯断，之后每隔 2 m 锯断，各段称带皮和去皮鲜重，每一段树干和树皮分别取样。地下部分挖掘根系，称重后取样。所有样品带回实验室在 105℃烘箱内烘至恒重，测定各样品含水率，依据鲜重求出各器官、各部位的生物量。

根据样地实测数据，分别建立马尾松、杉木的材积生长方程：

$$V_{马} = 0.067\ 1 \times D^{1.8} \times H/1\ 000$$

$$\lg V_{杉} = 1.778\ 797 \times \lg D + 1.202\ 344 \times \lg H - 4.355\ 468$$

式中：$V$ 为材积，$m^3$；$D$ 为胸径，cm；$H$ 为树高，m。

江夏区马尾松、杉木散生木各小班蓄积见表3.48。

表 3.48 江夏区马尾松、杉木各小班蓄积

| 乡镇 | 小班号 | 树种名称 | 株数/亩 | 平均树高/m | 平均胸径/cm | 单株材积/m³ | 蓄积量/m³ |
| --- | --- | --- | --- | --- | --- | --- | --- |
| 流芳 | 1 | 马尾松 | 2 | 3.5 | 10 | 0.014 818 033 | 2.67 |
| 流芳 | 2 | 马尾松 | 5 | 3.5 | 10 | 0.014 818 033 | 1.33 |
| 流芳 | 3 | 马尾松 | 5 | 3.5 | 10 | 0.014 818 033 | 3.22 |
| 流芳 | 4 | 马尾松 | 8 | 3.5 | 12 | 0.020 573 909 | 13.33 |
| 流芳 | 5 | 马尾松 | 10 | 4.0 | 12 | 0.023 513 038 | 31.74 |
| 流芳 | 6 | 马尾松 | 10 | 4.0 | 8 | 0.011 332 99 | 11.05 |
| 流芳 | 7 | 马尾松 | 12 | 4.0 | 8 | 0.011 332 99 | 30.60 |
| 流芳 | 8 | 马尾松 | 18 | 5.5 | 10 | 0.023 285 481 | 54.70 |
| 流芳 | 9 | 马尾松 | 22 | 5.5 | 10 | 0.023 285 481 | 26.89 |
| 流芳 | 10 | 马尾松 | 18 | 6.0 | 12 | 0.035 269 558 | 101.89 |
| 流芳 | 11 | 马尾松 | 20 | 6.5 | 12 | 0.038 208 688 | 65.34 |
| 流芳 | 12 | 马尾松 | 15 | 4.5 | 8 | 0.012 749 613 | 31.56 |
| 流芳 | 13 | 马尾松 | 10 | 5.5 | 10 | 0.023 285 481 | 71.95 |
| 流芳 | 14 | 马尾松 | 10 | 3.0 | 8 | 0.008 499 742 | 25.50 |
| 流芳 | 15 | 马尾松 | 8 | 3.5 | 7 | 0.007 797 709 | 6.92 |

续表

| 乡镇 | 小班号 | 树种名称 | 株数/亩 | 平均树高/m | 平均胸径/cm | 单株材积/m³ | 蓄积量/m³ |
|---|---|---|---|---|---|---|---|
| 流芳 | 16 | 马尾松 | 8 | 3.5 | 8 | 0.009 916 366 | 4.76 |
| 流芳 | 17 | 马尾松 | 5 | 3.5 | 8 | 0.009 916 366 | 19.86 |
| 流芳 | 18 | 马尾松 | 5 | 3.5 | 10 | 0.014 818 033 | 10.00 |
| 流芳 | 19 | 马尾松 | 5 | 3.5 | 8 | 0.009 916 366 | 8.78 |
| 流芳 | 20 | 马尾松 | 8 | 3.5 | 8 | 0.009 916 366 | 14.16 |
| 流芳 | 21 | 马尾松 | 5 | 3.5 | 8 | 0.009 916 366 | 17.33 |
| 流芳 | 22 | 马尾松 | 10 | 3.3 | 8 | 0.009 349 716 | 16.97 |
| 流芳 | 23 | 马尾松 | 15 | 3.5 | 8 | 0.009 916 366 | 19.63 |
| 流芳 | 24 | 马尾松 | 15 | 3.5 | 8 | 0.009 916 366 | 25.44 |
| 流芳 | 25 | 马尾松 | 15 | 3.5 | 8 | 0.009 916 366 | 21.42 |
| 流芳 | 26 | 马尾松 | 15 | 3.0 | 8 | 0.008 499 742 | 14.92 |
| 豹澥 | 1 | 马尾松 | 0.5 | 3.5 | 8 | 0.009 916 366 | 0.96 |
| 豹澥 | 2 | 马尾松 | 20 | 7.5 | 16 | 0.073 994 553 | 79.91 |
| 豹澥 | 3 | 马尾松 | 15 | 8.5 | 18 | 0.103 664 953 | 69.97 |
| 豹澥 | 4 | 马尾松 | 10 | 4.5 | 14 | 0.034 911 258 | 71.74 |
| 豹澥 | 5 | 马尾松 | 18 | 4.0 | 10 | 0.016 934 895 | 53.50 |
| 豹澥 | 6 | 马尾松 | 15 | 4.0 | 10 | 0.016 934 895 | 67.44 |
| 豹澥 | 7 | 马尾松 | 10 | 4.0 | 8 | 0.011 332 99 | 28.39 |
| 豹澥 | 8 | 马尾松 | 15 | 3.8 | 8 | 0.010 766 34 | 20.11 |
| 豹澥 | 9 | 马尾松 | 15 | 4.0 | 8 | 0.011 332 99 | 24.22 |
| 豹澥 | 10 | 杉木 | 30 | 4.5 | 6 | 0.005 521 664 | 67.83 |
| 豹澥 | 11 | 杉木 | 50 | 4.5 | 8 | 0.007 803 497 | 28.68 |
| 豹澥 | 12 | 杉木 | 40 | 4.0 | 6 | 0.004 477 958 | 5.10 |

活立木蓄积通过基本木材密度、BEF 和根茎比和碳含量转换为地上和地下生物量碳储量的计算公式为

$$C_{AB} = V \cdot D \cdot BEF \cdot CF$$
$$C_{BB} = C_{AB} \cdot R$$

式中：$C_{AB}$ 为地上生物量的碳储量，t·C；$C_{BB}$ 为地下生物量的碳储量，t·C；$V$ 为活立木蓄积，m³；$D$ 为平均木材密度，t/m³，马尾松、杉木分别为 0.38 t/m³、0.307 t/m³；BEF 为活立木蓄积与地上生物量之间转换的生物量扩展因子，无量纲，马尾松、杉木分别为 1.46、1.53；CF 为碳含量，t·C/t，马尾松、杉木分别为 0.47 t·C/t、0.52 t·C/t；$R$ 为根茎比，无量纲，马尾松、杉木均为 0.20。

计量结果：江夏区散生木生物量碳储量合计 364.03 t·C，马尾松散生木生物量碳储量为 334.25 t·C，其中地上生物量碳储量为 278.54 t·C，地下生物量碳储量为 55.71 t·C。杉木散生木生物量碳储量为 29.78 t·C，其中地上生物量碳储量为 24.82 t·C，地下生物量碳

储量为 4.96 t·C。

（2）非树木植被碳储量计量。该类型生物量的计量是将小样方 2 m×2 m 内地上部分所有植被类型全部收割称鲜重，然后将根挖出后称鲜重。地上部分和地下部分按 0.5 m×0.5 m 规格分别取样，地上部分为混合取样，样品带回实验室在 105 ℃烘箱内烘至恒重，测定各样品含水率（表 3.49）。

表 3.49 草、灌木样品含水率

| 小班号 | 样方号 | 植被类型 | 实测样方 0.5 m×0.5 m |||
|---|---|---|---|---|---|
| | | | 鲜重/g | 干重/g | 含水率/% |
| 流芳 1 | 流芳 1-1 | 茅草、铁菱角 | 100.70 | 65.42 | 35.03 |
| | | 根 | 137.83 | 73.01 | 47.03 |
| 流芳 2 | 流芳 2-1 | 茅草 | 138.44 | 88.43 | 31.01 |
| | | 根 | 223.08 | 97.94 | 56.10 |
| 流芳 6 | 流芳 6-1 | 茅草、黄荆条 | 183.53 | 76.54 | 58.30 |
| | | 根 | 235.46 | 93.65 | 60.23 |
| 流芳 7 | 流芳 7-1 | 茅草、黄荆条 | 162.49 | 100.95 | 37.87 |
| | | 根 | 304.82 | 121.47 | 60.15 |
| 流芳 11 | 流芳 11-1 | 茅草、山胡椒 | 86.80 | 60.56 | 30.23 |
| | | 根 | 174.30 | 105.96 | 39.21 |
| 流芳 12 | 流芳 12-1 | 茅草、野蔷薇 | 117.16 | 78.14 | 33.30 |
| | | 根 | 123.60 | 73.10 | 40.86 |
| 流芳 13 | 流芳 13-1 | 茅草、野蔷薇 | 127.73 | 67.42 | 47.22 |
| | | 根 | 119.77 | 80.63 | 32.68 |
| 流芳 20 | 流芳 20-1 | 茅草 | 191.24 | 123.21 | 35.57 |
| | | 根 | 299.50 | 192.93 | 35.58 |
| 流芳 21 | 流芳 21-1 | 茅草、野蔷薇 | 100.49 | 73.29 | 27.07 |
| | | 根 | 198.10 | 147.25 | 25.67 |
| 流芳 22 | 流芳 22-1 | 茅草、黄荆条 | 119.45 | 90.83 | 23.96 |
| | | 根 | 111.03 | 67.40 | 39.30 |
| 流芳 23 | 流芳 23-1 | 茅草、野蔷薇 | 104.78 | 78.54 | 25.04 |
| | | 根 | 143.07 | 84.19 | 41.15 |
| 豹澥 1 | 豹澥 1-1 | 茅草、野山楂 | 219.40 | 134.30 | 38.79 |
| | | 根 | 582.50 | 374.50 | 35.71 |
| 豹澥 2 | 豹澥 2-1 | 茅草、黄荆条 | 193.00 | 105.37 | 45.40 |
| | | 根 | 167.40 | 81.49 | 51.32 |
| 豹澥 3 | 豹澥 3-1 | 茅草、野蔷薇 | 64.00 | 39.01 | 39.05 |
| | | 根 | 369.58 | 139.10 | 62.36 |

续表

| 小班号 | 样方号 | 植被类型 | 实测样方 0.5 m×0.5 m |||
|---|---|---|---|---|---|
| | | | 鲜重/g | 干重/g | 含水率/% |
| 豹澥 4 | 豹澥 4-1 | 茅草、野蔷薇 | 132.50 | 67.86 | 48.78 |
| | | 根 | 381.00 | 237.94 | 37.55 |
| 豹澥 11 | 豹澥 11-1 | 茅草、黄荆条 | 4 014.81 | 1 697.78 | 57.71 |
| | | 根 | 1 819.26 | 996.89 | 45.20 |

为了确保非树木植被基线碳储量计量结果精确可靠，将外业的 2 m×2 m 样方实测数据和室内的 2 m×2 m 样方数据进行了误差分析。误差率计算公式为（|测量值－真值|）÷真值，式中的测量值为 2 m×2 m 样方推测值，真值为 2 m×2 m 样方实测鲜重值（g），误差分析见表 3.50。

表 3.50  非树木植被基线碳储量计量基本数据误差分析

| 样方号 | 植被类型 | 2 m×2 m 样方 || 误差率/% |
|---|---|---|---|---|
| | | 推测鲜重/g | 实测鲜重/g | |
| 流芳 1 | 茅草、铁菱角 | 1 611.20 | 1 600 | 0.70 |
| 流芳 2 | 茅草 | 2 050.96 | 2 000 | 2.55 |
| 流芳 6 | 茅草、黄荆条 | 2 936.48 | 2 800 | 4.87 |
| 流芳 7 | 茅草、黄荆条 | 2 599.84 | 2 500 | 3.99 |
| 流芳 11 | 茅草、山胡椒 | 1 240.00 | 1 200 | 3.33 |
| 流芳 12 | 茅草、野蔷薇 | 1 041.42 | 1 000 | 4.14 |
| 流芳 13 | 茅草、野蔷薇 | 2 043.68 | 2 000 | 2.18 |
| 流芳 20 | 茅草 | 2 439.29 | 2 400 | 1.64 |
| 流芳 21 | 茅草、野蔷薇 | 1 339.87 | 1 300 | 3.07 |
| 流芳 22 | 茅草、黄荆条 | 1 225.13 | 1 200 | 2.09 |
| 流芳 23 | 茅草、野蔷薇 | 1 676.48 | 1 600 | 4.78 |
| 豹澥 1 | 茅草、野山楂 | 1 024.00 | 1 000 | 2.49 |
| 豹澥 2 | 茅草、黄荆条 | 3 088.00 | 3 000 | 2.93 |
| 豹澥 3 | 茅草、野蔷薇 | 2 038.46 | 2 000 | 2.40 |
| 豹澥 4 | 茅草、野蔷薇 | 2 437.78 | 2 500 | 1.92 |
| 豹澥 11 | 茅草、黄荆条 | 4 014.81 | 4 000 | 0.37 |

由表 3.50 可以看出，最大误差率均不超过 5%，流芳 6 号样方误差率最大，为 4.87%，豹澥 11 号样方误差率最小，仅 0.37%。因此，由取样样方 0.5 m×0.5 m 推算样方 2 m×2 m 内的非树木植被地上部分和地下部分的数据是比较准确可靠的。

按照流芳、豹澥各小班造林树种类型及江夏区碳汇造林项目层、亚层样地分配表，找到样地对应的层间识别号，如流芳1号小班的造林树种为刺槐枫香混交林，对应的层间识别号为II-2；豹澥1号小班的造林树种为刺槐香椿混交林，对应的层间识别号为I-1等，相同的层间号的生物量取算术平均值（表3.51）。

表3.51 江夏区碳汇造林项目各林层非树木植被平均生物量及碳储量

| 层 | 亚层 | 识别号 | 面积/hm² | 单位面积平均生物量/(t/hm²) | 生物量/t | 碳储量/t |
|---|---|---|---|---|---|---|
| 刺槐香椿混交林 | 豹澥林地 | I-1 | 25.4 | 10.63 | 270.00 | 135.00 |
|  | 流芳林地 | I-2 | 11.0 | 3.36 | 36.96 | 18.48 |
| 刺槐枫香混交林 | 豹澥林地 | II-1 | 47.5 | 6.74 | 320.15 | 160.08 |
|  | 流芳林地 | II-2 | 37.5 | 8.50 | 318.75 | 159.38 |
| 刺槐木荷混交林 | 豹澥林地 | III-1 | 34.4 | 6.79 | 233.60 | 111.80 |
| 枫香柏木樟树混交林 | 豹澥林地 | IV-1 | 19.7 | 7.48 | 147.36 | 73.68 |
| 柏木林 | 流芳林地 | V-1 | 60.8 | 5.00 | 304.00 | 152.00 |
| 香椿柏木混交林 | 豹澥林地 | VI-1 | 3 | 11.77 | 35.31 | 17.66 |
|  | 流芳林地 | VI-2 | 30.5 | 10.22 | 311.71 | 155.86 |
| 枫香马褂木麻栎混交林 | 流芳林地 | VII-1 | 130.2 | 7.36 | 958.27 | 479.14 |
| 合计 |  |  | 400 |  | 2 936.11 | 1 463.08 |

现存非树木植被碳储量计量公式为

$$E_{biomassloss} = \sum_i A_i \times B_{non\text{-}tree, i} \times CF_{non\text{-}tree, i}, \quad V_t = 1$$

$$当\ E_{biomassloss} = 0, \quad V_t > 1$$

式中：$A_i$ 为 $i$ 层的面积，hm²；$B_{non\text{-}tree, i}$ 为造林前造林地上非树木植被的平均生物量，t/hm²；$CF_{non\text{-}tree, i}$ 为非树木植被中干生物量的碳含量，t·C/t，取值0.5。

计算得出江夏区非树木植被碳储量为 2 936.11×0.5＝1 468.055 t·C。

（3）土壤碳储量计量。土壤碳储量的计量是在样地内分别选择1个有代表性的样点挖掘土壤剖面，按 0~10 cm、10~30 cm、30~50 cm 分层采取土壤，充分混合后，用四分法分别取 250 g 土壤样品，去除全部直径大于 2 mm 的石砾、根系和其他有机残体，带回实验室风干、粉碎后测定土壤有机碳含量。在每个采样点，用环刀法取混合土样一个，带回室内 105 ℃烘干至恒重，计算环刀内土壤的平均容重。

采用下式计算各小班土壤有机碳储量：

$$C_i = SOCC_i \times BD_i \times E_i \times A_i$$

式中：$C_i$ 为 $i$ 小班土壤有机碳储量，t·C；$SOCC_i$ 为 $i$ 小班样地土层土壤有机碳质量分数，g·C/100g土壤；$BD_i$ 为土层平均容重，g/cm³；$E_i$ 为土层厚度，cm；$A_i$ 为小班面积，cm²。

江夏区碳汇造林项目各小班土壤有机碳含量见表3.52。

表 3.52  江夏区各小班土壤有机碳含量

| 乡镇 | 小班号 | 有机碳质量分数/(g/100 g) | 乡镇 | 小班号 | 有机碳质量分数/(g/100 g) |
| --- | --- | --- | --- | --- | --- |
| 流芳 | 1 | 1.9 | 流芳 | 20 | 0.12 |
| 流芳 | 2 | 1.22 | 流芳 | 21 | 1.34 |
| 流芳 | 3 | 1.2 | 流芳 | 22 | 0.59 |
| 流芳 | 4 | 0.15 | 流芳 | 23 | 0.61 |
| 流芳 | 5 | 2.01 | 流芳 | 24 | 0.86 |
| 流芳 | 6 | 2.02 | 流芳 | 25 | 0.97 |
| 流芳 | 7 | 0.73 | 流芳 | 26 | 1.15 |
| 流芳 | 8 | 0.3 | 豹澥 | 1 | 1.12 |
| 流芳 | 9 | 0.28 | 豹澥 | 2 | 1.01 |
| 流芳 | 10 | 0.35 | 豹澥 | 3 | 1.21 |
| 流芳 | 11 | 0.25 | 豹澥 | 4 | 0.44 |
| 流芳 | 12 | 0.41 | 豹澥 | 5 | 0.97 |
| 流芳 | 13 | 0.93 | 豹澥 | 6 | 0.85 |
| 流芳 | 14 | 1.26 | 豹澥 | 7 | 0.62 |
| 流芳 | 15 | 0.87 | 豹澥 | 8 | 0.44 |
| 流芳 | 16 | 0.91 | 豹澥 | 9 | 0.87 |
| 流芳 | 17 | 1.12 | 豹澥 | 10 | 0.41 |
| 流芳 | 18 | 1.03 | 豹澥 | 11 | 0.38 |
| 流芳 | 19 | 0.38 | 豹澥 | 12 | 0.54 |

计量结果：江夏区碳汇造林项目地土壤有机碳总储量为 26 046.43 t·C，有机碳平均储量为 65.12 t·C/hm²，其中：流芳林地土壤有机碳储量为 19 026.71 t·C，豹澥林地土壤有机碳储量为 7 019.72 t·C。

**3）造林活动及泄漏监测计量**

（1）造林活动监测。监测内容有造林面积、树种、成活率、森林防火设施等调查，部分内容与项目边界监测相结合，造林面积及成活率通过全查完成，逐个小班检查落实。

江夏区碳汇造林项目造林规划设计面积 400 hm²，设计小班 38 个。监测面积 400 hm²，检查小班 38 个，核实造林面积 323.4 hm²，面积核实率为 80.9%；造林合格面积为 321.5 hm²，面积合格率为 99.4%；林种全部为生态林，多树种带状、行间混交。造林成活率采用设置样方的方法检查，按国家标准造林成活率≥85%即为合格。根据检查验收的 38 个造林小班进行算术加权平均，得出江夏区碳汇造林项目平均造林成活率为 87.9%。其中，豹澥镇平均造林成活率为 86.3%，流芳街平均造林成活率为 88.7%。按造林树种分，刺槐、香椿、枫香、木荷、马褂木造林成活率为 89.3%，柏木造林成活率为 85.4%（表 3.53、表 3.54）。

表 3.53 豹澥镇碳汇造林成活率统计表

| 造林地点 | 造林树种 | 混交方式 | 混交比例/% | 小班号 | 小班面积/hm² 设计 | 小班面积/hm² 检查 | 小班面积/hm² 核实 | 小班面积/hm² 合格 | 成活率/% |
|---|---|---|---|---|---|---|---|---|---|
| 潜力村 | 刺槐+枫香 | 带状 | 60:40 | 1 | 12.9 | 12.9 | 6.7 | 6.7 | 90 |
| 同力村 | 刺槐+枫香 | 带状 | 65:35 | 2 | 3.6 | 3.6 | 4.4 | 4.4 | 90 |
| 同力村 | 香椿+柏木 | 带状 | 70:30 | 3 | 3.0 | 3.0 | 7.6 | 7.6 | 90 |
| 同力村 | 刺槐+枫香 | 带状 | 55:45 | 4 | 13.7 | 13.7 | 14.8 | 14.8 | 92 |
| 同力村 | 刺槐+枫香 | 带状 | 60:40 | 5 | 11.7 | 11.7 | 0.5 | 0.5 | 92 |
| 潜力村 | 刺槐+木荷 | 行间 | 50:50 | 6 | 17.7 | 17.7 | 10.7 | 10.7 | 85 |
| 潜力村 | 刺槐+木荷 | 行间 | 50:50 | 7 | 16.7 | 16.7 | 16.7 | 16.7 | 84 |
| 潜力村 | 枫香+柏木 | 行间 | 50:50 | 8 | 8.3 | 8.3 | 8.3 | 8.3 | 88 |
| 潜力村 | 枫香+樟树 | 块状 | 55:45 | 9 | 9.5 | 9.5 | 9.5 | 9.5 | 84 |
| 潜力村 | 刺槐+枫香 | 带状 | 60:40 | 10 | 26.1 | 26.1 | 27.3 | 27.3 | 88 |
| 潜力村 | 刺槐+枫香 | 带状 | 60:40 | 11 | 4.9 | 4.9 | 4.9 | 4.9 | 88 |
| 潜力村 | 樟树 | — | 100 | 12 | 1.9 | 1.9 | 1.9 | 1.9 | 65 |
| 合计 | | | | | | | | | 86.3 |

表 3.54 流芳街碳汇造林成活率统计表

| 造林地点 | 造林树种 | 混交方式 | 混交比例/% | 小班号 | 小班面积/hm² 设计 | 小班面积/hm² 检查 | 小班面积/hm² 核实 | 小班面积/hm² 合格 | 成活率/% |
|---|---|---|---|---|---|---|---|---|---|
| 二龙村 | 刺槐+枫香 | 带状 | 60:40 | 1 | 6.0 | 6.0 | 5.2 | 5.2 | 92 |
| 二龙村 | 刺槐+枫香 | 带状 | 55:45 | 2 | 1.2 | 1.2 | 4.2 | 4.2 | 93 |
| 二龙村 | 柏木 | 带状 | 100 | 3 | 2.9 | 2.9 | 5.1 | 5.1 | 88 |
| 二龙村 | 柏木 | — | 100 | 4 | 5.4 | 5.4 | 3.9 | 3.9 | 85 |
| 营泉村 | 香椿+柏木 | 行间 | 50:50 | 5 | 9.0 | 9.0 | 9.0 | 9.0 | 86 |
| 营泉村 | 香椿+柏木 | 行间 | 50:50 | 6 | 6.5 | 6.5 | 6.5 | 6.5 | 95 |
| 龙泉山 | 香椿+柏木 | 行间 | 50:50 | 7 | 15.0 | 15.0 | 15.0 | 15.0 | 95 |
| 二龙村 | 柏木 | 带状 | 65:35 | 8 | 8.7 | 8.7 | 8.7 | 8.7 | 95 |
| 二龙村 | 柏木 | 带状 | 65:35 | 9 | 3.5 | 3.5 | 3.5 | 3.5 | 95 |
| 营泉村 | 柏木 | 带状 | 60:40 | 10 | 10.7 | 10.7 | 10.7 | 10.7 | 95 |
| 营泉村 | 柏木 | 带状 | 60:40 | 11 | 5.7 | 5.7 | 5.7 | 5.7 | 95 |
| 营泉村 | 刺槐+香椿 | 带状 | 55:45 | 12 | 11.0 | 11.0 | 12.0 | 12.0 | 95 |
| 营泉村 | 枫香+马褂木 | 行间 | 50:50 | 13 | 20.6 | 20.6 | 20.6 | 20.6 | 95 |
| 营泉村 | 枫香+马褂木 | 行间 | 50:50 | 14 | 20.0 | 20.0 | 0.5 | 0.5 | 92 |
| 营泉村 | 刺槐+枫香 | 带状 | 60:40 | 15 | 7.4 | 7.4 | 0.0 | 0.0 | 60 |
| 营泉村 | 柏木 | — | 100 | 16 | 4.0 | 4.0 | 0.0 | 0.0 | 60 |

续表

| 造林地点 | 造林树种 | 混交方式 | 混交比例/% | 小班号 | 小班面积/hm² 设计 | 检查 | 核实 | 合格 | 成活率/% |
|---|---|---|---|---|---|---|---|---|---|
| 营泉村 | 刺槐+枫香 | 带状 | 65:35 | 17 | 26.7 | 26.7 | 0.0 | 0.0 | 60 |
| 油茶场 | 柏木 | — | 100 | 18 | 9.0 | 9.0 | 0.0 | 0.0 | 60 |
| 油茶场 | 麻栎+柏木 | 行间 | 50:50 | 19 | 11.8 | 11.8 | 11.8 | 11.8 | 90 |
| 营泉村 | 刺槐+枫香 | 带状 | 60:40 | 20 | 11.9 | 11.9 | 11.9 | 11.9 | 98 |
| 营泉村 | 枫香+马褂木 | 株间 | 50:50 | 21 | 23.3 | 23.3 | 28.9 | 28.9 | 99 |
| 营泉村 | 柏木+麻栎 | 行间 | 50:50 | 22 | 12.1 | 12.1 | 12.1 | 12.1 | 95 |
| 营泉村 | 刺槐+枫香 | 带状 | 65:35 | 23 | 8.8 | 8.8 | 8.8 | 8.8 | 98 |
| 营泉村 | 枫香+马褂木 | 株间 | 50:50 | 24 | 11.4 | 11.4 | 11.4 | 11.4 | 98 |
| 福利村 | 刺槐+枫香 | 带状 | 65:35 | 25 | 9.6 | 9.6 | 10.8 | 10.8 | 98 |
| 福利村 | 枫香+马褂木 | 株间 | 50:50 | 26 | 7.8 | 7.8 | 3.8 | 3.8 | 94 |
| 合计 | | | | | | | | | 88.7 |

（2）泄漏监测与计量。泄露监测与计量主要内容有项目边界内外的排放或泄漏计量，以及使用化石燃料引起的 $CO_2$ 的排放或泄漏。根据调查，整个项目区有20%的造林地用的是 75 hp① 的挖掘机挖坑整地，80%为人工挖掘，防火林带采用 125 hp 的推土机，完成防火带 1.8 km，项目边界内燃油机械作业调查及计量见表 3.55。项目区有30%的苗木从济南、长沙、郑州等地运回，70%的苗木在本地周边地区调运，项目边界外运输工具调查及计量见表 3.56。

表 3.55 项目边界内燃油机械调查及排放计算表

| 时间/年 | 机械种类 | 单位时间耗油量/(L/h) | 作业量/h | $CO_2$ 排放量/kg |
|---|---|---|---|---|
| 2008 | 挖掘机 | 15 | 150 | 6 142.5 |
| 2008 | 推土机 | 20 | 200 | 10 920.0 |

表 3.56 项目边界外运输工具调查及排放计算表

| 时间/年 | 出发地 | 目的地 | 装载货物 | 距离/km | 车辆种类 | 燃油种类 | 车辆数量 | 满载百公里耗油量/L | 空载百公里耗油量/L | $CO_2$ 排放量/kg |
|---|---|---|---|---|---|---|---|---|---|---|
| 2008 | 武汉 | 长沙 | 苗木 | 306 | 5 吨重卡 | 柴油 | 1 | 29 | 24 | 442.75 |
| 2008 | 武汉 | 郑州 | 苗木 | 500 | 5 吨重卡 | 柴油 | 1 | 29 | 24 | 723.45 |
| 2008 | 武汉 | 济南 | 苗木 | 900 | 5 吨重卡 | 柴油 | 1 | 29 | 24 | 1 302.21 |
| 2008 | 武汉 | 周边 | 苗木 | 50 | 福田小卡 | 柴油 | 5 | 10 | 8 | 122.85 |

1 L 柴油 $CO_2$ 排放量为 2.73 kg，计算得出项目边界内使用燃油机械引起的 $CO_2$ 排放量约为 17.06 t，项目边界外使用运输工具引起的 $CO_2$ 排放量约为 2.59 t，合计 $CO_2$ 排放量约为 19.65 t。

---

① 1 hp ≈ 735 W

### 4）江夏区碳汇造林项目碳储量计量估算

（1）林分生物量模型。建立林分生物量模型的资料来源有：①《湖北森林》（《湖北森林》编辑委员会，1991）；②湖北省森林资源清查资料；③相关树种树干解析木资料。

模型选择为

$$V = A/[1 + B \times \exp(-C \times n)]$$

式中：$V$ 为树木蓄积量，$m^3$；$A$、$B$、$C$ 均为参数，见表 3.57；$n$ 为树木年龄。

表 3.57 相关树种有关参数计算结果表

| 参数 | 马褂木 | 枫香 | 柏木 | 木荷 | 香椿 | 樟树 | 刺槐 | 麻栎 |
|---|---|---|---|---|---|---|---|---|
| $A$ | 0.156 12 | 0.350 21 | 0.110 24 | 0.544 99 | 0.201 44 | 0.302 84 | 0.153 38 | 0.078 25 |
| $B$ | 1 181.534 21 | 2 489.468 70 | 3 537.324 50 | 4 165.438 20 | 228.750 19 | 3185.321 40 | 46 106.92 90 | 829.769 10 |
| $C$ | 0.572 67 | 0.355 56 | 0.293 10 | 0.313 77 | 0.542 00 | 0.466 20 | 1.045 70 | 0.323 40 |

（2）其他技术参数。生物量扩展因子见表 3.58。

表 3.58 相关树种生物量扩展因子表

| 森林类型 | 树种 | 生物量扩展因子 |
|---|---|---|
| 阔叶林 | 马褂木 | 1.54 |
|  | 枫香 | 1.54 |
|  | 木荷 | 1.54 |
|  | 香椿 | 1.54 |
|  | 樟树 | 1.42 |
|  | 刺槐 | 1.54 |
|  | 麻栎 | 1.56 |
| 针叶林 | 柏木 | 1.80 |

树种木材密度见表 3.59。

表 3.59 相关树种木材密度表

| 树种 | 马褂木 | 枫香 | 柏木 | 木荷 | 香椿 | 樟树 | 刺槐 | 麻栎 |
|---|---|---|---|---|---|---|---|---|
| 木材密度/($t/m^3$) | 0.453 | 0.455 | 0.480 | 0.501 | 0.453 | 0.437 | 0.652 | 0.720 |

根茎比为 0.20；碳含量为 0.47；$CO_2$ 量为 3.67×碳含量；各树种间伐年龄及强度，见表 3.60。

表 3.60 各树种间伐年龄及强度

| 树种 | 马褂木 | 枫香 | 柏木 | 木荷 | 香椿 | 樟树 | 刺槐 | 麻栎 |
|---|---|---|---|---|---|---|---|---|
| 强度（%）/年龄（年） | 20/15 | 20/15 | 15/20 | 20/15 | 25/15 | 20/18 | 20/15 | 20/20 |

(3) 江夏区碳汇造林项目项目碳储量计量估算结果，见表3.61。

表3.61 江夏区碳汇造林项目项目碳储量计量估算结果表

| 年限/年 | 项目碳储量变化 年变化/(tCO₂/年) | 项目碳储量变化 累计/tCO₂ | 项目温室气体排放 年排放/(tCO₂/年) | 项目温室气体排放 累计/tCO₂ | 泄漏 年排放/(tCO₂/年) | 泄漏 累计/tCO₂ | 项目净碳汇量 年变化/(tCO₂/年) | 项目净碳汇量 累计/tCO₂ |
|---|---|---|---|---|---|---|---|---|
| 1 | 117.67 | 117.67 | 17.06 | 17.06 | 2.59 | 2.59 | 98.02 | 98.02 |
| 2 | 71.01 | 188.68 | 0 | 17.06 | 0 | 2.59 | 71.01 | 169.03 |
| 3 | 118.68 | 307.36 | 0 | 17.06 | 0 | 2.59 | 118.68 | 287.71 |
| 4 | 202.93 | 510.29 | 0 | 17.06 | 0 | 2.59 | 202.93 | 490.64 |
| 5 | 357.56 | 867.85 | 0 | 17.06 | 0 | 2.59 | 357.56 | 848.2 |
| 6 | 655.52 | 1 523.37 | 0 | 17.06 | 0 | 2.59 | 655.52 | 1 503.72 |
| 7 | 1 259.8 | 2 783.17 | 0 | 17.06 | 0 | 2.59 | 1 259.8 | 2 763.52 |
| 8 | 2 511.32 | 5 294.49 | 0 | 17.06 | 0 | 2.59 | 2 511.32 | 5 274.84 |
| 9 | 4 871.84 | 10 166.33 | 0 | 17.06 | 0 | 2.59 | 4 871.84 | 10 146.68 |
| 10 | 7 923.74 | 18 090.07 | 0 | 17.06 | 0 | 2.59 | 7 923.74 | 18 070.42 |
| 11 | 9 051.99 | 27 142.06 | 0 | 17.06 | 0 | 2.59 | 9 051.99 | 27 122.41 |
| 12 | 7 032.72 | 34 174.78 | 0 | 17.06 | 0 | 2.59 | 7 032.72 | 34 155.13 |
| 13 | 4 497.18 | 38 671.96 | 0 | 17.06 | 0 | 2.59 | 4 497.18 | 38 652.31 |
| 14 | 3 085.35 | 41 757.31 | 0 | 17.06 | 0 | 2.59 | 3 085.35 | 41 737.66 |
| 15 | −6 272.92 | 35 484.39 | 0 | 17.06 | 0 | 2.59 | −6 272.92 | 35 464.74 |
| 16 | 2 262.32 | 37 746.71 | 0 | 17.06 | 0 | 2.59 | 2 262.32 | 37 727.06 |
| 17 | 2 587.8 | 40 334.51 | 0 | 17.06 | 0 | 2.59 | 2 587.8 | 40 314.86 |
| 18 | 2 742.5 | 43 077.01 | 0 | 17.06 | 0 | 2.59 | 2 742.5 | 43 057.36 |
| 19 | 3 525.79 | 46 602.8 | 0 | 17.06 | 0 | 2.59 | 3 525.79 | 46 583.15 |
| 20 | 3 288.27 | 49 891.07 | 0 | 17.06 | 0 | 2.59 | 3 288.27 | 49 871.42 |
| 合计 | 49 891.07 | 49 891.07 | 17.06 | 17.06 | 2.59 | 2.59 | 49 871.42 | 49 871.42 |

江夏区碳汇造林项目碳储量计量估算结果说明：①江夏区碳汇造林项目碳储量年变化累计增加49 891.07 tCO₂，项目累计排放17.06 tCO₂，泄露累计2.59 tCO₂，项目净碳汇量49 871.42 tCO₂；②由于项目区整地和造林时，不清除原有散生木，在监测时也没有将原有散生木计入项目碳储量，上述计算没有考虑原有植被基线碳储量的年变化；③项目碳储量年变化中间出现减少或负值是由于间伐所致；④上述估算结果是对实际造林面积323.4 hm²的预估，实际结果还须通过具体监测及评估才能得出。

**5. 江夏区碳汇造林项目固定样地的设置**

采用GPS定位建立固定样地，样地为圆形，半径为11.29 m，样地面积400 m²，整个项目区分7层、10个亚层，江夏区合计固定样地30块。固定样地位置随机、系统地设定，样地均匀地分布。在 GPS 的帮助下，记录每块样地中心点的地理位置（GPS 坐标），其行政位置、层和亚层的识别号均记录归档。江夏区碳汇造林项目固定样地设置情况见表 3.62。

**表 3.62 江夏区碳汇造林项目固定样地设置表**

| 层 | 亚层 | 识别号 | 样地经纬度及编号 | 样地经纬度及编号 | 样地经纬度及编号 |
|---|---|---|---|---|---|
| 刺槐香椿混交林 | 豹澥 | I-1 | 东经 30°28′33.3″<br>北纬 114°34′39.0″<br>编号：I-1-1 | 东经 30°28′31.6″<br>北纬 114°34′40.1″<br>编号：I-1-2 | 东经 30°28′33.5″<br>北纬 114°34′33.1″<br>编号：I-1-3 |
| | 流芳 | I-2 | 东经 30°24′04.4″<br>北纬 114°30′32.8″<br>编号：I-2-1 | 东经 30°24′01.0″<br>北纬 114°30′37.3″<br>编号：I-2-2 | 东经 30°24′40.5″<br>北纬 114°29′11.3″<br>编号：I-2-3 |
| 刺槐枫香混交林 | 豹澥 | II-1 | 东经 30°29′55.9″<br>北纬 114°33′30.5″<br>编号：II-1-1 | 东经 30°29′54.5″<br>北纬 114°33′39.0″<br>编号：II-1-2 | 东经 30°29′34.3″<br>北纬 114°33′20.0″<br>编号：II-1-3 |
| | 流芳 | II-2 | 东经 30°24′49.9″<br>北纬 114°29′14.3″<br>编号：II-2-1 | 东经 30°24′04.4″<br>北纬 114°30′32.8″<br>编号：II-2-2 | 东经 30°24′40.5″<br>北纬 114°31′34.3″<br>编号：II-2-3 |
| 刺槐木荷混交林 | 豹澥 | III-1 | 东经 30°30′14.5″<br>北纬 114°33′34.3″<br>编号：III-1-1 | 东经 30°30′29.1″<br>北纬 114°33′44.9″<br>编号：III-1-2 | 东经 30°30′34.5″<br>北纬 114°33′40.3″<br>编号：III-1-3 |
| 枫香柏木樟树混交林 | 豹澥 | IV-1 | 东经 30°30′36.7″<br>北纬 114°33′53.3″<br>编号：IV-1-1 | 东经 30°30′43.1″<br>北纬 114°33′59.7″<br>编号：IV-1-2 | 东经 30°30′34.9″<br>北纬 114°33′50.5″<br>编号：IV-1-3 |
| 柏木林 | 流芳 | V-1 | 东经 30°24′53.7″<br>北纬 114°30′36.4″<br>编号：V-1-1 | 东经 30°24′59.5″<br>北纬 114°30′04.3″<br>编号：V-1-2 | 东经 30°24′11.6″<br>北纬 114°30′01.3″<br>编号：V-1-3 |
| 香椿柏木混交林 | 豹澥 | VI-1 | 东经 30°29′25.5″<br>北纬 114°34′05.4″<br>编号：VI-1-1 | 东经 30°29′34.3″<br>北纬 114°33′20.0″<br>编号：VI-1-2 | 东经 30°30′43.4″<br>北纬 114°33′55.4″<br>编号：VI-1-3 |
| | 流芳 | VI-2 | 东经 30°24′59.5″<br>北纬 114°30′74.3″<br>编号：VI-2-1 | 东经 30°24′44.0″<br>北纬 114°30′54.8″<br>编号：VI-2-2 | 东经 30°24′35.5″<br>北纬 114°30′40.3″<br>编号：VI-2-3 |
| 枫香马褂木麻栎混交林 | 流芳 | VII-1 | 东经 30°24′09.5″<br>北纬 114°30′54.4″<br>编号：VII-1-1 | 东经 30°24′14.5″<br>北纬 114°31′37.3″<br>编号：VII-1-2 | 东经 30°24′28.0″<br>北纬 114°31′24.8″<br>编号：VII-1-3 |

## 6. 问题与讨论

（1）生物量扩展因子（BEF）有 3 个出处，树种分类相互交叉重叠，概念不清，如杂木、硬阔类、软阔类、阔叶林，有可能是同一个树种，但数值差别很大。

(2) 在应用木材密度转化生物量时，将枝叶、树根等与树干木材视为等同，没有考虑枝叶、树根与木材密度的差异。这种差异是存在的，而且差异很大。

(3) 枯枝落叶或枯死木通过分解，一部分碳以 $CO_2$ 的形式返回大气中，一部分以有机质的形式储存在土壤中，由于土壤取样不能重复，不同地点取样又无法对比，土壤碳库如何监测计量。

(4) 原有植被碳计量问题，一部分（包括散生木）逐渐消失，尽管造林整地时基本保存没有清除，但应该扣减，另一部分被耐阴植物所代替，这些耐阴植物碳汇如何监测计量。

(5) 固定样地调查时，胸径是重要测量因子，实际操作时量径高度会因人而异，即使是同一个人不同年份也会出现变化，建议胸径处做好固定标记。

(6) 森林动物也是森林重要组成部分，要不要纳入监测计量的范围，如何监测计量。

(7) 碳汇造林项目造林与一般造林既相似又有区别，树种选择、造林密度、管理方式等区别明显，此外如何评价碳汇造林项目的效益，建议开展相关研究。

### 3.3.3 湖北省 LULUCF 碳汇计量监测[①]

#### 1. 目标与任务

**1) 工作背景**

按照《林业应对气候变化"十二五"行动要点》和《国家"十二五"控制温室气体排放工作方案》的要求，为加快推进全国林业碳汇计量监测体系建设，2009 年以来，我国先后在全国 36 个（省、直辖市、自治区、集团、兵团）全面推进体系建设工作，基本建成全国林业碳汇计量监测的技术体系、数据体系和模型体系，为测准、算清全国林业碳汇本底现状及其动态变化，支撑林业应对气候变化工作，服务国家应对气候变化大局奠定了坚实基础。

湖北省作为全国林业碳汇计量监测试点，同时又是国家发改委低碳经济试点和碳排放权交易试点单位。湖北省林业碳汇计量监测体系建设是全国林业碳汇监测体系的重要组成部分，是开展碳汇造林、碳汇交易、碳汇清单编制、年度碳汇出数的主要依据，是继森林"双增"目标之后反映湖北省生态文明建设成就的重要指标。按照《全国林业碳汇计量监测体系建设工作方案》统一部署和林业应对气候变化重点工作安排意见，深入推进全国林业碳汇计量监测体系建设（以下简称体系建设），2015 年湖北省被确定为开展土地利用、土地利用变化与林业（land use, land use change and forestry, LULUCF）碳汇计量监测和林业管理活动水平统计数据获取报送工作的 24 个单位之一，并于 2016 年开展项目工作。

**2) 目标要求**

为了扎实推进湖北省林业碳汇计量监测体系监测，确保各项工作任务保质保量完成，根据国家林业局统一部署，结合湖北省实际，利用目前各类林业监测体系和监测成果，采用规范和统一的技术方法，在湖北省开展 LULUCF 碳汇计量监测工作，掌握土地利用、

---

① 本小节作者：付甜等

土地利用变化与林业活动引起的碳汇量变化情况，推动湖北省林业碳汇计量监测体系建设工作，为国家开展 LULUCF 和 REDD＋（reducing emissions from deforestation and forest degradation, plus the sustainable management of forests, and the conservation and enhancement of forest carbon stocks，减少毁林和森林退化引起的碳排放，以及通过造林、森林保护、森林可持续经营增加碳汇）领域碳汇计量监测工作提供支撑，丰富和完善全国林业碳汇计量监测能力。

**3）工作任务**

（1）编制湖北省林业碳汇计量监测工作方案和技术方案。按照《全国林业碳汇计量监测体系建设总体方案》《土地利用、土地利用变化与林业碳汇计量监测技术指南》要求，结合湖北省实际情况，强化协调配合，明确责任主体，细化进度安排，落实政策保障，细化林业碳汇计量监测技术方法和内容，突出数据质量要求，注重地方特色，增强可操作性，进行湖北省林业碳汇计量监测体系建设的工作方案和湖北省 LULUCF 技术方案编制，确保满足国家和地方林业碳汇计量监测需要。

（2）获取 2005～2013 年 LULUCF 数据，建立 LULUCF 数据库。在充分利用湖北省现有森林、湿地、荒漠化土地调查成果基础上，依据国家林业局提供的 2005 年和 2013 年湖北省 LULUCF 碳汇计量监测样点布局图，通过开展遥感区划调查和现地验证工作，实现对全省范围内土地利用类型分布及其变化信息的监测，获取各类土地利用活动变化边界信息（类型、面积）等基于 LULUCF 活动变化引起的土地利用类型变化的属性信息，使得土地利用类型变化的边界清晰，获取湖北省 2005 年林业与土地利用本底数据、2013 年林业与土地利用现状数据，以及 2005～2013 年林业与土地利用变化数据，建立 LULUCF 数据库。

（3）获取 2006～2013 年林业管理活动水平统计数据。在充分利用湖北省现有林业年度统计数据、林业资源调查监测成果等基础上，获取湖北省 2006～2013 年各年度的林业管理活动水平统计数据。

（4）测算基于 LULUCF 活动变化引起的森林碳储量和碳变化量。按照《土地利用、土地利用变化与林业碳汇计量监测技术指南》要求获取 2005～2013 年的 LULUCF 活动变化引起的土地利用类型变化信息，确定测算对象范围、主要碳库、获取数据方法，开展森林碳储量、林地转化引起碳变化量的测算，实现由此导致的碳储量和变化量的计量监测，进行不确定性分析，准确查清湖北省森林各碳库碳储量现状、变化和空间分布，预测未来湖北省森林碳储量、碳汇量及其潜力。

**2. 基础性工作**

**1）工作组织**

本次监测工作由湖北省林业厅统一领导，厅造林处负责组织协调、资金落实、督查通报以提供湖北省现有林业、湿地、荒漠化等资源数据。湖北省林业科学研究院作为技术支撑单位，负责监测工作的具体实施，包括负责编制全省林业碳汇计量监测体系建设的工作方案、LULUCF 技术方案和技术操作细则；完成内业区划判读、外业现地验证和数据整理任务，获取 LULUCF 数据，提交原始调查成果数据库；获取全省林业管理活动水平统计数据并提交成果数据表；购置仪器设备，开展技术培训，进行外业调查、内业测定、质量检查、完成数据库、成果计算分析、组织撰写并提交建设成果报告等工作，并配合国家林业局[①]林业碳汇计量监测中心和中南林业调查规划设计院林业碳汇计量监测中心完成国家级检查验收。

具体工作开展，分设四个工作组，人员分别从省、市、县三级森林资源监测中心（调查队）抽调。

（1）LULUCF 数据分析组。组成 2 个 LULUCF 数据分析组，每个工作组 3~5 名技术人员。组长由湖北省林业科学研究院、各市森林资源监测中心技术骨干担任，成员从县（市、区）森林资源监测中心抽调，充分利用现有的森林资源调查、湿地调查等已有的数据源进行碳汇计量监测，完成内业区划判读，获得各样方内土地利用类型及变化信息。

（2）外业调查组。组成 4 个外业调查工作组，每个工作组 3 名技术人员。工作组组长由湖北省林业科学研究院技术骨干担任，配合内业区划判读人员进行现场验证，并负责对各样方内森林碳密度进行调查和取样分析。

（3）督导检查组。由湖北省林业厅造林处[②]负责对各内外业组进行工作督促、技术指导、跟班作业和质量检查。

（4）配合保障组。样地所在县（市、区）成立配合保障组，主要负责组织 1~2 名熟悉业务、掌握林业、湿地等资源调查的技术人员和 2~3 名辅助人员配合开展样地外业调查和现场验证等工作。

**2）保障措施**

（1）成立机构，强化领导。成立湖北省林业碳汇计量监测工作领导小组，湖北省林业厅下属各部门单位主要领导为成员。领导小组办公室（以下简称省监测办）设在厅造林处，负责本次 LULUCF 碳汇计量监测的组织领导和指挥协调，负责协调落实相关一类、二类森林资源和湿地资源调查数据，以及林业碳汇计量监测的日常管理。各市、县（区）相应成立林业碳汇计量监测领导小组。在数据收集、现地验证、外业调查等阶段，各级林业部门在调查队伍组织、资源数据、人员配备等方面给予了全力配合。

（2）组建队伍，搞好培训。按照国家林业局 LULUCF 监测样地布设安排要求，湖北省 LULUCF 碳汇计量监测由湖北省林业科学研究院负责，以省、市森林资源监测中心为主体，并从各县（市、区）抽调技术骨干组建外业调查组和图像解译组，负责完成全省 LULUCF 碳汇计量监测工作。省、市、县选调人员要具有较强的业务能力和敬业精神，并熟悉一类、二类森林资源和湿地资源调查实践经验，工作认真负责、能吃苦耐劳的技术人员。按照"统一组织，全员培训，理论与实践结合，严格考核"的要求，采取集中培训的办法对参与碳汇计量人员进行全面培训，统一相关标准和方法，规范碳汇计量监测程序和要求，确保每位监测人员准确掌握技术标准和质量要求。

（3）强化质量，定期调研。建立质量管理体系是确保监测工作质量和进度，是圆满完成监测工作的重要保障。一是建立碳汇计量监测质量责任制，完善奖惩机制，严把监测质量关。对调查监测质量存在严重问题，将追究相关人员的责任；二是建立督导检查组，负责本次碳汇计量监测的进度督促、技术指导和质量检查工作，同时接受国家林业

---

① 国家林业局于 2019 年更名为国家林业与草原局
② 2019 年湖北省林业厅更名为湖北省林业局，造林处更名为生态恢复处

局碳汇计量监测中心和中南林业调查规划设计院林业碳汇计量监测中心的检查验收;三是实行定期汇报制度,各监测调查工组定期向省监测办汇报一次监测工作进展,以确保工作进度和及时发现解决存在的问题;四是建立情况通报制度,省监测办将定期通报情况进展、质量及有关情况。

(4)多渠道落实工作经费。国家财政部、湖北省财政厅承担本次碳汇计量监测工作的技术培训、图像解译、现场验证、外业调查、设备购置、样品测定、数据分析和碳汇计量等经费,由省林业厅向湖北省财政厅申请解决配套经费60万元,确保碳汇计量监测工作的顺利开展。

(5)以人为本,安全生产。加强野外生产和内业样品测定的安全教育工作,落实各项安全防范措施,确保作业人员的人身安全,避免发生意外事故。同时,严格执行内业资料和外业调查资料的安全保密要求,确保记录资料的完整、真实和准确。

### 3)技术培训工作

为高质量完成湖北省碳汇计量监测工作,湖北省林业厅造林处协调湖北省林业科学研究院及相关单位在工作统筹安排、技术指导等方面开展了一系列的工作:一是湖北省林业厅造林处牵头成立培训领导小组;二是召集领导小组成员和市、县林业局分管领导、营林科(股长)、调查设计队长(资源监测中心主任)参加会议,部署工作任务;三是组建专业队伍;四是购置仪器设备;五是印制技术实施细则;六是积极参加国家林业局碳汇计量监测中心的专业技术培训,邀请相关专家进行经验介绍和技术指导;七是组织所有参加此次监测工作的技术人员和质量检查人员,采取课堂讲授与现场实践相结合的方法开展技术培训,统一和熟悉LULUCF碳汇计量监测技术方法、外业调查操作方法、各种调查表格的填写及质量要求。

### 4)编制技术方案

在全面开展湖北省碳汇计量监测工作前,湖北省林业科学研究院作为技术支撑单位,编制湖北省LULUCF工作方案和技术方案,提交中南林业调查规划设计院林业碳汇计量监测中心初审,定稿后上报国家林业局林业碳汇计量监测中心审批。

### 5)数据准备

(1)遥感数据获取及预处理。国家林业局林业碳汇计量监测中心下发湖北省2005年TM影像、2013年资源三号卫星影像数据。依据监测中心提供的方形样地边框矢量图形,缓冲500 m周边范围截取样方影像,并编号。

(2)林业相关成果数据获取。在湖北省林业厅造林处协调下,主要从信息办、计资处、省林业调查规划设计院等单位获取数据,包括:①2009年和2013年湖北省林地一张图矢量数据(含小班属性);②2012年湖北省第二次湿地资源调查矢量数据;③湖北省荒漠化和沙化土地监测矢量数据;④2004年、2009年及2014年湖北省森林资源连续清查统计报表;⑤湖北省公益林区划成果数据。

### 6)样地布设

以全省为独立总体,大小为24 km×24 km的公里格网作为抽样单元,分别以公里格网中心点进行布点,设置4 km×4 km的样方。湖北省共布设样方319个,样方分布如图3.12所示。

图 3.12 湖北省 LULUCF 碳汇计量监测样方分布图

### 3. 土地利用类型分类及数据库建立

**1) 分类方法与过程**

（1）LULUCF 地类划分。依据野外调查确定的影像和地物间的对应关系，借助有关辅助信息，建立遥感影像上反映的色调、形状、图形、纹理、相关分布、地域分布等特征与相应判读类型之间的相关关系。土地类型的划分按类型排序来划分，按排除法进行，划分一个类型后，再划分下一个类型，先划出林地，再是湿地、农地、草地、聚居地和其他地类，直到所有类型划分完。用划分边界的方法，针对 4 km×4 km 样地内的高分辨率遥感影像，通过目视解译、同地类归并、图像分割、邻近区域缩涨等方法，勾绘出六大地类和子类。

（2）地类划分和解译标准库建立。通过野外调查和室内分析对判读地类类型的定义、现地景观形成统一认识，并对各地类类型在遥感信息影像上的反映特征的描述形成统一标准，形成解译标志。

（3）人机交互判读。判读工作人员在正确理解分类定义的情况下，参考本地林业资源数据等，在 GIS 软件支持下，将相关地理图层叠加显示，全面分析遥感影像数据的色调、纹理、地形特征等，将判读类型与其所建立的解译标志有机结合起来，准确区分判读类型。以图斑为基本单位进行判读时，采用以遥感影像图进行勾绘判读或在计算机屏幕上直接进行勾绘判读为主，GPS 野外定位点为辅。每个判读样地或图斑按从上到下、从右到左的"之"字形进行编号，作为该判读单位的唯一识别标志。并按判读单位逐一填写判读因子，生成属性数据库。

（4）双轨制作业。以图斑为单位进行判读时，要求一人按图斑区划因子进行图斑区划并进行判读，另一人对前一人的区划结果进行检查，发现区划错误时经过协商进行修改；区划确定后第二人进行"背靠背"判读，判读类型一致率在 90% 以上时，可对不同图斑进行协商修改，达不到时重新判读。

(5) 判读工作的正判率考核。选取 30～50 个判读点，要求判读人员对土地类型进行识别，只有土地类型正判率超过 90%时才可上岗。不足 90%进行错判分析和纠正，并第二次考核，直至正判率超过 90%。并填写判读考核登记表和修订判读解译标志表。

**2）样地内地类区划与调查**

(1) 地类边界确定。在 ArcGIS 平台上，将 2013 年遥感影像作为底图，叠合 2009 年湖北省森林资源二类调查小班面状图，依据调查所得目视解译标志，区分林地边界；采用人机交互目视解译方法，逐一检查样地范围内原图斑边界与影像边界的吻合程度，若二调图斑边界与其覆盖区域的图像表征不符，则修正图斑边界。参照 2009 年湖北省森林资源二类调查图斑数据和林地变更调查数据，补绘漏画图斑，删除错划图斑。依次划分子地类，林地以外的地类分别区划为湿地、农地、草地、聚居地和其他土地，获得 2013 年湖北省林业与土地利用分布图。

在生成的 2013 年林业与土地利用分布图基础上，叠加 2005 年遥感影像，采用人机交互目视解译的方法，逐一检查样地范围内的图斑边界与影像边界的吻合程度，若图斑边界与图像表征不符，进一步修正图斑边界。林地以外的地类分别区划为农地、草地、湿地、聚居地和其他土地。最后进行图斑面状图的空间拓扑检查，获得 2005 年湖北省林业与土地利用分布图。

将 2005 年和 2013 年的两期林地图斑面状图进行叠加分析，得出该时间区间内的地类变化图斑。

土地利用类型边界划分的具体流程如图 3.13 所示。

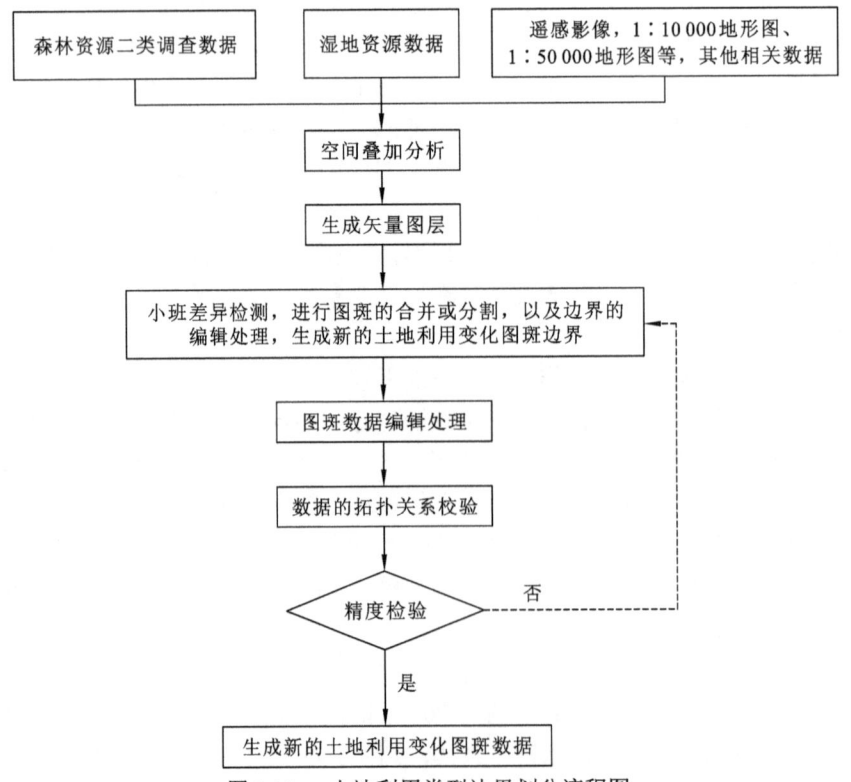

图 3.13 土地利用类型边界划分流程图

（2）土地类型区划后需获取的属性信息。需要获取的属性信息包括以下内容。

基本信息：样地编号、省、县（市、区、林区）、乡（林场）、村（林班）、原小班号、图斑号、面积。

自然地理信息：地貌、坡向、坡位、坡度、土壤类型（名称）、土层厚度、三级流域。

土地信息：土地利用类型（地类）、土地权属、林种、森林（林地）类别、工程类别。

森林经营管理活动：森林培育、森林抚育、森林更新、森林保护、森林利用等活动。

其他因子：起源、优势树种（组）、龄组、郁闭度/覆盖度、每公顷株数、平均胸径、每公顷蓄积（活立木）、乔木层每公顷生物量、下层植被每公顷生物量、凋落物每公顷生物量、土壤碳密度。

详细属性字段表见表3.63。

表 3.63 碳汇监测样地图斑属性字段表

| 编号 | 字段名 | 中文名 | 数据类型 | 长度 | 小数位 |
|---|---|---|---|---|---|
| 1 | YD_BHAO | 样地编号 | 字符串 | 4 | |
| 2 | SHENG | 省（区、市） | 字符串 | 2 | |
| 3 | XIAN | 县（市、旗、林业局） | 字符串 | 6 | |
| 4 | XIANG | 乡（林场） | 字符串 | 3 | |
| 5 | CUN | 村（作业区） | 字符串 | 3 | |
| 6 | LIN_BAN | 林班 | 字符串 | 4 | |
| 7 | YXB_HAO | 原小班号 | 字符串 | 4 | |
| 8 | TB_HAO | 图斑号 | 字符串 | 4 | |
| 9 | MIAN_JI | 面积 | 数字型 | 12 | 2 |
| 10 | DI_MAO | 地貌 | 字符串 | 1 | |
| 11 | PO_XIANG | 坡向 | 字符串 | 1 | |
| 12 | PO_WEI | 坡位 | 字符串 | 1 | |
| 13 | PO_DU | 坡度 | 整型 | 2 | |
| 14 | TR_LXING | 土壤类型（名称） | 字符串 | 20 | |
| 15 | TC_HDU | 土层厚度 | 整型 | 3 | |
| 16 | SJ_LYU | 三级流域 | 字符串 | 20 | |
| 17 | DI_LEI | 土地利用类型（地类） | 字符串 | 3 | |
| 18 | TD_QSHU | 土地权属 | 字符串 | 2 | |
| 19 | LIN_ZHONG | 林种 | 字符串 | 3 | |
| 20 | SL_LBIE | 森林类别 | 字符串 | 3 | |

续表

| 编号 | 字段名 | 中文名 | 数据类型 | 长度 | 小数位 |
|---|---|---|---|---|---|
| 21 | GC_LBIE | 工程类别 | 字符串 | 2 | |
| 22 | QI_YUAN | 起源 | 字符串 | 2 | |
| 23 | YS_SZHONG | 优势树种（组） | 字符串 | 4 | |
| 24 | LING_ZU | 龄组 | 字符串 | 1 | |
| 25 | YU_BI_DU | 郁闭度/覆盖度 | 数字型 | 3 | 2 |
| 26 | MGQ_ZSHU | 每公顷株数 | 整型 | 6 | |
| 27 | PJ_XJING | 平均胸径 | 数字型 | 6 | 1 |
| 28 | HLM_GQXJI | 公顷蓄积（活立木） | 数字型 | 12 | 2 |
| 29 | SWL_QMU | 乔木层每公顷生物量 | 数字型 | 12 | 2 |
| 30 | SWL_XCENG | 下层植被每公顷生物量 | 数字型 | 12 | 2 |
| 31 | SWL_KLWU | 凋落物每公顷生物量 | 数字型 | 12 | 2 |

（3）主要林分因子属性的更新数据获取方法。根据二类调查数据完成的时间和数据特点，将森林资源二类调查数据和更新数据作为基础数据。把二类调查数据和森林资源更新数据进行叠加分析。通过分析森林类型、地类、树种、林龄和立地因子等各种因子来分析判断区划后的土地利用变化图斑的属性信息，部分林分因子需采用2009年森林资源二类调查已有的属性数据根据年份进行推算。对于不能通过利用现有成果数据获取的属性信息，通过实地调查获取图斑属性值的数据。

公顷蓄积（活立木）：以2009年森林资源二类调查公顷蓄积为基础，通过对不同森林类型和龄组的林分累加生长量计算而得。计算公式如下：

2013年小班推算公顷蓄积 = 2009年森林资源二类调查小班公顷蓄积 × $(1+年均净生长率)^4$

2005年小班推算公顷蓄积 = 2009年森林资源二类调查小班公顷蓄积 × $(1-年均净生长率)^4$

其中，2013年小班推算公顷蓄积采用的年均净生长率由2014年第九次森林资源清查年均蓄积生长率和蓄积消耗率（表3.64）相减所得，2009年小班推算公顷蓄积采用的年均净生长率由2009年第八次森林资源清查年均蓄积生长率和蓄积消耗率（表3.65）相减所得。

龄组属性：对于未变化林地，龄组数据可通过2009年森林资源二类调查数据的属性数据库中的林龄加上继续生长年份及优势树种类型来获取（龄组划分见表3.66），变化林地的龄组则参照森林资源更新或林业经营资料等数据获取。

平均胸径：通过建立不同林分类型的林龄与平均胸径的线性模型，获取生长量，更新平均胸径信息。计算模型：

$$PJ\_XJING（平均胸径） = a_1 + a_2 \times STAND\_AGE（林龄）$$

表 3.64 湖北省 2014 年第九次森林资源清查不同优势树种分龄组年均蓄积生长率和蓄积消耗率

| 树种代码 | 名称 | 蓄积生长率/% ||||| 蓄积消耗率/% |||||
|---|---|---|---|---|---|---|---|---|---|---|---|
| | | 总 | 幼龄林 | 中龄林 | 近熟林 | 成熟林 | 过熟林 | 总 | 幼龄林 | 中龄林 | 近熟林 | 成熟林 | 过熟林 |
| 1500 | 落叶松 | 14.26 | 14.80 | 10.83 | | | | 3.05 | 3.16 | 2.38 | | | |
| 1900 | 黑松 | 17.94 | 17.94 | | | | | 3.63 | 3.63 | | | | |
| 2000 | 油松 | 6.04 | | 8.10 | 3.60 | | | 11.15 | | 2.09 | 21.87 | | |
| 2100 | 华山松 | 7.96 | 12.20 | 6.80 | 8.74 | | | 6.04 | 6.91 | 7.87 | 2.73 | | |
| 2200 | 马尾松 | 7.09 | 10.70 | 7.26 | 5.45 | 4.59 | | 4.71 | 4.29 | 4.09 | 5.60 | 6.06 | |
| 2600 | 国外松 | 11.04 | 11.04 | | | | | 7.61 | 7.61 | | | | |
| 2610 | 湿地松 | 12.05 | 23.86 | 11.16 | | 6.68 | | 4.82 | 4.08 | 5.92 | | 4.71 | |
| 2900 | 其他松类 | 5.61 | 27.50 | | 5.50 | 2.91 | | 3.30 | 0.40 | | 2.48 | 5.66 | |
| 3100 | 杉木 | 12.15 | 19.10 | 10.01 | 7.00 | 6.05 | | 5.21 | 3.84 | 4.58 | 8.63 | 7.45 | |
| 3200 | 柳杉 | 8.67 | 34.42 | 11.35 | 7.66 | 7.43 | | 3.73 | | 0.07 | 1.71 | 5.83 | |
| 3300 | 水杉 | 4.16 | 5.41 | 4.94 | | 2.52 | 1.19 | 9.52 | 22.22 | 9.80 | | 8.40 | 7.64 |
| 3400 | 池杉 | 4.75 | | | 4.75 | | | 0.11 | | | 0.11 | | |
| 3500 | 柏木 | 9.26 | 11.47 | 5.91 | | | | 2.81 | 3.13 | 2.32 | | | |
| 4100 | 栎类 | 8.69 | 9.96 | 2.99 | 2.20 | | 2.74 | 3.91 | 4.48 | 2.64 | 0.20 | | |
| 4200 | 桦木 | 9.12 | | 9.12 | | | | | | | | | |
| 4400 | 樟木 | 27.58 | 27.58 | | | | | 0.96 | 0.96 | | | | |
| 4650 | 刺槐 | 19.08 | 39.48 | 19.34 | 7.31 | 10.95 | | 3.95 | 2.75 | 1.68 | 14.98 | 8.52 | |
| 4900 | 其他硬阔类 | 5.34 | 6.99 | 3.85 | 5.34 | | | 3.02 | 2.75 | 3.68 | 1.84 | | |
| 5300 | 杨树 | 13.25 | 24.41 | 11.89 | 11.08 | 6.98 | | 11.16 | 2.98 | 10.96 | 17.29 | 18.07 | |
| 5350 | 柳树 | 5.51 | | | | | 5.51 | 19.33 | | | | | 19.33 |
| 5400 | 泡桐 | 30.97 | 30.97 | | | | | 1.61 | 1.61 | | | | |
| 5900 | 其他软阔类 | 10.64 | 13.28 | 10.67 | 7.59 | 5.66 | 8.77 | 4.22 | 2.39 | 2.43 | 10.83 | 2.99 | 5.53 |
| 6100 | 针叶混 | 7.73 | 10.48 | 7.38 | 6.33 | 3.91 | | 3.32 | 3.09 | 2.87 | 6.23 | 3.16 | |
| 6200 | 阔叶混 | 8.42 | 9.55 | 5.50 | 5.78 | 2.84 | 4.18 | 3.41 | 3.62 | 2.89 | 3.45 | 0.28 | 0.89 |
| 6300 | 针阔混 | 8.56 | 9.86 | 7.00 | 7.26 | 4.77 | | 4.42 | 4.43 | 5.21 | 1.34 | 2.23 | |

表 3.65 湖北省 2009 年第八次森林资源清查不同优势树种分龄组年均蓄积生长率和蓄积消耗率

| 树种代码 | 名称 | 蓄积生长率 %    |       |       |       |       |       | 蓄积消耗率 %   |       |       |       |       |       |
|---|---|---|---|---|---|---|---|---|---|---|---|---|---|
|  |  | 总 | 幼龄林 | 中龄林 | 近熟林 | 成熟林 | 过熟林 | 总 | 幼龄林 | 中龄林 | 近熟林 | 成熟林 | 过熟林 |
| 1400 | 油杉 | 3.05 |  | 3.05 |  |  |  | 16.75 |  | 16.75 |  |  |  |
| 1500 | 落叶松 |  |  |  |  |  |  | 0.65 | 0.65 |  |  |  |  |
| 1900 | 黑松 | 9.89 | 9.89 |  |  |  |  | 8.31 | 8.31 |  |  |  |  |
| 2000 | 油松 | 12.44 |  | 12.95 | 2.88 |  |  | 1.35 |  | 0.70 | 13.83 |  |  |
| 2100 | 华山松 | 10.43 | 10.12 | 10.88 | 9.51 |  |  | 1.81 | 4.65 | 1.05 | 1.01 |  |  |
| 2200 | 马尾松 | 8.39 | 11.58 | 8.19 | 6.89 | 5.99 | 9.12 | 5.05 | 5.59 | 5.55 | 4.05 | 3.58 | 7.93 |
| 2600 | 国外松 | 40.00 | 40.00 |  |  |  |  |  |  |  |  |  |  |
| 2610 | 湿地松 | 9.14 | 22.55 | 8.57 | 4.79 |  | 4.82 | 7.86 | 0.50 | 6.33 | 21.69 |  | 1.73 |
| 2620 | 火炬松 |  |  |  |  |  |  |  |  |  |  |  |  |
| 2900 | 其他松类 | 7.14 | 40.00 | 8.25 | 5.73 |  |  | 2.36 |  | 1.23 | 3.16 |  |  |
| 3100 | 杉木 | 9.97 | 17.18 | 9.01 | 6.50 | 11.70 | 2.70 | 7.55 | 5.24 | 8.52 | 6.89 | 7.29 | 13.36 |
| 3200 | 柳杉 | 9.39 | 40.00 | 11.03 | 6.50 | 9.19 |  | 5.93 |  | 5.31 | 5.56 | 7.70 |  |
| 3300 | 水杉 | 9.20 | 12.33 | 10.65 | 4.08 | 10.16 |  | 9.25 | 0.63 | 6.63 | 21.91 | 0.27 |  |
| 3400 | 池杉 | 9.28 |  | 9.30 | 9.22 | 9.87 |  | 0.80 |  | 0.04 | 0.39 | 14.47 |  |
| 3500 | 柏木 | 9.35 | 10.29 | 7.98 |  |  |  | 4.68 | 3.19 | 6.86 |  |  |  |
| 4100 | 栎类 | 10.35 | 11.55 | 3.82 |  |  | 1.41 | 4.38 | 4.94 | 1.34 |  |  | 0.17 |
| 4200 | 桦木 | 5.86 | 5.65 | 40.00 |  |  |  | 5.58 | 5.62 |  |  |  |  |
| 4400 | 樟木 | 16.64 | 16.64 |  |  |  |  | 7.09 | 7.09 |  |  |  |  |
| 4650 | 刺槐 | 40.00 | 40.00 | 40.00 |  |  |  |  |  |  |  |  |  |
| 4900 | 其他硬阔类 | 6.17 | 8.34 | 3.56 | 3.88 | 1.37 |  | 3.39 | 3.19 | 4.58 | 2.71 | 0.78 |  |
| 5300 | 杨树 | 29.70 | 31.02 | 33.99 | 40.00 | 9.82 | 5.11 | 3.82 | 1.60 | 2.45 |  | 19.54 | 22.73 |
| 5350 | 柳树 | 6.67 | 13.33 |  |  |  | 6.66 | 9.73 | 26.67 |  |  |  | 9.69 |
| 5800 | 楝树 | 19.89 | 19.89 |  |  |  |  | 0.81 | 0.81 |  |  |  |  |
| 5900 | 其他软阔类 | 9.81 | 14.73 | 7.35 | 11.69 | 4.40 | 4.05 | 4.04 | 2.51 | 4.71 | 0.16 | 8.68 | 0.85 |
| 6100 | 针叶混 | 9.28 | 11.97 | 8.57 | 5.74 | 6.89 |  | 3.74 | 2.78 | 4.05 | 4.92 | 2.71 |  |
| 6200 | 阔叶混 | 9.42 | 10.37 | 6.55 | 5.12 | 4.63 |  | 3.29 | 3.17 | 3.53 | 2.75 | 5.54 |  |
| 6300 | 针阔混 | 9.78 | 11.07 | 8.45 | 6.16 | 4.22 |  | 4.45 | 4.46 | 4.86 | 4.35 | 0.72 |  |

## 表 3.66　优势树种（组）龄组划分表

| 树种 | 地区 | 起源 | 幼龄林 1 | 中龄林 2 | 近熟林 3 | 成熟林 4 | 过熟林 5 | 龄级划分 |
|---|---|---|---|---|---|---|---|---|
| 红松、云杉、柏木、紫杉、铁杉 | 北方 | 天然 | 60 以下 | 61~100 | 101~120 | 121~160 | 161 以上 | 20 |
|  | 北方 | 人工 | 40 以下 | 41~60 | 61~80 | 81~120 | 121 以上 | 20 |
|  | 南方 | 天然 | 40 以下 | 41~60 | 61~80 | 81~120 | 121 以上 | 20 |
|  | 南方 | 人工 | 20 以下 | 21~40 | 41~60 | 61~80 | 81 以上 | 20 |
| 落叶松、冷杉、樟子松、赤松、黑松 | 北方 | 天然 | 40 以下 | 41~80 | 81~100 | 101~140 | 141 以上 | 20 |
|  | 北方 | 人工 | 20 以下 | 21~30 | 31~40 | 41~60 | 61 以上 | 10 |
|  | 南方 | 天然 | 40 以下 | 41~60 | 61~80 | 81~120 | 121 以上 | 20 |
|  | 南方 | 人工 | 20 以下 | 21~30 | 31~40 | 41~60 | 61 以上 | 10 |
| 油松、马尾松、云南松、思茅松、华山松、高山松 | 北方 | 天然 | 30 以下 | 31~50 | 51~60 | 61~80 | 81 以上 | 10 |
|  | 北方 | 人工 | 20 以下 | 21~30 | 31~40 | 41~60 | 61 以上 | 10 |
|  | 南方 | 天然 | 20 以下 | 21~30 | 31~40 | 41~60 | 61 以上 | 10 |
|  | 南方 | 人工 | 10 以下 | 11~20 | 21~30 | 31~50 | 51 以上 | 10 |
| 杨、柳、桉、楝、泡桐、木麻黄、檫、枫杨、相思、软阔 | 北方 | 人工 | 10 以下 | 11~15 | 16~20 | 21~30 | 31 以上 | 5 |
|  | 南方 | 人工 | 5 以下 | 6~10 | 11~15 | 16~25 | 26 以上 | 5 |
| 桦、榆、木荷、枫香、珙桐 | 北方 | 天然 | 30 以下 | 31~50 | 51~60 | 61~80 | 81 以上 | 10 |
|  | 北方 | 人工 | 20 以下 | 21~30 | 31~40 | 41~60 | 61 以上 | 10 |
|  | 南方 | 天然 | 20 以下 | 21~40 | 41~50 | 51~70 | 71 以上 | 10 |
|  | 南方 | 人工 | 10 以下 | 11~20 | 21~30 | 31~50 | 51 以上 | 10 |
| 栎、柞、楠、栲、椆、椴、水、柞、楠、胡、黄、硬阔 | 南北 | 天然 | 40 以下 | 41~60 | 61~80 | 81~120 | 121 以上 | 20 |
|  | 南北 | 人工 | 20 以下 | 21~40 | 41~50 | 51~70 | 71 以上 | 10 |
| 杉木、柳杉、水杉 | 南方 | 人工 | 10 以下 | 11~20 | 21~25 | 26~35 | 36 以上 | 5 |

计算平均胸径的模型参数见表 3.67。

表 3.67　平均胸径计算模型参数表

| 森林类型 | 常数 $a_1$ | 参数 $a_2$（生长系数） | $R^2$ | 显著性 Sig. |
| --- | --- | --- | --- | --- |
| 马尾松 | 8.838 3 | 0.166 5 | 0.629 | 0.000 |
| 其他松类 | 6.458 4 | 0.377 6 | 0.734 1 | 0.000 |
| 柏类 | 7.039 4 | 0.152 0 | 0.195 8 | 0.001 |
| 杉类 | 1.026 2 | 0.665 5 | 0.871 8 | 0.000 |
| 杨树 | 8.492 8 | 0.769 6 | 0.243 7 | 0.000 |
| 其他软阔 | 4.949 1 | 0.494 | 0.399 1 | 0.000 |
| 硬阔 | 6.463 1 | 0.119 7 | 0.238 1 | 0.000 |
| 阔叶混 | 9.562 2 | 0.086 7 | 0.116 | 0.001 |
| 针阔混 | 9.982 1 | 0.085 3 | 0.271 6 | 0.000 |

每公顷株数：抽取二调数据建模，通过构建不同林分类型的株数、活立木蓄积和平均胸径的多元回归方程计算而得。株数计算模型：

MGQ_ZSHU（公顷株数）= $b_1 + b_2 \times$ HLM_GQXJI（活立木公顷蓄积）+ $b_3$ $\times$ PJ_XJING（平均胸径）

计算公顷株数的模型参数见表 3.68。

表 3.68　公顷株数计算模型参数表

| 森林类型 | 常数 $b_1$ | 参数 $b_2$ | 参数 $b_3$ | $R^2$ | 显著性 Sig. |
| --- | --- | --- | --- | --- | --- |
| 松类 | 2 035.612 | 9.210 | −103.480 | 0.345 | 0.000 |
| 柏类 | 1 843.185 | 19.047 | −138.770 | 0.399 | 0.000 |
| 杉类 | 2 647.609 | 7.488 | −132.637 | 0.460 | 0.000 |
| 杨树 | 1 580.522 | 4.358 | −68.988 | 0.339 | 0.000 |
| 阔叶混 | 2 787.500 | −0.410 | −120.420 | 0.133 | 0.000 |
| 针阔混 | 2 331.734 | 10.233 | −122.581 | 0.305 | 0.000 |

乔木层每公顷生物量：采用活立木公顷蓄积、生物量拓展因子（BEF）、木材密度（$D$）及根茎比（$R$）相乘而得。计算公式：

SWL_QMU（乔木层公顷生物量）= HLM_GQXJI（活立木公顷蓄积）$\times$ BEF $\times D \times (1+R)$

计算乔木公顷生物量的参数见表 3.69。

表 3.69　乔木公顷生物量计算参数表

| 树种代码 | 名称 | 生物量拓展因子 | 木材密度 | 根茎比 |
| --- | --- | --- | --- | --- |
| 1400 | 油杉 | 1.288 5 | 0.448 5 | 0.233 9 |
| 1900 | 黑松 | 1.892 0 | 0.450 0 | 0.218 0 |
| 2000 | 油松 | 1.552 0 | 0.415 7 | 0.208 0 |
| 2100 | 华山松 | 1.776 0 | 0.386 3 | 0.190 0 |

续表

| 树种代码 | 名称 | 生物量拓展因子 | 木材密度 | 根茎比 |
|---|---|---|---|---|
| 2200 | 马尾松 | 1.294 0 | 0.448 2 | 0.173 0 |
| 2600 | 国外松 | 1.420 9 | 0.489 4 | 0.281 3 |
| 2610 | 湿地松 | 1.378 0 | 0.359 0 | 0.268 0 |
| 2620 | 火炬松 | 1.568 0 | 0.435 4 | 0.338 0 |
| 2900 | 其他松类 | 1.341 0 | 0.464 9 | 0.181 0 |
| 3100 | 杉木 | 1.299 0 | 0.307 1 | 0.203 0 |
| 3200 | 柳杉 | 1.271 0 | 0.289 3 | 0.268 0 |
| 3300 | 水杉 | 1.363 0 | 0.274 0 | 0.351 0 |
| 3400 | 池杉 | 1.358 0 | 0.370 0 | 0.313 3 |
| 3500 | 柏木 | 1.458 0 | 0.472 2 | 0.219 0 |
| 4100 | 栎类 | 1.288 0 | 0.611 9 | 0.289 0 |
| 4200 | 桦木 | 1.421 0 | 0.527 0 | 0.253 0 |
| 4400 | 樟木 | 1.249 0 | 0.464 9 | 0.258 0 |
| 4500 | 楠木 | 1.249 0 | 0.480 7 | 0.258 0 |
| 4600 | 榆树 | 1.368 3 | 0.486 8 | 0.250 4 |
| 4900 | 其他硬阔类 | 1.385 0 | 0.606 2 | 0.241 0 |
| 5300 | 杨树 | 1.394 0 | 0.364 4 | 0.185 0 |
| 5350 | 柳树 | 1.394 0 | 0.440 9 | 0.185 0 |
| 5400 | 泡桐 | 1.787 0 | 0.236 7 | 0.236 0 |
| 5800 | 楝树 | 1.388 4 | 0.438 9 | 0.189 0 |
| 5900 | 其他软阔类 | 1.273 0 | 0.422 2 | 0.215 0 |
| 6100 | 针叶混 | 1.364 6 | 0.390 2 | 0.208 6 |
| 6200 | 阔叶混 | 1.281 5 | 0.522 2 | 0.235 1 |
| 6300 | 针阔混 | 1.323 0 | 0.475 4 | 0.221 8 |

下层植被每公顷生物量、凋落物每公顷生物量：通过2013年碳汇调查样地数据建模，建立乔木层生物量和下层及凋落物相关的线性模型。

下层植被每公顷生物量和凋落物每公顷生物量的计算模型见表3.70。

表3.70 下层植被和凋落物每公顷生物量计算模型

| 森林类型 | 下层植被/（Mg/hm²） | 凋落物层/（Mg/hm²） |
|---|---|---|
| 针叶林 | $B_{XC}=0.846\,3e^{0.009\,8B_{QM}}$ ($R^2=0.226\,2$) | $B_{KLW}=0.021\,2B_{QM}+3.957\,7$ ($R^2=0.101\,3$) |
| 阔叶林 | $B_{XC}=0.043\,2B_{QM}-0.479$ ($R^2=0.245\,2$) | $B_{KLW}=0.000\,4B_{QM}+4.850\,5$ ($R^2=0.000\,2$) |
| 针阔混交林 | $B_{XC}=0.006\,4B_{QM}+3.2501$ ($R^2=0.013\,3$) | $B_{KLW}=0.009\,3B_{QM}+3.952\,3$ ($R^2=0.021\,2$) |

注：$B_{QM}$为乔木层每公顷生物量；$B_{XC}$为下层植被每公顷生物量；$B_{KLW}$为凋落物每公顷生物量。

土壤碳密度：首先是计算出土类的有机碳密度，其次根据土壤类型面积推算出整个土壤碳库量。

某一土类的有机碳密度（$SOC_i$，$kg/m^2$）计算公式为

$$SOC_i = 0.58 C_i \cdot D_i \cdot E_i / 100$$

式中：$i$ 为土类代号；$C_i$ 为 $i$ 层土壤有机质含量，g/kg；$D_i$ 为容重，$g/cm^3$；$E_i$ 为土层厚度，cm。不同土类的土壤有机质含量和容重详见表 3.71。

表 3.71 中国土壤 46 个土类有机质含量和土壤容重

| 土纲 | 土类 | 有机质质量分数/（g/kg） | 土壤容重/（g/cm³） |
|---|---|---|---|
| 铁铝土纲 | 砖红壤 | 13.3 | 1.18 |
| | 赤红壤 | 14 | 1.35 |
| | 红壤 | 12.4 | 1.37 |
| | 黄壤 | 20.4 | 1.16 |
| 淋溶土纲 | 黄棕壤 | 18.7 | 1.31 |
| | 棕壤 | 14 | 1.42 |
| | 暗棕壤 | 31.8 | 1.13 |
| | 灰黑土 | 28.6 | 1.18 |
| | 漂灰土 | 17.8 | 1.28 |
| 半淋溶土纲 | 燥红土 | 10.4 | 1.30 |
| | 褐土 | 14.7 | 1.41 |
| | 塿土 | 17.8 | 1.30 |
| | 灰褐土 | 14.4 | 1.30 |
| 钙层土纲 | 黑垆土 | 9.1 | 1.33 |
| | 黑钙土 | 16.9 | 1.24 |
| | 栗钙土 | 10.1 | 1.24 |
| | 棕钙土 | 6.4 | 1.40 |
| | 灰钙土 | 7.5 | 1.35 |
| 石膏盐层土纲 | 灰漠土 | 6 | 1.25 |
| | 灰棕漠土 | 3.7 | 1.25 |
| | 棕漠土 | 2.1 | 1.40 |
| 水成土纲 | 沼泽土 | 28.1 | 1.25 |
| | 水稻土 | 14.5 | 1.33 |
| 半水成土纲 | 黑土 | 18.7 | 1.31 |
| | 白浆土 | 8.2 | 1.24 |
| | 潮土 | 5 | 1.48 |
| | 砂姜黑土 | 9.6 | 1.40 |
| | 灌淤土 | 9.2 | 1.32 |
| | 绿洲土 | 11.2 | 1.35 |
| | 草甸土 | 19.3 | 1.20 |

续表

| 土纲 | 土类 | 有机质质量分数/（g/kg） | 土壤容重/（g/cm³） |
|---|---|---|---|
| 盐碱土纲 | 盐土 | 16 | 1.25 |
|  | 碱土 | 8 | 1.30 |
| 岩成土纲 | 紫色土 | 8.7 | 1.28 |
|  | 石灰土 | 24.6 | 1.30 |
|  | 磷质石灰土 | 25.9 | 1.30 |
|  | 黄绵土 | 3 | 1.25 |
|  | 风沙土 | 2.7 | 1.51 |
|  | 火山灰土 | 16.3 | 1.35 |
| 高山土纲 | 山地草甸土 | 64.6 | 1.20 |
|  | 亚高山草甸土 | 40.3 | 1.20 |
|  | 高山草甸土 | 54.3 | 1.20 |
|  | 亚高山草原土 | 15.9 | 1.25 |
|  | 高山草原土 | 11.7 | 1.25 |
|  | 亚高山漠土 | 11 | 1.35 |
|  | 高山漠土 | 10.7 | 1.30 |
|  | 高山寒冻土 | 11.2 | 1.25 |
|  | 第二次土壤普查平均 | 17.8 | 1.3（全国） |

土壤碳储量 = 土壤有机碳密度（kg/m²）× 土壤类型面积（m²）

区域土壤有机碳储量估算。按地区土类的平均有机碳密度与其面积的乘积之和求得。计算公式为

$$\text{TOC} = \sum \text{SOC}_i \cdot A_i$$

式中：TOC为区域土壤有机碳储量；$\text{SOC}_i$为第$i$类土壤的碳密度；$A_i$为第$i$类土壤的面积。

**3）LULUCF碳汇监测样地数据库的建立**

根据二类调查数据和林地一张图等数据完成的时间和数据特点，确定将湖北省2009年森林资源二类调查数据和2015年林地一张图数据作为本次监测的基础数据。结合2013年的第二次湿地资源调查数据和碳汇专项补充调查数据，辅以高分辨率卫星资源三号遥感数据，利用成熟的遥感图像处理技术，以林班界、山脊线及道路、河流形成主要的分界线，与原有的矢量图进行叠加比较，将已有的矢量数据融合并生成新的土地利用图斑界线，利用GIS技术及数据库对图斑属性数据进行更新，并叠加分析，最终建立湖北省LULUCF碳汇监测样地数据库。数据库内容包括：①湖北省2005年林业与土地利用本底矢量数据与属性数据；②湖北省2013年林业与土地利用现状矢量数据与属性数据；③湖北省2005~2013年林业与土地利用变化矢量数据和属性数据。

## 4. 数据质量验证

**1）验证工作组织**

（1）队伍组建。湖北省林业科学研究院组织 3 名技术人员组成 1 个内业数据查验分析组，负责对内业解译数据进行检查和修正。并指定 2 名固定技术人员组成外业调查工作组，配合内业区划判读人员 1 名进行现场验证。现地验证样地所在县（市、区）成立配合保障组，主要负责组织 1~2 名熟悉业务、掌握林业、湿地等资源调查的技术人员和 2~3 名辅助人员配合开展样地外业调查和现场验证等工作。自查过程中，省林业厅造林处组成检查督导组对各内外业组进行全程工作督促、技术指导、跟班作业和质量检查。

（2）技术准备。按照全国碳汇监测工作的统一部署和时间要求，按时完成湖北省碳汇监测样地的内业判读矢量数据，利用最新的相关专题数据，结合补充调查和模型更新等方法，获取矢量图斑属性，并依据国家林业局下发方案中的标准统一数据格式与内容。提供验证样方的遥感影像与资源区划小班矢量数据，各县（市、区）配套验证区域内（数字化）地形图（比例尺 1∶10000 或 1∶50000）。将地形图与样方土地利用分类小班数据在 ArcGIS 平台上叠加，若地形图坐标系为投影坐标系，需将小班数据进行投影转换，再行叠加。形成区划小班与地形图叠加的调查底图，便于确定样方及其核查图斑的准确位置。

**2）验证方法**

（1）内业查验。碳汇监测样地内业查验采用全面分析与随机抽样相结合的方式进行。随机抽取的内业查验样地数不少于全省样地总数量的 20%，对每块样地区划图斑进行逐因子内业检查。查验内容包括投影和坐标系、解译标志建立、图斑区划、属性调查记载、属性数据逻辑关系、生长模型更新等。

随机选取湖北省 65 块监测样地矢量数据进行内业查验工作，并填写《碳汇监测样地内业查验结果记录表》。碳汇监测样地数据查验内容包括数据完整性和投影坐标设置、图斑区划和空间拓扑、图斑地类和属性记载、属性更新和逻辑关系等。

区划精度要求：①边界确定和类型划分，与相应 2013 年高分辨率遥感影像对比，调绘、标绘的各种明显界线（同名地物）移位不超过图上±0.5 mm，不明显界线移位不得超过图上±1.0 mm；②土地利用分类的总体精度要求大于 85%，单类别的最低精度不低于 80%。

（2）外业检查。作外业检查用图和对应属性因子表，采用现地全面踏查与典型地块实测相结合的方法进行外业检查。省级自查的外业检查样地数量不少于本省样地总数量的 10%。外业检查的监测样地中，省级自查的图斑数量不少于图斑总数量的 20%。外业检查重点应对内业查验中发现的漏划、错划和疑问图斑等进行确认。同时对检查图斑，记载森林经营管理活动。

选取 33 块监测样地进行现地核实，并填写《碳汇监测样地外业检查结果记录表》。核实重点是对内业自查中发现的漏划、错划和疑问图斑等进行确认，同时对检查图斑记载森林经营管理活动。持工作手图到实地，根据小班区划条件，逐一对图斑进行多视点、多角度核实，确定其界线范围，在工作手图上用铅笔对图斑界线进行修正；根据 LULUCF 的土地类型划分标准，逐一核实每块图斑的地类；选取不少于总图班数 20%的图斑核实图斑属性和林分因子,包括地类、森林类别、优势树种、郁闭度/覆盖度、平均胸径、活立木公顷蓄积量等。

**3)数据质量**

(1)内业查验结果。内业自查中,各调查地类的判读结果均达到正判率要求,其中,林地综合正判率为 93.9%、农地正判率为 99.9%,草地正判率为 90.5%,湿地正判率为 99.9%,聚居地和其他土地正判率均达到 99%以上,综合正判率为 94.6%,达到正判率要求;土地权属、林种、森林(林地)类别、工程类别依据相关区划或监测结果数据记载;林地图斑的每公顷株数、平均胸径、公顷蓄积、乔木层每公顷生物量更新至监测基准年和变化年;更新方法未经过验证分析;图斑面积按高斯平面坐标系计算,并按监测样地实际面积进行平差;林地图斑的面积、每公顷株数、平均胸径、公顷蓄积、乔木层每公顷生物量等属性值存在逻辑错误的图斑数量占林地图斑的比例为 5%,林地图斑有记载森林经营管理活动。

(2)外业检查结果。外业自查中,乔木林地正判率达到 96.2%,竹林地正判率为 100%,灌木林地正判率为 86.9%,未成林造林地正判率为 41.3%,农地正判率为 79.9%,湿地正判率为 100%,聚居地正判率为 100%,除未成林造林地外,地类正判率均达到要求;其他地类自查过程中没有抽查到,未参与统计。林地综合正判率为 94.1%,已抽查地类的综合正判率为 90.4%,达到正判率要求。

(3)质量评定等级。根据内业查验和外业检查结果,采用倒扣分法对湖北省的碳汇监测成果质量进行了评定。湖北省 LULUCF 碳汇监测数据的自查质量评定得分为 93 分,评定等级为"优秀"。

**5. 碳储量统计**

本部分计算主要是针对林地并覆盖有森林植被部分所采取的统计计算方法。此部分的统计计算是依据面积统计后,根据不同森林类型的单位面积特征值(生物量碳密度)、枯死部分碳密度、土壤碳特征值等内容,计算相应碳库中的碳储量。因为各种森林类型特征值,如平均年龄、平均胸径、平均蓄积量等都来自全国森林资源一类清查或二类调查的统计成果,所以此处的平均特征值统计估计精度也与原调查统计估计精度相同。

**1)土地利用类型生物量碳储量**

由单位面积平均蓄积量或单位面积平均生物量来计算相应土地利用类型的乔木层地上与地下碳储量。

平均蓄积量计算方法:

$$C = A \times \frac{\sum_{i,j} A_{i,j} \times \overline{C_{i,j}}}{\sum_{i,j} A_{i,j}} = A \times \frac{\sum_{i,j} A_{i,j} \times \{\overline{M_{i,j}} \times \mathrm{BCEF}_{i,j} \times (1 + R_{i,j}) \times \mathrm{CF}_{i,j}\}}{\sum_{i,j} A_{i,j}}$$

平均生物量计算方法:

$$C = A \times \frac{\sum_{i,j} A_{i,j} \times \overline{C_{i,j}}}{\sum_{i,j} A_{i,j}} = A \times \frac{\sum_{i,j} (A_{i,j} \times \overline{B_{i,j}} \times \mathrm{CF}_{i,j})}{\sum_{i,j} A_{i,j}}$$

式中：$C$ 为生物量总碳储量，t·C；$A$ 为总体面积，hm²；$A_{i,j}$ 为第 $i$ 土地利用类型第 $j$ 优势树种（组）或森林类型的面积，hm²；$\overline{C_{i,j}}$ 为第 $i$ 土地利用类型第 $j$ 优势树种（组）或森林类型平均生物量碳密度。公式中其他指标与前面公式一致。

非乔木层生物量包括下层的灌木和草本生物量，其计算公式可采用下式两种方法计算：

$$C_{非乔} = A \times \frac{\sum_{i,j} A_{i,j} \times \overline{C_{非乔 i,j}}}{\sum_{i,j} A_{i,j}}$$

$$C_{非乔} = A \times \frac{\sum_{i,j} A_{i,j} \times f(M_乔 \text{or} B_乔) \times CF_{非乔}}{\sum_{i,j} A_{i,j}}$$

**2）枯死部分生物量碳储量**

其计算方法与非乔木层生物量计算类似，统计计算公式如下：

$$C_{枯死} = A \times \frac{\sum_{i,j} A_{i,j} \times \overline{C_{枯死}}}{\sum_{i,j} A_{i,j}}$$

$$C_{枯死} = A \times \frac{\sum_{i,j} A_{i,j} \times f(M_乔 \text{or} B_乔) \times CF_{枯死}}{\sum_{i,j} A_{i,j}}$$

**3）土壤碳储量**

土壤碳储量是通过调查获得的土壤类型面积和相应土壤类型平均碳密度（可选用厚度 1 m、0.30 m）参数，计算相应类型土壤碳库，然后相加得到土壤总碳储量。

$$C_{soil} = \sum_i A_i \times \frac{\sum_j A_{i,j} \times \overline{C_{soil}}}{\sum_j A_{i,j}}$$

式中：$A_{i,j}$ 为第 $i$ 类型土壤第 $j$ 块样地面积。（此公式也可简化为土壤类型面积与相应土壤平均碳密度相乘求和得到土壤总碳储量。）

各统计量的估计标准差和估计精度可根据抽样的样本单元数分别计算其相应的估计值。

**4）估计精度计算**

各碳库统计量的估计标准差和估计精度可根据抽样的样本单元数分别计算其相应的估计值。其数据源来自森林资源一类清查、森林资源二类调查，抽样精度与误差来自原数据样本量和测算值，为了保证在原有数据统计精度不降低，要求各类型碳库抽样估计精度不低于 90%。各项指标具体计算公式如下：

$$\overline{C_i} = \frac{\sum C_{i,j}}{n_i}$$

估计的标准差：

$$S_{\overline{C_i}} = \sqrt{\frac{1}{n-1} \sum_{j=1}^{k} (\overline{C_i} - C_{i,j})^2}$$

绝对误差限：

$$\Delta_i = t_\alpha \times S_{\overline{C_i}}$$

相对误差：

$$E = \frac{\Delta_i}{\overline{C_i}} \times 100\%$$

估计精度：

$$P(\%) = 100 - E$$

以上估计值的误差与精度计算，不同森林类型按碳库统计进行计算，或者根据实际数据源及其所包括的内容进行相应统计分析与计算，确保每项碳库指标都有估计误差与精度。

#### 6. 碳变化量计算

LULUCF 碳库变化的测算内容应包括生物量碳库（活生物量和死生物量）的变化、土壤碳库的变化。其中土壤碳库主要土壤碳进出变化，侧重于土壤管理面积及其排放系数计算，因前期未积累土壤碳库所需资料和参数，土壤碳库变化的测算在本次计量工作不予考虑。基于土地利用变化测算生物量碳库变化，包括保持相同土地利用类别的土地及转变为新的土地利用类别的土地两种情况，应分别估算生物量中的碳库变化。测算土地利用变化相关的所有生物量碳库碳排放与吸收，包括活生物量碳库和死有机质碳库。

**1）保持原土地利用类别不变的生物量碳变化计算方法**

活生物量碳库：采用库-差别法时行计算，通过测算 2 个时间点相应土地类型的碳库储量以估算生物量碳库变化。生物量碳库年变化量的计算是采用时间 $t_1$ 和 $t_2$ 间的生物量碳库差额，除以相应时间段（年数），计算公式为

$$\Delta C_B = \frac{C_{t_2} - C_{t_1}}{t_2 - t_1}$$

式中：$\Delta C_B$ 为在保持相同类别的土地上（如仍为林地的林地），生物量中的年度碳库变化（地上和地下生物量的总和），t·C/年；$C_{t_2}$ 为在时间 $t_2$ 时，每种土地亚类的生物量中的总碳量，t·C；$C_{t_1}$ 为在时间 $t_1$ 时，每种土地亚类的生物量中的总碳量，t·C。

对应土地类型为森林，则其乔木层地上与地下生物量采用下式来计算：

$$C_{乔} = \sum_{i,j}\left[A_{i,j} \cdot V_{i,j} \cdot \text{BCEF}_{i,j} \cdot (1 + R_{i,j}) \cdot \text{CF}_{i,j}\right]$$

对应土地类型为森林，其非乔木层（下层植被）活生物量碳库测算方法：非乔木层生物量碳库测算方法可选用以下两种方法处理。一种是分别气候区、森林植被类型非乔木层生物量密度参数进行计算；另一种是通过建立的非乔木层生物量与乔木层生物量（蓄积量）相关模型，通过乔木层生物量计算出对应的非乔木层植被生物量碳储量。两种计算公式分别为

$$C_{非乔} = \sum_{i,j}(A_{i,j} \cdot B_{非乔 i,j} \cdot \text{CF})$$

$$C_{非乔} = \sum_{i,j}[A_{i,j} \cdot f_{i,j}(B \text{ or } M) \cdot \text{CF}]$$

式中：$C_{乔}$、$C_{非乔}$ 为时间 $t_1$、$t_2$ 的乔木层、非乔木层生物量碳，t·C；$A_{i,j}$ 为保持土地利用

类别不变的面积，$hm^2$；$V$ 为蓄积量，$m^3/hm^2$；$i$ 为气候带或区域；$j$ 为森林类型或优势树种（组）；$R_{i,j}$ 为对应气候带（或区域）$i$ 树种类型 $j$ 的根茎比；CF 为生物量含碳率，$t \cdot C/t$ 干物质（下同）；BCEF 为将蓄积量转换为地上生物量的生物量转化和扩展系数，$t$ 生物量$/m^3$；$B_{非乔}$ 为非乔木层生物量密度参数；$f_{i,j}(B or M)$ 为非乔木层生物量关于乔木层生物量 $B$ 或蓄积量 $M$ 的模型关系函数。

乔木层生物量碳变化量与非乔木层生物量碳的代数和，即可获得没有发生地类变化的土地类型活生物量碳变化量，计算公式如下：

$$\Delta C_B = \frac{C_{t_2} - C_{t_1}}{t_2 - t_1} = \frac{(C_{乔} + C_{非乔})_{t_2} - (C_{乔} + C_{非乔})_{t_1}}{t_2 - t_1}$$

死有机质碳库包括枯死木和凋落物两部分，死有机物质碳库的年度变化计算公式为

$$\Delta C_{DOM} = \Delta C_{枯死木} + \Delta C_{凋落物}$$

式中：$\Delta C_{DOM}$ 为死有机物质碳库的年度变化，$t \cdot C/a$；$\Delta C_{枯死木}$ 为枯死木碳库的年度变化，$t \cdot C/a$；$\Delta C_{凋落物}$ 为凋落物碳库的年度变化，$t \cdot C/a$。

在计算死有机质碳库变化中，在相应区域（省级）尺度，对枯死木和凋落物碳库使用同样的公式，但分别计算其相应的值。

采用库-差别方法计算枯死木或凋落物碳库的年度变化：

$$\Delta C_{DOM} = \left[ A \cdot \frac{(DOM_{t_2} - DOM_{t_1})}{(t_2 - t_1)} \right] \cdot CF$$

式中：$\Delta C_{DOM}$ 为枯死木或凋落物碳库的年度变化，$t \cdot C/$年；$A$ 为土地类型的面积，$hm^2$；$DOM_{t_1}$ 为在时间 $t_1$ 时，相应土地类型上的枯死木/凋落物库，$t$ 干物质$/hm^2$；$DOM_{t_2}$ 为在时间 $t_2$ 时，相应土地类型上的枯死木/凋落物库，$t$ 干物质$/hm^2$。

转化为另一种土地利用类型的生物量碳变化计算方法。

活生物量碳库：采用平均变化量来进行土地利用类型发生变化后的生物量碳计算。其计算公式为

$$\Delta C_B = \frac{C_T - C_o}{t_2 - t_1} = \frac{A \cdot (B_T \cdot CF_T - B_o \cdot CF_o)}{t_2 - t_1}$$

式中：$\Delta C_B$ 为土地利用类型转化为其他土地生物量中的年度碳库变化，$t \cdot C/a$；$B_o$、$C_o$ 为土地利用类型转化前的生物量和碳储量，$t$ 干物质$/hm^2$、$t \cdot C/hm^2$；$B_T$、$C_T$ 为土地利用类型转化后的生物量和碳储量，$t$ 干物质$/hm^2$、$t \cdot C/hm^2$；$A$ 为土地利用类型变化面积，公顷；$t_1$、$t_2$ 分别为变化初期与计算末时的时间，时间一般不超过 20 年；$CF_o$、$CF_T$ 分别为原土地利用类型的生物量碳含率和变化后类型的生物量碳含率。

**2）死有机物质碳库**

通常情况下，假设是转化后为非林地类别的死有机质碳库（DOM）为零，即它们不含碳。对于从林地转化为另一种土地利用类别的土地假设是 DOM 的所有碳损失发生在土地利用转化的年份。

相反地，转化为林地会导致凋落物和枯死木碳库的建立，并且这些碳库储量是从零开始。转化为森林的土地上 DOM 碳是在转型期间从零开始并线性增加的，因而可根据线性特征来推算其变化后的年度变化量。

估算枯死木和凋落物碳库变化的方法是：估算土地利用类别变化前后碳库的差别，

并且在转化年里应用这个变化（碳排放），或者将它统一分配在转移期间（碳增加）。计算公式如下。

由土地转化引起的枯死木和凋落物碳库变化公式：

$$\Delta C_{\mathrm{DOM}} = \frac{(C_{\mathrm{n}} - C_{\mathrm{O}}) \cdot A_{\mathrm{on}}}{T_{\mathrm{on}}}$$

式中：$\Delta C_{\mathrm{DOM}}$ 为枯死木或凋落物碳库的年度变化，$t \cdot C/a$；$C_{\mathrm{O}}$ 为原土地利用类型下枯死木/凋落物碳库，$t \cdot C/hm^2$；$C_{\mathrm{n}}$ 为变化后土地利用类别下枯死木/凋落物碳库，$t \cdot C/hm^2$；$A_{\mathrm{on}}$ 为土地利用类别转化的土地面积，$hm^2$；$T_{\mathrm{on}}$ 为土地利用类别转化的时间段，年。

**3）相关计算公式和参数**

本次林业与土地利用变化碳储量及其变化量计算采用的计算公式和参数见表3.72～表3.74。

表3.72 基于清查法的森林碳储量估算公式表

| 地类 | 植被层 | 估算公式 | 说明 |
|---|---|---|---|
| 乔木林 | 乔木层 | $C_{乔} = \sum_{i=1}^{n} C_i$<br>$C_i = V_i \times \mathrm{BEF}_i \times A_i \times D \times \mathrm{CF}_i \times (1+R)$ | $C_乔$ 为乔木层碳储量；$C_i$ 为第 $i$ 树种的碳储量；$\mathrm{BEF}_i$ 为第 $i$ 树种的全林（含地下和地上）生物量扩展因子；$D$ 为基本木材密度；$V_i$ 为第 $i$ 树种的单位面积蓄积；$A_i$ 为第 $i$ 树种的面积；$\mathrm{CF}_i$ 为第 $i$ 树种的含碳率 |
| | 灌木层 | $C_{灌} = \sum_{i=1}^{n} C_i$<br>$C_i = M_i \times A_i \times \mathrm{CF}_{灌}$ | $C_灌$ 为灌木层碳储量；$M_i$ 为不同森林类型、不同龄组乔木层生物量与灌木层生物量的转换参数；$A_i$ 为不同森林类型、不同龄组乔木层面积；$\mathrm{CF}_灌$ 为灌木林含碳率 |
| | 草本层 | $C_{草} = \sum_{i=1}^{n} C_i$<br>$C_i = M_i \times A_i \times \mathrm{CF}_{草}$ | $C_草$ 为草本层碳储量；$M_i$ 为不同森林类型、不同龄组乔木层生物量与草本层生物量的转换参数；$A_i$ 为不同森林类型、不同龄组乔木层面积；$\mathrm{CF}_草$ 为草本含碳率 |
| | 凋落物层 | $C_{凋} = \sum_{i=1}^{n} C_i$<br>$C_i = M_i \times A_i \times \mathrm{CF}_i$ | $C_凋$ 为凋落物层碳储量；$M_i$ 为不同森林类型、不同龄组乔木层生物量与凋落物层生物量的转换参数；$A_i$ 为不同森林类型、不同龄组乔木层面积；$\mathrm{CF}_i$ 为第 $i$ 树种（组）凋落物含碳率 |
| 疏林 | | $C_{疏} = V_{疏} \times \mathrm{BEF}_{平} \times A \times D \times \mathrm{CF}$ | $\mathrm{BEF}_平$ 为平均生物量扩展因子；$V_疏$ 为单位面积蓄积；$A$ 为面积；$D$ 为基本木材密度；$\mathrm{CF}$ 为平均全树含碳率 |
| 四旁树和散生木 | | $C_{四旁} = M_{四旁} \times \mathrm{BEF}_{平} \times D \times \mathrm{CF}$ | $\mathrm{BEF}_平$ 为生物量扩展因子；$M_{四旁}$ 为四旁树和散生木蓄积量；$D$ 为基本木材密度；$\mathrm{CF}$ 为平均全树含碳率 |
| 经济林、竹林、灌木林 | | $C_{经或灌} = M \times A \times \mathrm{CF}$<br>$C_{竹} = N \times m \times \mathrm{CF}$ | $M$ 为单位面积生物量；$A$ 为面积；$\mathrm{CF}$ 为含碳率；$N$ 为总株数；$m$ 为单株生物量 |

表 3.73　灌木林单位面积生物量及含碳率

| 气候区 | 单位面积生物量/（t d.m/hm²） | 含碳率/（t·C/t d.m） |
| --- | --- | --- |
| 寒温带气候区 | 5.39 | |
| 温带季风气候区 | 10.07 | |
| 温带大陆气候区 | 11.93 | 0.465 0 |
| 亚热带气候区 | 25.86 | |
| 热带气候区 | 11.84 | |
| 高原山地气候区 | 6.20 | |

表 3.74　经济林、竹林单位面积生物量及含碳率

| 植被类型 | | 单位面积生物量/（t d.m/hm²） | 含碳率/（t·C/t d.m） |
| --- | --- | --- | --- |
| 经济林 | | 37.48 | 0.470 0 |
| 竹林 | 毛竹 | 79.57 | 0.470 5 |
| | 杂竹 | 74.26 | |

## 7. 主要测算结果

### 1）2005 年土地利用状况及碳储量

在 2005 年土地利用分类结果中，全省土地总面积约 1 856.88 万 hm²，林地面积约 876.62 万 hm²，占 47.210%；农地面积约 671.53 万 hm²，占 36.164%；草地面积约 0.40 万 hm²，占 0.022%；湿地面积约 139.83 万 hm²，占 7.530%；聚居地面积约 99.06 万 hm²，占 5.334%；其他土地面积约 69.44 万 hm²，占 3.740%（图 3.14 和表 3.75）。

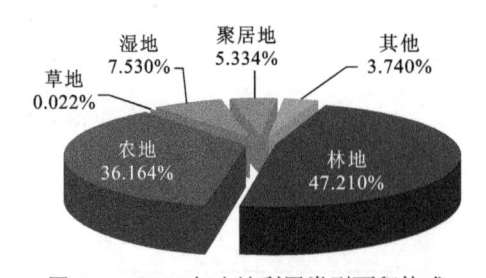

图 3.14　2005 年土地利用类型面积构成

表 3.75　2005 年各类土地面积统计表　　　　　　　　　　单位：hm²

| 统计单位 | 合计 | 林地 | 农地 | 草地 | 湿地 | 聚居地 | 其他土地 |
| --- | --- | --- | --- | --- | --- | --- | --- |
| 样地 | 504 881.06 | 238 351.09 | 182 586.34 | 108.81 | 38 020.47 | 26 934.36 | 18 879.99 |
| 全省 | 18 568 800.85 | 8 766 211.04 | 6 715 263.56 | 4 001.88 | 1 398 338.32 | 990 607.11 | 694 378.94 |

在林地面积中，乔木林地约 679.81 万 hm²，占林地面积的 77.550%；竹林地约 13.27 万 hm²，占 1.510%；疏林地约 2.85 万 hm²，占 0.325%；灌木林地约 171.60 万 hm²，

占 19.575%；未成林造林地约 1.64 万 hm²，占 0.19%；未成林封育地约 0.09 万 hm²，占 0.01%；苗圃地约 2.12 万 hm²，占 0.240%；迹地约 5.23 万 hm²，占 0.600%（图 3.15 和表 3.76）。

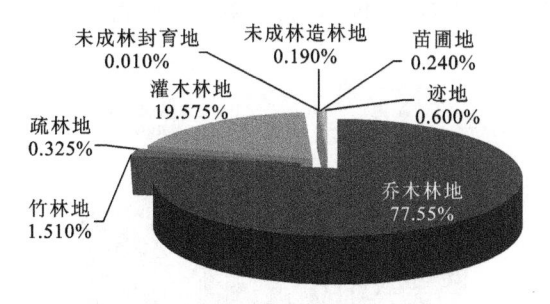

图 3.15　2005 年各类林地面积构成

表 3.76　2005 年各类林地面积统计表　　　　　　　　　　　　　单位：hm²

| 统计单位 | 合计 | 乔木林地 | 竹林地 | 疏林地 | 灌木林地 | 未成林造林地 | 未成林封育地 | 苗圃地 | 迹地 |
|---|---|---|---|---|---|---|---|---|---|
| 样地 | 238 351.09 | 184 838.35 | 3 606.73 | 775.72 | 466 57.93 | 446.25 | 25.37 | 577.61 | 1 423.13 |
| 全省 | 8 766 211.04 | 6 798 089.26 | 132 650.35 | 28 529.87 | 1 716 011.71 | 16 412.43 | 933.07 | 21 243.67 | 52 340.68 |

2005 年，全省活立木总蓄积约 22 182.45 万 m³。其中乔木林蓄积约 22 137.07 万 m³，疏林地蓄积约 45.38 万 m³。

林地植被总碳储量约 13 471.84 万 t，土壤总碳储量约 49 416.21 万 t。在林地植被碳储量（包括乔木层、灌草层和凋落物层）中，乔木林地约 10 541.48 万 t，竹林地约 554.25 万 t，疏林地约 23.01 万 t，灌木林地约 2 345.67 万 t，未成林地和苗圃地占比较少，分别约为 6.40 万 t 和 1.02 万 t（表 3.77）。

表 3.77　2005 年森林各碳库碳储量统计表　　　　　　　　　　　　单位：t

| 地类 | 植被碳储量 | 乔木层 | 灌草层 | 凋落物层 | 土壤层 |
|---|---|---|---|---|---|
| 乔木林地 | 105 414 836 | 86 420 694.6 | 3 653 743.68 | 15 340 397.76 | 390 697 026.8 |
| 竹林地 | 5 542 521.84 | 5 542 425.54 | 8.64 | 87.66 | 7 760 180.52 |
| 疏林地 | 230 107.32 | 158 160.42 | 11 550.96 | 60 395.94 | 1 546 894.08 |
| 灌木林地 | 23 456 650.32 | 23 456 650.32 | 0 | 0 | 89 655 996.24 |
| 未成林造林地 | 64 038.06 | 64 038.06 | 0 | 0 | 1 082 746.44 |
| 未成林封育地 | 0 | 0 | 0 | 0 | 47 669.04 |
| 苗圃地 | 10 240.38 | 6 431.4 | 221.04 | 3 587.94 | 196 191 |
| 迹地 | 0 | 0 | 0 | 0 | 3 175 426.08 |
| 合计 | 134 718 394 | 115 648 400.3 | 3 665 524.32 | 15 404 469.3 | 494 162 130.2 |

## 2）2013年土地利用状况及碳储量

在 2013 年土地利用分类结果中，林地面积约 918.91 万 hm², 占 49.49%；农地面积约 646.8 万 hm², 占 34.83%；草地面积约 0.39 万 hm², 占 0.02%；湿地面积约 144.63 万 hm², 占 7.79%；聚居地面积约 111.24 万 hm², 占 5.99%；其他土地面积约 34.90 万 hm², 占 1.88%（图 3.16 和表 3.78）。

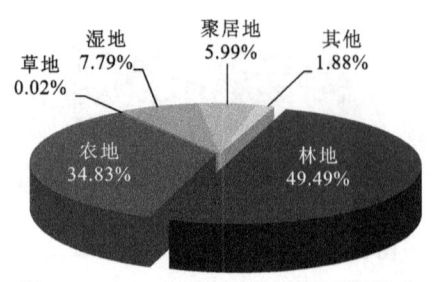

图 3.16　2013 年土地利用类型面积构成

表 3.78　2013 年各类土地面积统计表　　　　　　　　　　　　　单位：hm²

| 统计单位 | 合计 | 林地 | 农地 | 草地 | 湿地 | 聚居地 | 其他土地 |
|---|---|---|---|---|---|---|---|
| 样地 | 504 881.05 | 249 848.41 | 175 866.18 | 106.88 | 39 323.61 | 30 246.76 | 9 489.21 |
| 全省 | 18 568 800.48 | 9 189 065.97 | 6 468 105.72 | 3 930.89 | 1 446 265.94 | 1 112 432.43 | 348 999.53 |

在林地面积中，乔木林地约 716.95 万 hm², 占 78.02%；竹林地约 13.37 万 hm², 占 1.45%；疏林地约 3.87 万 hm², 占 0.42%；灌木林地约 171.33 万 hm², 占 18.65%；未成林造林地 6.40 万 hm², 占 0.70%；未成林封育地约 0.17 万 hm², 占 0.02%；苗圃地 2.17 万 hm², 占 0.24%；迹地 4.64 万 hm², 占 0.50%（图 3.17 和表 3.79）。

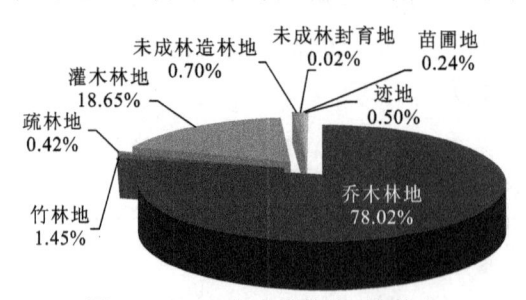

图 3.17　2013 年各类林地面积构成

表 3.79　2013 年各类林地面积统计表　　　　　　　　　　　　　单位：hm²

| 统计单位 | 合计 | 乔木林地 | 竹林地 | 疏林地 | 灌木林地 | 未成林造林地 | 未成林封育地 | 苗圃地 | 迹地 |
|---|---|---|---|---|---|---|---|---|---|
| 样地 | 249 848.41 | 194 938.24 | 3 636.27 | 1 051.79 | 46 585.02 | 1 739.10 | 45.49 | 590.93 | 1 261.57 |
| 全省 | 9 189 065.97 | 7 169 548.72 | 133 736.79 | 38 683.33 | 1 713 330.18 | 63 961.60 | 1 673.06 | 21 733.56 | 46 398.73 |

2013 年，全省活立木总蓄积 38 096.48 万 m³。其中乔木林蓄积 38 013.18 万 m³，疏林地蓄积 83.30 万 m³。

林地植被总碳储量约 19 483.15 万 t,土壤总碳储量约 51 645.74 万 t。在林地植被碳储量(包括乔木层、灌草层和凋落物层)中,乔木林地约 16 752.29 万 t,竹林地约 516.82 万 t,疏林地约 39.89 万 t,灌木林地约 2 168.34 万 t,未成林地和苗圃地占比较少,分别约为 1.71 万 t 和 4.10 万 t(表 3.80)。

表 3.80　2013 年森林各碳库碳储量统计表　　　　　单位:t

| 地类 | 植被碳储量合计 | 乔木层 | 灌草层 | 凋落物层 | 土壤层 |
| --- | --- | --- | --- | --- | --- |
| 乔木林地 | 167 522 859.4 | 145 481 867.3 | 5 361 345.36 | 16 679 646.72 | 410 158 993.3 |
| 竹林地 | 5 168 236.5 | 5 167 783.26 | 26.46 | 426.78 | 7 811 705.52 |
| 疏林地 | 398 894.94 | 299 575.08 | 16 304.58 | 83 015.28 | 2 254 288.68 |
| 灌木林地 | 21 683 440.98 | 21 683 409.66 | 6.3 | 25.02 | 89 305 723.08 |
| 未成林造林地 | 17 073.9 | 14 888.52 | 610.92 | 1 574.46 | 4 021 135.56 |
| 未成林封育地 | 0 | 0 | 0 | 0 | 109 538.64 |
| 苗圃地 | 41 009.76 | 36 041.94 | 1 202.58 | 3 765.24 | 182 382.48 |
| 迹地 | 0 | 0 | 0 | 0 | 2 613 638.88 |
| 合计 | 194 831 515.4 | 172 683 565.7 | 5 379 496.2 | 16 768 453.5 | 516 457 406.2 |

**3) 2005~2013 年间六大地类碳变化量**

2005~2013 年,全省各地类中,林地面积增长约 42.29 万 hm$^2$,农地面积减少约 24.72 万 hm$^2$,草地面积减少约 70.99 万 hm$^2$,湿地面积增加约 4.79 万 hm$^2$,聚居地面积增加约 12.18 万 hm$^2$,其他土地面积减少约 34.54 万 hm$^2$(表 3.81)。

表 3.81　湖北省土地利用各大地类总面积及其变化　　　　　单位:hm$^2$

| 地类 | 2005 年 样地 | 2005 年 全省 | 2013 年 样地 | 2013 年 全省 | 变化量 样地 | 变化量 全省 |
| --- | --- | --- | --- | --- | --- | --- |
| 林地 | 238 351.09 | 8 766 211.04 | 249 848.41 | 9 189 065.97 | 1 1497.32 | 422 854.93 |
| 农地 | 182 586.34 | 6 715 263.56 | 175 866.18 | 6 468 105.72 | −6 720.15 | −247 157.84 |
| 草地 | 108.81 | 4 001.88 | 106.88 | 3 930.89 | −1.93 | −70.99 |
| 湿地 | 38 020.47 | 1 398 338.32 | 39 323.61 | 1 446 265.94 | 1 303.14 | 47 927.62 |
| 聚居地 | 26 934.36 | 990 607.11 | 30 246.76 | 1 112 432.43 | 3 312.40 | 121 825.32 |
| 其他 | 18 879.99 | 694 378.94 | 9 489.21 | 348 999.53 | −9 390.77 | −345 379.41 |

在非林地转入林地面积中,农地和其他土地向林地转移的面积最大,分别约为 22.45 万 hm$^2$ 和 38.53 万 hm$^2$,其次是湿地和聚居地,分别向林地转移约 2.95 万 hm$^2$ 和 1.62 万 hm$^2$(表 3.82)。

表 3.82　2005～2013 年土地利用变化面积矩阵

| 面积/hm² | | 2013 年土地利用类型 | | | | | | |
|---|---|---|---|---|---|---|---|---|
| | | 林地 | 农地 | 草地 | 湿地 | 聚居地 | 其他土地 | 合计 |
| 2005 年土地利用类型 | 林地 | 8 533 584.41 | 125 318.55 | | 4 966.95 | 42 596.57 | 59 744.20 | 8 766 211.04 |
| | 农地 | 224 469.14 | 6 274 698.65 | | 95 458.40 | 96 270.47 | 24 366.53 | 6 715 263.19 |
| | 草地 | | | 3 930.89 | | | 70.98 | 4 001.88 |
| | 湿地 | 29 530.61 | 29 475.08 | | 1 330 490.33 | 3 993.42 | 4 849.25 | 1 398 338.32 |
| | 聚居地 | 16 213.09 | 13 716.93 | | 8 411.26 | 951 577.70 | 687.76 | 990 607.11 |
| | 其他土地 | 385 268.34 | 24 896.51 | | 6 938.64 | 17 994.28 | 259 280.79 | 694 378.94 |
| | 合计 | 9 189 065.97 | 6 468 105.72 | 3 930.89 | 1 446 265.94 | 1 112 432.06 | 348 999.53 | 18 568 800.48 |

在林地转出为非林地面积中，一是因修路、建房、工矿建设、水利建设等征占用林地转为水域面积、建设用地和其他土地的分别约为 0.50 万 hm²、4.26 万 hm² 和 5.97 万 hm²；二是因种植结构调整转变为耕地面积约 12.53 万 hm²。

2005～2013 年，乔木林地新增约 37.15 万 hm²。其中，灌木林地、疏林地、未成林造林地和迹地等林地因自然演变或封山育林天然更新，使乔木林地新增面积约 4.10 万 hm²。灌木林地向乔木林地转移面积最多，向其转入约 2.26 万 hm²；迹地其次，转入约 0.75 万 hm²；竹林地、疏林地、未成林地、苗圃地分别转入约 0.05 万 hm²、0.36 万 hm²、0.68 万 hm² 和 0.0011 万 hm²。乔木林地向其他林地类型转出面积共约 2.15 万 hm²，向竹林地、疏林地、灌木林地、未成林地、苗圃地和迹地分别转出约 0.02 万 hm²、0.25 万 hm²、0.43 万 hm²、0.74 万 hm²、0.03 万 hm² 和 0.69 万 hm²（表 3.83）。

表 3.83　2005～2013 年林地类型面积变化矩阵

| 面积/hm² | | 2013 年林地类型 | | | | | | | |
|---|---|---|---|---|---|---|---|---|---|
| | | 乔木林地 | 竹林地 | 疏林地 | 灌木林地 | 未成林造林地 | 未成林封育地 | 苗圃地 | 迹地 |
| 2005 年林地类型 | 乔木林地 | 6 483 654.57 | 225.82 | 2 473.09 | 4 279.15 | 6 911.00 | 480.69 | 289.97 | 6 880.38 |
| | 竹林地 | 482.05 | 126 465.43 | | 118.83 | | | | |
| | 疏林地 | 3 636.79 | 129.26 | 23 547.93 | 423.69 | 0.00 | | | |
| | 灌木林地 | 22 644.89 | 424.00 | 783.41 | 1 585 397.39 | 1 609.27 | | | 2 890.74 |
| | 未成林造林地 | 6 206.13 | | 40.38 | 97.35 | 9 642.20 | | | |
| | 未成林封育地 | 568.83 | 3.10 | | | | 341.37 | | |
| | 苗圃地 | 11.07 | | | | | | 19 504.82 | |
| | 迹地 | 7 487.92 | 109.92 | 158.37 | 995.97 | 626.23 | | | 33 395.19 |
| | 合计 | 6 524 692.24 | 127 357.55 | 27 003.19 | 1 591 193.55 | 18 907.53 | 822.06 | 19 794.79 | 43 166.31 |

2005～2013年，湖北省林地植被总碳储量增长约6 011.31万t。其中，乔木层碳储量增长约5 703.52万t，灌草层碳储量增长约171.40万t，凋落物层增长约136.40万t。林地土壤有机碳储量增长约2 229.53万t（表3.84）。

表3.84　2005～2013年林地各碳库碳储量变化统计表　　　　　单位：t

| 年度 | 碳储量变化合计 | 乔木层 | 灌草层 | 凋落物层 | 土壤有机碳 |
| --- | --- | --- | --- | --- | --- |
| 2005年 | 628 880 524.1 | 115 648 400.3 | 3 665 524.32 | 15 404 469.3 | 494 162 130.2 |
| 2013年 | 711 288 921.6 | 172 683 565.7 | 5 379 496.2 | 16 768 453.5 | 51 645 7406.2 |
| 变化量 | 82 408 397.48 | 57 035 165.4 | 1 713 971.88 | 13 63 984.2 | 22 295 276 |

2005～2013年，湖北省因土地利用变化引起的碳变化主要集中在林地向非林地转移造成的碳损失，以及非林地向林地转移的碳增长。8年间，林地自身更新与生长增长碳储量共约5 437.23万t，向农地、湿地、聚居地和其他土地转移分别损失碳储量约175.54万t、6.21万t、74.01万t和73.97万t。另一方面，农地、湿地、聚居地和其他土地向林地的转入分别使林地碳储量增长约368.95万t、72.67万t、38.03万t和424.17万t（表3.85）。总的来说，因土地利用变化引起的碳损失低于碳增长，湖北省整体碳储量处于持续增长。

表3.85　2005～2013年土地利用变化引起的碳变化矩阵　　　　　单位：t

| 碳储量/t | | 2013年土地利用类型 | | | | | | |
| --- | --- | --- | --- | --- | --- | --- | --- | --- |
| | | 林地 | 农地 | 草地 | 湿地 | 聚居地 | 其他土地 | 合计 |
| 2005年土地利用类型 | 林地 | 54 372 269.7 | −1 755 415.62 | | −62 094.96 | −740 088 | −739 711.98 | 51 074 959.1 |
| | 农地 | 3 689 534.52 | | | | | | 3 689 534.52 |
| | 草地 | | | | | | | |
| | 湿地 | 726 706.8 | | | | | | 726 706.8 |
| | 聚居地 | 380 257.02 | | | | | | 380 257.02 |
| | 其他土地 | 4 241 664 | | | | | | 4 241 664 |
| | 合计 | 63 410 432.04 | −1 755 415.62 | | −62 094.96 | −740 088 | −739 711.98 | 60 113 121.5 |

2005～2013年，林地中乔木林地、疏林地和苗圃地的碳储量分别增长约5 663.88万t、8.56万t和2.16万t，竹林地、灌木林地、未成林地和迹地的碳储量分别减少约38.84万t、164.77万t、17.85万t和15.90万t。不同林地类型的相互转移造成的碳变化则集中在乔木林地由于木材采伐或改种经济作物等原因造成的碳损失，以及新造林及林地自身生长带来的碳增长。其中，最大的增量来源于乔木林地自身增长约5 662.30万t，其次是未成林地与疏林地，分别增长约7.20万t和6.82万t；最大的损失量是灌木林地的减少造成约178.98万t碳损失，其次为采伐造成的约15.90万t碳损失。2005～2013年林地类型面积变化矩阵见表3.86。

表3.86 2005～2013年林地类型面积变化矩阵　　　　单位：t

| 碳储量/t | | 2013年林地类型 | | | | | | | |
|---|---|---|---|---|---|---|---|---|---|
| | | 乔木林地 | 竹林地 | 疏林地 | 灌木林地 | 未成林造林地 | 未成林封育地 | 苗圃地 | 迹地 |
| 2005年林地类型 | 乔木林地 | 56 622 950.46 | 5 999.58 | 11 989.44 | -12 436.74 | -103 792.68 | -7 523.28 | -2 838.96 | -118 648.98 |
| | 竹林地 | -13 633.56 | -399 743.82 | | | -4 393.62 | | | |
| | 疏林地 | 17 533.44 | 504.72 | 68 232.96 | -7 266.06 | | | | |
| | 灌木林地 | -148 930.56 | 2 163.42 | 4 410.54 | -1 640 884.5 | -22 473.72 | | | -40 369.14 |
| | 未成林造林地 | 67 456.08 | | 298.98 | 30.42 | -4 0350.24 | | | |
| | 未成林封育地 | 6 500.7 | 123.48 | | | | | | |
| | 苗圃地 | 91.62 | | | | | | 24 440.04 | |
| | 迹地 | 86 804.82 | 2 520.9 | 631.8 | 12 872.16 | | | | |
| | 合计 | 56 638 773 | -388 431.72 | 85 563.72 | -1 647 684.7 | -171 010.26 | -7 523.28 | 21 601.08 | -159 018.12 |

## 8. 结果分析与森林资源增汇及发展建议

### 1）结果分析

在我国林业进入生态文明建设重要时期的同时，湖北省在稳步推进天然林保护工程、退耕还林工程等一系列国家重点林业工程基础上，结合自身实际制定了生态立省和绿色富民两大林业发展战略，并通过山区绿化、平原绿化、通道绿化、城镇绿化、门户绿化等一系列绿满荆楚行动，加强了森林的经营和保护管理力度。2005～2013年，全省林地面积大幅增加，森林碳储量持续增长，土地利用变化造成的碳流失现象得到遏制，林业碳汇趋向稳步增长。

（1）林地面积增长。2005年以来，湖北省依托退耕还林工程、长防林建设工程、抑螺防病林工程等林业工程建设，通过实施人工造林、封山育林、低效林改造及中幼林抚育措施，实现了林地面积和蓄积量的双增长。林地面积由2005年的876.62万$hm^2$增长至2013年的918.91万$hm^2$，共增长林地41.29万$hm^2$，其中乔木林地增长最大，高达37.15万$hm^2$，占林地增长面积的89.97%。全省活立木蓄积量由2005年的22 182.45万$m^3$增加到38 096.48万$m^3$，共增加达15 914.03万$m^3$。8年间，湖北省森林资源呈增长趋势。

（2）森林碳储量增加。2005～2013年，湖北省在加大林业工程建设力度的基础上，基于已有林地的自身更新，以及管护措施等，使得森林碳储量得以提高，其中森林植被碳储量从2005年的13 471.84万t提高至2013年的19 483.15万t，共增长6 011.31万t，增长量达到2013年森林植被碳储量的30.9%，林地土壤有机碳储量则由于林地面积的增加，由49 416.21万t增长到51 645.74万t，共增长2 229.54万t。

（3）土地利用变化与碳汇潜力。湖北省在加强林地保护管理的基础上，考虑农业经济结构结构调整等因素,农地和其他土地向林地转移面积共 60.98 万 hm², 在林地转出面积中,因修路、建房、工矿建设、水利建设等征占用林地转为水域面积、建设用地和其他土地的分别为 0.50 万 hm²、4.26 万 hm² 和 5.97 万 hm², 共 10.73 万 hm²; 因种植结构调整转变为耕地面积 12.53 万 hm², 所占比例为 53.87%。可见,湖北省的滥用、占用林地进行垦荒的现象得到了有效遏制。此类土地利用变化造成碳储量损失共 329.73 万 t,考虑林地自身更新与造林增长的碳储量 5437.23 万 t,以及农地、湿地、聚居地和其他土地向林地转移带来的碳增量 903.72 万 t,土地利用造成的碳储量损失只占 2013 年森林碳储量的 1.7%,而碳储量的增加则占 27.9%。综上,湖北省整体碳储量处于持续增长的总体态势。

**2）森林资源增汇及发展建议**

全省森林资源和生态状况距生态立省、绿色富民的战略目标还有一定的距离,同时,森林资源保护管理面临较大的压力。因此,在当前和今后一段时期,应继续重视和加强森林资源培育保护管理工作,严格保护林地,努力推动森林资源走科学经营和持续发展的道路。

（1）加强人工造林力度,增强林业碳汇潜力。人工造林是增加森林碳储量最直接最有效的手段,通过人工造林提高林地利用率,提升全省的森林覆盖率,进而增加湖北省森林碳储量和林业碳汇能力。湖北大部分宜林地因交通、气候、立地条件、林地质量差等因素,其造林面临难度大、成本高的问题。加大投入,提高效率是加强人工造林的关键所在。在以政府为主导的基础上实施多元化的投入机制是增大投资力度的有效手段,通过政策扶持、法律保护、金融支持、制度改革等多项举措,引导鼓励各类工商企业、合作组织和自然人投资造林,坚持谁造林、谁所有,谁投资、谁受益的机制,从而鼓励社会资本参与造林工程。在引入投资、加大投资标准的基础上,运用各类实用技术,提高造林成活率、保存率和成林率,从而推动森林资源的持续增加。

（2）推进森林科学经营,有效提高森林质量和效益。深化森林科学经营理念,完善森林分类经营策略,针对不同的森林类型实施合理的经营措施,以有效提高森林质量和效益。针对防护林、特用林等生态公益林应加强其封山护林和封山育林,严格控制其采伐消耗,保护其生态多样性和改善环境的能力,使其森林质量、生物种类、生态效益都得到明显提升。在此基础上,利用湖北优越的森林景观,在采取切实可行的生态保护措施的基础上,因地制宜地发展森林生态产业,挖掘森林生态效益。针对用材林,对较疏林分通过加大补植和封育力度,提高林地生物量;对过密林分,通过加强抚育间伐,改善中幼龄林生长条件,提高单位面积生长量;对低质低效残次林,通过科学的林分改造措施,提高林地生产力;对灾害木、枯死木较多的森林及时进行清理,改善林分卫生状况,促进森林健康,提高森林质量,增强森林生态功能。在提高用材林生产经营水平的基础上,依托湖北良好的地理气候环境,适当发展速生丰产林、短轮伐期用材林等高效林业,以快速满足经济发展对木材的需求。针对经济林,充分利用湖北省气候和地理上都是南北过渡地带,适合多种经济林木生长的优势,结合国家加快特色经济林产业政策扶持,建设一批优质、高产、高效、生态、安全的特色经济林示范基地。建设经济林不仅挖掘林地资源潜力,改善人居环境,推动绿色增长,为城乡居民提供更为丰富的木本粮油和特色食品,而且有利于调整农村产业结构,增加农民收入,促进农民就业增收

（3）加强林地保护，确保林业发展空间。林地是林业发展的根基，保护林地就是保障林业发展空间。保护林地可以从以下三方面着手。一是保护现有林地。加大封山育林力度，切实加强对现有林地保护，守住林地保护利用规划红线。对已经退化为疏林地、灌丛和荒山荒地的林地，有针对性地规划和实施退化林地修复工程。所有林地必须用于林业发展和生态建设，不得擅自改变用途。禁止毁林开垦、毁林挖塘等将林地转化为其他农用土地。在农业综合开发、耕地占补平衡、土地整理过程中，不得挤占林地。对已经开垦种植、破坏的林地要逐步还林。二是节约使用林地。全省在林地利用规划的基础上建立基本林地保护制度，严格实施征占用林地定额管理制度。对进行勘查、开采矿藏和各项建设工程，应当不占或者少占林地，必须占用或者征收林地的，应当在依法办理审核手续的基础上，引导建设项目节约使用林地，并实施森林面积占补平衡策略。三是积极拓展补充林地。主要措施是结合新一轮退耕还林工程、林业血防工程、平原绿化建设工程、岩溶地区石漠化综合治理工程、防沙治沙建设工程、工矿废弃地治理工程等工程项目，通过人工造林、封山育林扩展补充林地的范围。

（4）严格执行采伐限额制度，协调保护和利用的关系。森林资源是林业和生态建设的根本，严格执行好采伐限额是协调森林资源保护和利用的有效手段。建议湖北省一是对国家下达的本省森林采伐限额，要在综合考虑全省各地区森林资源状况、可采资源数量和社会经济发展状况等因素的基础上，合理配置年森林采伐限额指标。二是全省各级政府和林业主管部门采取有效措施，加强森林资源管理和保护，特别是在森林资源采伐管理中，狠抓源头管理，在总结商品材采伐管理经验教训的基础上，制定出切实可行的自用材的采伐管理办法和措施，减少农村地区以烧材、香菇木耳种植及零星采伐的消耗，严格执行凭证采伐制度和森林采伐限额制度，使森林资源采伐管理科学化、规范化，从而使采伐消耗量有效控制在限额范围内，做到合理有效地利用森林资源，使森林资源保护和利用得到协调发展。

（5）优化林业监测手段，提升森林资源管理能力。当前，湖北省在国家发展生态林业民生林业的大背景下，制定了一系列造林绿化的规划，开展了绿满荆楚的生态建设大动员，要求林业必需兼顾生态效益、经济效益、社会效益和群众利益。这使得林业资源管理对森林资源监测数据提出了更全面、更精细、时效性更强的信息需求。森林监测应当创新监测思路，进一步优化调查方法，扩展监测内容，提高监测效率，提升服务能力。在积极推进森林资源"一体化"监测的基础上，充分利用地理信息系统及相关数据统计分析工具，为林业各项政策的制定提供及时、有效、可靠的森林资源与生态状况信息。

# 参 考 文 献

毕君, 冯小军, 姚章军, 2005. 京都协议下的森林碳汇 (CDM 造林、再造林)[J]. 河北林业科技(5): 35-36.

曹扬, 陈云明, 晋蓓, 等, 2014. 陕西省森林植被碳储量、碳密度及其空间分布格局[J]. 干旱区资源与环境, 28(9): 69-73.

曾慧卿, 刘琪璟, 冯宗炜, 等, 2007. 红壤丘陵区林下灌木生物量估算模型的建立及其应用[J]. 应用生态学报, 18(10): 2185-2190.

曾伟生, 2005. 云南省森林生物量与生产力研究[J]. 中南林业调查规划, 24(4): 1-3, 13.
陈碧辉, 2006. 温室气体源汇及其对气候影响的研究现状[J]. 气象科学(5): 586-590.
陈富强, 罗勇, 李清湖, 等, 2013. 粤东地区森林灌木层优势植物生物量估算模型[J]. 中南林业科技大学学报, 33(2): 5-10.
陈根长, 1995. 森林资源资产化的动因、目标及内容[J]. 中国软科学(9): 80-82.
陈红林, 黄健, 黄发新, 等, 2010. 湖北森林碳汇量初步估算[C]. 2010 中国科协年会第五分会场全球气候变化与碳汇林业学术研讨会优秀论文集. 北京: 中国林业学会: 105-108.
陈红梅, 宁云才, 齐秀辉, 2012. 中国经济增长、能源消耗与碳排放之间的关机研究[J]. 科技管理研究(10): 198-202.
陈遐林, 马钦彦, 康峰峰, 等, 2002. 山西太岳山典型灌木林生物量及生产力研究[J]. 林业科学研究, 15(3): 304-309.
成向荣, 虞木奎, 吴统贵, 等, 2012. 立地条件对麻栎人工林碳储量的影响[J]. 生态环境学报, 21(10): 1674-1677.
迟璐, 王百田, 曹晓阳, 等, 2013. 山西太岳山主要森林生态系统碳储量与碳密度[J]. 东北林业大学学报, 41(8): 32-35.
代杰瑞, 庞绪贵, 曾宪东, 等, 2015. 山东省土壤有机碳密度的空间分布特征及其影响因素[J]. 环境科学研究, 28(9): 1449-1458.
邓蕾, 上官周平, 2011. 秦岭宁陕县森林植被碳储量与碳密度特征[J]. 西北植物学报, 31(11): 2310-2320.
杜红梅, 王超, 高红真, 2009. 华北落叶松人工林碳汇功能的研究[J]. 中国生态农业学报, 17(4): 756-759.
段文霞, 朱波, 刘锐, 等, 2007. 人工柳杉林生物量及其土壤碳动态分析[J]. 北京林业大学学报, 29(2): 55-59.
方精云, 2000. 北半球中高纬度的森林碳库可能远小于目前的估算[J]. 植物生态学报, 24(5): 635-638.
方精云, 陈安平, 2001. 中国森林植被碳库的动态变化及其意义[J]. 植物学报, 43(9): 967-973.
方精云, 刘国华, 徐嵩龄, 1996. 我国森林植被的生物量和净生产量[J]. 生态学报, 16(5): 497-508.
方精云, 朴世龙, 赵淑清, 2001. $CO_2$ 失汇与北半球中高纬度陆地生态系统的碳汇[J]. 植物生态学报, 25(5): 594-602.
方精云, 郭兆迪, 朴世龙, 等, 2007. 1981—2000 年中国陆地植被碳汇的估算[J]. 中国科学, 37(6): 804-812.
冯宗炜, 1999. 中国森林生态系统的生物量和生产力[M]. 北京: 科学出版社.
傅运生, 郭文源, 艾松, 1992. 湖北大悟县低山丘陵人工马尾松群落结构和生物量的初步研究[J]. 湖北大学学报(自然科学版), 14(2): 178-182.
高利红, 2004. 林业权之物权法体系构造[J]. 法学(12): 94-96.
宫超, 汪思龙, 曾掌权, 等, 2011. 中亚热带常绿阔叶林不同演替阶段碳储量与格局特征[J]. 生态学杂志, 30(9): 1935-1941.
光增云, 2007. 河南森林植被的碳储量研究[J]. 地域研究与开发, 26(1): 76-79.
韩娟娟, 程积民, 万惠娥, 等, 2010. 子午岭辽东栎群落碳储量研究[J]. 西北林学院学报, 25(5): 18-23.
何列艳, 亢新刚, 范小莉, 等, 2011. 长白山区林下主要灌木生物量估算与分析[J]. 南京林业大学学报(自然科学版), 35(5): 45-50.
侯振宏, 张小全, 徐德应, 等, 2009. 杉木人工林生物量和生产力研究[J]. 中国农学通报, 25(5): 97-103.
胡青, 汪思龙, 陈龙池, 等, 2012. 湖北省主要森林类型生态系统生物量与碳密度比较[J]. 生态学杂志,

31(7): 1626-1632.

胡海清, 罗碧珍, 魏书精, 等, 2015. 小兴安岭7种典型林型林分生物量碳密度与固碳能力[J]. 植物生态学报, 39 (2): 140-158.

《湖北森林》编辑委员会, 1991. 湖北森林[M]. 武汉: 湖北科学技术出版社.

黄从德, 张健, 杨万勤, 等, 2008a. 四川人工林生态系统碳储量特征[J]. 应用生态学报, 19(8): 1644-1650.

黄从德, 张健, 杨万勤, 等, 2008b. 四川省及重庆地区森林植被碳储量动态[J]. 生态学报, 28(3): 966-975.

黄从德, 张健, 杨万勤, 等, 2009. 四川省森林植被碳储量的空间分异特征[J]. 生态学报, 29(9): 5115-5121.

黄萍, 黄春长, 2000. 全球增温与碳循环[J]. 陕西师范大学学报(自然科学版)(2): 104-109.

黄中秋, 傅伟军, 周国模, 等, 2014. 浙江省森林土壤有机碳密度空间变异特征及其影响因素[J]. 土壤学报, 51(4): 906-913.

焦秀梅, 项文化, 田大伦, 2005. 湖南省森林植被的碳贮量及其地理分布规律[J]. 中南林学院学报, 25(1): 4-8.

金巍, 文冰, 秦钢, 2006. 林业碳汇的经济属性分析[J]. 中国林业经济(4): 14-16.

康凯丽, 2012. 基于区域森林碳汇能力的我国碳汇林业发展研究[D]. 北京: 北京林业大学.

冷清波, 周早弘, 2013. 东江源区森林系统碳汇计量[J]. 西北林学院学报, 28(5): 254-255.

李海奎, 雷渊才, 2010. 中国森林植被生物量和碳储量评估[M]. 北京: 中国林业出版社.

李海奎, 雷渊才, 曾伟生, 2011. 基于森林清查资料的中国森林植被碳储量[J]. 林业科学, 47(7): 7-12.

李海涛, 王姗娜, 高鲁鹏, 等, 2007. 赣中亚热带森林植被碳储量[J]. 生态学报, 27(2): 693-704.

李克让, 王绍强, 曹明奎, 2003. 中国植被和土壤碳贮量[J]. 中国科学(D辑), 33(1): 72-80.

李怒云, 宋维明, 2007. 气候变化与中国林业碳汇政策研究综述[J]. 林业工作参考(2): 130-137.

李怒云, 宋维明, 章升东, 2005. 中国林业碳汇管理现状与展望[J]. 绿色中国(3): 24-25.

李强, 马明东, 刘跃建, 等, 2008. 几种人工林土壤有机碳和养分研究[J]. 土壤通报, 39(5): 1034-1037.

李跃林, 胡成志, 张云, 等, 2004. 几种人工林土壤碳储量研究[J]. 福建林业科技, 31(4): 4-7.

梁启鹏, 余新晓, 庞卓, 等, 2010. 不同林分土壤有机碳密度研究[J]. 生态环境学报, 19(4): 889-893.

林德荣, 李智勇, 吴水荣, 等, 2011. 林业减排增汇机制对中国多功能森林经营的影响与启示[J]. 世界林业研究, 24(3): 23-25.

林培松, 高全洲, 2009. 韩江流域典型区几种森林土壤有机碳储量和养分库分析[J]. 热带地理, 29(4): 329-334.

刘德晶, 刁鸣军, 2005. 我国林业碳汇监测评估工作初探[J] 林业资源管理, 6(3): 7-10.

刘国华, 傅伯杰, 方精云, 2000. 中国森林碳动态及其对全球碳平衡的贡献[J]. 生态学报, 20(5): 733-740.

刘纪远, 2003. 中国陆地生态系统碳循环研究[M]. 北京: 中国林业出版社.

刘玉萃, 吴明作, 郭宗民, 等, 2001. 内乡宝天曼自然保护区锐齿栎林生物量和净生产力研究[J]. 生态学报, 21(9): 1450-1456.

刘玉萃, 吴明作, 郭宗民, 等, 1998. 宝天曼自然保护区栓皮栎林生物量和净生产力研究[J]. 应用生态学报, 9(6): 569-574.

龙妍, 丰文先, 王兴辉, 2016. 基于LEAP模型的湖北省能源消耗及碳排放分析[J]. 电力科学与工程,

32(5): 1-6.

卢景龙, 梁守伦, 刘菊, 2012. 山西省森林植被生物量和碳储量估算研究[J]. 中国农学通报, 28(31): 51-56.

路秋玲, 王国兵, 杨平, 等, 2012. 森林生态系统不同碳库碳储量估算方法的评价[J]. 南京林业大学学报(自然科学版), 36(5): 155-160.

栾晏, 2015. 发达国家和发展中国家能源消费与碳排放控制研究[D]. 吉林: 吉林大学.

毛艳玲, 杨玉盛, 刑世和, 等, 2008. 土地利用方式对土壤水稳性团聚体有机碳的影响[J]. 水土保持学报, 22(4): 132-137.

潘帅, 于澎涛, 王彦辉, 等, 2014. 六盘山森林植被碳密度空间分布特征及其成因[J]. 生态学报, 34(22): 6666-6677.

彭林, 2004. "城市森林"违背科学: 风景园林专家座谈会观点要则回放[J]. 风景园林(55): 95-98.

秦晓佳, 丁贵杰, 2012. 不同林龄马尾松人工林土壤有机碳特征及其与养分的关系[J]. 浙江林业科技, 32(2): 12-17.

任国玉, 1991. $CO_2$ 导致的全球增暖及其影响[J]. 辽宁师范大学学报(自然科学版)(4): 339-348.

任毅华, 蔡靖, 袁杰, 等, 2012. 秦岭火地塘林区3种森林类型乔木层碳密度和碳储量研究[J]. 河南农业科学, 41(9): 73-77.

沈彪, 党坤良, 常伟, 等, 2014. 秦岭中段南坡锐齿栎林碳密度研究[J]. 西北农林科技大学学报(自然科学版), 42(5): 55-61.

史大林, 郑小贤, 2007. 马尾松林碳储量成熟问题初探 [J]. 林业资源管理(4): 53-54.

宋华萍, 覃德文, 吴庆标, 2014. 麻栎人工林生态系统碳储量分配格局[J]. 南方农业学报, 45(12): 2220-2224.

唐罗忠, 生原喜久雄, 黄宝龙, 等, 2004. 江苏省里下河地区杨树人工林的碳储量及其动态[J]. 南京林业大学学报, 28(2): 1-6.

唐万鹏, 王月容, 郑兰英, 等, 2004. 南方型杨树人工林生物量与生产力研究[J]. 湖北林业科技(增刊): 43-47.

田大伦, 方晰, 项文化, 2004. 湖南会同杉木人工林生态系统碳素密度[J]. 生态学报, 24(11): 2382-2386.

田大伦, 王新凯, 方晰, 等, 2011. 喀斯特地区不同植被恢复模式幼林生态系统碳储量及其空间分布[J]. 林业科学, 47(9): 7-14.

田杰, 于大炮, 周莉, 等, 2012. 辽东山区典型森林生态系统碳密度[J]. 生态学杂志, 31(11): 2723-2729.

王兵, 魏文俊, 2007. 江西省森林碳储量与碳密度研究[J]. 江西科学, 25(6): 681-687.

王娟, 陈云明, 曹扬, 等, 2012. 子午岭辽东栎林不同组分碳含量与碳储量[J]. 生态学杂志, 31(12): 3058-3063.

王蕾, 张景群, 王晓芳, 等, 2010. 黄土高原两种人工林幼林生态系统碳汇能力评价[J]. 东北林业大学学报, 38(7): 75-78.

王鹏程, 邢乐杰, 肖文发, 等, 2009. 三峡库区森林生态系统有机碳密度及碳储量[J]. 生态学报, 29(1): 97-107.

王向雨, 胡东, 贺金生, 2007. 神农架地区米心水青冈林和锐齿槲栎林生物量的研究[J]. 首都师范大学学报(自然科学版), 28(2): 62-67.

王肖楠, 耿玉清, 余新晓, 2012. 栓皮栎林与油松林土壤有机碳及其组分的研究[J]. 土壤通报, 43(3):

604-609.

王晓芳, 张景群, 王蕾, 等, 2010. 黄土高原油松人工林幼林生态系统碳汇研究[J]. 西北林学院学报, 25(5): 29-32.

王晓荣, 唐万鹏, 刘学全, 等, 2012. 丹江口湖北库区不同林分类型凋落物储量及持水性能[J]. 水土保持学报, 26(5): 244-248.

王晓荣, 张家来, 庞宏东, 等, 2015. 湖北省森林生态系统碳储量及碳密度特征[J]. 中南林业科技大学学报, 35(10): 93-100.

王效科, 冯宗炜, 2000. 中国森林生态系统中植物固定大气碳的潜力[J]. 生态学杂志, 19(4): 72-74.

王效科, 冯宗炜, 欧阳志云, 2001. 中国森林生态系统的植物碳储量和碳密度研究[J]. 应用生态学报, 12(1): 13-16.

王新闯, 齐光, 于大炮, 等, 2011. 吉林省森林生态系统的碳储量、碳密度及其分布[J]. 应用生态学报, 22(8): 2013-2020.

王叶, 延晓冬, 2006. 全球气候变化对中国森林生态系统的影响[J]. 大气科学, 30(5): 1009-1018.

王祖华, 刘红梅, 关庆伟, 等, 2011. 南京城市森林生态系统的碳储量和碳密度[J]. 南京林业大学学报(自然科学版), 35(4): 18-22.

魏亚伟, 于大炮, 王清君, 等, 2013. 东北林区主要森林类型土壤有机碳密度及其影响因素[J]. 应用生态学报, 24(12): 3333-3340.

巫涛, 彭重华, 田大伦, 等, 2012. 长沙市区马尾松人工林生态系统碳储量及其空间分布[J]. 生态学报, 32(13): 4034-4042.

吴鹏, 丁访军, 陈骏, 2012. 中国西南地区森林生物量及生产力研究综述[J]. 湖北农业科学, 51(8): 1513-1518, 1527.

吴庆标, 王效科, 段晓男, 等, 2008. 中国森林生态系统植被固碳现状和潜力[J]. 生态学报, 28(2): 517-524.

肖复明, 范少辉, 汪思龙, 等, 2009. 湖南会同毛竹林土壤碳循环特征[J]. 林业科学, 45(6): 11-15.

徐晓, 杨丹, 2012. 湖南省马尾松林生物总量的空间分布与动态变化[J]. 中南林业科技大学学报, 32(11): 73-78.

徐新良, 曹明奎, 李克让, 2007. 中国森林生态系统植被碳储量时空动态变化研究[J]. 地理科学进展, 26(6): 1-10.

许雯, 胡海波, 周长海, 2011. 皖东地区马尾松林生物量结构及其分布特征[J]. 中南林业科技大学学报, 31(6): 111-115.

薛沛沛, 李彬, 王轶浩, 等, 2011. 三峡库区典型马尾松林生态系统碳分配格局研究[J]. 四川林业科技, 32(6): 62-67.

杨晓菲, 鲁绍伟, 饶良懿, 等, 2011. 中国森林生态系统碳储量及其影响因素研究进展[J]. 西北林学院学报, 26(3): 73-78.

叶金盛, 佘光辉, 2010. 广东省森林植被碳储量动态研究[J]. 南京林业大学学报(自然科学版), 34(4): 7-12.

佚名. 中华人民共和国气候变化初始国家信息通报[M]. 北京: 中国计划出版社, 2004:16.

袁立嘉, 唐玉凤, 伍格致, 2016. 湖南省碳排放强度与森林碳汇地域差异分析[J]. 中南林业科技大学学报, 36(7): 97-102.

张国斌, 李秀芹, 徐泽鸿, 等, 2012. 几种不同更新的森林群落碳储量结构特征分析[J]. 生态环境学报, 21(2): 206-212.

张红, 李洋, 张洋, 2014. 中国经济增长对国际能源消费和碳排放的动态影响: 基于33个国家GVAR模型的实证研究[J]. 清华大学学报(哲学社会科学版)(1): 14-25.

张亮, 林文欢, 王正, 等, 2010. 广东省森林植被碳储量空间分布格局[J]. 生态环境学报, 19(6): 1295-1299.

张全智, 王传宽, 2010. 6种温带森林碳密度与碳分配[J]. 中国科学, 40 (7): 621-631.

张仕光, 刘建, 黄开勇, 等, 2010. 桂西北马尾松人工林生物量生长规律及其分配模式[J]. 广西林业科学, 39(4): 189-192, 219.

张田田, 马履一, 贾忠奎, 等, 2012. 华北落叶松幼中龄林的生物量与碳汇功能[J]. 东北林业大学学报, 40(12): 32-39.

张小全, 陈先刚, 吴曙红, 2004. 土地利用变化和林业活动碳贮量变化测定与监测中的方法学问题[J]. 生态学报, 24(9): 2068-2072.

张小全, 2003. 森林、造林、再造林和毁林的定义与碳计量问题[M]. 北京: 中国林业出版社.

张学顺, 王兵, 冯万富, 等, 2013. 暖温带-亚热带过渡区鸡公山落叶栎林和松栎混交林土壤有机碳空间分布特征[J]. 安徽农业大学学报, 40(1): 18-22.

赵敏, 周广胜, 2004. 中国森林生态系统的植物碳贮量及其影响因子分析[J]. 地理科学, 24(1): 50-54.

郑兰英, 王晓荣, 张家来, 等, 2013. 鄂西北主要森林类型碳密度特征[J]. 湖北林业科技(2): 1-6.

中国土壤学会, 2000. 土壤农业化学分析方法[M]. 北京: 中国农业科技出版社.

周健, 肖荣波, 庄长伟, 等, 2013. 城市森林碳汇及其抵消能源碳排放效果: 以广州为例[J]. 生态学报, 33(18): 5865-5873.

周伟, 王晓洁, 关庆伟, 等, 2012. 基于二类调查数据的森林植被碳储量和碳密度: 以徐州市为例[J]. 东北林业大学学报, 40(10): 71-75.

周玉荣, 于振良, 赵士洞, 2000. 我国主要森林生态系统碳贮量和碳平衡[J]. 植物生态学报, 24(5): 518-522.

周玉荣, 2000. 我国主要森林生态系统碳储量和碳平衡[J]. 植物生态学报, 24(5): 518-522.

BAKER T, PHILLIPS O, MALHI Y, et al., 2004. Variation in wood density determines spatial patterns in Amazonian forest biomass[J]. Global Change Biology, 8(10): 545-562.

BORKEN W, XU Y J, DAVISON E A, et al., 2002. Site and temporal variation of soil respiration in European beech, Norway spruce, and Scots pine forests [J]. Global Change Biology, 8(12):1205-1216.

BROWN S, LUGO A E, 1992. Aboveground biomass estimates for tropicalmoist forests of Brazilian Amazon[J]. Interciencia, 17: 8-18.

BROWN S, LUGO A E, 1982. The storage and production of organic matterin tropical forests and their role in the global carbon cycle[J]. Biotropica, 14: 161-187.

CIAIS P, PEYLIN P, BOUSQUET P, 2000. Regional biospheric fluxes as inferred from atmospheric $CO_2$ measurements [J]. Journal of Applied Ecology, 10: 1574-1589.

DIXON R K, BROWN S, HOUGHTON R A, et al., 1994. Carbon pool and flux of global forest ecosystems [J]. Science, 263: 85.

DORE S, DANNY L F, SCOTT L S, 2014. Spatial heterogeneity of soil $CO_2$ efflux after harvest and prescribed fire in a California mixed conifer forest [J]. Forest Ecology and Management, 319: 150-160.

EYNARD A, SCHUMACHER T, LINDSTROM M J, et al., 2005. Effects of agricultural management systems on soil organic carbon in aggregates of Ustolls and Usterts [J]. Soil & Tillage Research, 81: 253-263.

FAMIGLIETTI J S, RUDNICKI J W, RODELL M, 1998. Variability in surface moisture content along a hillslope transect: Rattlesnake Hill, Texas [J]. Journal of Hydrology, 210:259-281.

FANG J Y, CHEN A P, PENG C H, et al., 2001. Changes in Forest Biomass Carbon Storage in China between 1949 and 1998[J]. Science, 292: 2320-2322.

FRANZLUEBBERS K, FRANZLUEBBERS A J, JAWSON M D, 2002. Environmental controls on soil and whole-ecosystem respiration from a tallgrass prairie [J]. Soil Science Society America Journal, 66:254-262.

GÄRDENÄS A I, 2000. Soil respiration fluxes measured along a hydrological gradient in a Norway spruce stand in south Sweden (Skogaby) [J]. Plant Soil, 221: 273-280.

GRANIER A, CESCHIA E, DAMESIN C, et al., 2000. The carbon balance of a young Beech forest [J]. Functional Ecology, 14(3): 312-325.

HAN G, ZHOU G, XU Z, et al., 2007. Biotic and factors controlling the spatial and temporal variation of soil respiration in an agricultural ecosystem [J]. Soil Biology Biochemistry, 39: 418-425.

HANSON P J, WULLSCHLEGER S D, BOHLMAN S A, et al., 1993. Seasonal and topographic patterns of forest floor $CO_2$ efflux from an upland oak forest [J]. Tree Physiology, 13: 1-15.

HÖGBERG P, NORDGREN A, BUCHMANN N, et al., 2001. Large-scale forest girdling shows that current photosynthesis drives soil respiration [J]. Nature, 411:789-792.

HOUGHTON J T, DING Y, GRIGGS D J, et al., 2001. Climate change 2001: the scientific basis. Contribution of working group 1 to the third assessment report of the intergovernmental panel on climate change[M]. Cambriage: Cambridge University Press.

HOUGHTON R A, HACKLER J L, LAWRENCE K T, 1999. The U. S. carbon budget: contributions from land-use change [J]. Science, 285: 574-578.

IPCC, 2001. Climate change: the scientific basis [M]. Cambridge: Cambridge University Press.

IPCC, 2006. IPCC Guidelines for National Greenhouse Gas Inventories, Volume 4: Agriculture, Forestry and Other Land Uses (AFOLU) [M]. Hayama, Japan: IPCC/IGES.

JANSEN M, JUDAS M, SABOROWSKI J, 2002. Spatial modeling in forest ecology and management [M]. Berlin: Springer-Verlag: 225.

JOBBÁGY E, JACKSON R, 2000. The vertical distribution of soil organic carbon and its relation to climate and vegetation[J]. Ecology Applications, 10: 423-436.

KAYE J P, RESH S C, KAYE M W, et al., 2000. Nutrient and carbon dynamics in a replacement series of Eucalyptus and Albizia trees[J]. Ecology, 81(12): 3267-3273.

KOBZIAR L N, STEPHENS S L, 2006. The effects of fuels treatments on soil carbon respiration in a Sierra Nevada pine plantation [J]. Agricultural and Forest Meteorology, 141(2): 161-178.

LAL R, 2004. Soil C sequestration impacts on global climatic change and food security[J]. Science, 304(5677): 1623-1627.

LITTON C M, RAICH J W, RYAN M G, 2007. Carbon allocation in forest ecosystems[J]. Global Change Biology, 13: 2089-2109.

LIU J X, PENG C H, 2002. Historic carbon budgets of Ontario's forest ecosystems [J]. Forest Ecology and Management, 169: 103-114.

LUAN J W, LIU S R, ZHU X L, et al., 2012. Roles of biotic and abiotic variables in determining spatial variation of soil respiration in secondary oak and planted pine forests [J]. Soil Biology Biochemistry, 44: 143-150.

MALHI Y, BALDOCCHI D D, JARVIS P G, 1999. The carbon balance of tropical, temperate and boreal forests[J]. Plant Cell and Environment, 22: 715-740.

MSIHI Y, BALDOCCHI D D, JARVIS P G, 1999. The carbon balance of tropical, temperate and boreal forests [J]. Plant Cell and Enviroment, 22: 715-740.

NOWAK D J, CRANE D E, 2002. Carbon storage and sequestration by urban trees in the USA[J]. Environmental Pollution, 116(3): 381-389.

OHASHI M, KUME T, YAMANE S, et al., 2007. Hot spots of soil respiration in an Asian tropical rainforest [J]. Geophysical Research Letters, 34(8): 65-69.

PAUL E A, CLARK F E, 1996. Soil Microbiology and Biochemistry[M]. San Diego: Academic Press.

PAUL K I, POLGLASE P J, NYAKUENGAMA J G, et al., 2002. Change in soil carbon following afforestation[J]. Forest Ecology and Management, 168: 241-257.

PEICHL M, ARAIN A A, 2006. Above- and belowground ecosystem biomass and carbon pools in an age-sequence of temperate pine plantation forests[J]. Agr For Meteor, 140: 51-63.

QI Y, DONG Y, JIN Z, et al., 2010. Spatial heterogeneity of soil nutrients and respiration in the desertified grasslands of Inner Mongolia China [J]. Pedosphere, 20(5):655-665.

RODEGHIERO M, CESCATTI A, 2005. Main determinants of forest soil respiration along an elevation/ temperature gradient in the Italian Alps [J]. Global Change Biology, 11(7): 1024-1041.

SAVIN M C, GORRES J H, NEHER D A, et al., 2001. Biogeophysical factors influencing soil respiration and mineral nitrogen content in an old field soil [J]. Soil Biology Biochemistry, 33: 429-438.

SCHLESINGER W H, ANDREWS J A, 2000. Soil respiration and the global carbon cycle [J]. Biogeochemistry, 48(1): 7-20.

SCHROEDER P, BROWN S, MO J, et al., 1997. Boimass estimation for temperate broadleaf forests of the US using inventory data [J]. Forest Science, 43: 424-434.

SCOTT-DENTON L E, SPARKS K L, MONSON R K, 2003. Spatial and temporal controls of soil respiration rate in a high-elevation, subalpine forest [J]. Soil Biology Biochemistry, 35: 525-534.

SØE ARB, BUCHMANN N, 2005. Spatial and temporal variations in soil respiration in relation to stand structure and soil parameters in an unmanaged beech forest [J]. Tree Physiology, 25: 1427-1436.

SONG Q H, TAN Z H, Y ZHANG Y P, et al., 2013. Spatial heterogeneity of soil respiration in a seasonal rainforest with complex terrain [J]. iForest-Biogeosciences and Foresty, 6(2): 65-72.

SOTTA E D, MEIR P, MALHI Y, et al., 2004. Soil $CO_2$ efflux in a tropical forest in the central Amazon [J]. Global Change Biology, 10: 601-617.

SOTTA E D, VELDKAMP E, GUIMARAES B R, et al., 2006. Landscape and climatic controls on spatial and temporal variation in soil $CO_2$ efflux in an Eastern Amazonian Rainforest, Caxiuana, Brazil. Forest [J]. Ecology and Management, 237: 57-64.

TANG J, BALDOCCHI D D, 2005. Spatial-temporal variation in soil respiration in a oak-grass savanna ecosystem in California and its partitioning into autotrophic and heterotrophic components [J]. Biogeochemistry, 73: 183-207.

TEKLEMARIAM T, STAEBLER R M, BARR A G, et al., 2009. Eight years of carbon dioxide exchange above a mixed forest at Borden, Ontario [J]. Agricultural and Forest Meteorology, 149: 2040-2053.

THIERRON V, LAUDELOUT H, 1996. Contribution of root respiration to total $CO_2$ efflux from the soil of a deciduous forest[J]. Canadian Journal Forest Research, 26: 1142-1148.

WANG C, BOND-LAMBERTY B, GOWER S T, 2002. Environmental controls on carbon dioxide flux from black spruce coarse woody debris [J]. Oecologia, 132: 374-381.

YAN J X, LI H J, LI J J, 2015. Studies on spatial heterogeneity of soil respiration in a conifer-broad leaf mixed forest in the Pangquangou Nature Reserve Area [J]. Acta Ecologica sinica, 35(24): 1-10.

# 第4章 森林生物多样性及小气候效益量

森林生物多样性是森林基本特征，森林保护生物多样性有着不可替代的作用与地位。本章从分析低丘退化植被类型、石漠化植被类型等生态脆弱地区植被类型入手，着重研究鄂北岩溶地区、丹江口库区等森林多样性变化规律，注重人工抚育管理措施在调节森林生物多样性的重要作用，以期为恢复、提高湖北重要水源区及困难立地区森林生物多样性提供技术支持。

## 4.1 低山丘陵石漠化植被特征

以湖北省浠水县为例，选取长江中游黄壤低丘区不同程度退化植被类型如天然林（石栎）、人工林（杉木、马尾松、毛竹）、灌丛次生林等，以荒裸地为对照，开展植物群落结构、生产力及功能退化特征对比研究。结果表明：①退化植被的群落外貌特征为群落层次减少，荒裸地和灌草地都缺乏乔木层，群落内多是阳性喜光植物；林分郁闭度降低，植被覆盖率降低。②随着植被退化程度的加深，生物多样性 Shannon-Wiener 指数的变化趋势为由小到大再变小，均匀度 Simpson 指数的变化趋势为由大变小再变大。③就土壤容重而言，石栎林<杉木林<灌草地<荒裸地，土壤孔隙度状况为马尾松林>灌草林>石栎林>荒裸地，不同退化程度森林类型土壤含水量、最大持水量、最小持水量变化趋势均为马尾松林土壤水分状况最好，其次是灌草林，荒裸地最差。④植被的退化影响土壤养分含量变化，荒裸地的土壤有机质质量分数为 0.97%、全氮质量分数为 0.06%，均明显低于其他森林生态系统，而全钾和全磷含量较为稳定。

采用 12 个指标进行综合评价，将三峡森林质量分为四个不同的等级，讨论林分质量与冠高、高程、产地等主要因素的关系。结果表明，海拔是影响林分质量的重要因素，自然林分质量高于其他林分。

### 4.1.1 长江中游黄壤低丘区植被的退化特征[①]

我国长江中游黄壤低山丘陵区在长江中游分布广，面积大，约占该区域面积的 60%左右。该区长期存在森林质量不高、健康状况不良、生态功能及生物多样性下降、生产力衰退、病虫害大面积发生等问题。据调查，坡耕地、荒山荒坡、疏幼林地是该地区土壤侵蚀的主要地类，其地形复杂，生态环境脆弱，是国家重点生态建设地区。因此，如何恢复已退化的森林植被，改善森林结构，提出高效的植被恢复和开发利用模式，已成为长江中游低山丘陵区亟待解决的战略问题和现实问题。退化的植被群落结构如何，其

---

① 引自：章建斌,刘学全. 长江中游黄壤低丘区植被退化特征研究：以浠水县为例.中南林业大学学报,2011(8):10-16.

组成如何变化，生物量如何改变，土壤物理性质、化学性质如何变化，是研究退化生态系统的一个重要方面。本小节采用以空间系列替代时间系列的方法选取和布设样点，对长江中游黄壤区浠水县典型植被类型的植被组成、结构和水土保持功能等特征进行调查和分析，以期为有针对性的保护、恢复该区域森林生态系统提供依据。

## 1. 研究区概况

浠水县地处大别山南麓，长江中游北岸，属低山丘陵地貌，低山丘陵占全县大部分。气候为亚热带大陆季风湿润气候，阳光充足，气候温和，四季分明，雨量充沛，年平均气温 16.9 ℃，大于 10 ℃活动积温为 5 059～5 398 ℃，年平均日照时数 1 919 h，年降水量为 1 350 mm，雨热同季。土壤类型为黄棕壤、潮土、石灰土、水稻土，成土母质为花岗石、片麻岩，pH 在 5.5～6.5，一般土层深 60～80 cm。浠水县地势自东北向西南倾斜，海拔最高点为 1 055 m（三角山顶），最低点为 14.5 m。全县地形有低山、丘陵、平原三种类型，素有"三山六丘一平原，田园水面在其间"之说。境内植被属亚热带落叶-常绿阔叶混交林带，主要树种有马尾松、杉木、杨树、板栗、柑橘、桃李、小叶栎等。

## 2. 调查内容与方法

### 1）样地选择

采用线路调查与典型取样相结合的方法，按照海拔由高到低的线路布设样点。在广泛调查和查阅资料的基础上，采用以空间系列替代时间系列的方法选取该区域具典型代表性植被群落类型 5 个，以荒裸地作对照。5 种植被群落类型分别为石栎林（天然阔叶林）、杉木林和马尾松林、毛竹林、灌草林，依次代表天然林、轻度退化林、中度退化林和强度退化林。

### 2）群落生境调查

选取有代表性的群落设置样地，样地面积为 $(20\times 20)$ m$^2$。调查记录群落样地所在地理位置、经纬度、坡度、坡向、海拔、地形、土壤情况、枯枝落叶层厚度、覆盖及群落内所有维管植物种类。

### 3）群落生物因子调查

每个群落样地调查乔木高度、枝下高、胸径、冠幅、郁闭度、凋落物的厚度等；另在样地内对角线上设置 5 个 5 m×5 m 的样方作灌木调查，调查灌木的盖度、株数、地径、高度、株（丛）数等；在样地内设置 9 个 1 m×1 m 的小样方调查草本植物的盖度、频度、多度、株（丛）数等。

### 4）生物量调查

在样方内进行每木检尺，实测每株乔木的胸径及树高，计算出平均胸径和平均树高，确定平均木。再根据生物量估算数学模型求得平均木地上生物量，最后通过平均木地上生物量及密度推算出单位面积内乔木层地上生物量。灌草层的生物量测定采用收获法。

### 5）土壤调查

样地内挖土壤剖面，在 0～20 cm 和 20～40 cm 两个层次环刀取样，2 次重复，用环刀法测定土壤容重、孔隙度、持水量、土壤渗透性等。分别在 0～20 cm 和 20～40 cm 的剖面上均匀地取混合土样大约 1 kg，用于测定土壤化学性质。

**6）数据分析处理**

丰富度指数：

$$S = 出现在样地中的物种数 \tag{4.1}$$

多样性指数：

$$\text{Simpson 多样性指数：} D = 1 - \sum P_i^2 \tag{4.2}$$

$$\text{Shannon-Wiener 多样性指数：} H = -\sum P_i \ln P_i \tag{4.3}$$

均匀度指数：

Pielou 均匀度指数（Jsw，Jsi）：

$$\text{Jsw} = \frac{H}{\ln S}, \quad \text{Jsi} = 1 - \frac{\sum_{i=1}^{n} P_i^2}{1 - \frac{1}{S}} \tag{4.4}$$

式中：$P_i = \frac{N_i}{N}$ 为第 $i$ 个物种的相对重要值；$N_i$ 为第 $i$ 个物种的重要值；$N$ 为群落中各层次所有物种的重要值之和。乔木的重要值=（相对密度＋相对频度＋相对郁闭度）÷3，灌木和草本重要值=（相对盖度＋相对频度）÷2。本小节采用 Excel 和 SAS 软件处理数据。

**3. 结果与分析**

**1）群落结构与多样性特征**

（1）群落结构变化特征。从群落外貌结构来看，作为无退化的石栎林和杉木林具有乔灌草结构，林分郁闭度最大，均为 0.9，林下枯枝落叶层均为 3cm，林木生长发育良好。作为轻度退化的马尾松林、毛竹林呈乔草结构，林分郁闭度为 0.6，群落结构趋简单。作为中度退化的次生灌丛主要优势物种为杜鹃和白栎，群落结构仅有灌草层。作为强度退化的荒裸地的主要物种为禾本科和菊科的杂草，无乔木灌木层，部分土壤裸露，水土流失严重（表 4.1）。

表 4.1 群落样地概况表

| 样地名称 | 植被类型 | 优势种 | 退化程度 | 坡度/（°） | 坡向 | 海拔/m | 土壤类型 | 一般地形特征 | 枯枝落叶层 | 覆盖度 | 岩石状况 | 林分郁闭度 | 受干扰程度 |
|---|---|---|---|---|---|---|---|---|---|---|---|---|---|
| 杉木林 | 针阔混交林 | 杉木 | 无 | 23.6 | 西 | 737 | 黄壤 | 丘陵 | 3 | 0.85 | 无 | 0.8 | 无 |
| 马尾松林 | 针叶林 | 马尾松 | 轻度 | 17 | 西北 | 111 | 黄壤 | 丘陵 | 1 | 0.3 | 较少 | 0.6 | 中度 |
| 石栎林 | 阔叶林 | 石栎 | 无 | 30 | 东南 | 723 | 黄壤 | 丘陵 | 3 | 0.95 | 无 | 0.9 | 无 |
| 毛竹林 | 竹林混交 | 毛竹 | 轻度 | 14.3 | 西北 | 730 | 黄壤 | 丘陵 | 3 | 0.9 | 较少 | 0.8 | 中度 |
| 灌草林 | 灌丛林 | 杜鹃 白栎 | 中度 | 15 | 西 | 518 | 黄壤 | 丘陵 | 1 | 0.9 | 无 | 0 | 中度 |
| 荒裸地 | — | 对照 | 重度 | 20 | 东南 | 106 | 黄壤 | 丘陵 | 0 | 0.6 | 无 | 0 | 中度 |

（2）群落物种多样性分析。不同退化程度的植物群落多样性指数详见表 4.2。

表 4.2　不同退化程度的植物群落物种多样性指数

| 植被类型 | 乔木层 丰富度指数 S | 乔木层 多样性指数 D | 乔木层 多样性指数 H | 灌木层 丰富度指数 S | 灌木层 多样性指数 D | 灌木层 多样性指数 H | 草本层 丰富度指数 S | 草本层 多样性指数 D | 草本层 多样性指数 H |
|---|---|---|---|---|---|---|---|---|---|
| 石栎林 | 3 | 0.932 | 0.627 4 | 7 | 0.661 5 | 1.427 6 | 10 | 0.762 6 | 1.580 5 |
| 杉木林 | 2 | 0.923 | 0.635 4 | 6 | 0.545 9 | 1.777 3 | 15 | 0.884 5 | 2.388 9 |
| 毛竹林 | 2 | 0.901 | 0.620 8 | 11 | 0.845 2 | 2.097 6 | 17 | 0.844 7 | 2.259 0 |
| 马尾松林 | 2 | 0.891 | 0.612 4 | 7 | 0.758 8 | 1.629 7 | 18 | 0.863 9 | 2.362 8 |
| 灌草林 | 0 | 0 | 0 | 11 | 0.720 3 | 1.656 6 | 14 | 0.798 5 | 1.972 6 |
| 荒裸地 | 0 | 0 | 0 | 0 | 0 | 0 | 23 | 1.253 4 | 1.328 8 |

从表 4.2 中看出：灌木层中石栎林的 $H$ 指数最低为 1.427 6，毛竹林的最高为 2.097 6，其他依次为杉木林（1.777 3）、灌草林（1.656 6）、马尾松林（1.629 7），荒裸地的指数为 0。这说明毛竹林灌木层的多样性程度高，而石栎林的灌木层多样性指数低。灌木层的 $D$ 指数和 $H$ 指数变化趋势大致相同，这表明毛竹林灌木层的物种较丰富，分布也较均匀。

草本层的 $D$ 指数和 $H$ 指数变化趋势略有不同。$D$ 指数变化趋势较平缓，荒裸地草本层最高，为 1.253 4，其次是杉木林（0.884 5）、马尾松林（0.863 9）、毛竹林（0.844 7）、灌草林（0.798 5），石栎林最低，为 0.762 6；杉木林的草本层的 $H$ 指数最高，为 2.388 9，其次是杉木林（2.388 9）、马尾松林（2.362 8）、毛竹林（2.259 0）、灌草林（1.972 6）、石栎林（1.580 5），荒裸地最低为 1.328 8。这说明杉木林草本层物种较丰富，分布较均匀；荒草地的物种很多，但是分布较不均匀，所以出现 $H$ 指数较低的现象。石栎林草本层物种较少，分布不均。

（3）群落多样性退化特征分析。受微环境和建群种自身发育特性的影响，各个群落不同层次的多样性变化各具特点。每个群落的不同层次物种数均表现为：乔木层＜灌木层＜草本层。代表未退化的天然林的石栎林和杉木林，乔木层物种均为两种，但是灌木层和草本层的物种多样性指数均为最低。相反，代表严重退化的荒裸地和灌草林的乔木层物种数都为零，而灌木层和荒草层多样性指数最高。

在我国亚热带地区，人为活动的干扰引发的生态系统退化的过程基本一致：地带性常绿阔叶林→常绿阔叶落叶阔叶混交林→落叶阔叶林或针阔混交林→针叶林→灌丛→荒裸地。从以上研究来看，从石栎林→杉木林→马尾松林→毛竹林→杜鹃×白栎灌草林→荒裸地，基本代表了上述生态系统退化过程中的六个阶段。在这个退化过程中，可以看到乔木层物种多样性是逐步降低的，灌木层和草本层则表现出先升高后降低的趋势（图 4.1）。因此，退化植物生态系统的生物多样性的特点是，退化程度较轻的森林生态系统生物多样性比没有自然退化的生态系统物种多样性要高，但是退化程度严重的生态系统生物多样性最低。从退化生态系统各层次的结构上看，乔木层物种多样性最低，灌木层、草本层物种多样性程度较高。

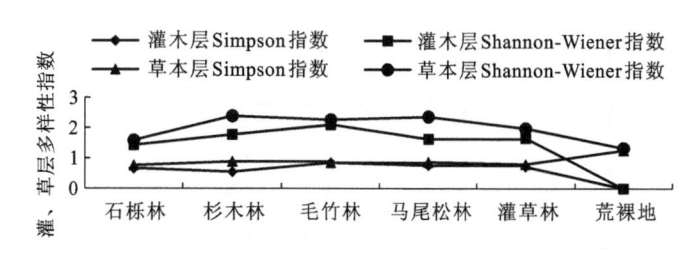

图 4.1 灌、草层物种多样性指数比较

**2）不同退化群落生物量分析**

由表 4.3 可知，不同退化程度样地群落之间的生物量差别很大。作为未退化的代表植物群落石栎林和杉木林，总生物量最大，分别为 214 229.4 t/hm²、110 453.6 t/hm²，是其他群落类型生物量的 3～4 倍。毛竹林次之，总生物量为 73 993.88 t/hm²，灌草林和严重退化的荒裸地生物量最小，分别为 33 000 t/hm² 和 800 t/hm²。由此可以看出，随着群落退化程度的加深其生物量下降，生产力逐步衰退。

表 4.3 各群落间生物量统计表　　　　　　　　　　　　　　单位：t/hm²

| 植被类型 | 乔木层 | 灌木层 | 草本层 | 总生物量 |
| --- | --- | --- | --- | --- |
| 马尾松林 | 36 083.25 | 1 800 | 637 | 37 883.25 |
| 石栎林 | 210 229.4 | 4 000 | 235 | 214 229.4 |
| 杉木林 | 107 953.6 | 2 500 | 104 | 110 453.6 |
| 毛竹林 | 71 493.88 | 2 500 | 652 | 73 993.88 |
| 灌草林 | 0 | 33 000 | 1 329 | 33 000 |
| 荒裸地 | 0 | 800 | 800 | 800 |

注：总生物量不包括草本生物量

**3）不同退化群落土壤特性分析**

（1）土壤容重变化。如表 4.4 所示，各类型土壤容重为 1.33～1.43 g/cm³，最大的是荒裸地 1.43 g/cm³，其次是灌草林（1.39 g/cm³）、马尾松林（1.37 g/cm³）、毛竹林（1.37 g/cm³）、杉木林（1.36 g/cm³），石栎林土壤容重最小为 1.33 g/cm³。可以看到随着退化程度的加深，土壤容重呈现上升趋势（图 4.2）。

表 4.4 不同植被类型土壤特征分析表

| 植被类型 | 土壤容重/(g/cm³) | 非毛管孔隙度/% | 毛管孔隙度/% | 总孔隙度/% |
| --- | --- | --- | --- | --- |
| 石栎林 | 1.33 | 5.91 | 29.12 | 35.03 |
| 杉木林 | 1.36 | 4.15 | 28.75 | 32.90 |
| 毛竹林 | 1.37 | 7.78 | 27.23 | 35.01 |
| 马尾松林 | 1.37 | 5.18 | 36.82 | 42.00 |
| 灌草林 | 1.39 | 5.12 | 35.34 | 40.46 |
| 荒裸地 | 1.43 | 2.74 | 25.86 | 28.61 |

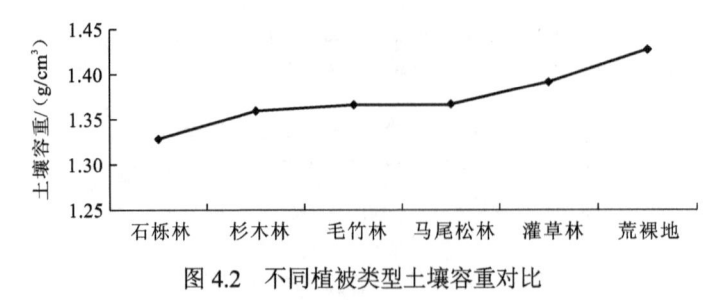

图 4.2 不同植被类型土壤容重对比

（2）土壤孔隙度的变化。土壤孔隙度是表征土壤结构的重要指标之一，对森林生态系统而言，毛管孔隙度的大小反映了森林植被吸持水分用于维持自身生长发育的能力，非毛管孔隙度的大小反映了森林植被滞留水分发挥涵养水源的能力，而总孔隙度则反映潜在的蓄水和调节降雨的能力。各群落类型土壤孔隙度变化情况见表4.4、图4.3。

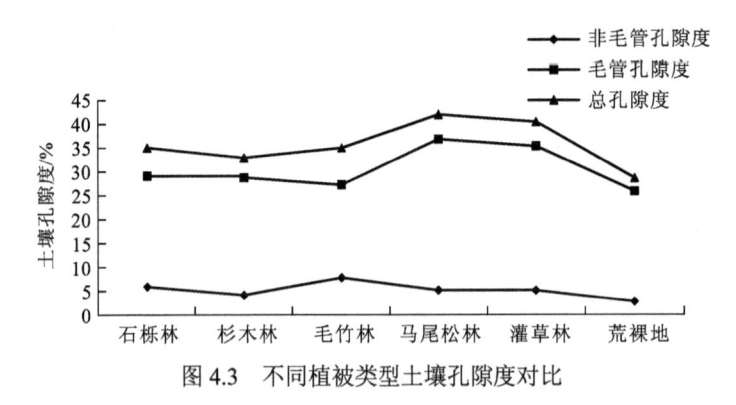

图 4.3 不同植被类型土壤孔隙度对比

从表 4.4 中可以看出，不同类型土壤总孔隙度为 28.61%～42.00%，毛管孔隙度为 25.86%～36.82%，非毛管孔隙度为 2.74%～7.78%。毛竹林土壤非毛管孔隙度最大，为 7.78%，荒裸地最小，为 2.74%。马尾松林的土壤毛管孔隙度最大，为 36.82%，荒裸地的土壤毛管孔隙度最小，为 25.86%。马尾松林的总孔隙度最大，为 42.00%，荒裸地最小，为 28.61%。

（3）土壤水分变化。不同植被类型土壤水分详细情况见表 4.5。

表 4.5　土壤水分状况表

| 植被类型 | 最大持水量/mm | 毛管持水量/mm | 最小持水量/mm | 含水量/% |
| --- | --- | --- | --- | --- |
| 石栎林 | 35.03 | 29.12 | 16.60 | 14.29 |
| 杉木林 | 32.90 | 28.75 | 18.74 | 13.79 |
| 毛竹林 | 35.01 | 27.23 | 21.21 | 15.53 |
| 马尾松林 | 42.00 | 36.82 | 32.95 | 24.11 |
| 灌草林 | 40.46 | 35.34 | 30.04 | 21.59 |
| 荒裸地 | 28.61 | 25.86 | 13.00 | 9.10 |

根据表 4.5 和图 4.4，不同植被类型中，马尾松林土壤含水量最高，达 24.11%，其

次是灌草林（21.59%）、毛竹林（15.53%）、石栎林（14.29%）、杉木林（13.79%）、荒裸地（9.10%）。这说明植被覆盖度高的土壤含水量较高，植被能有效影响土壤储水能力。

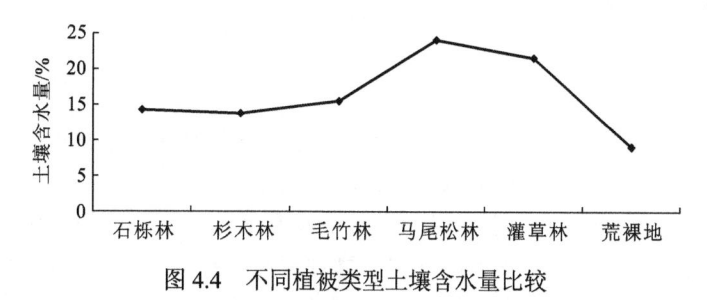

图 4.4　不同植被类型土壤含水量比较

最大持水量变化趋势为：马尾松林（42.00 mm）>灌草林（40.46 mm）>石栎林（35.03 mm）>毛竹林（35.01 mm）>杉木林（32.90 mm）>荒裸地（28.61 mm）。毛管持水量的变化趋势为马尾松林（36.82 mm）>灌草林（35.34 mm）>石栎林（29.12 mm）>杉木林（28.75 mm）>毛竹林（27.23 mm）>荒裸地（25.86 mm）。总的来看，马尾松林土壤持水量最高，其次是灌草林，荒裸地的土壤水分状况最差（图 4.5）。

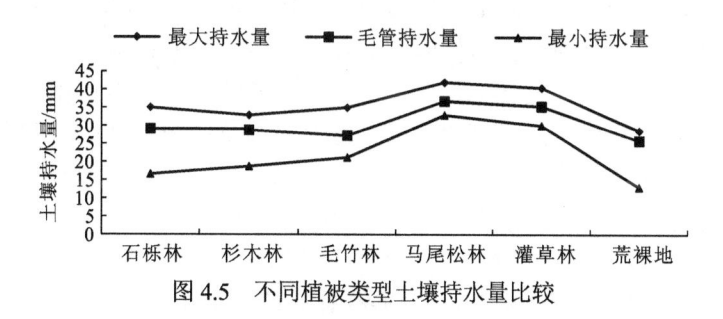

图 4.5　不同植被类型土壤持水量比较

（4）土壤养分含量变化。选取土壤有机质、全氮、全磷、全钾等指标来研究土壤养分含量的变化。不同退化程度各群落土壤养分含量见表 4.6。

表 4.6　不同植被类型土壤养分含量比较　　　　　　　　　　　　　　单位：%

| 植被类型 | 有机质质量分数 | 全氮质量分数 | 全磷质量分数 | 全钾质量分数 |
| --- | --- | --- | --- | --- |
| 石栎林 | 2.071 | 0.119 | 0.076 | 2.547 |
| 杉木林 | 1.797 | 0.067 | 0.111 | 1.164 |
| 毛竹林 | 1.739 | 0.093 | 0.068 | 2.968 |
| 灌草林 | 1.463 | 0.064 | 0.040 | 2.126 |
| 马尾松林 | 1.634 | 0.057 | 0.195 | 1.923 |
| 荒裸地 | 0.970 | 0.060 | 0.076 | 1.966 |

从表 4.6 可以看出，随着植被退化越来越严重，有机质和全氮含量逐渐减少，养分流失越严重。其中石栎林的有机质和全氮含量最高，分别为 2.071% 和 0.119%，杉木林和毛竹林次之，荒裸地最小。马尾松林土壤全磷含量最大为 0.195%，其次是杉木林

（0.111%），灌草林最小，为0.04%。土壤中全钾的含量较为稳定，毛竹林土壤全钾含量最大，为2.968%，其次是石栎林（2.547%）。因此，退化的植被也影响其土壤养分的流失，影响最为明显的是土壤有机质和全氮的含量。

4. 小结

（1）在5个不同程度退化的群落中，其外貌特征表现为群落空间层次结构逐渐减少，由乔灌草结构到灌草结构，再到荒裸地，群落结构由复杂到简单。

（2）随着植被退化程度的加深，群落生物多样性指数的变化趋势为由小到大再变小，均匀度指数的变化趋势为由大变小再变大。物种丰富度指数的变化趋势为草本层＞灌木层＞乔木层；物种均匀度和生态优势度的变化趋势与丰富度指数的变化趋势相反，表现为乔木层＞草本层＞灌木层。

（3）不同退化程度群落生物量差别较大，退化程度越严重，生物量越少。群落总生物量与乔木层生物量相关，退化严重的荒裸地生物量最小为800 t/hm²，而未退化植被石栎林，生物量最大214229.4 t/hm²，约为荒裸地的268倍。

（4）退化越严重的植被，土壤物理性能越差，保水功能也降低。石栎林、杉木林的土壤容重分别为1.33 g/cm³、1.36 g/cm³，均小于荒裸地（1.43 g/cm³）和灌草林（1.39 g/cm³）。马尾松林的总孔隙度为42.00%，其次是灌草林（40.46%）、石栎林（35.30%），荒裸地最小，为28.61%。同样，马尾松林毛管孔隙度最高（36.82%），其次是灌草林（35.34%）、石栎林（29.12%），荒裸地的土壤毛管孔隙度最小，为25.86%。和孔隙度的变化趋势相同，不同退化程度森林类型土壤含水量、最大持水量、最小持水量变化趋势相同。土壤含水量的变化趋势为马尾松林（24.11%）＞灌草林（21.59%）＞毛竹林（15.53%）＞石栎林（14.29%）＞杉木林（13.79%）＞荒裸地（9.10%）。最大持水量变化趋势为马尾松林（42.00 mm）＞灌草林（40.46 mm）＞石栎林（35.03 mm）＞毛竹林（35.01 mm）＞杉木林（32.90 mm）＞荒裸地（28.61 mm）。

（5）植被的退化还影响土壤养分含量变化。退化程度越严重，土壤有机质和全氮含量越低，但是全钾和全磷含量变化不大。本次调查中，荒裸地的土壤有机质质量分数为0.97%，全氮质量分数为0.06%，均明显低于其他森林生态系统，而全钾和全磷含量较为稳定。

## 4.1.2 鄂西三峡库区防护林林分质量综合评价[①]

1. 概述

鄂西三峡库区地处亚热带气候区，自然环境优越，热量、雨量充沛，境内森林类型和生物物种丰富多样，且具有我国东西与南北两大生物界过渡的特点，亚热带至寒温带性质的森林都有分布（Chen，1996）。库区内现有森林植被是长江上干流防护林体系的重要组成部分，对三峡库区的水源涵养、河川水流调节、防止水土流失及发挥三峡水利枢纽工程的生态屏障功能都具有十分重要的意义。目前围绕三峡库区生态林业的各项内

---

① 引自：刘学全. 鄂西三峡库区防护林林分质量综合评价. 应用生态学报，2002，13(7)：911-914.

容所展开的研究虽然不少，但是对于鄂西三峡库区不同类型森林植被质量评价方面缺乏系统全面的研究，或者只是停留在定性的描述之上，防护林林分质量（主要指生态防护质量）孰好孰坏，众说不一，没有一个客观的定量标准。鉴于此，本小节采用层次分析法等对鄂西三峡库区的19个主要防护林类型的林分质量进行综合评价，对不同起源、不同海拔的防护林质量进行对比分析，在此基础上，根据林分质量排序结果，将防护林划分为4个等级，其评价客观，操作性强，为鄂西三峡库区优质防护林模式组建和推广提供理论依据。

### 2. 研究地区与研究方法

#### 1）研究区概况

鄂西三峡库区包括宜昌市夷陵区、兴山、秭归和巴东4区县，地处中纬度，北亚热带的边缘。境内地貌、气候、土壤等非生物因子和动植物种群，都呈现出我国南部向北部过渡、西部高原向华中山地丘陵平原过渡的特征。本区气候受东南季风影响，属北亚热带季风气候，沿江河谷地区，年均温度为16.8~18.0℃，年平均降水量1000~1200mm，强降雨多集中在6~8月，也是全年水土流失最严重的月份（杨大三，1996）。

本区域人口稠密，沿江4区县人口平均密度为200~274人/km$^2$，人均耕地0.07~0.09hm$^2$，土地垦殖系数高，人类活动的空间既小又十分强烈，导致生态环境问题日渐突出，沿江河谷地带天然植被人为破坏十分严重，亚热带常绿阔叶林已近于消失。天然林保存较为完整的仅有宜昌市大老岭国家森林公园和兴山县龙门河国家森林公园两处，这些森林成为目前三峡库区野生动物唯一的生存繁衍和庇护的场所。低山丘陵植被以近几十年营造（或次生）的马尾松、柏木、杉木、栎类为主，中山以华山松、日本落叶松、米心水青冈、枹栎林等分布较多，区域内经济林十分发达，以柑橘、板栗、茶等较为常见。

#### 2）研究方法

（1）样地选择。根据三峡库区地形及植被分布特征，确定由海拔200~550m的迎江坡面作为调查线路，选择分布面积广、代表性强的主要森林类型设立样地。按照设计要求，样地尽量选择中、成熟林，面积为0.066hm$^2$，每个类型样地重复2~3次，为了便于分析比较，对不同起源、不同海拔的主要植被类型（如马尾松纯林、松栎混交林、松杉混交林、杉栎混交林等）也样地调查。本小节选择植被类型19个（表4.7），设置样地54个，调查土壤剖面54个，取土样108个。

**表4.7 三峡库区不同类型防护林基本情况**

| 防护林类型 | 起源 | 海拔/m | 林龄/年 | 乔木郁闭度 | 灌木郁闭度 | 草本盖度/% |
|---|---|---|---|---|---|---|
| $G_1$ | P | 1 750 | 34 | 0.96 | 0.40 | 15.0 |
| $G_2$ | P | 1 725 | 12 | 0.56 | 0.80 | 100.0 |
| $G_3$ | P | 1 720 | 12 | 0.56 | 0.75 | 71.7 |
| $G_4$ | V | 1 125 | 30 | 0.70 | 0.85 | 15.0 |
| $G_5$ | V | 1 830 | 75 | 0.83 | 0.85 | 36.7 |
| $G_6$ | V | 1 850 | 60 | 0.80 | 0.40 | 11.7 |

续表

| 防护林类型 | 起源 | 海拔/m | 林龄/年 | 乔木郁闭度 | 灌木郁闭度 | 草本盖度/% |
|---|---|---|---|---|---|---|
| $G_7$ | P | 1 400 | 32 | 0.95 | 0.30 | 6.7 |
| $G_8$ | V | 1 785 | 30 | 0.80 | 0.65 | 16.3 |
| $G_9$ | V | 1 000 | 20 | 0.74 | 0.85 | 30.7 |
| $G_{10}$ | P | 480 | 25 | 0.78 | 0.95 | 60.0 |
| $G_{11}$ | P | 500 | 24 | 0.96 | — | 52.0 |
| $G_{12}$ | P | 575 | 26 | 0.96 | 0.05 | 10.0 |
| $G_{13}$ | P | 250 | 28 | 0.61 | 0.15 | 15.0 |
| $G_{14}$ | P | 620 | 25 | 0.89 | 0.45 | 65.0 |
| $G_{15}$ | P | 680 | 26 | 0.75 | 0.10 | 20.0 |
| $G_{16}$ | S | 810 | 15 | 0.90 | 0.25 | 25.0 |
| $G_{17}$ | P | 170 | 10 | 0.70 | — | 73.3 |
| $G_{18}$ | P | 125 | 20 | 0.45 | 0.02 | 50.0 |
| $G_{19}$ | P | 800 | 3 | — | 0.90 | 15.0 |

注：P 为人工林；V 为天然林；S 为次生林；$G_1$ 为华山松纯林；$G_2$ 为落叶松纯林；$G_3$ 为柳杉纯林；$G_4$ 为马尾松纯林 1；$G_5$ 为枹栎林；$G_6$ 为米心水青冈林；G7 为杉栎混交林；$G_8$ 为华山松栎混交林；$G_9$ 为马尾松栎混交林 1；$G_{10}$ 为马尾松纯林 2；$G_{11}$ 为松杉混交林；$G_{12}$ 为马尾松栎混交林 2；$G_{13}$ 为马尾松纯林 3；$G_{14}$ 为杉栎混交林 2；$G_{15}$ 为柏木林；$G_{16}$ 为青冈栎林；$G_{17}$ 为柑橘林；$G_{18}$ 为板栗林；$G_{19}$ 为茶园；下同。

（2）调查内容及方法：①立地条件调查，包括海拔、坡位、坡度、坡形、坡向、母岩种类、土壤类型、土层厚度等环境因子。②植被调查，如林分起源、林龄、树种组成、乔木层郁闭度、冠幅、林木生长势、树干胸径等（林业部科技司，1994）。设置 2 m×2 m 小样方，调查灌木层、草本层盖度、主要种类等。③林下土壤侵蚀状况调查，如土壤侵蚀类型、侵蚀强度、侵蚀面积及比率等。④经济价值调查与统计，主要作乔木材积、林相外貌特征等调查（张家来 等，1995）。

（3）指标层次结构的建立。影响防护林质量的因素很多，各因素影响的程度也不同，本小节以防护林环境防护效益为主，兼顾经济效益。经过分析筛选，将各项因子归纳为 3 个类目 12 个指标（Yu et al.，1997），即生物因子类目（包括乔木郁闭度 $C_1$、灌木层盖度 $C_2$、草本层盖度 $C_3$、林木生长势 $C_4$、林分起源 $C_5$，5 个指标）、环境因子类目（包括土壤容量 $C_6$、石砾含量 $C_7$、坡度 $C_8$、土层厚度 $C_9$、地表侵蚀度 $C_{10}$，5 个指标）、经济价值类目（包括年均收入 $C_{11}$、景观价值 $C_{12}$，2 个指标）采用层次分析法对其进行综合分析与评判。

（4）各项指标的界定。在 12 个指标中 $C_1$、$C_2$、$C_3$、$C_6$、$C_7$、$C_9$、$C_{11}$ 为定量指标，取实测值。其中土壤容重（$C_6$）、石砾含量（$C_7$）分别取土壤 $A$、$B$ 两层平均值；年均收入（$C_{11}$）按每公顷每年增长的材积乘以各自相应的市场价格得出；$C_4$、$C_5$、$C_8$、$C_{10}$、$C_{12}$ 为定性指标，采用专家咨询法，通过打分将定性指标定量化，打分采用 5 分制，得分越高表示其对综合评价的贡献越大，反之亦然，专家评分结果如下。

林木生长势（$C_4$）：良好 5.0 分；中等 3.0 分；差 1.0 分。

林分起源（$C_5$）：天然林 5.0 分；次生林 3.5 分；人工林 2.5 分。

坡度（$C_8$）：≤25° 5.0 分；25°～35° 3.0 分；≥35° 1.0 分。

地表侵蚀度（$C_{10}$）：弱度（极少见侵蚀）4.5 分；轻度（有面蚀情况）3.0 分；中度（面蚀情况较多）2.5 分；强度（有沟蚀情况）1.0 分。

景观价值（$C_{12}$）：常绿针阔叶混交林 5.0 分；常绿针（阔）叶林 3.0 分；落叶林 1.5 分。

（5）指标权重的确定。各层次类目及其下属单项指标的权重均由专家咨询判别的结果确定。含 $n$ 个因子的专家判别矩阵为

$$M = [m_{ij}]_{n*n} \tag{4.5}$$

标度确定方法：当 $m_{ij} = 1，3，5，\cdots$ 时，分别表示因子 $m_i$ 比 $m_j$ 同等重要、稍重要、重要$\cdots$；当 $m_{ij} = 1/m_{ji}$ 时，$m_i$ 与 $m_j$ 的比较为 $m_i = 1/m_j$。

求出每个判别矩阵最大特征值 $\lambda_{max}$，则其对应的单位特征向量即为各因子的权重。判断矩阵的一致性检验方法为

$$CR = CI/RI, \quad CI = [1/(n-1)](\lambda_{max} - 1) \tag{4.6}$$

式中：$n$ 为判别矩阵的阶数，$\lambda_{max}$ 为判别矩阵的最大特征值；RI 为随判别矩阵阶度变化的常数。当 CR < 0.10 时，判别矩阵达到满意效果，否则需要调整。

（6）原始数据标准化。土壤容重（当 $C_6 \geq 1.6$ 时）、石砾含量（$C_7$）采用降半梯形函数标准化，其他因子采用升半梯形函数进行标准化（唐守正，1989）。

### 3. 结果与分析

**1）防护林林分质量综合评价及等级划分**

（1）各层次类目及单项指标权重求解。对各层专家判别矩阵进行运算，其结果是：第 2 层类目（生物因子、环境因子、经济价值）判别矩阵运算的结果（良奎健和唐守正，1989）为 $\lambda_{max} = 3.08$，对应的特征向量（即该层相应因子权重）为（0.905、0.403、0.135）。第 3 层指标专家判别矩阵运算的结果分别为：①生物因子类目（含 $C_1$、$C_2$、$C_3$、$C_4$、$C_5$），$\lambda_{max} = 4.89$，对应的特征向量为（0.813、0.288、0.449、0.190、0.128）；②环境因子类目（含 $C_6$、$C_7$、$C_8$、$C_9$、$C_{10}$），$\lambda_{max} = 5.05$，对应的特征向量为（0.126、0.126、0.312、0.499、0.788）；③经济价值类目（含 $C_{11}$、$C_{12}$），$\lambda_{max} = 1.99$，对应的特征向量为（0.949、0.314）。以上各判别矩阵一致性检验结果为 CR < 0.10，效果满意。

（2）防护林林分质量综合评价。将标准化数据表 4.8 中各指标值分别乘以其相应的第 2 层、第 3 层权重，得到该项指标的得分值，对各项指标的得分求和，即得各类型防护林 $G_i$ 的总得分值，按总得分值进行降排序，即可得到防护林综合质量排序结果（表 4.9）。矩阵的一致性检验采用式（4.6）。

表 4.8　标准化数据表

| 植被类型 | $G_1$ | $G_2$ | $G_3$ | $G_4$ | $G_5$ | $G_6$ | $G_7$ | $G_8$ | $G_9$ | $G_{10}$ | $G_{11}$ | $G_{12}$ | $G_{13}$ | $G_{14}$ | $G_{15}$ | $G_{16}$ | $G_{17}$ | $G_{18}$ | $G_{19}$ |
|---|---|---|---|---|---|---|---|---|---|---|---|---|---|---|---|---|---|---|---|
| 乔木郁闭度 | 1.00 | 0.57 | 0.58 | 0.73 | 0.86 | 0.83 | 0.99 | 0.83 | 0.77 | 0.81 | 1.00 | 1.00 | 0.64 | 0.93 | 0.78 | 0.94 | 0.73 | 0.47 | 0.00 |
| 灌木郁闭度 | 0.42 | 0.84 | 0.79 | 0.89 | 0.89 | 0.42 | 0.32 | 0.68 | 0.89 | 1.00 | 0.00 | 0.05 | 0.16 | 0.47 | 0.11 | 0.26 | 0.00 | 0.02 | 0.95 |
| 草本覆盖度 | 0.09 | 1.00 | 0.70 | 0.09 | 0.32 | 0.05 | 0.00 | 0.10 | 0.26 | 0.57 | 0.49 | 0.04 | 0.09 | 0.62 | 0.14 | 0.20 | 0.71 | 0.46 | 0.09 |
| 林木生长势 | 0.83 | 1.00 | 1.00 | 1.00 | 0.83 | 1.00 | 0.67 | 0.83 | 0.83 | 0.67 | 0.50 | 0.33 | 0.00 | 0.50 | 0.50 | 0.83 | 0.67 | 0.33 | 0.00 |
| 林分起源 | 0.00 | 0.00 | 0.00 | 1.00 | 1.00 | 1.00 | 0.00 | 1.00 | 0.00 | 0.00 | 0.00 | 0.00 | 0.00 | 0.00 | 0.40 | 0.00 | 0.00 | 0.00 | 0.00 |
| 容重 | 0.18 | 0.29 | 0.36 | 0.51 | 0.26 | 0.00 | 0.37 | 0.12 | 0.61 | 0.69 | 0.73 | 0.90 | 0.57 | 1.00 | 0.83 | 0.62 | 0.76 | 0.98 | 0.64 |
| 石砾含量 | 0.91 | 0.82 | 0.35 | 0.27 | 0.66 | 0.50 | 0.54 | 0.50 | 0.80 | 1.00 | 0.48 | 0.69 | 0.00 | 0.76 | 0.45 | 0.85 | 0.94 | 0.64 | 0.64 |
| 坡度 | 0.50 | 0.50 | 1.00 | 0.00 | 0.00 | 0.00 | 0.00 | 0.00 | 0.00 | 0.00 | 0.50 | 0.50 | 0.00 | 0.50 | 1.00 | 1.00 | 0.00 | 0.00 | 0.50 |
| 土层厚 | 0.87 | 0.73 | 0.87 | 0.20 | 0.67 | 0.70 | 1.00 | 0.59 | 0.23 | 0.67 | 0.22 | 0.32 | 0.00 | 0.82 | 0.22 | 0.87 | 0.72 | 0.48 | 0.13 |
| 地表侵蚀度 | 0.56 | 0.56 | 0.56 | 0.56 | 0.33 | 0.11 | 0.22 | 0.22 | 0.56 | 0.56 | 0.04 | 0.00 | 0.18 | 0.22 | 0.33 | 0.11 | 0.11 | 0.27 | 0.11 |
| 年均收入 | 0.02 | 0.00 | 0.19 | 0.12 | 0.31 | 0.30 | 0.09 | 0.05 | 0.08 | 0.14 | 0.19 | 0.10 | 0.08 | 0.11 | 0.05 | 0.28 | 0.88 | 0.86 | 1.00 |
| 景观价值 | 1.00 | 0.00 | 0.83 | 0.83 | 0.00 | 0.00 | 1.00 | 1.00 | 1.00 | 0.83 | 0.83 | 1.00 | 0.83 | 0.83 | 1.00 | 0.00 | 0.83 | 0.00 | 1.00 |

表 4.9　综合评价排序表

| 植被类型 | $G_{10}$ | $G_9$ | $G_4$ | $G_2$ | $G_8$ | $G_{16}$ | $G_{14}$ | $G_1$ | $G_3$ | $G_5$ | $G_{17}$ | $G_6$ | $G_7$ | $G_{11}$ | $G_{15}$ | $G_{12}$ | $G_{18}$ | $G_{13}$ | $G_{19}$ |
|---|---|---|---|---|---|---|---|---|---|---|---|---|---|---|---|---|---|---|---|
| 乔木郁闭度 | 0.60 | 0.57 | 0.54 | 0.42 | 0.61 | 0.69 | 0.68 | 0.73 | 0.63 | 0.54 | 0.43 | 0.61 | 0.73 | 0.73 | 0.57 | 0.73 | 0.35 | 0.47 | 0.00 |
| 灌木郁闭度 | 0.26 | 0.23 | 0.23 | 0.22 | 0.18 | 0.07 | 0.12 | 0.11 | 0.23 | 0.00 | 0.21 | 0.11 | 0.08 | 0.00 | 0.03 | 0.01 | 0.01 | 0.04 | 0.25 |
| 草本覆盖度 | 0.23 | 0.11 | 0.04 | 0.41 | 0.04 | 0.08 | 0.25 | 0.04 | 0.13 | 0.29 | 0.28 | 0.02 | 0.00 | 0.20 | 0.06 | 0.02 | 0.19 | 0.00 | 0.04 |
| 林木生长势 | 0.11 | 0.14 | 0.17 | 0.17 | 0.14 | 0.14 | 0.09 | 0.14 | 0.14 | 0.11 | 0.11 | 0.17 | 0.11 | 0.09 | 0.06 | 0.06 | 0.06 | 0.06 | 0.00 |
| 林分起源 | 0.00 | 0.12 | 0.12 | 0.00 | 0.12 | 0.05 | 0.00 | 0.00 | 0.12 | 0.00 | 0.00 | 0.12 | 0.00 | 0.00 | 0.00 | 0.00 | 0.00 | 0.03 | 0.00 |
| 容重 | 0.03 | 0.03 | 0.03 | 0.01 | 0.01 | 0.05 | 0.05 | 0.01 | 0.01 | 0.04 | 0.02 | 0.00 | 0.02 | 0.04 | 0.04 | 0.05 | 0.05 | 0.03 | 0.03 |
| 石砾含量 | 0.05 | 0.04 | 0.01 | 0.04 | 0.03 | 0.04 | 0.04 | 0.04 | 0.03 | 0.05 | 0.05 | 0.02 | 0.03 | 0.03 | 0.02 | 0.03 | 0.03 | 0.16 | 0.03 |
| 坡度 | 0.32 | 0.32 | 0.32 | 0.16 | 0.32 | 0.32 | 0.16 | 0.16 | 0.00 | 0.16 | 0.00 | 0.00 | 0.00 | 0.16 | 0.00 | 0.00 | 0.16 | 0.16 | 0.16 |
| 土层厚 | 0.03 | 0.03 | 0.03 | 0.09 | 0.07 | 0.11 | 0.10 | 0.11 | 0.11 | 0.08 | 0.09 | 0.13 | 0.03 | 0.03 | 0.04 | 0.06 | 0.02 | 0.02 | 0.02 |
| 地表侵蚀度 | 0.11 | 0.11 | 0.11 | 0.11 | 0.04 | 0.02 | 0.04 | 0.11 | 0.07 | 0.02 | 0.11 | 0.02 | 0.01 | 0.01 | 0.07 | 0.00 | 0.05 | 0.02 | 0.02 |
| 年均收入 | 0.02 | 0.01 | 0.02 | 0.00 | 0.01 | 0.04 | 0.01 | 0.00 | 0.04 | 0.11 | 0.02 | 0.04 | 0.02 | 0.02 | 0.01 | 0.01 | 0.11 | 0.13 | 0.13 |
| 景观价值 | 0.03 | 0.04 | 0.04 | 0.00 | 0.04 | 0.00 | 0.03 | 0.04 | 0.04 | 0.00 | 0.03 | 0.00 | 0.04 | 0.04 | 0.04 | 0.04 | 0.00 | 0.04 | 0.04 |
| 总得分值 | 1.84 | 1.75 | 1.65 | 1.63 | 0.61 | 1.59 | 1.57 | 1.50 | 1.48 | 1.44 | 1.40 | 1.21 | 1.17 | 1.17 | 1.12 | 0.99 | 0.91 | 0.82 | 0.72 |

（3）防护林林分质量等级划分。视表 4.9 总得分值项为有序样本，采用最优分割法（唐守正，1989）将其分为 4 类。

第 1 类样本号 =（1、2、3、4、5、6、7），对应的防护林编号为 $G_{10}$、$G_9$、$G_4$、$G_2$、$G_8$、$G_{16}$、$G_{14}$。

第 2 类样本号 =（8、9、10、11），对应的防护林编号为 $G_1$、$G_5$、$G_{17}$、$G_3$。

第 3 类样本号 =（12、13、14、15），对应的防护林编号为 $G_6$、$G_7$、$G_{11}$、$G_{15}$。

第 4 类样本号 = (16、17、18、19),对应的防护林编号为 $G_{12}$、$G_{18}$、$G_{13}$、$G_{19}$。

参照以上分类结果,结合三峡库区现有防护林植被分布规律及特点,将三峡库区现有防护林主要类型按其防护质量划分为 4 个等级(表 4.10)。

表 4.10 三峡库区防护林质量等级划分

| 防护林等级 | 防护林类型 | 分布区域 |
| --- | --- | --- |
| I 级防护林(优) | $G_4$、$G_7$、$G_{10}$、$G_{12}$、$G_{14}$ | 中山、中低山,海拔 600~1 100 m |
| II 级防护林(良) | $G_1$、$G_2$、$G_8$、$G_{17}$、$G_{16}$、$G_5$、$G_6$ | 中高山、中山,海拔 1100 m 以上 |
| III 级防护林(中) | $G_3$、$G_{11}$、$G_{15}$、$G_9$ | 低山、低丘,海拔 600 m 以下 |
| IV 级防护林(差) | $G_{13}$、$G_{18}$、$G_{19}$ | 低丘,海拔 400 m 以下 |

**2) 影响防护林林分质量的主要因子**

(1) 林分郁闭度对防护林质量的影响。由前面分析可知,林分郁闭度对防护林质量贡献率较大,乔木郁闭度、灌木盖度、草本盖度的权重分别为 0.735、0.261、0.406。林分郁闭度对林分质量的影响主要是通过乔、灌、草的空间层次结构对林内水、汽、热等条件的改造,形成良好的森林小气候环境,有利于林木的生长与更新,从而保持群落结构的稳定性(北京林学院,1981)。其次,较大的郁闭度对林冠截流、涵养水源、防止雨水对林地的直接冲刷、减少水土流失等发挥着重要作用。因此,具有乔、灌、草立体结构的防护林质量一般都比结构单一的林分质量好。

(2) 海拔对防护林质量的影响。对三峡库区不同海拔的马尾松纯林、杉栎混交林进行样地调查与质量评价(表 4.11),结果表明,在 3 组马尾松纯林中,分布于 500~1 100 m 的中山、低山区域的马尾松纯林类型 $G_4$、$G_{10}$ 得分值最高,分别为 1.65、1.84,属 I 级防护林,而低丘马尾松纯林 $G_{13}$ 得分值仅为 0.82,属 IV 级防护林;分布于海拔 1 400 m 中山地区的杉栎混交林 $G_7$ 林分质量一般,为 III 级防护林,位于低山(海拔 600 m)的杉栎混交林 $G_{14}$ 为 I 级防护林,林分质量为优。出现这种情况是由马尾松、杉木的生物学特性和生态学特性所决定的,马尾松适宜分布区为海拔 500~1 000 m,在此区域内马尾松生长良好,林分质量高,在海拔大于 1 000 m 的中山地区,马尾松林分质量下降,而在低丘地区其林分质量较差(良奎健和唐守正,1989)。杉木在低山地区生长良好,当在海拔 1 200 m 以上的中山地区时,其适应性下降,林分质量较差。由此可见,海拔对防护林林分质量的影响至关重要,是重要的间接因子。

表 4.11 不同海拔的防护林质量比较

| 防护林类型 | 起源 | 海拔/m | 总得分值 | 防护林等级 |
| --- | --- | --- | --- | --- |
| $G_4$ | V | 1 125 | 1.65 | I |
| $G_{10}$ | P | 480 | 1.84 | I |
| $G_{13}$ | P | 250 | 0.82 | IV |
| $G_{17}$ | P | 1 400 | 1.40 | II |
| $G_{14}$ | P | 620 | 1.57 | I |

（3）不同起源的防护林林分质量比较。在本次调查的 19 个防护林类型中，天然林类型 5 个，人工林类型 13 个，次生林类型 1 个，从表 4.9 可见，天然林类型的防护林质量普遍较高，属于 I 级防护林的类型有 3 个（$G_9$、$G_4$、$G_8$），属于 II 级防护林的有 2 个（$G_5$、$G_6$），因此天然林是防护效益较好的防护林类型。

### 4. 小结

本小节采用层次分析法对鄂西三峡库区现有防护林林分质量进行了综合评价，并将其按生态防护质量划分为 4 个等级：I 级防护林（优），包括中、低山马尾松纯林，中、低山松栎混交林，中、低山杉栎混交林等；II 级防护林（良），包括中山针叶林类（落叶松林、华山松林、柳杉林等）；中、低山天然阔叶林（青冈栎林、栎林、米心水青冈林等）；III 级防护林（中），包括低山松杉混交林、柏木林、柑橘林等；IV 级防护林（劣），包括低丘马尾松纯林、低丘松栎混交林、板栗林、茶园等。防护林林分等级的划分为优质防护林的组建与推广提供了理论依据。

影响防护林林分质量的主要因子有直接因子林分郁闭度和间接因子海拔。林分郁闭度越大，其林分质量越好，而海拔因子则是通过树木对其适应性来影响林分质量，其影响视树木生物学特性和生态学特性而定。因此，在开展三峡库区防护林营建和林分质量改造的工作时，应注意以下两个问题：一是因地制宜，遵循适地适树的原则；二是对低质量林分的改造应着重于林分乔、灌、草不同层次郁闭度的构建，如板栗林，林下缺少灌、草层，可设计为林农复合型（Wu et al., 1992），在林下套种农作物，以提高下层盖度；茶园无乔木层，可配置于疏林下，组成林茶模式等（Yu et al., 1998）。

天然林林分质量普遍较高，其群落结构稳定，生物多样性高，是一种理想的防护林类型，应采取措施加以保护。

## 4.2 林分生物多样性

本节对湖北困难立地类型的植物群落多样性及人工抚育管理措施对森林群落多样性的影响进行了相关探讨与分析。

鄂北南漳县两种岩溶山地石漠化生态系统植物群落组成特征和物种多样性研究表明：①两种石漠化土地（轻度和强度）物种组成简单，物种丰富度为 14 种和 15 种；②轻度石漠化乔木层以马尾松和栓皮栎为优势种或建群种，强度石漠化以马尾松和杜松为优势种或建群种；两种等级的石漠化土地灌木层均以铁仔、毛黄栌和火棘为优势种或建群种；草本层均以白茅为优势种；③轻度石漠化乔木层 Shannon-Wiener 多样性指数略高于强度石漠化土地，反之，灌木层和草本层则低于强度石漠化土地；Pielou 均匀度指数除灌木层持平外，轻度石漠化的乔木层和草本层 Pielou 均匀度指数小于强度石漠化土地。

以丹江口库区不同类型马尾松人工林为研究对象，利用生物多样性指数进行择伐抚育前后林下植物多样性测度分析。结果表明，经过择伐抚育后，灌木层主要的优势物种变化不大，而草本优势物种则变化较剧烈。不同类型的马尾松林灌木层 Shannon-Wiener 多样性指数、Simpson 优势度指数、Pielou 均匀度指数表现为松柏混交林＞中密度马尾松林＞低密度马尾松林＞高密度马尾松林＞针阔混交林，Margalef 丰富度指数表现为中密度马尾松林＞低密度马尾松林＞高密度马尾松林＞松柏混交林＞针阔混交林。择伐抚育致使针阔混交林和高密度马尾松林的灌木层多样性降低，松柏混交林、中密度马尾松林、低密度马尾松林则呈现升高趋势。针阔混交林和低密度马尾松林草本层各指数整体为降低，而高密度马尾松林、中密度马尾松林、松柏混交林则呈现升高趋势。松柏混交林的生物多样性为灌木层＞草本层，而高密度马尾松林、中密度马尾松林、低密度马尾松林和针阔混交林的生物多样性则是草本层＞灌木层。

## 4.2.1 湖北岩溶山地石漠化植物组成及物种多样性特征[①]

石漠化是岩溶山地土地退化的顶端形式，是指在热带、亚热带湿润半湿润气候带和岩溶发育的地区，受人为活动干扰强烈，造成地表植被破坏、土壤侵蚀严重、基岩大面积裸露、土地生产力严重下降，地表呈现出荒漠化景观的土地退化过程（熊平生 等，2010；王世杰，2002；苏维词 等，2002）。据第二次全国石漠化监测结果：截至 2011 年，我国石漠化土地面积为 $1200.2 \times 10^4 \text{hm}^2$，石漠化主要发生在以云贵高原为中心，北起秦岭山脉南麓，南至广西盆地，西至横断山脉，东抵罗霄山脉西侧的岩溶地区。该区域是珠江的源头，长江水源的重要补给区，也是南水北调水源区、三峡库区，生态区位十分重要。石漠化是该地区最为严重的生态问题，影响着珠江、长江的生态安全，制约着区域经济可持续发展（国家林业局，2012）。目前，南方地区在石漠化治理过程中，筛选出耐旱耐瘠、造林成活率高和速生等特点的先锋树种，如广西发现了任豆（*Zenia insignis*）、茶条木（*Delavaya toxocarpa*）、银合欢（*Leucaena leucocephala*）和青冈（*Cyclobalanopsis glauca*）是喀斯特石漠化地区重要的先锋树种或地带性建群种和优势种（吕仕洪 等，2015，2006；李先琨 等，2005；钟济新，1982），以及食用油料植物——星油藤（*Plukenetia volubilis*）正被云南推广为石漠化山地生态重建的理想植物材料（曹坤芳 等，2014）。因此，研究我国南方岩溶山地石漠化土地退化生态系统植被特征具有重要意义，以期为不同区域石漠化治理植被恢复和重建提供参考依据。

《中国石漠化状况公报》报道，湖北省石漠化土地面积为 $109.1 \times 10^4 \text{hm}^2$，占全国石漠化土地面积的 9.1%（国家林业局，2012）。然而，南漳作为湖北省石漠化土地的主要分布区，石漠化土地面积为 $3759.1 \text{hm}^2$。因此，本小节基于国家林业局防治荒漠化管理中心石漠化定位站——湖北南漳石漠化定位站为依托，开展鄂北岩溶地区石漠化生态系统定位站植被特征研究，为鄂北岩溶地区石漠化治理提供基础数据支撑。

1. 研究地区与研究方法

1) 研究地区

研究地区选择在鄂北南漳县，地理坐标为 111°26′～112°09′E，31°13′～32°01′N，最高海拔为 1570 m，最低海拔为 64 m，位于鄂北山地至汉江中游丘陵岗地的过渡地带，地势为西高东低，阶梯分布，是荆山山脉向东延伸的坡脚，属下二叠统马鞍组地质结构，

---

[①] 引自：周文昌.鄂北岩溶山地石漠化植物组成及物种多样性特征.中南林业调查规划,2017(1):21-25.

处于地壳运动频繁、地质灾害多发地区。该区属于北亚热带季风气候区，根据县历年气象资料统计，年均气温15.6℃，1月份平均气温3.3℃，7月份平均气温27.2℃，无霜期为254 d，年均日照时数为1 796.5 h，年均降水量800~1 200 mm，4~9月降水量占全年的67.5%，平均相对湿度76.3%。成土母岩主要为石灰岩，土壤腐殖质含量约为1.34%，pH为6.5~7.5。

2011年湖北省南漳县岩溶山地第二次石漠化监测报告表明，全县岩溶山地总面积共17.24×10⁴ hm²，占全县总面积的44.7%，全县石漠化土地总面积3 759.1 hm²。因此选择鄂北南漳县作为岩溶山地石漠化土地植被物种组成调查具有代表性和典型性。根据熊康宁等（2002）、胡业翠等（2008）和张盼盼等（2009）的研究成果，结合研究区的实际情况，以坡度、植被覆盖率、基岩裸露、土壤平均厚度作为石漠化等级划分标准，选择了两种石漠化土地作为研究对象（表4.12），该石漠化土地的抚育措施为全面实行封山育林。

表4.12 研究地区的岩溶山地石漠化特征

| 石漠化类型 | 地理坐标 | 海拔/m | 坡度/(°) | 植被覆盖率/% | 基岩裸露/% | 土壤平均厚度/cm |
| --- | --- | --- | --- | --- | --- | --- |
| 轻度石漠化 | 111.66°E，31.46°N | 445 | >18 | 65% | >60 | ≤15 |
| 强度石漠化 | 111.65°E，31.46°N | 457 | >25 | 20% | ≥80 | ≤5 |

**2）研究方法**

（1）样地设置与调查。2016年9月底，选择轻度石漠化和强度石漠化建立标准样地20 m×20 m，对样地内植物进行全面调查：乔木调查按照乔木物种胸径（DBH）>2.0 cm进行记录（乔木种DBH≤2 cm记作灌木物种），且用红色油漆标记；灌木（包含藤本）样地调查，沿着标准样地对角线上分别建立3个5 m×5 m灌木样方，分别记录灌木种类、株数（或丛数）、高度和盖度；草本植物调查，因为标准样地内基岩大面积裸露，所以草本植物调查采用3个灌丛样方（5 m×5 m）记录草本植物种类、数量、高度和盖度。

（2）数据处理与分析。用Excel 2010对数据进行处理。计算物种丰富度指数$S$、多样性指数$H$（Shannon-Wiener指数）、均匀度指数$E$（Pielou指数）（盛茂银 等，2015；屈红军 等，2009）。计算公式如下：

$$H=-\sum(P_i\times\ln P_i), \quad E=H/\ln S \tag{4.7}$$

式中：$P_i$为第$i$个物种的个体数占群落中的总个体数的比例；$S$为样地群落中的物种总数。

**2. 结果与分析**

**1）植物群落组成和重要值**

两种石漠化土地植物群落组成简单，物种丰富度低，轻度石漠化样点植物有13科14属14种（表4.13），强度石漠化样点植物有12科15属15种（表4.14）。乔木层中：轻度石漠化土地乔木以马尾松（300株/hm²）和栓皮栎（350株/hm²）为优势种或建群种（表4.13），而强度石漠化以马尾松（150株/hm²）和杜松（125株/hm²）为优势种或建群种（表4.14），强度石漠化乔木层物种数量低于轻度石漠化样点，且植株密度较小。灌木层中：轻度石漠化样点植物种类的重要值范围中，灌木层植物铁仔（25.71）、毛黄栌（21.37）和火棘（11.33）的重要值较高（表4.13），而强度石漠化样点物种的重要值范围中，也是以植物铁仔（31.48）、毛黄栌（17.61）和火棘（13.94）较高（表4.14），显示这几种植物为灌木层的优势种或建群种。草本层中：轻度石漠化样点以白茅（重要值为72.62）为优势种，而强度石漠化样点物种也是以白茅为优势种或建群种（重要值为29.82），但伴生稀疏的薹草、黄背草和苈草。

表4.13 轻度石漠化样点植物群落密度、胸径、高度和重要值

| 类型 | 种名 | 密度/（株/hm²） | 胸径/cm | 高度/m | 重要值 |
| --- | --- | --- | --- | --- | --- |
| 乔木 | 马尾松 Pinus massoniana | 300 | 2.6~8.0 | 2.0~5.0 | |
| | 栓皮栎 Quercus variabilis | 350 | 2.0~4.1 | 2.0~5.0 | |
| | 化香树 Platycarya strobilacea | 25 | 3.2 | 2.8 | |
| | 杜松 Juniperus rigida | 75 | 2.0~3.0 | 2.2~3.5 | |
| | 马桑 Coriaria nepalensis | 25 | 3.9 | 3.5 | |
| 灌木 | 铁仔 Myrsine africana | | | 0.6 | 25.71 |
| | 毛黄栌 Cotinus coggygria var. pubescens | | | 0.9 | 21.37 |
| | 栓皮栎 | | | 1.7 | 16.53 |
| | 火棘 Pyracantha fortuneana | | | 2.0 | 11.33 |
| | 菝葜 Smilax china | | | 1.0 | 2.58 |
| | 牡荆 Vitex negundo | | | 0.5 | 2.31 |
| | 杜松 | | | 1.7 | 6.34 |
| | 马尾松 | | | 2.1 | 7.90 |
| | 黄连木 Pistacia chinensis | | | 2.5 | 3.32 |
| | 荚蒾 Viburnum dilatatum | | | 1.2 | 2.62 |
| 草本 | 白茅 Imperata cylindrica | 70 | | | 72.62 |
| | 薹草 Carex sp. | 40 | | | 27.38 |

表4.14 强度石漠化样点植物群落密度、胸径、高度和重要值

| 类型 | 种名 | 密度/（株/hm²） | 胸径/cm | 高度/m | 重要值 |
| --- | --- | --- | --- | --- | --- |
| 乔木 | 马尾松 | 150 | 3.1~7.1 | 2.2~4.5 | |
| | 杜松 | 125 | 2.0~3.1 | 2.0~3.0 | |
| | 栓皮栎 | 75 | 2.3~3.1 | 2.1~3.1 | |
| 灌木 | 铁仔 | | | 0.6 | 31.48 |
| | 毛黄栌 | | | 1.1 | 17.61 |
| | 火棘 | | | 1.8 | 13.94 |
| | 黄连木 | | | 1.4 | 5.08 |
| | 牡荆 | | | 0.8 | 9.29 |

续表

| 类型 | 种名 | 密度/(株/hm²) | 胸径/cm | 高度/m | 重要值 |
|---|---|---|---|---|---|
| 灌木 | 菝葜 | | | 0.6 | 9.56 |
| | 栓皮栎 | | | 1.2 | 2.79 |
| | 天门冬 Asparagus cochinchinensis | | | 0.9 | 1.99 |
| | 象鼻藤 Dalbergia mimosoides | | | 1.2 | 6.19 |
| | 杜松 | | | 2.0 | 2.07 |
| 草本 | 白茅 | | | 0.6 | 29.82 |
| | 薹草 | | | 0.3 | 27.61 |
| | 黄背草 Themeda triandra | | | 0.4 | 21.31 |
| | 荩草 Arthraxon hispidus | | | 0.3 | 18.23 |

**2）两种石漠化土地的物种多样性**

轻度石漠化土地的乔木层 Shannon-Wiener 多样性指数（1.17）略高于强度石漠化土地乔木层 Shannon-Wiener 多样性指数（1.06），反之轻度石漠化土地的灌木层（1.80）和草本层（0.47）的 Shannon-Wiener 多样性指数低于强度石漠化样点相应的灌木层（1.84）和草本层（1.36）的 Shannon-Wiener 多样性指数（图 4.6）。

轻度石漠化样点乔木层（0.73）和草本层（0.68）Pielou 均匀度指数略低于强度石漠化土地的乔木层（0.97）和草本层（0.98），而它们的灌木层 Pielou 均匀度指数基本持平（强度和轻度分别为 0.80 和 0.78）（图 4.7）。

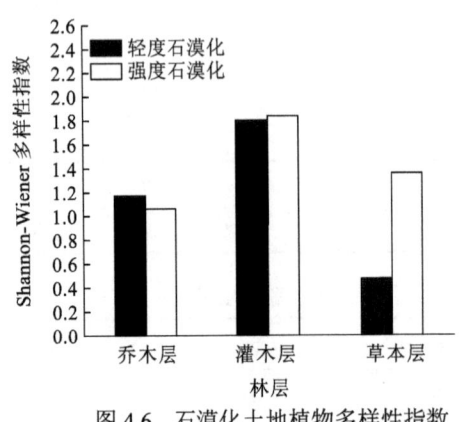

图 4.6 石漠化土地植物多样性指数

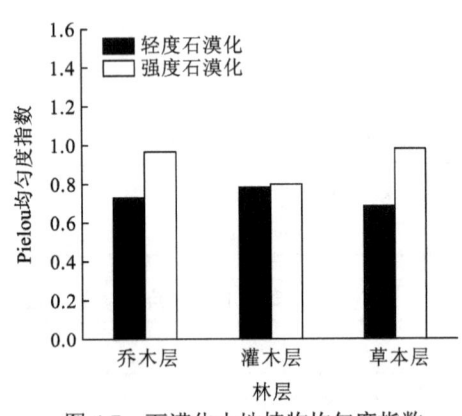

图 4.7 石漠化土地植物均匀度指数

### 3. 小结与讨论

**1）鄂北岩溶地区石漠化植物组成及其恢复与重建**

两种石漠化生态系统乔木层优势种或建群种均有马尾松，其次分别以栓皮栎（轻度石漠化）和杜松（强度石漠化）作为群落共建种；灌木层植物以铁仔、毛黄栌和火棘的重要值较高，显示了这两种石漠化等级具有类似的优势种或建群种；草本层以白茅为优势种，表明了这些植物能够较强地适应鄂北石漠化生态环境，这为我国鄂北岩溶地区石漠化治理植被修复技术选择优良乡土树种，模拟天然植被构建先锋植物群落，促进岩溶地区石漠化退化土地生态恢复与重建提供重要参考价值。然而，其他研究人员研究的南方喀斯特石漠化生态系统发现，以芒（*Saccharum arundinaceum*）、刺槐（*Robinia pseudoacaia*）、狗尾草（*Setaria viridis*）、荩草（*Arthraxon hispidus*）、构树（*Broussonetia papyrifera*）、金丝桃（*Hypericum monogynum*）、铁仔和白栎（*Quercus fabri*）等物种为优势种或建群种（檀迪和熊康宁，2016；盛茂银 等，2015），说明了不同地区石漠化土地优势种或建群种存在差异，从而揭示了石漠化退化生态系统的恢复与重建过程中的植被恢复技术存在差异。盛茂银等（2015）研究指出在喀斯特石漠化治理植物修复技术过程中，不仅要筛选出石漠化环境的适应植物种，而且要筛选出适应不同石漠化等级的先锋物种，方能达到石漠化治理植被修复的预期目标。

**2）鄂北岩溶地区石漠化植物多样性**

鄂北岩溶山地两种石漠化等级（轻度和强度石漠化）的植物种类不超过20种（表4.12和表4.13），表明了植物群落组成简单，物种丰富度很低。这可能是由于石漠化环境对其分布植物具有显著的胁迫作用，石漠化生境具有基岩裸露、土壤浅薄、水分下渗严重、生境保水性能差、基质及土壤和水分等环境富集钙的生态特征，并对植物成分具有强烈的选择性，如适应喜钙性、耐旱性及石生性的植物种群（盛茂银 等，2015；李阳兵 等，2004；王世杰，2002；屠玉麟，1995）；另外，适应生长的植物必须具备发达的强壮根系，方能扎根和生长（盛茂银 等，2015；李阳兵 等，2004）。本小节的两种岩溶山地石漠化生态系统乔木层Shannon-Wiener多样性指数略高于强度石漠化，这可能是轻度石漠化的基岩裸露率较低（60%），土壤厚度较大（15cm）（表4.12），适应轻度石漠化样点的乔木物种生存率较高，这也可以从轻度石漠化植物覆盖度高于强度石漠化得以证实（表4.12）；然而轻度石漠化样点灌木层和草本层 Shannon-Wiener 多样性指数小于强度石漠化样点（图4.6），这种结果可能是强度石漠化植被覆盖度低（20%），易于获得外来种子源，且在光照充足和雨量适宜的条件下，强度石漠化样点获得的外来种子源和地下种子库恢复较快，如张传余等（2011）研究表明喀斯特石漠化地区石漠化不同演替阶段植物群落天然更新能力受到更新库和环境因子的严重影响。例如，我国西南喀斯特石漠化地区，随着石漠化程度的增加，土壤理化性质出现先退化后改善的相应过程，从而为改善土壤理化性质和促进植物多样性恢复方面起着关键作用（李瑞 等，2016；盛茂银 等，2015）。另外，轻度石漠化植物覆盖度高（类似郁闭度），由于这种遮阴作用，某些阳性植物难以生存，使得优势群落明显、均匀度指数降低和物种多样性差（檀迪和熊康宁，2016）。

除轻度石漠化和强度石漠化样点灌木层Pielou均匀度指数持平外，轻度石漠化样点的乔木层和草本层 Pielou 均匀度指数略低于强度石漠化样点（图 4.7），这与盛茂银等（2015）研究西南喀斯特石漠化的均匀度指数与石漠化程度演替存在明显的耦合关系相反，即石漠化等级增加，均匀度指数呈现逐渐降低的趋势；但同时他们指出强度石漠化环境多样性指数显著高于无石漠化、潜在石漠化和轻度石漠化，这可能也为强度石漠化生境提供了其他物种发育的概率，丰富了物种多样性，增加均匀度指数。另外，本研究区的石漠化管理采用封山育林管护措施，有研究表明更新库对石漠化生态系统群落天然更新能力的影响远远大于环境因子，尤其是灌木群落阶段和乔木群落阶段，而环境因子对草本群落阶段更新能力影响较大（张传余 等，2011），再加上由于过去人类活动干扰的叠加，增加了石漠化不同演替阶段植被物种多样性和均匀度指数差异性，本小节的石漠化样点仅仅演替到灌木群落阶段或草本群落阶段，乔灌草稳定性阶段未达到，进而这种演替可能导致了石漠化不同等级的物种多样性指数和均匀度指数偶有波动（檀迪和熊康宁，2016）。

## 4.2.2 择伐抚育与马尾松人工林生物多样性[①]

人工林生态服务功能整体发挥取决于生态系统的状况，主要是生物多样性状况，因此维持高生物多样性已经成为人工林高效经营的重要目标（邢慧 等，2012；李海防 等，2012），特别是林下植被作为生态系统的重要组成部分，对于发挥其生态服务功能具有十分重要的作用（涂育合，2005）。已有研究表明，生物多样性作为生态系统功能好坏和服务价值高低的重要指标，其降低带来的负面影响较为显著（李良涛 等，2013）。择伐抚育作为森林经营的主要措施，通过调整林分密度，改善林内环境条件，促进人工林林下植被的发育，增加林下植被多样性，加快群落的演替，提高林分的稳定性，影响森林的生态功能（尹伟伦，2015；李瑞霞 等，2012；李春义 等，2006）。

长期以来，许多学者在择伐抚育对林下植物多样性研究的影响上进行了广泛研究，但不同学者得出的结论不尽相同。李瑞霞等（2012）研究间伐对马尾松人工林林下植物多样性的1年和5年影响发现，中、强度间伐有利于植物多样性的提高，而弱度择伐则存在先降低后升高的趋势；马履一等（2007）研究间伐对油松人工林林下植物多样性的影响，表明间伐1年和2年后林下植物种类、数量、多样性指数随间伐强度的增大而增加，而6年后又有所降低；而雷相东等（2005）对落叶松人工林纯林演化形成落叶松云冷杉混交林研究发现，间伐12年后没有显著改变林分下层的物种多样性。可见，不同地区、不同树种、不同类型、不同经营方式对林下植被生物多样性的影响存在明显差异。

马尾松（*Pinnus massoniana*）人工林作为中国亚热带地区典型的林分，对亚热带退化森林生态系统的恢复和重建起着重要作用（李瑞霞 等，2012）。然而，随着大面积人工营造马尾松纯林，多数林分存在林分结构简单、地力衰退、物种多样性锐减、抗干扰能力差、易发生病虫害、生态防护功能低下等问题（王晓荣 等，2014；陈昌雄 等，2001）。虽然对马尾松森林经营与生态服务功能的关系进行了广泛的研究（王晓荣 等，2014；刘相兵 等，2012；康冰 等，2009；谌红辉和丁贵杰，2004；陈昌雄 等，2001），但择伐抚育对不同类型马尾松人工林林下生物多样性影响研究仍然不足，许多研究结论差异较大。探讨人工择伐抚育措施对马尾松人工林林下生物多样性的影响，是科学确定森林抚育经营具体措施的重要依据（李春义，2006），对于恢复林下生物多样性和保持可持续经营具有重要意义（田湘 等，2014）。因此，本小节以湖北丹江口库区不同类型马尾松人工林为研究对象，研究择伐抚育前后马尾松林下生物多样性变化，以期为该区域马尾松人工林林分结构调整、植被经营管理提供科学依据。

1. 研究区概况

研究区位于湖北省丹江口市龙口林场，位于南水北调中线工程水源区丹江口库区核

---

[①]引自：郑兰英，王晓荣.择伐抚育对不同类型马尾松人工林林下生物多样性的影响.西部林业科学,2017(3):1-7.

心位置,是典型的水源涵养区。气候属于亚热带半湿润季风气候区,具有四季分明、气候温和、光照充足、热量丰富、雨热同季、无霜期长等特点。年平均气温 15.9℃,极端最高气温 41.5℃,极端最低气温-12.4℃,年降水量 750 mm 左右,年蒸发量为 1979.1 mm。地貌类型多以低山丘陵为主,土壤大部分为黄棕壤和黄壤,成土母质为石灰岩、片麻岩等,质地疏松,水土流失严重。20 世纪 70 年代末,该区域大面积营造马尾松人工林,且后期不断的补植重造、砍伐、择伐等活动,呈现严重的砍伐大径材林木的现象(王晓荣 等,2014)。根据 2010 年丹江口市森林资源调查成果,丹江口龙口林场有林地面积 1919.2 hm²,森林覆盖率达 87%,其中马尾松人工林总面积 1885.87 hm²,占该地有林地面积的 90%以上。

### 2. 研究方法

#### 1)样地设置

按照丹江口市龙口林场马尾松林分现状,选取立地条件相似的 5 种马尾松林分类型,初始密度的林分为高密度马尾松林,择伐密度 20%的林分为中密度马尾松林,择伐密度 50%的林分为低密度马尾松林,以及松柏混交林、针阔混交林,分别建立 1 个面积为 50 m×50 m 的固定样地,作为择伐抚育马尾松林试验林分。

#### 2)调查内容及方法

2012 年将固定样地按照相邻格子法划分为 25 个 10m×10m 样方,对样方中胸径≥5 cm 的所有树种挂牌进行每木检尺,记录其林分起源、林龄、树种组成、郁闭度、树高、胸径、冠幅、枝下高等。同时,在每个 10m×10m 样方中央布置 1 个 2m×2m 样方进行灌木调查,记录种类、数量、盖度、高度等,且设置一个 1m×1m 的草本样方,记录种类、数量、盖度、高度等。环境因子调查包括海拔、坡度、坡向、土壤类型、土壤厚度等,不同类型的马尾松林分本底调查结果见表 4.15。随后,按伐坏留好、伐老留壮、伐大留小和伐密留稀的原则,实施单株作业的方式,分次伐除影响更新层生长的霸王树、低质木、劣势木、濒死林木、枯死木及干扰树,单次采伐强度控制在林分总蓄积 15%以内,间伐后林地郁闭度保持在 0.6 左右,共抚育 2 次,于 2014 年对所有样地进行复查。

表 4.15 林分基本特征

| 林分类型 | 林分起源 | 林龄/年 | 海拔/m | 坡度/(°) | 坡向 | 林分密度/(株/hm²) | 郁闭度 | 择伐抚育强度/% | 主要组成树种 |
| --- | --- | --- | --- | --- | --- | --- | --- | --- | --- |
| 高密度马尾松林 | 人工林 | 35 | 184 | 21 | 东南 | 1 640 | 0.70 | 29.02 | 马尾松 |
| 中密度马尾松林 | 人工林 | 30 | 198 | 28 | 东 | 1 332 | 0.65 | 11.41 | 马尾松 |
| 低密度马尾松林 | 人工林 | 30 | 196 | 26 | 东南 | 908 | 0.60 | 14.10 | 马尾松 |
| 松柏混交林 | 人工林 | 33 | 202 | 30 | 西南 | 1 988 | 0.80 | 12.35 | 马尾松、黑松、柏木 |
| 针阔混交林 | 次生林 | 35 | 204 | 30 | 西 | 2 416 | 0.85 | 24.34 | 马尾松、栓皮栎 |

#### 3)物种多样性统计方法

灌木层和草本层重要值计算:重要值=(相对密度+相对盖度+相对频度)/3。
物种多样性指标采用目前常用的 Margalef 丰富度指数、Shannon-Wiener 多样性指数、

Pielou 均匀度指数和 Simpson 优势度指数对不同类型的马尾松人工林林下植物物种多样性进行计算。

Margalef 丰富度指数（$d_M$）：

$$d_M = (S-1)/\ln N \tag{4.8}$$

Shannon-Wiener 多样性指数（$H$）：

$$H = -\sum_{i=1}^{S}(P_i \ln P) \tag{4.9}$$

Pielou 均匀度指数（$J_{sh}$）：

$$J_{sh} = H/\ln S \tag{4.10}$$

Simpson 优势度指数（$\lambda$）：

$$\lambda = \sum n_i(n_i-1)/N(N-1) \tag{4.11}$$

式中：$S$ 为物种数；$N$ 为所有物种的个体数之和；$P_i = n_i/N$ 为第 $i$ 个物种的相对多度；$n_i$ 为第 $i$ 个物种的个体数。

### 3. 结果与分析

#### 1）择伐抚育对林下植物组成的影响

经过调查发现，择伐抚育后，5 种林分中灌木层除高密度马尾松林物种数减少 1 种外，中密度马尾松林、低密度马尾松林、针阔混交林和松柏混交林分别增加了 2 种、2 种、1 种和 3 种，而草本植物在高密度马尾松林和低密度马尾松林分别减少 5 种和 12 种，中密度马尾松林、针阔混交林和松柏混交林分别增加了 1 种、1 种和 2 种。不同类型的马尾松林分林下植物重要值前 5 见表 4.16 和表 4.17。各类型马尾松林分灌木层以栓皮栎（*Quercus variabilis*）和盐肤木（*Rhus chinensis*）为主，择伐抚育不仅提高了盐肤木在高密度马尾松林、中密度马尾松林和低密度马尾松林的重要值，还提高了栓皮栎在高密度马尾松林、低密度马尾松林和针阔混交林的重要值。主要是由于择伐抚育改善了林下光照条件，明显促进了林下植被的生长发育，但择伐抚育也降低了盐肤木在针阔混交林和松柏混交林及栓皮栎在中密度马尾松林和松柏混交林的重要值，这主要与抚育实施过程中采伐过密的林下更新有关。另外，不同类型的马尾松灌木层种类组成差异较大，但经过择伐抚育后，灌木层优势物种变化不大，而草本优势物种则变化较剧烈，除白茅（*Imperata cylindrica*）外，其他 4 种优势物种均发生了改变，这主要是由于择伐抚育改变了林内环境，发生了优势物种的更替，改变了物种结构组成。例如，草本层中小白酒草（*Conyza canadensis*）和夏天无（*Coydalis decumbens*）是经过择伐抚育的去优势化物种，而三穗薹草（*Carex tristachya*）和白羊草则由于择伐抚育后逐渐成为优势物种。

表 4.16 择伐抚育前后不同类型马尾松灌木层优势物种重要值

| 植物名称 | 高密度马尾松林 抚育前 | 高密度马尾松林 抚育后 | 中密度马尾松林 抚育前 | 中密度马尾松林 抚育后 | 低密度马尾松林 抚育前 | 低密度马尾松林 抚育后 | 针阔混交林 抚育前 | 针阔混交林 抚育后 | 松柏混交林 抚育前 | 松柏混交林 抚育后 |
|---|---|---|---|---|---|---|---|---|---|---|
| 野蔷薇 *Rosa multiflora* | | | | | | | 6.52 | | | |
| 盐肤木 *Rhus chinensis* | 40.97 | 45.11 | 8.50 | 11.88 | 10.07 | 12.95 | 11.19 | 9.73 | 5.12 | |
| 烟管荚蒾 *Viburnum utile* | | | | | | | | 3.24 | | |

续表

| 植物名称 | 高密度马尾松林 抚育前 | 高密度马尾松林 抚育后 | 中密度马尾松林 抚育前 | 中密度马尾松林 抚育后 | 低密度马尾松林 抚育前 | 低密度马尾松林 抚育后 | 针阔混交林 抚育前 | 针阔混交林 抚育后 | 松柏混交林 抚育前 | 松柏混交林 抚育后 |
|---|---|---|---|---|---|---|---|---|---|---|
| 小果蔷薇 Rosa cymosa | | | | | | | 5.01 | | | |
| 小构 Broussonetia kazinoki | | | | 21.34 | | | | | | |
| 藤构 Broussonetia kaempferi | 23.14 | 28.10 | 5.88 | 10.70 | | 10.07 | | | | |
| 算盘子 Glochidion puberum | | | | 7.07 | | 9.20 | | | | |
| 酸枣 Ziziphus jujuba | | | | | | | | | 18.71 | 17.44 |
| 栓皮栎 Quercus variabilis | 10.89 | 11.42 | 54.04 | 38.44 | 37.20 | 42.81 | 57.13 | 67.74 | 17.01 | 15.02 |
| 苦楝 Melia azedarach | | | | | | | | 4.13 | | |
| 黄檀 Dalbergia hupeana | | | | | | | | 5.08 | | |
| 槲栎 Quercus aliena | | | 5.58 | | | | | | | |
| 胡枝子 Lespedeza bicolor | | | | | | | 7.23 | | 28.33 | 19.70 |
| 构树 Broussonetia papyrifera | 4.38 | | | | | | | | | |
| 刺槐 Robinia pseudoacacia | | | | | 12.28 | 7.89 | | | | |
| 插田泡 Rubus coreanus | 4.97 | 2.56 | | | 3.87 | | | | | |
| 侧柏 Platycladus orientalis | | | | | | | | | | 18.21 |
| 柏木 Cupressus funebris | | | | | | | | | 22.47 | |
| 白刺花 Sophora davidii | | | 2.19 | 8.43 | 7.66 | | | | | 7.26 |

表 4.17 择伐抚育前后不同类型马尾松草本层优势物种重要值

| 植物名称 | 高密度马尾松林 抚育前 | 高密度马尾松林 抚育后 | 中密度马尾松林 抚育前 | 中密度马尾松林 抚育后 | 低密度马尾松林 抚育前 | 低密度马尾松林 抚育后 | 针阔混交林 抚育前 | 针阔混交林 抚育后 | 松柏混交林 抚育前 | 松柏混交林 抚育后 |
|---|---|---|---|---|---|---|---|---|---|---|
| 竹叶茅 Microstegium udum | | | | | | 8.22 | | | 4.62 | |
| 油芒 Eccoilopus cotulifer | | | | | | | | | 13.32 | |
| 野菊 Dendranthema indicum | | | | 22.94 | | | | | | |
| 寻骨风 Aristolochia mollissima | | | | | | | | 6.11 | | |
| 小白酒草 Conyza canadensis | 11.57 | | 14.87 | | 8.40 | | | 10.37 | | |
| 夏天无 Coydalis decumbens | 30.22 | | 23.46 | | 35.17 | | 21.50 | | | |
| 铁角蕨 Asplenium trichomanes | | | | | | | | 9.10 | | |
| 苔草 Carex tristachya | | | 14.05 | | 4.65 | | 13.55 | | | |
| 商陆 Phytolacca acinosa | | | | 7.13 | | | | | | |
| 三穗薹草 Carex tristachya | | 11.87 | | 16.39 | | 22.09 | | 43.84 | | 5.52 |
| 全叶马兰 Kalimeris integrtifolia | | | | | | | | 13.09 | | |
| 普通鹿蹄草 Pyrola decorata | | | | | | | | 12.66 | | |
| 苦荬菜 Ixeris denticulata | | | | | | | | | 11.85 | |
| 爵床 Rostellularia procumbens | | | | 16.75 | | | | | | |

续表

| 植物名称 | 高密度马尾松林 抚育前 | 高密度马尾松林 抚育后 | 中密度马尾松林 抚育前 | 中密度马尾松林 抚育后 | 低密度马尾松林 抚育前 | 低密度马尾松林 抚育后 | 针阔混交林 抚育前 | 针阔混交林 抚育后 | 松柏混交林 抚育前 | 松柏混交林 抚育后 |
|---|---|---|---|---|---|---|---|---|---|---|
| 荩草 *Arthraxon hispidus* | 5.95 | 13.98 | 4.77 | | | 21.43 | | | 5.56 | 11.01 |
| 黄背草 *Themeda triandra* | | | | | 4.81 | | | | | 6.30 |
| 春兰 *Cymbidium goeringii* | | | | | | | 9.73 | | | |
| 白羊草 *Bothriochloa ischaemum* | 18.80 | 32.79 | | 8.17 | | 7.18 | | | | 33.54 |
| 白茅 *Imperata cylindrica* | 9.85 | 28.90 | 28.52 | 18.16 | 13.72 | 25.48 | | 5.23 | 46.82 | 25.28 |

**2）择伐抚育对林下植物多样性的影响**

由图4.8可知，不同类型的马尾松林灌木层多样性，在择伐抚育前，Shannon-Wiener多样性指数、Simpson优势度指数、Pielou均匀度指数表现为松柏混交林＞低密度马尾松林＞高密度马尾松林＞针阔混交林＞中密度马尾松林，Margalef丰富度指数为高密度马尾松林＞低密度马尾松林＞中密度马尾松林＞针阔混交林＞松柏混交林；经择伐抚育后，Shannon-Wiener多样性指数、Simpson优势度指数、Pielou均匀度指数表现为松柏混交林＞中密度马尾松林＞低密度马尾松林＞高密度马尾松林＞针阔混交林，Margalef

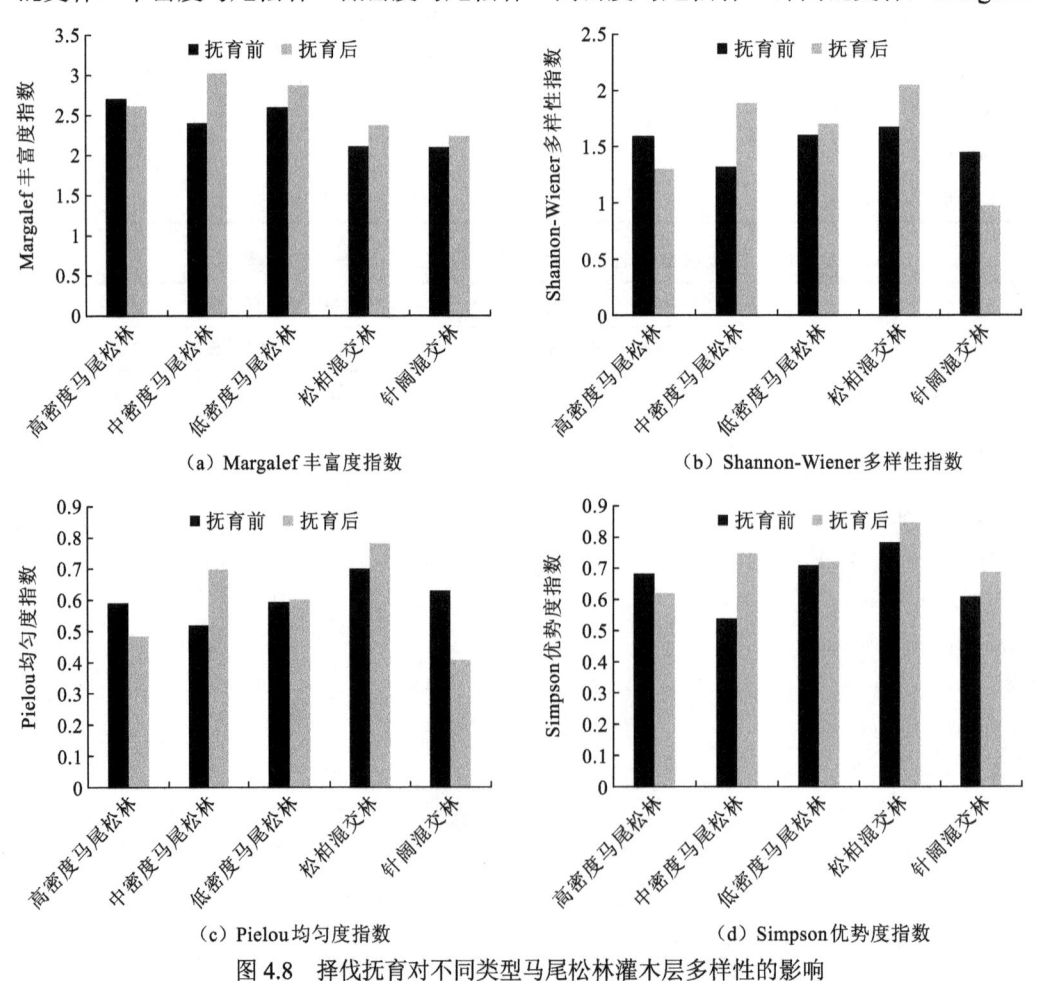

（a）Margalef丰富度指数

（b）Shannon-Wiener多样性指数

（c）Pielou均匀度指数

（d）Simpson优势度指数

图4.8 择伐抚育对不同类型马尾松林灌木层多样性的影响

丰富度指数为中密度马尾松林＞低密度马尾松林＞高密度马尾松林＞松柏混交林＞针阔混交林。说明不同类型的马尾松生物多样性差异明显，而且不同树种组合和不同密度影响着林下植被的发育，表现为松柏混交林更容易让外来物种进入林下生长。针阔混交林反而由于地上植被发育强盛，一定程度上抑制了其他灌木物种的进入，同时中密度马尾松林更有益于生物多样性的维持。经过择伐抚育后，针阔混交林和高密度马尾松林灌木层生物多样性表现为一定程度的降低，而其他3种林分类型则均表现为增加趋势，以中密度马尾松林和松柏混交林增长最多，但整体增加了林下灌木的优势度。这一方面与人为择伐抚育干扰有关，另一方面可能是择伐抚育时间较短，导致林下许多耐阴灌木不适合光照环境而消失，说明经过森林经营在一定程度上促进了林下灌木层植物生物多样性的增加，但不同林分类型结构对择伐抚育时间的响应存在差异。

如图4.9所示，择伐抚育前，各类型马尾松林中草本层Shannon-Wiener多样性指数、Simpson优势度指数表现为针阔混交林＞低密度马尾松林＞高密度马尾松林＞中密度马尾松林＞松柏混交林，Pielou均匀度指数为针阔混交林＞低密度马尾松林＞中密度马尾松林＞高密度马尾松林＞松柏混交林，Margalef丰富度指数为高密度马尾松林＞低密度马尾松林＞针阔混交林＞中密度马尾松林＞松柏混交林；经择伐抚育后，草本层Shannon-

（a）Margalef丰富度指数

（b）Shannon-Wiener多样性指数

（c）Pielou均匀度指数

（d）Simpson优势度指数

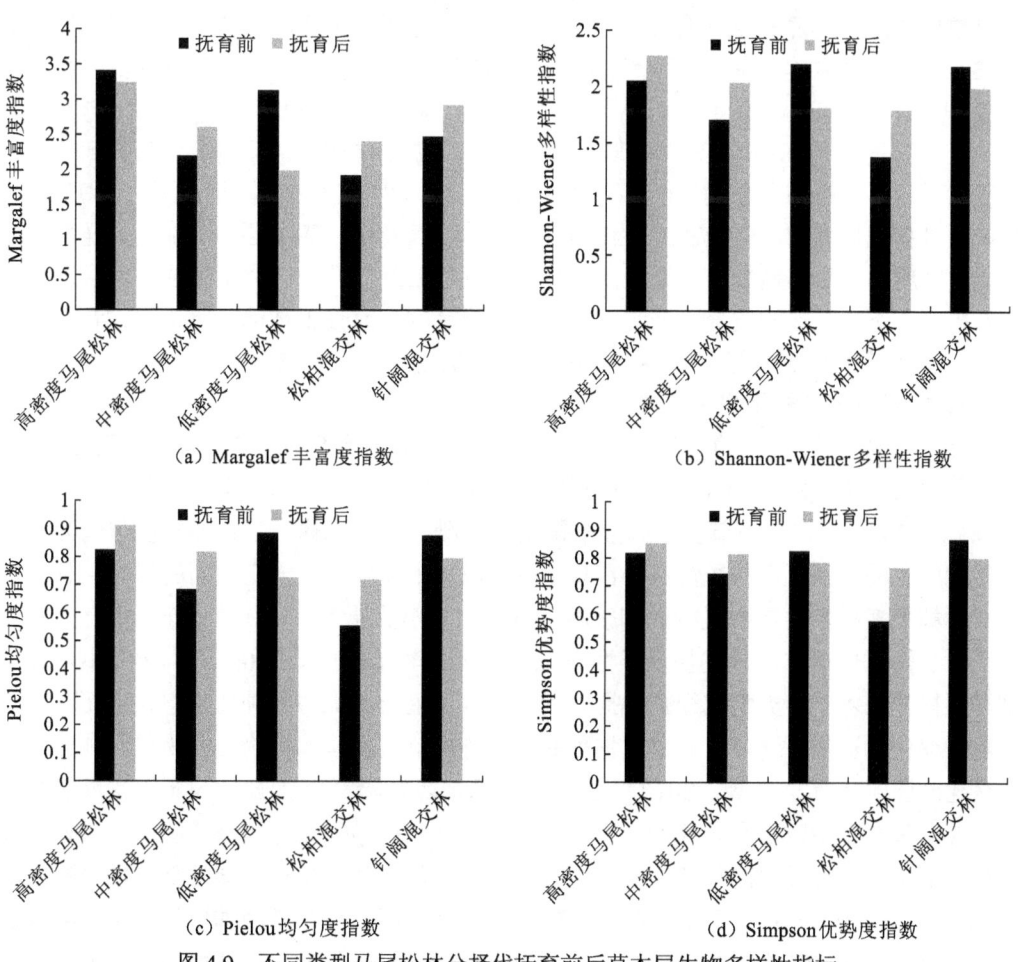

图4.9　不同类型马尾松林分择伐抚育前后草本层生物多样性指标

Wiener 多样性指数和 Simpson 优势度指数为高密度马尾松林＞中密度马尾松林＞针阔混交林＞低密度马尾松林＞松柏混交林，Margalef 丰富度指数为高密度马尾松林＞针阔混交林＞中密度马尾松林＞松柏混交林＞低密度马尾松林，Pielou 均匀度指数为中密度马尾松林＞针阔混交林＞高密度马尾松林＞低密度马尾松林＞松柏混交林。Margalef 丰富度指数在高密度马尾松林和低密度马尾松林均降低，而中密度马尾松林、松柏混交林和针阔混交林明显增加，可见择伐抚育造成了草本层生物多样性波动较大。

比较灌木层和草本层生物多样性指数，不同类型马尾松林分中，松柏混交林表现为灌木层＞草本层，而高密度马尾松林、中密度马尾松林、低密度马尾松林和针阔混交林表现为草本层＞灌木层，这主要是由于松柏混交林林分密度较高，林下灌木层未获得充分的生长空间。

### 4. 小结与讨论

#### 1) 林分密度与林下生物多样性

物种多样性研究能反映植物群落内各物种在组成、结构和动态方面的变化，体现林分结构类型、组织水平、发展阶段、稳定程度及生境差异（郑丽凤和周新年，2008），是群落结构和群落演替重要度量值，也是反映森林生态系统平衡的重要指标（李民义 等，2013）。林下植被层是森林生态系统的重要组成部分，对维护整个系统的物种多样性十分重要（何佩云和鲍斌，2014），而林下物种多样性与林分密度密切相关，但如何影响并无定论（燕亚飞 等，2014），具有增加、降低和无影响 3 种变化，但多数认为降低林分密度可以增加林下植物多样性（李民义 等，2013；康冰 等，2009；雷相东 等，2005）。比较未经过择伐抚育的高中低密度 3 种马尾松纯林可以看出，灌木层和草本层多样性指数均以中密度马尾松林最低，主要是由于林分密度适度降低，最有利于上层乔木层发育，相对限制了下层植被的发育，而进一步降低林分密度，改善了林地光照条件、温度和湿度等环境因子（王晓荣 等，2014），最有利于下层植被生长和发育。

#### 2) 择伐抚育与林下生物多样性

已有研究表明，林下植物的多样性提高是因间伐后林分郁闭度减小，林内透光度好，改变了生长环境，林下植物的种类必然会增多（王晓荣 等，2014；李民义 等，2013；陈东莉 等，2011），在本小节多数林分中得到了体现。同时，林下生物多样性与人为抚育干扰程度有关，任何森林经营都会在短期内造成林下环境产生一定负面的影响，且择伐抚育对林下多样性的影响受时间和空间尺度限制（李瑞霞 等，2012），森林抚育具有后效性，在短期内很难反映生物多样性的动态变化（李春义 等，2006）。本小节中，各类型马尾松林灌木层种类组成经择伐抚育后，灌木层主要的优势物种变化不大，而草本优势物种变化较剧烈，这可能与草本物种的生长特性有关，草本植物更容易受到林分微环境变化的影响（贾亚运 等，2016）。择伐抚育造成除针阔混交林 Margalef 丰富度指数和 Simpson 优势度指数略有升高外，多样性指数整体在针阔混交林和高密度马尾松林中灌木层均表现为一定程度的降低，而松柏混交林、中密度马尾松林、低密度马尾松林则均表现为增加趋势。择伐抚育对高密度马尾松林和针阔混交林林下灌木生物多样性降低的原因，可能主要是其择伐强度较高，分别为 29.02%和 24.34%，而其他抚育强度均低于

15%，致使林下植被生物多样性升高，这与任立忠等（2000）研究不同强度抚育对山杨林群落物种多样性变化的研究结果类似，其认为弱度、中度抚育提高了群落物种多样性，而强度抚育降低了群落物种多样性。

本小节中择伐抚育时间较短，择伐抚育林分仍处于生长恢复期，如何科学把握抚育经营的强度成为森林经营的关键。因此，从物种多样性保护出发，在择伐抚育时应合理选择采伐木，依据林分更新演替实际情况，选择合适的抚育强度，尽量减少人为干扰，优化林木的组成和结构，维护或增加林下植被层，进而提高林下生物多样性（贾亚运 等，2016；李良涛 等，2013）。同时，必须要加强对择伐抚育的不同类型马尾松林林下植被的生物多样性进行动态监测，进而为该区域林分经营提供科学参考。

## 4.3 森林改善气候效益量[①]

森林小气候是林中水、气、热等各种气象要素综合作用的结果。作为下垫面的林木，由于其作用面（林冠层）与外界热量、水分的交换，无论是在水平方向上或是在垂直梯度上，都做了重新分配。这种重新分配的结果，导致了林内温度、湿度、太阳照度等气象因子的梯度变化。不同的林分因其生物特性、结构特点不同，对森林小气候的影响程度也不同。如果通过改造林分（作用面）的生物特性和结构特点来改变其作用面上热量和水分的收支状况，就可以达到控制和改造森林小气候，改善生态环境的目的。因此，开展对不同林分的森林小气候的观测与研究具有十分积极的意义。

1. 观测点地理概况及气候特征

观测点位于三峡库区宜昌市夷陵区太平溪镇端坊溪小流域内。北临长江，下抵三峡大坝（相距 20 km）。流域内溪流直接汇入长江。海拔最高 800 m，最低 120 m。黄棕壤，砂质，土层较薄。气候特征属亚热带季风型气候。因其周边地区海拔高低悬殊，地形、地貌类型复杂多变。又同时具有亚热带和暖温带两种气候特征。年均气温 15.3~17.1℃，极端高温 41.4℃，极端低温-8.9℃，月平均气温＞10℃，积温 4800~5400℃，无霜期 223~273 d，年均降水量 997~1370 mm。

2. 研究内容与分析

采用典型取样与随机取样相结合的方法，在端坊溪小流域内选取 6 个有代表性的林分结构类型：①柏木人工林（乔-草型）；②马尾松林（乔-灌-草型）；③马尾松林（乔-草型）；④针阔混交林（乔-灌-草型）；⑤板栗园（板栗-草型）；⑥柑橘园（柑橘-农作物型）。6 个林分主要因子调查见表 4.18。

---

[①] 引自：刘学全.三峡库区防护林不同林分结构森林小气候研究.湖北林业科技，1998(1)：1-5.

表 4.18 不同类型的林分因子

| 林分类型 | 树种组成 | 郁闭度 | 平均树高/m | 林冠层厚/m | 海拔/m | 下木盖度/% | 草本盖度/% |
|---|---|---|---|---|---|---|---|
| 柏木人工林（乔-草） | 8柏2松 | 0.80 | 8.5 | 5.3 | 230 | 15 | 50 |
| 马尾松林（乔-灌-草） | 9马1杉 | 0.85 | 9.5 | 5.0 | 245 | 35 | 90 |
| 马尾松林（乔-草） | 8马2杉 | 0.65 | 7.8 | 4.2 | 250 | 10 | 95 |
| 针阔混交林（乔-灌-草） | 7松3枫 | 0.95 | 10.5 | 6.2 | 230 | 50 | 25 |
| 板栗园（板栗-草） | 板栗 | 0.80 | 4.0 | 3.5 | 210 | — | 95 |
| 柑橘园（柑橘-农作物） | 柑橘 | 0.70 | 2.1 | 1.8 | 230 | — | 100 |

### 3. 观测方法设计

**1）观测内容**

主要观测林内、林外的空气温度、湿度、蒸发量、土壤温度、照度等。

**2）仪器配置**

通风干湿球温度表（阿斯曼干湿表），地温表（5 cm、10 cm、15 cm、20 cm），蒸发皿，蒸馏水，照度计等。

**3）观测方法**

采用对比观测与梯度观测相结合的方法。对比观测是在相同的自然条件下对6个林分之间、林内林外之间进行对照观测；梯度观测是指在铅直方向上的多层次观测，具体设计如下。

温度、湿度：分三个高度 20 cm、150 cm、400 cm。板栗、柑橘园分 20 cm、150 cm 两个层次。

地温：分 5 cm、10 cm、15 cm、20 cm 四个深度。

蒸发量：分三个高度，即 0 cm（地面）、70 cm、200 cm。板栗、柑橘园分 0 cm、70 cm 两个高度。

照度：林内、林外重复观测，重复次数按 $n=(U \cdot P/K/X)^2$ 计算。

观测时间：早晨8点至下午6点，每隔1 h观测一次，每次读两次数，取平均值。林外空旷地各因子观测方法与林内相同。

### 4. 数据整理与分析

**1）干湿球温度表，地温等观测数据均根据温度订正表进行订正**

通过干湿球温度表差值查湿度表，求出相应的相对湿度。求出每天各个高度的平均气温、平均湿度、平均地温等。由于外业观测得到的数据数量多，内业数据订正换算任务重，可利用计算机编制一个程序，进行数据自动修订、换算工作，既节省人力，又快速、准确。将整理后数据编制成表 4.19。

表 4.19 不同林分结构森林小气候因子观测表

| 林型 | 天数 | 日均气温/℃ ||| 日均湿度/% ||| 日均地温/℃ |||| 蒸发量/mm ||| 照度/lx |
|---|---|---|---|---|---|---|---|---|---|---|---|---|---|---|---|
| | | 0.2 m | 1.5 m | 4.0 m | 0.2 m | 1.5 m | 4.0 m | 5 cm | 10 cm | 15 cm | 20 cm | 0 m | 0.7 m | 2 m | |
| 柏木人工林（乔-草） | 1 | 31.7 | 31.8 | 31.9 | 88.7 | 81.7 | 91.0 | 28.8 | 27.9 | 27.4 | 27.2 | 1.1 | 1.6 | 1.5 | 4 250.9 |
| | 2 | 32.6 | 32.7 | 33.1 | 85.3 | 80.9 | 89.9 | 28.3 | 27.7 | 27.4 | 27.4 | 1.0 | 1.1 | 1.8 | |
| | 3 | 32.5 | 32.3 | 32.8 | 87.6 | 81.3 | 90.5 | 29.2 | 27.4 | 27.0 | 27.0 | 1.9 | 1.8 | 1.6 | |
| 马尾松林（乔-灌-草） | 1 | 29.6 | 30.1 | 30.4 | 86.8 | 77.5 | 78.9 | 27.7 | 27.4 | 27.1 | 26.9 | 1.1 | 1.5 | 1.6 | 4 063.3 |
| | 2 | 27.7 | 27.7 | 27.6 | 81.8 | 72.6 | 74.5 | 25.6 | 25.0 | 24.9 | 25.2 | 0.7 | 0.8 | 1.0 | |
| 马尾松林（乔-草） | 1 | 32.0 | 32.6 | 32.7 | 87.6 | 78.4 | 84.5 | 27.8 | 27.8 | 27.2 | 26.8 | 1.1 | 1.4 | 2.0 | 6 091.8 |
| | 2 | 31.2 | 32.0 | 32.6 | 85.9 | 74.6 | 82.3 | 27.0 | 26.6 | 26.2 | 26.7 | 0.7 | 1.3 | 1.5 | |
| 针阔混交林（乔-灌-草） | 1 | 29.1 | 29.7 | 30.0 | 90.4 | 83.2 | 86.2 | 26.0 | 25.9 | 25.7 | 25.6 | 0.5 | 0.8 | 0.8 | 3 395.4 |
| | 2 | 27.4 | 28.0 | 28.2 | 88.7 | 80.8 | 85.2 | 25.3 | 24.8 | 24.6 | 24.8 | 0.5 | 0.5 | 0.9 | |
| 板栗园（板栗-草） | 1 | 28.0 | 28.3 | | 85.0 | 78.0 | | 26.7 | 26.5 | 26.4 | 26.6 | 0.4 | 0.5 | | 4 563.2 |
| | 2 | 29.3 | 29.6 | | 87.1 | 80.3 | | 27.1 | 26.9 | 26.8 | 26.7 | 0.5 | 0.9 | | |
| 柑橘园（农作物） | 1 | 34.6 | 35.3 | | 95.0 | 82.9 | | 29.9 | 29.8 | 29.1 | 28.3 | 1.7 | 2.5 | | 14 526.6 |
| | 2 | 32.2 | 31.9 | | 92.5 | 79.6 | | 27.5 | 26.6 | 26.3 | 26.2 | 1.4 | 2.2 | | |
| 空旷地 | 1 | 35.1 | 33.2 | 33.6 | 90.6 | 85.6 | 88.3 | 36.8 | 35.5 | 33.9 | 32.3 | 4.1 | 4.0 | 4.1 | 43 324.0 |
| | 2 | 31.1 | 30.2 | 30.2 | 88.6 | 82.4 | 84.6 | 32.3 | 30.4 | 29.7 | 29.7 | 2.2 | 2.4 | 2.7 | |
| | 3 | 35.4 | 33.4 | 33.5 | 90.8 | 86.2 | 89.5 | 35.3 | 34.5 | 33.5 | 32.5 | 4.7 | 4.4 | 4.0 | |

**2）林地与空旷地森林小气候对照分析**

比较一下表 4.19 中各因子数量关系，不难得出 6 个林分，林内与空旷地之间，小气候因子间存在显著的差异性。其空间垂直变化也不相同。进一步运用方差分析，可得出同样结论。

（1）空气温度的差异性。林内平均气温明显低于林外平均气温，温度日较差也明显小于林外，这表明林内温度变化比林外平缓（图 4.10）。以柏木人工林为例，林内温度日较差为 6.6 ℃，空旷地为 7.7 ℃；在铅直方向分布上，随着高度的增加，林内温度逐渐增加，空旷地的温度则逐步减小。以针阔混交林为例，林内温度随高度依次为 29.1 ℃、29.7 ℃、30.0 ℃，空旷地为 31.1 ℃、30.5 ℃、30.1 ℃。

（2）空气湿度、蒸发量的差异性。林内空气湿度明显高于林外。不论是林内或是林外，上午 8 时和下午 6 时空气湿度最大，下午 3 时湿度最小。林内蒸发量明显低于林外。这是由于林冠层的存在，截留了部分太阳辐射，使林内温度降低，蒸发作用也减弱。其次，林冠层对林内水汽扩散也起着阻挡作用，从而使林内湿度增大。在垂直分布上，林内靠近地面和林冠层附近的湿度较大，中间湿度较小。这是因为林内下盖物及林冠层蒸腾作用使湿度增大的结果（图 4.11）。

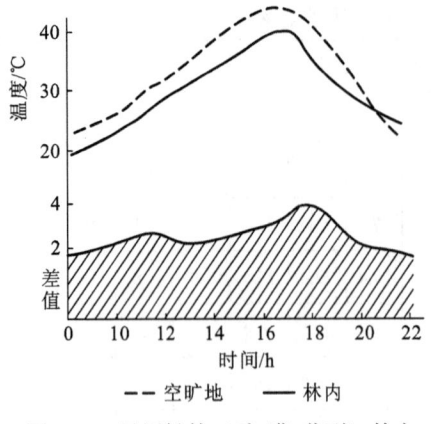

图 4.10　马尾松林（乔-灌-草型）林内、林外温度日变化曲线

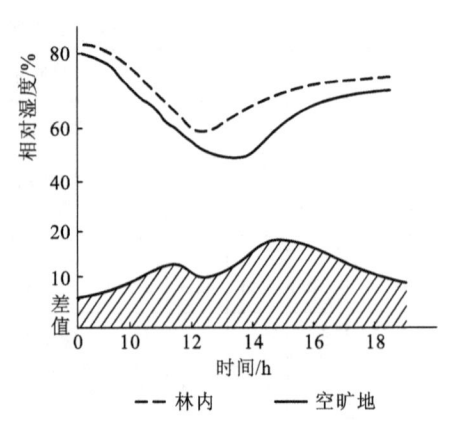

图 4.11　柏木人工林（高度 1.5 m）林内、林外相对湿度日变化曲线

太阳照度、土壤温度的差异性：由于林冠层对太阳辐射的截留作用，使林内照度远小于林外，林内地温也明显低于林外地温。这种变化关系从表 4.19 中可以明显地看出。

**3）不同林分结构主要林分因子与森林小气候要素之间的关系**

为了便于分析，将表 4.18、表 4.19 归纳成表 4.20。

表 4.20　林分因子与森林小气候要素

| 林型因子 | 郁闭度 | 平均树高/m | 林冠层厚/m | 温度/℃ | 湿度/% | 照度/lx | 地温/℃ | 蒸发量/mm |
| --- | --- | --- | --- | --- | --- | --- | --- | --- |
| 针阔混交林（乔-灌-草） | 0.95 | 10.5 | 6.2 | 28.8 | 84.4 | 3 395.4 | 25.6 | 0.78 |
| 马尾松林（乔-灌-草） | 0.85 | 9.5 | 5.0 | 28.9 | 78.0 | 4 063.3 | 26.6 | 1.15 |
| 柏木人工林（乔-草） | 0.80 | 8.5 | 5.3 | 32.2 | 81.7 | 4 250.9 | 28.7 | 1.43 |
| 柑橘园（农作物） | 0.70 | 2.1 | 1.8 | 33.6 | 65.0 | 14 526.6 | 28.7 | 2.35 |
| 马尾松林（乔-草） | 0.65 | 7.8 | 4.2 | 32.3 | 67.2 | 6 091.8 | 27.4 | 1.35 |
| 板栗园（板栗-草） | 0.80 | 4.0 | 3.5 | 28.3 | 78.0 | 4 563.2 | 26.7 | 0.50 |

以林分郁闭度、平均树高、林冠层厚等林分因子为自变量，以林内温度、湿度、照度、地温、蒸发量等森林小气候要素为因变量，依次进行多元线性回归分析。通过计算机运算，得出如下模型（以下模型中，$X_1$ 为郁闭度，$X_2$ 为平均树高，$X_3$ 为林冠层厚，$P$ 为复相关系数）。

郁闭度、平均树高与温度回归模型：

$$\hat{y}=41.303\,8-9.921\,9X_1-0.300\,2X_2,\quad P=0.91 \tag{4.12}$$

郁闭度、林冠层厚与林内照度回归模型：

$$\hat{y}=11\,799.45-8\,893.5X_1-23.812\,5X_2, \quad P=0.97 \tag{4.13}$$

郁闭度、平均树高、林冠层厚与林内湿度回归模型：

$$\hat{y}=35.59+29.645X_1-245X_2+7.791X_3, \quad P=0.98 \tag{4.14}$$

郁闭度、平均树高、林冠层厚与林内蒸发量回归模型：

$$\hat{y}=2.985-0.495X_1-0.204X_2+0.086X_3, \quad P=0.98 \tag{4.15}$$

郁闭度、平均树高与地温的回归模型：

$$\hat{y}=32.152-4.127X_1-0.194X_2, \quad P=0.76 \tag{4.16}$$

逐个分析以上模型，可以得出：①郁闭度、平均树高与林内温度有密切关系，且呈负相关。即郁闭度越大，平均树高越大，林内温度越小。两因子中，郁闭度影响程度大于平均树高。②林分郁闭度、林冠层厚对林内照度有显著影响，且呈现出负相关。影响程度为郁闭度＞林冠层厚。③郁闭度、平均树高、林冠层厚与林内湿度有密切关系，其中郁闭度、林冠层厚与湿度呈正相关，平均树高与湿度呈负相关。影响程度为林冠层厚＞郁闭度＞平均树高。④郁闭度，平均树高与蒸发量呈负相关，林冠层厚与蒸发量呈正相关。影响程度为平均树高＞郁闭度＞林冠层厚。⑤郁闭度、平均树高与地温呈密切负相关，且影响程度为平均树高稍大于郁闭度。

应当指出的是：本小节分析资料只涉及白天森林小气候变化情况。夜间由于太阳辐射消失，林冠层作用面上辐射差额为负值（白天为正值），林内各小气候要素变化过程与白天相反。从理论上讲，夜间林分各因子对森林小气候变化过程的影响与白天是一致的，只是方向相反。

### 4. 小结

不同林分结构中，林分因子（郁闭度、平均树高、林冠层厚等）与森林小气候各要素（温度、湿度、照度、蒸发量等）之间有密切的相关性。其对森林小气候影响程度为郁闭度＞平均树高＞林冠层厚等。

由上述结论可以推导出：林分在生长过程中，因郁闭度、平均树高、林冠层厚等因子发生变化，其对森林小气候的影响程度也不相同。如果以林龄为划分标准，则幼龄林、衰退林对森林小气候影响较小；中龄林、成熟林对森林小气候影响较大。

同样，由于林分垂直结构不同，林分郁闭度、林冠层厚、平均树高等因子也不同。所以其对森林小气候的影响程度也不同：复层混交林＞单层混交林＞单层纯林；就本小节研究的6个林分而言，依照它们对森林小气候影响的显著性排列为：针阔混交林（乔-灌-草型）＞马尾松林（乔-灌-草型）＞板栗（板栗-草型）＞柏木人工林（乔-草型）＞马尾松林（乔-草型）＞柑橘园（柑橘-农作物型）。

# 参 考 文 献

北京林学院, 1981. 森林生态学[M]. 北京: 中国林业出版社.

曹坤芳, 付培立, 陈亚军, 等, 2014. 热带岩溶植物生理生态适应性对于南方石漠化土地生态重建的启示[J]. 中国科学: 生命科学, 44(3): 238-247.

陈昌雄,陈平留,肖才生,等,2001.人工马尾松复层混交林林分结构规律的研究[J].林业科学,37(S1): 205-207.

陈东莉,郭晋平,杜宁宁,2011.间伐强度对华北落叶松林下生物多样性的影响[J].东北林业大学学报, 39(4): 37-39.

巩杰,陈利顶,傅伯杰,等,2005.黄土丘陵区小流域植被恢复的土壤养分效应研究[J].水土保持学报 (2): 93-96.

郭军权,卜耀军,张广军,2005.黄土丘陵区植被恢复过程中土壤水分研究:以吴旗县为例[J].西北林学院学报,20(4): 1-4.

国家林业局,2012.中国石漠化状况公报[N].中国绿色时报,2012-06-18(3).

何佩云,鲍斌,2014.云台山不同生境马尾松林下植被的生物多样性[J].江苏农业科学,42(2): 327-328.

贺康宁,1995.水土保持林地土壤水分物理性质的研究[J].北京林业大学学报,17(3): 44-50.

侯扶江,肖金玉,南志标,2002.黄土高原退耕地的生态恢复[J].应用生态学报,13(8): 923-929.

胡汀波,杨改河,张笑培,等,2007.不同植被恢复模式对土壤肥力的影响[J].河南农业科学(3): 69-72.

胡良军,邵明安,2002.黄土高原植被恢复的水分生态环境研究[J].应用生态学报,13(8): 1045-1048.

胡业翠,刘彦随,吴佩林,等,2008.广西喀斯特山区土地石漠化:态势、成因与治理[J].农业工程学报, 24(6): 96-101.

贾亚运,周丽丽,吴鹏飞,等,2016.不同发育阶段杉木人工林林下植被的多样性[J].森林与环境学报, 36(1): 36-41.

焦菊英,焦峰,温仲明,2006.黄土丘陵沟壑区不同恢复方式下植物群落的土壤水分和养分特征[J].植物营养与肥料学报,12(5): 667-674.

康冰,刘世荣,蔡道雄,等,2009.马尾松人工林林分密度对林下植被及土壤性质的影响[J].应用生态学报,20(10): 2323-2331.

雷相东,陆元昌,张会儒,等,2005.抚育间伐对落叶松云冷杉混交林的影响[J].林业科学,41(4): 78-85.

李春义,马履一,徐昕,2006.抚育间伐对森林生物多样性影响研究进展[J].世界林业研究,19(6): 27-32.

李海防,黄勇,范志伟,等,2012.马尾松人工林演替进程中生物多样性变化研究[J].西部林业科学, 41(1): 83-87.

李良涛,李想,段美春,等,2013.农业景观中林地的生物多样性保育及生态服务提升[J].中国农学通报, 29(13): 1-8.

李民义,张建军,郭宝妮,等,2013.晋西黄土区不同密度油松人工林林下植物多样性及水文效应[J].生态学杂志,32(5): 1083-1090.

李瑞,王霖娇,盛茂银,等,2016.喀斯特石漠化演替中植物多样性及其与土壤理化性质的关系[J].水土保持研究,23(5): 111-119.

李瑞霞,马洪靖,闵建刚,等,2012.间伐对马尾松人工林林下植物多样性的短期和长期影响[J].生态环境学报,21(5): 807-812.

李先琨,吕仕洪,蒋忠诚,等,2005.喀斯特峰丛区复合农林系统优化与植被恢复试验[J].自然资源学报, 20(1): 92-98.

李阳兵,王世杰,容丽,2004.关于喀斯特石漠和石漠化概念的讨论[J].中国沙漠,24(6): 689-695.

良奎健,唐守正,1989. IBM PC 系列程序集[M].北京:中国林业出版社.

林业部科技司,1994.森林生态系统定位研究方法[M].北京:中国科学技术出版社.

刘国华, 傅伯杰, 陈利顶, 等, 2000. 中国生态退化的主要类型、特征及分布[J]. 生态学报, 1(1): 13-19.

刘相兵, 刘亚茜, 李兵兵, 等, 2012. 生态疏伐对林分密度级直径结构的影响[J]. 西北林学院学报, 27(3): 145-149.

吕勇, 曾思齐, 邓湘文, 等, 1996. 马尾松林分生物量的研究[J]. 中南林学院学报, 16(4): 28-32.

吕仕洪, 黄甫昭, 曾丹娟, 等, 2015. 桂西南石漠化区3种先锋树种对树冠下青冈和金银花幼苗生长的影响[J]. 热带亚热带植物学报(2): 197-204.

吕仕洪, 李先琨, 陆树华, 等, 2006. 广西岩溶乡土树种育苗及造林研究[J]. 广西科学, 13(3): 236-240.

马履一, 李春义, 王希群, 2007. 不同间伐强度对北京山区油松生长及其林下植被多样性的影响[J]. 林业科学, 43(5): 1-9.

屈红军, 牟长城, 吴云霞, 2009. 透光抚育对辽东林区人天混红松林群落植物多样性的影响[J]. 东北林业大学学报, 37(3): 26-28.

任立忠, 罗菊春, 李新彬, 2000. 抚育采伐对山杨次生林植物生物多样性影响的研究[J]. 北京林业大学学报, 22(4): 14-17.

沈慧, 2000. 水土保持林土壤肥力及其评价指标[J]. 水土保持学报, 14(2): 60-65.

谌红辉, 丁贵杰, 2004. 马尾松造林密度效应研究[J]. 林业科学, 40(1): 92-98.

盛茂银, 熊康宁, 崔高仰, 等, 2015. 贵州喀斯特石漠化地区植物多样性与土壤理化性质[J]. 生态学报, 35(2): 434-448.

苏维词, 朱文孝, 熊康宁, 2002. 贵州喀斯特山区的石漠化及其生态经济治理模式[J]. 中国岩溶, 21(1): 19-24.

孙中峰, 2003. 黄土残塬沟壑区林地土壤水分时空特性分析[J]. 黑龙江水专学报, 30(3): 6-9.

檀迪, 熊康宁, 2016. 喀斯特地区植物演替过程的多样性[J]. 浙江农业科学, 57(5): 788-793.

唐守正, 1989. 多元统计分析方法[M]. 北京: 中国林业出版社.

田湘, 赵瑛, 于永辉, 等, 2014. 人工抚育对桉树人工林林下生物多样性的影响[J]. 南方农业学报, 45(1): 85-89.

涂育合, 2005. 杉木不同经营密度的林下植被变化[J]. 西北林学院学报, 20(4): 52-55.

屠玉麟, 1995. 贵州喀斯特灌丛群落类型研究[J]. 贵州师范大学学报, 13(5): 8-9.

王世杰, 2002. 喀斯特石漠化概念演绎及其科学内涵的探讨[J]. 中国岩溶, 21(2): 101-105.

王晓荣, 刘学全, 唐万鹏, 等, 2014. 丹江口湖北库区不同调控密度马尾松人工林林分特征[J]. 西南林业大学学报, 34(6): 16-23.

邢慧, 蒋菊生, 麦全法, 等, 2012. 海南植胶区群落结构林下生物多样性分析[J]. 热带农业科学, 32(3): 49-53.

熊康宁, 黎平, 周忠发, 等, 2002. 喀斯特石漠化的遥感-GIS典型研究: 以贵州省为例[M]. 北京: 地质出版社.

熊平生, 袁道先, 谢世友, 2010. 我国南方岩溶山区石漠化基本问题研究进展[J]. 中国岩溶, 29(4): 355-362.

燕亚飞, 方升佐, 田野, 等, 2014. 林下植物多样性及养分积累量对杨树林分结构的响应[J]. 生态学杂志, 33(5): 1170-1177.

杨大三, 1996. 鄂西三峡库区防护林研究[M]. 武汉: 湖北科学技术出版社.

尹伟伦, 2015. 全球森林与环境关系研究进展[J]. 森林与环境学报, 35(1): 1-7.

游秀花, 蒋尔可, 2005. 不同森林类型土壤化学性质的比较研究[J]. 江西农业大学学报, 27(3): 357-360.

张传余, 喻理飞, 姬广梅, 2011. 喀斯特地区不同演替阶段植物群落天然更新能力研究[J]. 贵州农业科学, 39(6): 155-158.

张刚华, 萧江华, 郭子武, 2007. 毛竹竹秆直径与材积的垂直格局[J]. 南京林业大学学报(自然科学版), 2(3): 51-54.

张家来, 刘立德, 洪石, 1995. 江滩农林复合生态系统经济效益评价[M]. 北京: 中国林业出版社: 156-165.

张盼盼, 胡远满, 李秀珍, 等, 2009. 基于GIS的喀斯特高原山区石漠化景观格局变化分析[J]. 农业工程学报, 25(12): 306-311.

张治军, 王彦辉, 袁玉欣, 等, 2006. 马尾松天然次生林生物量的结构与分布[J]. 河北农业大学学报, 29(5): 37-43.

郑丽凤, 周新年, 2008. 择伐强度对天然林树种组成及物种多样性影响动态[J]. 山地学报, 26(6): 699-706.

钟济新, 1982. 广西石灰岩石山植物图谱[M]. 南宁: 广西人民出版社: 1-202.

CHEN B H, 1996. 鄂西三峡库区森林保护开发与生物多样性研究[M]//杨大三, 1996. 鄂西三峡库区防护林研究. 武汉: 湖北科学技术出版社: 25-27.

WU J J, WANG Z Q, HU B M, 1992. Index system and its weights for integrated evaluation of ecological agriculture[J]. Chinese Journal of Applied Ecology, 3(1): 42-47.

YU F A, PENG Z H, JIN Z H, et al., 1997. Soil improvement effect of diffirent management models on low hills in the lower and middle reaches of Yangtze River[J]. Chinese Journal of Applied Ecology, 7(1): 32-36.

YU F A, PENG Z H, JIN Z H, et al., 1998. A preliminary evalution on management models of argroforestry system on low hills in HuBei Province[J]. Chinese Journal of Applied Ecology, 9(4): 376-378.

# 第 5 章 森林生态综合效益评价

森林生态资源能产生涵养水源、保持水土等多种多样生态效益，不同生态效益之间彼此联系，此消彼长，对森林生态效益进行综合评价能够全面、系统地把握森林巨大的生态功能和效益，深刻了解森林生态系统在社会经济发展过程中的重要意义。本章首先回顾、介绍国内外森林生态系统服务功能评估研究进展，对湖北省森林生态效益量进行综合评价。

## 5.1 森林生态系统服务功能评估研究进展[①]

本节对森林生态服务功能研究进展进行综合评述，森林生态系统是陆地生态系统的主体，具有涵养水源、保育土壤、固碳释氧、积累营养物质、净化大气环境、保护森林、保护生物多样性和森林游憩等多种服务功能。近年来，随着生态环境的日益恶化，森林生态系统服务功能已经成为生态学研究的前沿和热点。本节基于国内外森林生态系统服务功能评估的研究成果，回顾森林生态系统服务功能评估进展，对森林生态系统服务功能分类、评估方法进行概述，进而探讨森林生态系统服务功能评估的发展趋势。

生态系统服务功能是指生态系统与生态过程所形成及所维持的人类赖以生存的自然环境条件与效用（蒋延玲和周广胜，1999），是人类从生态系统获得惠益及赖以生存和发展的基础（Millennium Ecosystem Assessment，2005）。随着人类社会的快速发展，人类活动已严重破坏了自然生态环境，人口数量激增、自然资源枯竭、温室效应、物种濒危等一系列环境问题已严重限制了人类社会可持续发展。据研究，全球范围内约60%以上的生态系统服务功能出现退化，极大地损害和威胁着人类自身的福祉，其主要原因之一就是对生态系统服务功能缺乏有效的管理（Daily et al.，2009）。

森林是陆地生态系统的主体，对维护和改善生态环境、维持生态平衡、保护人类发展的"基本环境"起着决定性和不可替代的作用（吴强和张合平，2016；李文华，2008），它不仅可为人类提供食品、医药及其他工农业生产所需原料，对支撑与维持地球的生命支持系统、维持生命物质的生物地化循环与水文循环、维持生物物种与遗传多样性、净化环境、维持大气化学的平衡与稳定等也具有重要意义（王兵 等，2010；欧阳志云 等，1999）。近年来，随着生态环境的日益恶化，人类认识到了森林的重要作用，生态系统服务功能研究已经成为生态学研究的前沿和热点（白永飞 等，2014）。国内外在生态服务功能的内涵和类型划分、服务价值评估及关键驱动因子与相互作用机制等方面进行了大量的研究，也取得了丰富的成果（Niu et al.，2012；王兵 等，2011；Fisher et al.，2008；Costanza et al.，1997）。然而，森林生态系统作为陆地生态系统主体和最复杂的组成部分，对于准确评估其生态系统服务功能尚不能实现（赵金龙 等，2013）。如何对其进行定量

---

① 引自：王晓荣.森林生态系统服务功能评估研究进展.湖北林业科技,2016(5):55-59.

测度、多种服务功能权衡、生态系统服务功能多尺度转换、生态系统结构、过程与服务功能的耦合关系、生态系统服务功能与政策设计的结合等都是生态系统服务功能研究面临的艰难挑战（郑华等，2013），特别是生态系统服务功能评估已成为社会经济可持续发展的关键。本节基于国内外森林生态系统服务功能评估的研究成果，对森林生态系统服务功能分类和评估方法进行概述，并对森林生态系统服务功能评估的发展趋势进行展望。

## 5.1.1 生态系统服务功能分类

开展森林生态系统服务功能评估研究，首先要了解其功能组成部分，即生态系统服务功能的分类是基础和核心。生态系统边界难以划分，功能在某种程度上具有不可分割的特点（赵海兰，2015），在一定程度上限制了评估结果的精准度。现有的分类途径主要集中在功能分类和价值分类。以功能分类为主的代表包括Costanza等（1997）、Wallance（2007）、联合国千年生态系统评估（The Millennium Ecosystem Assessment）（2005）等。Costanza等（1997）首次开展全球生态系统服务功能评估，将生态系统服务分为大气调节、气候调节、干扰调节、水分调节、水分供给、养分循环等17个类型。联合国千年生态系统评估在总结前人观点的基础上进一步明确了各种服务类型间的关系，将生态系统服务功能分为四大类：支持服务（养分循环、土壤形成、初级生产等）、供给服务（食物、淡水、木材和纤维、燃料等）、调节服务（调节气候、调节淡水、控制疾病）、文化服务（美学、精神、教育、消遣等）（Millennium Ecosystem Assessment，2005），这已经得到学术界的广泛认同。

以价值分类为主的代表有Daily（1997）、Fisher等（2008）、Pearce（2002）和欧阳志云等（1999），欧阳志云等将其总结为4类，即直接利用价值、间接利用价值、选择价值和存在价值。王伟和陆健健（2005）将Costanza的价值归为2个层次，包括自然资产价值和人文价值，其中自然资产价值又分为物质价值、过程价值和适栖地价值。国外研究的主要方法是生态系统服务价值包括使用价值与非使用价值，而使用价值包括直接使用价值、间接使用价值和存在价值，非使用价值包括遗产价值和存在价值（Adger et al.，1995；Farnsworth et al.，1981）。存在分歧的地方是价值分类下面所包含的不同生态系统服务功能划分不一致（赵海兰，2015）。

从上可知，二者的区别其实只是强调的重点不同，前者更多地注重生态系统功能本身，后者更多注重市场对生态服务评估的作用。同时，二者在强调生态系统功能与生态系统服务上也有区别，前者将服务与功能区别对待，认为生态系统具有多种功能，只有那些直接或间接为人类福祉做出贡献的方面才是生态系统服务，而后者将生态系统功能和效益等同（吴强和张合平，2016）。对于森林生态系统而言，现有森林结构与过程、功能、服务、效益、价值的评价均存在不确定性，其各自边界难以清晰界定，相互之间的关系尚不明确，可以通过确定统一的指标选取原则，并结合森林的实际情况确定分类框架（Costanza，2008），才能准确地对其生态系统服务功能进行合理的评估和研究。

## 5.1.2 国内外森林生态系统功能评估研究进展

### 1. 国外研究进展

国外早在20世纪50年代便开始了对森林生态系统服务功能的研究,主要是对其直接经济价值、森林游憩价值等进行了计算(赵金龙 等,2013)。20世纪70年代,Holdren 和 Ehrlich(1974)介绍了自然生态系统为人类提供的服务,探讨了人类对生态系统服务功能的影响。20世纪90年代成为生态系统服务功能的快速发展阶段,美国生态学会 Daily(1997)发表的《生态系统服务:人类社会对自然生态系统的依赖性》对生态系统服务功能进行了全面的论述。Costanza 等(1997)系统提出了森林等生态系统的价值评估方案,对全球生态系统服务功能价值评估,以17种服务功能指标估算出全球生态系统服务功能的年总价值在16万亿~54万亿美元,这对后续开展生态系统服务功能的研究产生了深远影响。2001年联合国启动"千年生态系统评估",来自全球95个国家的1360位知名专家和学者对生态系统及其对人类福祉的影响开展评估,重点研究了生态系统与人类福祉的关系,成为近年来生态服务功能评估中最有影响的事件。另外,3S技术(遥感技术、地理信息系统和全球定位系统的统称)的不断发展,以遥感数据、社会经济数据、GIS技术等为数据和技术支持的生态系统服务功能评估模型(黄从红 等,2013),开辟了生态服务功能动态评估的新纪元(赵金龙 等,2013),实现了生态系统服务功能评估的动态化和精准化。如 Kreuter 等(2001)基于 Costanza 等(1997)的评估方法,利用遥感技术及影像对美国得克萨斯州贝克萨尔郡的3个流域主要生态服务功能进行了评估。Nelson 等(2009)利用 InVEST 模型分析和预测了美国俄勒冈州威拉米特河流域生态系统服务功能的动态变化。其中,应用较多的模型包括 InVEST(Leh et al.,2013)、ARIEST(Bagstad et al.,2012)、SolVES(Brown and Brabyn,2012),但不同模型的适用范围或可推广性有所不同,而且应用模型评估缺乏对不确定性的分析,因此其仍在不断的改进过程中。

### 2. 国内研究进展

我国森林生态系统服务功能评估研究开始于20世纪80年代,多以 Costanza 等(1997)对生态系统服务功能价值的研究为基础,参照国外研究方法开始多层次、多方位的生态服务功能估算,而且发展十分迅速。例如,蒋延玲和周广胜(1999)、欧阳志云等(1999)、陈仲新和张新时(2000)、赵同谦等(2004)先后按照 Constanza 等的分类方法和经济参数对中国生态系统功能与效益进行价值估算,但由于数据基础不扎实、数据量较少等问题(宋庆丰 等,2015a),其评估结果存在过高或过低的问题,所采用的经济参数显然不能够准确反映我国国情,而且由于该方面研究尚处于探索阶段,评估指标体系和计算方法各异,评估结果之间无法比较(刘勇 等,2012)。2008年以后,全国森林生态系统服务功能评估工作取得重大突破,以王兵研究团队制定的国家林业行业标准《森林生态系统服务功能评估规范》(LY/T 1721—2008),构建了包括涵养水源、保育土壤、固碳释氧、积累营养物质、净化大气环境、森林防护、生物多样性保护、森林游憩和提供林产品等9项功能15个指标的评估指标体系,规范了森林生态站的观测条件、观测指标和观测方法，以及数据传输和数据应用等方面的内容，这是全球范围内首次提出森林生态服务功能评估规范体系，对我国的森林生态系统服务功能评估产生了十分重要的影响。王兵研究团队评估了1994~1998年和1999~2003年的中国杉木林，利用第七次、第八次国家森林资源清查数据和森林生态站长期监测生态参数评估了2004~2008年和2009~2013年我国森林生态系统服务总价值为10.01万亿元和12.68万亿元（宋庆丰 等，2015b；王兵 等，2011），而且对辽宁（王兵 等，2010）、吉林（牛香 等，2013）和黑龙江（宋庆丰 等，2015b）等区域尺度上进行评估研究。之后，随着研究工作的发展，也不断对评估体系指标调整，如引入濒危指数和特种种指数来丰富生物多样性保护值，并引入生态区位熵、恩格尔系数及支付意愿指数来界定主导森林生态系统服务功能（Niu et al.，2012），使得评估结果更加客观真实，这在刘勇等（2012）基于生物量因子的山西省森林生态系统服务功能评估中也得到了验证。

目前，国内外大多数评估更多的是考虑的服务功能价值，多以参数法或参数借用法，即根据评估区域各种森林类型面积乘以单位面积生态系统服务的物质量或价值量参数，来计算区域生态系统物质量和价值量（Plummer，2009），而对生态系统结构、生态过程与生态服务功能关系的缺乏深入研究，特别是生态服务功能的关键驱动因子与不同服务功能之间的权衡关系，以及对森林的不同经营技术、管理方式、森林景观变化、火灾、病虫害影响及气候变化等考虑较少，致使评估结果存在较大的不确定性，这在人们认识生态系统服务功能方面仅具有有限的参考。

### 3. 森林生态服务功能评估方法

目前应用于森林生态系统服务功能评估的方法主要有直接市场价格法、替代市场价格法和模拟市场法等。直接市场价格法包括市场价值法；替代市场价格法则包括替代成本法、旅行费用法、费用支出法、机会成本法、恢复和防护费用法、影子工程法、享乐价值法；模拟市场法包括条件价值法、联合分析法和意愿选择法。赵金龙等（2013）和赵海兰（2015）已经就各种生态系统服务功能价值评估方法的内涵、优缺点进行了归类总结，认为对于评价方法的选择要根据不同的评估对象和评估目标选择不同的评价方法。另外，基于3S技术和生态模型对森林生态系统功能评估也是目前常用方法，但碍于多种服务功能的科学机理认识不足，以及生态模型现实性强和数据的薄弱等问题的存在，使得生态系统服务功能不确定性广泛存在（Seppelt et al.，2011）。可见，现有众多评估工作虽使人们意识到了生态系统服务功能的重要性，并且具有参考价值，但是这些方法本身都存在各自的缺陷，无法对真实的生态系统服务功能和价值进行评估，在一定程度上限制了在决策过程中的应用（郑华 等，2013）。

国内目前对森林生态系统服务功能的评估多沿用了森林生态系统服务功能评估规范推荐的内容与方法，即评价调节服务与支持服务运用替代成本法，评价文化服务与生物多样性运用条件价值法，并结合全国各次森林资源清查数据，采用分布式测算法，构建了按照省级行政区划、林分类型、林分起源、林龄结构划分的四级测算单元体系，将复杂的评估过程分解成若干个测算单元，可以分析出不同时空尺度、林分类型、起源、林龄间的分布格局、主导功能，较好地实现了森林生态系统服务功能多层次多目标动态且准确的评估，但其对各种生态服务功能形成机制和关系仍不清楚。同时，从森林生态站所获得的实测数据均为点数据，只能代表同一生态单元下具有相同结构和功能的同一林分类型，而同一生态单元下同一林分类型不同林分的结构或功能同样存在较大差异（宋庆丰 等，2015a）。重要的是，森林定位观测与实地调查存在成本高、效率低、周期长等问题，且目前监测站点数量少，在一定程度上又对森林空间异质性反映不足。有研究表明，生态系统服务只有在景观和区域等更大尺度上才能够得以充分的表达和为人类所感知（Prager et al.，2012）。因此，未来需要在此基础上结合生态模型和 3S 技术，从而提高森林生态服务功能的精度。

#### 4. 问题与展望

目前，森林生态系统服务功能评估理论体系已经较为完善，评估方法也较为成熟，但关于森林生态系统服务的特征与机理还不清楚，且生态系统服务与自然资本价值评估间的关系也不清楚，产生的评估结果的不确定性较大。因此，本小节总结了未来森林生态系统服务功能评估研究的几点重要方向。

**1) 森林生态系统结构、过程与服务功能的耦合关系及形成机制**

生态系统服务结构、过程和机制是功能评估的基础，生态系统服务依赖于生态系统的结构和过程，土地利用变化、气候变化和管理措施通过改变生态系统的结构和过程而影响其服务功能（白永飞 等，2014；Bennett et al.，2009），加深对生态系统服务功能变化的"非线性"和"阈值"特征的研究，未来可依靠野外森林生态定位研究站平台，结合长期实验观测数据，进而揭示森林生态系统结构和功能形成机制。

**2) 森林生态系统服务功能的尺度转化效率**

生态系统服务功能的形成依赖于一定的时间和空间尺度上的生态系统结构与过程，只有在特定的时空尺度上才能表现其显著的主导作用和效果（傅伯杰 等，2009；Millennium Ecosystem Assessment，2005）。森林生态系统结构复杂，不同的立地条件、林分类型、地域差异较大，而且具有时效性，最终导致生态系统服务功能的空间异质性。因此，阐明各种生态服务功能时空变异特性、尺度效应和多尺度关联因素，开展多尺度、多时效、多层次森林生态服务功能的转化效率研究，进而提高生态服务功能评估精度和准确度。未来需要在广泛生态服务功能定位研究的基础上，结合GIS和遥感监测，从点到面不同尺度的转化深层次研究会成为森林生态系统服务功能评估研究的重点。

**3) 森林生态系统服务功能权衡和主导功能的分析**

生态系统管理强调多目标管理，通过可持续的管理活动提高某一类生态系统服务的同时，兼顾其他生态系统服务，实现生态系统服务功能最大化。就目前研究而言，该方面研究较少，对服务功能权衡产生机制理解较少。同时，森林生态系统是一个复杂的系统，各服务功能相互之间存在相关性，已有研究表明，人类对一些服务功能的过度利用可能会导致另一些服务功能的显著下降、衰退甚至丧失，特别是当许多服务功能之间存在非线性关系时，其变化更加难以预测（Millennium Ecosystem Assessment，2005）。因此，加深生态系统服务功能权衡和主导功能的研究，是实现森林生态系统管理的可持续发展的前提。

**4) 森林生态系统服务功能与服务的转化研究**

随着森林生态系统服务功能的研究发展，人们清楚地认识到生态系统功能和服务两者间具有差异性,前者属于自然属性,后者则是强调人类的利用。目前几乎所有森林生态系统服务评估更多集中于价值评估,缺乏对从生态服务功能向服务转化的研究,在评价主体对森林生态系统提供各种效益缺乏认识的情况下,计量结果不确定度较大,难以客观反映出森林的实际价值(吴强和张合平,2016)。因此,必须要将森林生态系统服务功能与服务清楚辨析,明白功能向服务转化机制,实现森林生态系统的可持续发展和利用。

## 5.2 森林生态综合效益评价

本节对湖北省林业生态效益价值进行评估,参照 2008 年国家林业局发布的行业标准《森林生态系统服务功能评估规范》,结合湖北森林资源特点对相关指标进行科学、客观的评估。经评估 2009 年度湖北省林业生态效益总价值为 4 718.68 亿元,其中森林生态效益价值为 3 476.51 亿元,湿地生态效益价值为 1 242.17 亿元。①全省森林生态系统涵养水源效益为 1 033.81 亿元/年。②森林保育土壤为 349.62 亿元/年。③固碳释氧价值为 828.62 亿元/年。④全省森林生态系改善环境价值为 390.88 亿元/年。⑤全省防浪护堤效益为 0.23 亿元/年。⑥全省农田防护总效益为 27.07 亿元/年。⑦全省森林保护生物多样性总价值为 793.55 亿元/年。⑧全省森林公园、自然保护区旅游等提供森林旅游休憩效益为 52.62 亿元/年。⑨全省湿地蓄水调洪价值为 887.95 亿元/年。⑩全省湿地净化水质效益为 354.22 亿元/年。

湖北省林业生态效益主要特点:①湖北省林业生态效益价值较高,相当于全省 GDP 总量的 37.02%,每年人均享有 7736 元的林业生态福利。全省森林每亩每年生态效益高达 5 111.41 元。②湖北省森林涵养水源效益突出,达到 1 033.81 亿元/年,举世闻名的三峡水库、丹江口水库位于湖北境内,湖北省林业为"两库"建设和安全做出了重要贡献。③湖北省江河纵横交错、湖泊星罗棋布,湿地蓄水调洪效益十分明显,保守评估达到 887.95 亿元/年,起到了预防和减轻洪涝灾害的作用。④神农架林区生物多样性保护是湖北省生物多样性保护的重要标志和杰出代表,全省生物多样性保护效益 793.55 亿元/年,成为我国乃至世界生物样性保护重点地区之一。

### 5.2.1 湖北省林业生态效益价值评估[①]

1. 评估目的和意义

(1)社会经济持续稳定发展以资源持续利用为基础,缺乏或丧失资源,人类社会难以生存,更谈不上持续发展。胡锦涛同志在十七大报告中指出"必须坚持全面协调可持续发展战略"。湖北省委、省政府提出了以生态建设为重点的"两圈一带,两轮驱动"的战略目标,坚持生产发展、生活富裕、生态良好的文明发展道路,努力建设资源节约型、环境友好型社会,速度和效益相统一、经济发展与人口资源环境相协调,人民群众拥有一个优良的生产生活环境。要实现上述目标必须维护和改善人类赖以生存和发展的资源

---

① 本小节作者:张家来等

与环境，林业以森林、湿地等为主要经营对象，与生态安全、气候安全、能源安全、粮食安全等方面直接相关，是实现人与自然和谐的关键和纽带，不仅产生直接的经济效益，还发挥巨大的生态效益和社会效益，开展林业生态效益价值评估是生态建设不可或缺的重要内容。

（2）开展湖北省林业生态效益价值评估是湖北省两型社会建设的迫切需要。林业行业经营管理着我国林业资源和环境，林业生态效益价值评估充分利用其资源和环境高度统一性特点，对林业行业在社会经济发展过程中的重要作用进行货币量定量说明与展示，能改变多年来人们对林业生态效益的一些模糊认识，提高对森林生态效益的认同感，促使全社会进一步确认林业行业在国民经济中的重要地位和作用。我国正进行两型社会建设，迫切需要有关资源和环境方面的基本资料，通过森林生态效益价值评估能提供一组关键数据。

（3）林业生态效益价值是绿色 GDP 核算的重要内容，也是我国绿色 GDP 核算的重点和难点。通过林业生态效益价值货币化计量将资源和环境直接纳入国民经济核算体系，帮助人们树立正确、健康的社会经济发展观，注重社会经济与资源环境的协调关系，增强可持续发展能力。许多研究表明，林业生态效益价值是巨大的，虽然将其作为生态补偿直接依据尚有争议，但作为社会经济的机会成本则是毋庸置疑的。林业生态效益评估的现实意义之一就在于明码实价地标示林业资源和环境的机会成本，在涉林社会经济活动中，正确地引导人们权衡利弊得失，做出理性的选择，有效地抑制伤林事件发生，让全社会都知道伤林要付出极其高昂的机会成本。

（4）开展林业生态效益价值评估能充分体现湖北省林业生态建设成就，同时也能科学、客观地评价湖北省林业生态建设存在的问题并找出解决问题的方法和途径。湖北省已出台《湖北林业生态建设十年规划纲要》，林业生态效益价值最能说明其建设成就大小，是与生态硬件建设相匹配的重要内容。尽管湖北省林业生态建设还存在诸如成林率低、低产林面积较大等问题，有许多需要努力改进的地方，但通过林业生态效益价值评估，我们会看到林业生态建设给全社会带来的巨大福利和财富效应，提高林业行业的自信心，增强自豪感和责任感。

（5）开展湖北林业生态效益价值评估是适应当今世界潮流、赶超国际先进水平的需要。21 世纪初，联合国启动了千年生态系统评估，它的实施受到了国际社会的广泛关注，取得了丰硕成果。一些发达国家如美国、加拿大、德国、日本和苏联对森林生态效益的研究非常重视，最早进行系统研究的是日本林野厅，1978 年他们利用数量化理论多变量解析方法对全国 7 种类型生态效益进行经济价值评估，其值为 910 亿美元，其后一些发展中国家也相继对全国或区域性森林生态效益进行了计量研究，如喀麦隆对热带雨林的效益计量约为 60 亿美元（不包括未来效益和物种存在效益）；Costanza 等 13 位美国科学家对全球生态系统的服务功能和自然资本价值进行了估算，其价值在 16 万亿～54 万亿美元，平均为 33 万亿美元，约为全球 GNP 的 1.8 倍。我国各地也相继开展了林业生态效益价值评估工作，广东、湖南、河南、北京等通过多年努力，取得了初步成果，每年向社会公布有关结果，产生了良好的社会效果，引起了有关政府部门的高度重视。湖北省从"六五"计划开始，随着长江生态防护林建设，陆续开展了林业生态效益评估工作，部分研究成果达到国内领先水平。

## 2. 湖北省林业生态资源概况

### 1）森林生态资源

湖北省地处中国南北植物区系的过渡带，森林植被组成以热带、亚热带和温带区系为主。维管束植物共207科，1165属，3816种，242变种。其中，蕨类植物35科，67属，182种；裸子植物7科，23属，37种，5变种；被子植物165科，1075属，3579种，237变种。湖北森林植物起源古老，孑遗植物多，如裸子植物有水杉、红豆杉；古老被子植物有连香树、杜仲、银杏、珙桐等。特有植物在湖北分布的属、种数量也较丰富。

（1）江汉平原湖区。江汉平原位于湖北省中南部，西起枝江，东迄武汉，北至钟祥，南与洞庭湖平原相连。植被类型主要有杨树、樟树、三角枫、柞木、石楠、马尾松、落叶栎类次生林等，形成以杨树为主的农田林网、道路河渠及城镇村庄的平原林网。

（2）鄂东大别山区。该区在海拔800 m以下的基带植被为常绿阔叶林，主要有苦槠林、青冈林、小叶青冈林、丝栗栲林、甜槠林等；落叶阔叶林主要有枫香、小叶栎、栓皮栎、锥栗、黄檀、山合欢、野核桃、枫杨、三角枫及毛竹林、桂竹林、淡竹林、花竹林和苦竹林，马尾松次生林遍布于低山丘陵地区，杉木多为人工林或天然次生林，组成杉阔混交林和杉竹混交林，柏木林分布于石灰岩低山丘陵地。海拔1 200 m为常绿、落叶阔叶混交林，主要树种有多脉青冈、天竺桂、甜槠、红茴香、冬青、石楠、小叶栎、锥栗、朴树、槭树、化香树、香槐等。海拔1 500 m为落叶阔叶林，主要有栓皮栎林、茅栗林、锥栗林、槲栎林、黄山松林、枫香林等，黄山松林为集中分布区，常组成面积较大的纯林。

（3）鄂南幕阜山区。该区海拔多在1 500 m以下，其地带性植被为中亚热带常绿阔叶林，主要植物群落类型为常绿阔叶林主要分布于海拔500 m以下的低山丘陵地带，其代表群落有苦槠林、樟树林、甜槠林。林中散生树种有长叶石栎、冬青、青栲、油茶、石楠、乌楣栲、丝栗栲、女贞、厚皮香、绵槠等。落叶阔叶林主要分布在海拔1 200～1 500 m地带，其代表树种有短柄枹、锥栗、化香、黄连木、青檀、黄檀、稠李等。常绿、落叶阔叶混交林主要分布在海拔500～1 100 m，其代表树种有甜槠、栓皮栎、青冈栎、厚皮香、青榨槭、石栎、白栎、绵槠、交让木、枫香、黄檀、酸枣、糙叶树、拐枣、短柄枹、山槐、化香、茅栗、臭辣树等。针叶林代表树种有黄山松、油松、杉木、马尾松、柏木等。杉木是鄂南主要造林树种，大部分为人工林，主要分布在800 m以下，天然林只在通山县九宫山、一盘丘及通城县黄龙山等地有零星小块分布。该区竹类资源丰富，有17属、123种，主要为楠竹，雷竹次之。楠竹林在海拔100～1 100 m地带均有分布，以片林为主，也有与松、杉及阔叶树混生类型。雷竹主要分布崇阳，慈竹、桂竹、斑竹、黄竹、水竹、金竹、箭竹等竹类品种全区各地均有少量分布。

（4）鄂中北低丘岗地。该区植被的重要成分以壳斗科、樟科、山茶科、冬青科、金缕梅科、竹亚科及松柏类植物为主，组成亚热带常绿阔叶林，常绿、落叶阔叶混交林，亚热带竹林，针叶林等植被类型。其中常绿阔叶林主要树种有壳斗科的苦槠、石栎、青冈、刺叶栎、圆锥柯、小叶青冈、多脉青冈等栲类林、柯类林、青冈林等；常绿、落叶阔叶混交林主要树种以栲类和柯类为主，如山茶科的木荷，金缕梅科的枫香、水丝梨，冬青科的冬青，大风子科的山羊角树、山桐子，杜英科的薯豆，七叶树科的天师栗，薇科的石楠属，蝶形花科的黄檀，桦木科的亮叶桦甸市，榛科的耳枥属，榆科的朴属，槭树科的槭属，山茱萸科的木属，珙桐科的珙桐，野茉莉科的赤杨叶，椴树科的粉椴，杨柳科的山杨，胡桃科的枫杨，漆树科的漆树，棕榈科的棕榈等。竹林主要有桂竹林、毛竹林、粉绿竹林、乌哺鸡竹林、慈竹林、苦竹林、箬竹林、拐棍竹林等。针叶林主要有马尾松林、黄山松林、杉木林、柏木林、黄杉林、铁坚杉林、水杉林、华山松林。马尾松、杉木、黄山松、巴山松、华山松等分别与多种阔叶树组成的针阔混交林。经济林主要有漆树、油桐、油茶、核桃、板栗、杜仲、厚朴、桂花、黄皮树等。

（5）鄂西北山区。该区主要包括十堰及神农架地区，平均海拔 1700m。海拔 1600m 以下为常绿、落叶阔叶混交林。优势树种多为壳斗科植物，如栓皮栎、水青冈、茅栗等。湖北枫杨、化香树、杜仲、金钱槭等组成落叶阔叶林。经济林有油桐、漆树、乌桕、核桃等。海拔 1600～2600m 为温性针叶林和落叶阔叶林。主要森林植被类型有巴山松林、华山松林、锐齿槲栎林、亮叶水青冈林、米心水青冈林、山杨林、红桦林等。在海拔 2400～2600m 则分布有华山松、山杨林、巴山冷杉、红桦、槭类林等阔叶混交林。海拔 2600～3100m 为寒温带常绿针叶林，主要为巴山冷杉集中分布区。林下灌木以箭竹和粉红杜鹃占优势。在林缘或森林群落之间地带，有较大面积的箭竹和野古草甸呈镶嵌分布。

（6）鄂西南山区。该区主要包括长阳、五峰、鹤峰、来凤、宣恩、咸丰、恩施等及利川西南部，平均海拔 1000～1500m，最高可达 2000m。在海拔 1200m 以下基带植被为常绿阔叶林，主要森林类型有苦槠林、丝栗栲林、钩栲林、甜槠栲林、石栎林、青冈林、小叶青冈林、多脉青冈林等，竹林有毛竹林、桂竹林、淡竹林、慈竹林等，针叶林主要有马尾松林、杉木林、柏木林、黄杉林、水杉林等。经济林有油茶林、油桐林、乌桕林、漆树林、核桃林和棕榈林等，果木以柑橘、桃、梨、柿、枇杷为主。海拔 1200～1800m 主要有常绿、落叶阔叶混交林，主要植被类型有多脉青冈、锥栗林、青冈、大穗鹅耳枥林、锥栗、四照花林、木荷、长柱高山栎、枫香林、锥栗林等。伴生树种主要有水青冈、亮叶水青冈、山白果、山杨、青钱柳、金钱槭、连香树、冬青、铁坚杉、圆柏、刺柏等。海拔 1800～2100m 主要为落叶阔叶林，主要为亮叶水青冈纯林，伴生树种主要有鹅耳枥属、花楸属、槭树属、椴树属及红桦、香桦等。

**2）湿地生态资源**

湖北省河流纵横、湖泊密布、水面宽广，享有"千湖之省、鱼米之乡"的美誉，具有十分丰富的湿地资源。全省湿地面积 156.3 万 $hm^2$，包括洪湖、梁子湖、长湖等湖泊 843 座，蓄水总量为 21.95 亿 $m^3$，总面积为 29.8 万 $hm^2$；水库 5800 座，蓄水总量约为 302.12 亿 $m^3$，总面积为 31.3 万 $hm^2$。永久性河流，除长江干流和汉江干流之外，5 km 以上的河流有 4228 条，河流总长 5.9 万 km；其中面积 100 $hm^2$（包括面积不到 100 $hm^2$ 的藓类沼泽、灌丛沼泽和季节性或间歇性河流）以上的湿地总面积为 93.799 万 $hm^2$，占湖北省总面积的 8.41%；重点湿地 20 余处，其中包括洪湖、梁子湖群、网湖、龙感湖珍稀水禽湿地、沉湖、长江三峡水库人工湿地、长江新螺段白鳍豚湿地、石首麋鹿湿地、石首天鹅洲故道、清江、丹江口水库等。在广袤的湿地上栖息着包括白鳍豚、麋鹿、丹顶鹤、中华鲟等 441 种野生脊椎动物；兽类中有国际一级濒危物种、活化石白鳍豚，有闻名世界的珍稀国宝麋鹿；鸟类中有国家一级保护鸟类白鹳、黑鹳、丹顶鹤、白鹤、白头鹤、中华秋沙鸭、大鸨、白尾海雕和白肩雕等，占湖北省湿地鸟类总种数的 5.79%，其中在沉湖越冬的白鹤数量多达 500 余只，在龙感湖越冬的白头鹤数量最多时也高达 425 只，都是目前我国发现的最大种群。鱼类中，有中华鲟、白鲟、达氏鲟等国家一级重点保护的珍稀鱼类。湖北省有湿地高等植物 126 科、355 属、773 种，分别占湖北植物总科数的 43.15%、总属数的 22.67%、总种数的 12.4%。

### 3. 评估任务和目标

湖北省林业生态效益评估主要任务和目标是通过全省多样点、多层次定位常态监测及时掌握湖北省林业生态效益（包括林地、湿地）动态变化，运用科学合理评价指标体系和方法对湖北省林业生态效益价值做出科学、客观的评估，定期提供相关评估结果，为政府部门发布湖北省森林生态效益公报提供直接依据。于 2010 年元月中下旬提供首期报告，此后每年定期提供全省林业生态效益评估报告，通过一组实实在在的相关数据，使人们充分认识林业在国民经济和人民日常生活中的重要地位和作用，让全社会都来关心林业、重视林业、关注环境，促进社会经济可持续发展，为湖北省两型社会建设做出贡献。

### 4. 评估指标体系

目前国内外尚无统一的林业生态效益评价指标体系，本次评估指标体系主要依据是 2008 年发布的国家标准《森林生态系统服务功能评估规范》（LY/T 1721—2008），结合湖北森林资源特点对相关指标进行适当增减和调整，在突出湖北森林生态资源特点的同时，充分考虑以下几项原则。

第一，科学性原则。所确定的标准和指标体系要能够科学地反映森林可持续发展的内涵和要求，能反映森林本身内在效益的大小和实现的方式，并能进一步反映森林生态系统的演变状态和发展趋势，对森林生态可持续发展具有指导作用。

第二，完整性原则。指标体系作为一个有机的整体，要能全面反映出森林生态系统效益的主要本质特点及其效益的基本组成结构，尽可能全面覆盖效益内容，并且要求指标体系中各项指标之间既相互联系，又不能重叠，具有相对独立性。

第三，可行性原则。指标体系中各指标的概念要明确，数据容易采集，便于统计、计算、比较和分析。同时评价指标能付诸实用，具有可操作性，以保证评价工作能够顺利进行并有足够的评价可信度。

第四，层次性原则。指标体系要根据研究目的需要和指标功能不同分出层次，不同层次反映不同等级内容，层次之间应有明确的对应关系，层次内部各分量是并列关系。

#### 1）森林涵养水源效益

水源涵养功能主要指森林生态系统对大气降水的调节作用。森林涵养水源效益体现在调节水量和净化水质两个方面。森林涵养水量与水库蓄水本质相同，因此根据水库工程的蓄水成本（影子工程法）来确定。由于水库也有净化水质的作用，故不再将净化水质效益列入。

从水量平衡角度，森林涵养水的总量为降水量与森林蒸散量（蒸腾和蒸发）及其他消耗的差值。由于林分快速地表径流（即超渗径流）总量很小，可忽略不计。国内外相关研究大多采用此种方法计算森林涵养水源效益，公式为

$$U_{涵} = 10C_{库}A(P-E-C) \quad (5.1)$$

式中：$U_{涵}$为森林涵养水源效益价值，元/年；$C_{库}$为水库建设单位库容投资，元/m³；$P$为降水量，mm/年；$E$为森林蒸散量，mm/年；$A$为森林面积，hm²；$C$为快速地表径流量，mm/年。

**2）森林固土保肥效益**

（1）固定土壤。采用无林地土壤侵蚀模数与森林林地土壤侵蚀模数的差值乘以挖填土方成本计算森林固土价值，此种方法计算森林固定土壤效益为直接恢复林地土壤成本费用，简单明了，易于接受，公式为

$$U_{固}=AC_{土}(X_2-X_1)/P \quad (5.2)$$

式中：$U_{固}$为森林固定土壤效益价值，元/年；$C_{土}$为挖填单位土方费用，元/m³；$X_1$为林地土壤侵蚀模数，t/(hm²·年)；$X_2$为无林地土壤侵蚀模数，t/(hm²·年)；$P$为土壤平均容重，t/m³；$A$为森林面积，hm²。

（2）保肥量。同有林地对照，无林地每年随土壤侵蚀不仅会带走表土中大量营养物质，如$N$、$P$、$K$等，而且也会带走下层土壤中部分可溶解物质。表土和下层土壤中营养物质的损失，会引起土壤肥力下降，可以折算成相应的化肥量，根据化肥的市场价格计算森林的保肥价值依据充分可靠。

$$U_{肥} = A(X_2-X_1)(NC_1/R_1+PC_1/R_2+KC_2/R_3+MC_3) \quad (5.3)$$

式中：$U_{肥}$为森林保持土壤肥力效益，元/年；$A$为森林面积，hm²；$N$为林地土壤含氮量，%；$P$为林地土壤含磷量，%；$K$为林地土壤含钾量，%；$M$为林地土壤有机质含量，%；$R_1$为磷酸二铵含氮量，%；$R_2$为磷酸二铵含磷量，%；$R_3$为氯化钾含钾量，%；$C_1$为磷酸二铵市场价，元/t；$C_2$为氯化钾市场价，元/t；$C_3$为有机质市场价，元/t。

**3）森林固碳释氧效益**

（1）固定$CO_2$。森林生态系统中，树木和土壤是两个重要碳库，为此分别计算。

首先根据光合作用和呼吸作用方程式确定森林每生产1 t干物质固定吸收$CO_2$的量，再根据各森林类型年净生产力计算出森林每年固定$CO_2$总量。

根据光合作用化学反应式，森林植被每积累1 g干物质，可以固定1.47 g $CO_2$，释放1.07 g $O_2$。在$CO_2$中C的比例为27.29%。林分土壤固碳量即是土壤固碳速率，由森林生态站直接测定获得。

目前欧美发达国家正在实施温室气体排放税收制度，对$CO_2$的排放征税，碳税法已是国内外通用方法，如在《中国生物多样性国情研究报告》（1998年）中使用了碳税价格。因此，本小节与国际接轨采用碳税法进行评估。公式为

$$U_{碳} = AC_{碳}(0.4B_{年} + F_{土壤碳}) \quad (5.4)$$

式中：$U_{碳}$为森林固碳效益，元/年；$A$为森林面积，hm²；$C_{碳}$为市场碳价或$CO_2$交易价，元/t；$B_{年}$为森林年净生产力，t/(hm²·年)；$F_{土壤碳}$为森林土壤年固碳量，t/(hm²·年)；0.4为干物质转化为碳含量的系数。

(2) 释放氧气。根据光合作用化学反应式，森林植被每积累 1 g 干物质，可以释放 1.07 g $O_2$。森林提供氧气的价格可根据氧气的商品价格和人工生产氧气的成本等方法来计算。因此森林生态系统制氧的价值为

$$U_{氧}=1.07C_{氧}AB_{年} \tag{5.5}$$

式中：$U_{氧}$ 为森林释放氧气效益，元/a；$C_{氧}$ 为平均制氧价格，元/t；$B_{年}$ 为森林年净生产力，t/（$hm^2$·年）；$A$ 为森林面积，$hm^2$；1.07 为干物质转化为氧含量的系数。

### 4）森林改善环境效益

考虑指标测度的可操作性，本次评估主要采用森林吸收大气污染物、滞尘、降低噪声、改善小气候等 4 个指标进行评估。对于森林净化空气的效益指标，考虑空气中的负氧离子等并不完全由森林制造，且测定技术不完善，在整个林业生态效益中所占比重不大（通常在 0.5%以下），本次评估忽略不计。

（1）吸收大气污染物。二氧化硫、氟化物、氮氧化物是大气污染物中的主要物质，因此选取森林吸收二氧化硫、氟化物、氮氧化物 3 个指标评估森林吸收大气污染物的作用，森林吸收大气污染物、滞尘、降低噪声等效益采用国家有关部委颁布治理费用标准进行计算。

$$U_{吸}=(K_{SO_2}Q_{SO_2}+K_FQ_F+K_{NO}Q_{NO})A \tag{5.6}$$

式中：$U_{吸}$ 为森林吸收大气污染物效益，元/a；$K_{SO_2}$ 为 $SO_2$ 治理费用，元/kg；$K_F$ 为氟化物治理费用，元/kg；$K_{NO}$ 为氮氧化物治理费用，元/kg；$Q_{SO_2}$ 为森林吸收 $SO_2$ 量，kg/（$hm_2$·年）；$Q_F$ 为森林吸收氟化物量，kg/（$hm^2$·年）；$Q_{NO}$ 为森林吸收氮氧化物量，kg/（$hm^2$·年）；$A$ 为森林面积，$hm^2$。

（2）滞尘。其计算式为

$$U_{滞尘}=K_{滞尘}Q_{滞尘}A \tag{5.7}$$

式中：$U_{滞尘}$ 为森林滞尘效益，元/年；$K_{滞尘}$ 为降尘清理费用，元/kg；$Q_{滞尘}$ 为单位面积森林年滞尘量，kg/（$hm^2$·年）；$A$ 为森林面积，$hm^2$。

（3）降低噪声。其计算式为

$$U_{噪声}=K_{噪声}A_{噪声} \tag{5.8}$$

式中：$U_{噪声}$ 为森林降低噪声效益，元/年；$K_{噪声}$ 为降低噪声隔音墙建设费用，元/km；$A_{噪声}$ 为城市森林折合隔音墙公里数，km。

（4）改善小气候。森林改善小气候主要指夏季降温和冬季增温效益，夏季降温以遮阴网棚影子价格计算，冬季增温以地膜覆盖影子价格计算，根据二者改善小气候程度进行相应折扣，并只对城市森林效益进行评估。

$$U_{小气候}=A_{城}(C_{网}+C_{膜})P_{小气候} \tag{5.9}$$

式中：$U_{小气候}$ 为森林改善小气候效益，元/年；$A_{城}$ 为城市森林面积，$hm^2$；$C_{网}$ 为遮阳网建设费用，元/$hm^2$；$C_{膜}$ 为地膜覆盖建设费用，元/$hm^2$；$P_{小气候}$ 为折扣系数。

### 5）防浪林效益

湖北省江河湖泊纵横交错，增加了江河堤岸防护林防护效益的评估指标，以堤岸防护林面积计算：

$$U_{浪}=C_{堤}L \tag{5.10}$$

式中：$U_浪$为防浪林效益，元/年；$C_堤$为江河堤岸平均修复费用（无防浪林堤岸），元/km；$L$为防浪林长度，km。

**6）农田防护效益**

$$U_田 = A_防 Q_田 C_农 \quad (5.11)$$

式中：$U_田$为农田防护林效益，元/年；$A_防$为防护林面积，hm²；$Q_田$为农田增产量，kg/(hm²·年)；$C_农$为主要农作物市场价，元/kg。

**7）保护生物多样性效益**

采用物种保育1个指标来反映森林保护生物多样性功能。由于我国纬度跨度大，南北的气温差异明显，形成了不同的森林植被类型，给生物提供了生存和发展的场所和空间。而且从北到南，生物多样性越来越丰富，因此，采用生物多样性指数来计算森林生态系统的保护生物多样性功能：

$$U_{生物} = S_生 A \quad (5.12)$$

式中：$U_{生物}$为保护生物多样性效益，元/年；$S_生$为单位面积物种损失的机会成本；$A$为森林面积，hm²。

将 Shannon-Weiner 指数分为7级，每个级别给予一定赋值。

指数≤1，$S_生$ = 3 000 元/(hm²·年)

1≤指数<2，$S_生$ = 5 000 元/(hm²·年)

2≤指数<3，$S_生$ = 10 000 元/(hm²·年)

3≤指数<4，$S_生$ = 20 000 元/(hm²·年)

4≤指数<5，$S_生$ = 30 000 元/(hm²·年)

5≤指数<6，$S_生$ = 40 000 元/(hm²·年)

指数≥6，$S_生$ = 50 000 元/(hm²·年)

**8）旅游休憩效益**

森林游憩是指森林生态系统为人类提供休闲和娱乐场所而产生的价值。采用评估期内林业系统管辖的自然保护区、森林公园全年旅游门票收入，根据游览在整个旅游中所占的比重，按比例估算森林游憩价值：

$$U_{游憩} = F/P \quad (5.13)$$

式中：$U_{游憩}$为森林旅游休憩效益，元/年；$F$为森林旅游门票收入，元/年；$P$为游览费用占整个旅游费用比例，%。

**9）湿地蓄水调洪效益**

湿地生态系统具有强大的蓄水和补水功能。由于湿地调节水量与水库蓄水本质类似，采用水库工程的蓄水成本来确定湿地蓄水调洪的经济价值比较合理。因此，根据水库工程的蓄水成本（替代工程法）来确定，从而计算出湿地生态系统每年蓄水调洪量的价值：

$$U_调 = C_库 (C_1 - C_2) \quad (5.14)$$

式中：$U_调$为湿地蓄水调洪价值，元/年；$C_库$为水库建设单位库容投资，元/m³；$C_1$为湖北省湿地平均蓄水量最大值，m³/年；$C_2$为湖北省湿地平均蓄水量最小值，m³/年。

### 10）湿地净化水质效益

湿地具有很强的自净能力，可以去除多种排入水体的污染物：

$$U_{水质} = W_{水} A \tag{5.15}$$

式中：$U_{水质}$为湿地净化水质价值，元/年；$W_{水}$为单位面积湿地降解污染的费用，元/(hm²·年)；$A$ 为湿地面积，hm²。

## 5. 数据采集方法及评估参数选定

### 1）主要数据来源

数据来源主要有：①湖北省森林资源一类、二类清查数据；②2009 年国家林业局公布的数据；③湖北省统计年鉴；④湖北省河流图集；⑤2009 年湖北省湿地资源调查数据；⑥秭归生态定位站监测数据；⑦神农架定位站监测数据；⑧其他定位样点调查、监测数据。

### 2）定位样点设置

（1）布点原则：①以主要树种进行分类，人工林或天然林分布的树种具有地带性（包括水平地带性和垂直地带性），以主要树种作为典型设置定位样点基本上包括了湖北省主要森林类型或群落类型。②样点群落或类型之间要有明显差别，同一树种之间选取不同林龄阶段设置样点。③全省不同地区、不同海拔分别设置样点进行调查、监测，尽量减少有关资料数据出现重大遗落或缺失。④有关数据资料与湖北省森林资源清查数据相衔接。

（2）全省定位监测样点 86 个，按主要类型设置定位样点分布见表 5.1，各地、市定位样点数见表 5.2。

**表 5.1　不同生态类型样点分布**

| 类型 | 总样点数 | 幼龄林（江河）样点数 | 中龄林（湖泊）样点数 | 近成熟林（水库等）样点数 |
| --- | --- | --- | --- | --- |
| 冷杉 | 3 | 1 | 1 | 1 |
| 柏木 | 3 | 1 | 1 | 1 |
| 马尾松 | 23 | 11 | 9 | 3 |
| 杉木 | 4 | 1 | 2 | 1 |
| 水杉 | 3 | 1 | 1 | 1 |
| 栎类 | 8 | 6 | 1 | 1 |
| 硬阔 | 5 | 3 | 1 | 1 |
| 杨树 | 3 | 1 | 1 | 1 |
| 软阔 | 3 | 1 | 1 | 1 |
| 针叶混 | 3 | 1 | 1 | 1 |
| 针阔混 | 4 | 2 | 1 | 1 |
| 阔叶混 | 4 | 2 | 1 | 1 |
| 毛竹 | 3 | 1 | 1 | 1 |
| 杂竹 | 1 |  | 1 |  |
| 经济林 | 13 | 5 | 3 | 5 |
| 湿地 | 3 | 1 | 1 | 1 |
| 合计 | 86 | 38 | 27 | 21 |

表 5.2　各地、市定位样点分布

| 生态服务区 | 地市 | 总样点数 | 森林样点数 | 湿地样点数 |
|---|---|---|---|---|
| 江汉平原区 | 武汉市 | 1 |  | 1 |
|  | 鄂州市 | 1 | 1 |  |
|  | 荆州市 | 2 | 1 | 1 |
|  | 仙桃市 | 1 | 1 |  |
|  | 潜江市 | 1 | 1 |  |
|  | 天门市 | 2 | 2 |  |
|  | 荆门市 | 3 | 3 |  |
| 鄂中北丘陵岗地区 | 孝感市 | 8 | 8 |  |
|  | 襄阳市 | 3 | 3 |  |
|  | 随州市 | 2 | 2 |  |
| 鄂东大别山区 | 黄冈市 | 8 | 7 | 1 |
| 鄂南幕阜山区 | 咸宁市 | 9 | 9 |  |
|  | 黄石市 | 3 | 3 |  |
| 鄂西北山区 | 十堰市 | 9 | 9 |  |
|  | 神农架林区 | 3 | 3 |  |
|  | 宜昌市 | 14 | 14 |  |
| 鄂西南山区 | 恩施土家族苗族自治州 | 16 | 16 |  |
| 合计 |  | 86 | 83 | 3 |

**3）评估参数及指标标准选定**

（1）水库库容造价。根据 1993～1999 年《中国水利年鉴》平均水库库容造价为 2.17 元/m³，1995 年价格指数为 100，2007 年物价指数为 126，得到单位库容造价为 2.74 元/t。

（2）居民用水价格。采用网格法得到 2008 年湖北省各大中城市的居民用水价格的平均值为 2.09 元/t。

（3）挖取单位面积土方费用。根据《中华人民共和国水利部水利建筑工程预算定额（上册）》中人工挖土方Ⅰ和Ⅱ土类每 100 m³ 需 42 个工时，按每个人工每天 30 元计算，为 12.6 元/m³。

（4）磷酸二铵化肥含氮量为 14%；磷酸二铵化肥含磷量为 15.01%；氯化钾含钾量为 50%。

（5）磷酸二铵、氯化钾价格采用农业部中国农业信息网（http://www.agri.gov.cn）2008 年春季平均价格分别为 2 400 元/t、2 200 元/t。

（6）有机质价格根据农业部中国农业信息网（http://www.agri.gov.cn）2008 年草炭土春季价格为 200 元/t，草炭土中含有机质 62.5%，折合为有机质价格为 320 元/t。

(7) 固碳价格采用瑞典的碳税率折合人民币为 1 200 元/t。

(8) 氧气价格采用原卫生部网站（http://www.moh.gov.cn）中 2008 年春季氧气平均价格为 1 000 元/t。

(9) 二氧化硫治理费用标准采用国家发展与改革委员会等四部委 2003 年第 31 号令《排污费征收标准及计算方法》中北京市高硫煤二氧化硫排污费收费标准为 1.20 元/kg。

(10) 氟化物治理费用标准采用国家发展与改革委员会等四部委 2003 年第 31 号令《排污费征收标准及计算方法》中氟化物排污费收费标准为 0.69 元/kg。

(11) 氮氧化物治理费用标准来自国家发展与改革委员会等四部委 2003 年第 31 号令《排污费征收标准及计算方法》中氮氧化物排污费收费标准为 0.63 元/kg。

(12) 降尘清理费用标准来自国家发展与改革委员会等四部委 2003 年第 31 号令《排污费征收标准及计算方法》中一般性粉尘排污费收费标准为 0.15 元/kg。

(13) 铅及其化合物污染治理费用标准来自国家发展与改革委员会等四部委 2003 年第 31 号令《排污费征收标准及计算方法》中铅及其化合物排污费收费标准为 30.00 元/kg。

(14) 镉及其化合物污染治理费用来自国家发展与改革委员会等四部委 2003 年第 31 号令《排污费征收标准及计算方法》中镉及其化合物排污费收费标准为 20.00 元/kg。

(15) 镍及其化合物污染治理费用来自国家发展与改革委员会等四部委 2003 年第 31 号令《排污费征收标准及计算方法》中镍及其化合物排污费收费标准为 4.62 元/kg。

(16) 锡及其化合物污染治理费用来自国家发展与改革委员会等四部委 2003 年第 31 号令《排污费征收标准及计算方法》中锡及其化合物排污费收费标准为 2.22 元/kg。

(17) 降低噪声费用按 100 元/m²、4 m 高的隔音墙计算为 400 000 元/km。

(18) 旅游收入来自湖北省自然保护区、森林公园提供的数据。

(19) 农作物价格来自湖北省 2008 年《湖北农村统计年鉴》所提供的数据。

(20) 电价数据来自 2009 年湖北省物价部门规定。

### 6. 湖北省林业生态效益价值

**1) 森林生态效益价值**

(1) 涵养水源效益。

由于森林调节水量与水库蓄水的本质类似，采用水库工程的蓄水成本来确定森林涵养水源的经济价值比较合理。因此根据水库工程蓄水成本（替代工程法）森林计算涵养水源效益，根据式（5.1）计算得出湖北省森林生态系统涵养水源价值约为 1 033.81 亿元/年（表 5.3）。

(2) 保育土壤价值。

固定土壤：采用无林地土壤侵蚀模数与森林林地土壤侵蚀模数的差值乘以挖填土方成本计算森林固土价值，根据式（5.2）得到 2009 年湖北省森林生态系统固定土壤价值约为 17.13 亿元/年（表 5.3）。

保持肥力：采用侵蚀土壤中的主要营养元素 N、P、K 和有机质量折合成磷酸二铵、氯化钾和有机质的价值来体现。经计算，磷酸二铵中含氮量 14.0%，含磷量 15.0%；氯化钾中含钾量为 50.0%。此评估的化肥价格根据权威部门公布的全国市场行情确定：磷酸二铵平均价格为 2 400 元/t；氯化钾平均价格为 2 200 元/t；草炭土中含有机质 62.5%，

### 表 5.3  2009 年湖北省森林生态效益价值

单位：万元/年

| 森林植被 | 面积/hm² | 涵养水源 | 固定土壤 | 保持肥力 | 固定 $CO_2$ | 释放 $O_2$ | 吸收大气污染物 | 滞尘 | 小计 |
|---|---|---|---|---|---|---|---|---|---|
| 冷杉 | 5 294 | 14 215.45 | 138.75 | 1 671.67 | 4 989.84 | 2 093.81 | 574.06 | 2 978.07 | 26 661.65 |
| 柏木 | 117 429 | 218 793.71 | 3 077.58 | 37 080.13 | 82 405.28 | 48 766.14 | 12 574.85 | 64 820.81 | 467 518.5 |
| 马尾松 | 2 190 607 | 4 081 538.96 | 57 411.43 | 691 719.99 | 1 134 015.84 | 758 099.52 | 228 089.51 | 1 199 357.33 | 8 150 232.58 |
| 杉木 | 316 321 | 589 369.29 | 8 502.71 | 102 444.64 | 154 704.57 | 106 340.98 | 34 372.77 | 163 696.12 | 1 159 431.08 |
| 水杉 | 41 282 | 76 916.62 | 1 094.63 | 13 891.96 | 20 763.39 | 13 674.12 | 4 521.94 | 21 677.07 | 152 539.73 |
| 栎类 | 940 131 | 1 287 979.47 | 28 046.32 | 703 667.07 | 837 179.14 | 836 612.96 | 101 421.90 | 542 925.65 | 4 337 832.51 |
| 硬阔 | 422 765 | 579 188.05 | 12 705.50 | 317 737.02 | 376 814.36 | 384 574.57 | 46 503.30 | 167 176.37 | 1 884 699.17 |
| 杨树 | 56 266 | 80 167.80 | 1 691.36 | 42 179.88 | 52 665.79 | 51 739.56 | 6 051.37 | 23 732.71 | 258 228.47 |
| 软阔 | 244 152 | 334 488.24 | 7 392.34 | 184 000.19 | 203 451.21 | 212 440.18 | 26 340.14 | 27 784.84 | 995 897.14 |
| 针叶混 | 178 254 | 288 165.42 | 4 780.34 | 66 028.82 | 160 523.03 | 149 813.83 | 19 912.40 | 106 975.13 | 796 198.97 |
| 针阔混 | 372 968 | 602 940.07 | 10 139.11 | 199 512.94 | 465 818.67 | 368 778.23 | 42 601.60 | 235 148.86 | 1 924 939.48 |
| 阔叶混 | 460 425 | 744 323.06 | 13 962.22 | 379 344.24 | 480 461.08 | 409 727.50 | 51 621.70 | 316 329.24 | 2 395 769.04 |
| 毛竹 | 89 784 | 159 905.30 | 2 934.25 | 44 062.62 | 74 020.28 | 76 346.85 | 9 371.16 | 31 653.57 | 398 294.03 |
| 杂竹 | 16 232 | 28 909.19 | 530.48 | 7 966.06 | 9 903.48 | 11 876.75 | 1 485.01 | 4 529.34 | 65 200.31 |
| 经济林 | 702 533 | 1 251 211.27 | 18 884.09 | 533 602.49 | 392 519.24 | 405 171.86 | 642 72.29 | 181 827.83 | 2 847 489.07 |
| 合计 | 6 154 443 | 10 338 111.90 | 171 291.11 | 3 324 909.72 | 4 450 235.20 | 3 836 056.86 | 649 714.00 | 3 090 612.96 | 25 860 931.73 |

折合为有机质价格为 320 元/t。根据式（5.3）得到 2009 年湖北省森林系统保持肥力的价值约为 332.49 亿元/年（表 5.3）。

综合森林生态系统固定土壤和保持肥力两项价值，得到 2009 年湖北省森林系统保育土壤的价值为 349.62 亿元/年。

（3）固碳释氧效益。

固定 $CO_2$：根据式（5.4）得到 2009 年湖北省森林生态系统固定 $CO_2$ 价值约为 445.02 亿元/年（表 5.3）。

释放 $O_2$：根据式（5.5）得到 2009 年湖北省森林生态系统释放 $O_2$ 价值约为 383.61 亿元/年（表 5.3）。

（4）改善环境效益。

吸收大气污染物：此次评估选取的大气污染物主要是二氧化硫、氟化物和氮氧化物。根据式（5.6）得到 2009 年湖北省森林生态系统吸收大气污染物价值为 64.97 亿元/年（表 5.3）。

滞尘：根据式（5.7）得到 2009 年湖北省森林生态系统滞尘价值约为 309.06 亿元/年（表 5.3）。

降低噪声：全省城市森林折合隔音墙长度 4 126.15 km，按式（5.8）根据降低噪声费用 400 000 元/km 计算得到 2009 年湖北省森林生态系统降低噪声价值约为 16.50 亿元/年。

改善小气候：全省城市森林面积为 28 454.58 $hm^2$，根据式（5.9）得到 2009 年湖北省森林生态系统改善小气候价值约为 0.45 亿元/年。

（5）防浪林效益。

采用防浪林长度乘以江河堤岸平均修复费用计算防浪林效益价值。湖北省防浪林长度为 1 948 km，江河堤岸平均修复费用为 15 000 元/km，根据式（5.10）得到 2009 年湖北省防浪林效益约为 2922.00 万元/年。

（6）农田防护效益。

湖北省农田防护林主要分布在荆州市、荆门市、天门市、潜江市、仙桃市、武汉市、鄂州市、襄阳区、黄梅县等地。根据湖北统计年鉴数据，这些地区 2009 年粮食产量为 984.63 万 t，棉花产量为 85.66 万 t，油料产量为 136.27 万 t。在森林植被保护下可增产粮食 89.51 万 t，增产棉花 7.79 万 t，增产油料 12.39 万 t，参考同期农作物市场价格，粮食增产 179 023.64 万元，棉花增产 54 508.81 万元，油料增产 37 164.55 万元。湖北省农作物累计增产效益为 270 697 万元。

（7）保护生物多样性效益。

采用森林保育物种指标来反映森林保护生物多样性效益，即计算研究区域不同森林生态系统的物种丰富度指数（Shannon-Weiner 指数），每个级别给予一定赋值后，再乘以林分面积，即可得到森林生态系统保护生物多样性效益。根据式（5.12）得到 2009 年湖北省森林生态系统保护生物多样性总价值为 793.55 亿元/年（表 5.4）。

表 5.4　2009 年湖北省森林保护生物多样性价值

| 指数分级 | 林分面积/hm² | Shannon-Weiner 指数 | 物种保育价值/[元/(hm²·年)] | 价值/（万元/年） |
| --- | --- | --- | --- | --- |
| 冷杉 | 5 294 | 3.12 | 20 000 | 105 88.0 |
| 柏木 | 117 429 | 1.92 | 5 000 | 58 714.5 |
| 马尾松 | 2 190 607 | 2.58 | 10 000 | 2 190 607.0 |
| 杉木 | 316 321 | 1.56 | 5 000 | 158 160.5 |
| 水杉 | 41 282 | 1.67 | 5 000 | 20 641.0 |
| 栎类 | 940 131 | 3.16 | 20 000 | 1 880 262.0 |
| 硬阔 | 422 765 | 3.24 | 20 000 | 845 530.0 |
| 杨树 | 56 266 | 0.78 | 3 000 | 16 879.8 |
| 软阔 | 244 152 | 3.42 | 20 000 | 488 304.0 |
| 针叶混 | 178 254 | 3.57 | 20 000 | 356 508.0 |
| 针阔混 | 372 968 | 3.64 | 20 000 | 745 936.0 |
| 阔叶混 | 460 425 | 3.88 | 20 000 | 920 850.0 |
| 毛竹 | 89 784 | 0.84 | 3 000 | 26 935.2 |
| 杂竹 | 16 232 | 0.84 | 3 000 | 4 869.6 |
| 经济林 | 702 533 | 0.75 | 3 000 | 210 759.9 |
| 合计 | 6 154 443 | | | 7 935 545.5 |

（8）旅游休憩效益。

森林游憩功能是森林的重要功能之一。为了体现由于森林游憩产生的效益或直接价值，国内相关研究采用了林业系统管辖的自然保护区和森林公园全年旅游收入计算。根据湖北省林业统计年报，全省森林公园、自然保护区等林业旅游与休闲服务接待人数达到 2 280 万人次，旅游门票收入达 6.84 亿元，门票收入在整个旅游中所占的比重为 13%，根据式（5.13）得到 2009 年湖北省森林旅游休憩效益为 52.62 亿元。

**2）湿地生态效益价值**

（1）蓄水调洪效益。根据全省湿地蓄水量的最大值和最小值差得出全省湿地蓄水量为 324.07 亿 m³。根据式（5.14）得到 2009 年湖北省湿地蓄水调洪效益为 887.95 亿元。

（2）净化水质效益。湖北省 2009 年湿地面积 156.30 万 hm²，根据 Costanza 等（1997）研究成果，湿地降解污染物费用为 22 662.80 元/（hm²·年），再根据式（5.15）得到 2009 年湖北省湿地净化水质效益为 354.22 亿元。

**7. 湖北省林业生态效益价值及构成**

经评估研究，2009 年湖北省林业生态效益总价值为 4 718.68 亿元，其中森林生态效益价值为 3 476.51 亿元，湿地生态效益价值为 1 242.17 亿元。

森林、湿地生态效益多种多样，由于受科学技术水平、计量方法和监测手段限制，目前尚无法对森林及湿地每项效益都逐一计量，其价值体现仍然是不完全的，但这些数据依然清楚地说明了湖北省林业生态系统在维系和促进当地社会经济持续发展和环境保

## 1) 效益价值构成分析

从表 5.5 可知，2009 年湖北省林业生态效益为 4 718.68 亿元。其中涵养水源效益最大，为 1 033.81 亿元，所占比例为 21.91%；其次是湿地蓄水调洪效益，为 887.95 亿元，所占比例为 18.82%；防浪护堤效益最小，价值为 2 292 万元，所占比例为 0.05‰。各项生态效益价值依次排序为涵养水源＞湿地蓄水调洪＞生物多样性保护＞固定 $CO_2$＞释放 $O_2$＞湿地净化水质＞保持肥力＞滞尘＞吸收大气污染物＞旅游休憩＞农田防护＞固定土壤＞降低噪声＞改善小气候＞防浪护堤。

表 5.5　2009 年湖北省林业生态效益价值构成表

| 类型 | 涵养水源 | 固定土壤 | 保持肥力 | 固定 $CO_2$ | 释放 $O_2$ | 吸收大气污染物 | 滞尘 | 降低噪声 |
|---|---|---|---|---|---|---|---|---|
| 价值/万元 | 10 338 111.90 | 171 291.11 | 3 324 909.72 | 4 450 235.20 | 3 836 056.86 | 649 714.00 | 3 090 612.94 | 165 046.00 |
| 比例/% | 21.91 | 0.36 | 7.05 | 9.43 | 8.13 | 1.38 | 6.55 | 0.35 |

| 类型 | 改善小气候 | 防浪护堤 | 农田防护 | 生物多样性保护 | 旅游休憩 | 湿地蓄水调洪 | 湿地净化水质 | 合计 |
|---|---|---|---|---|---|---|---|---|
| 价值/万元 | 4 453.14 | 2 292.00 | 270 696.99 | 7 935 545.50 | 526 153.85 | 8 879 500.00 | 3 542 195.64 | 47 186 814.85 |
| 比例/% | 0.01 | 0.00 | 0.57 | 16.82 | 1.11 | 18.82 | 7.51 | 100.00 |

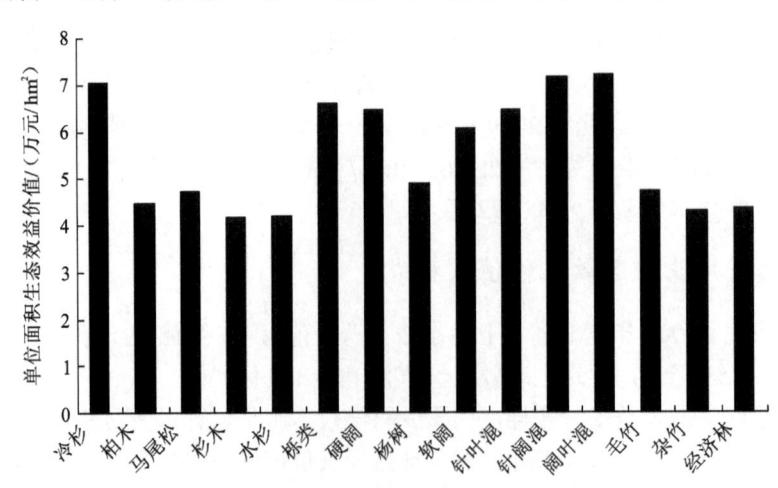

## 2) 森林类型单位面积生态效益价值比较

从图 5.1 可知，阔叶混单位面积生态效益最大，为 7.20 万元/$hm^2$；其次是针阔混，为 7.16 万元/$hm^2$；杉木单位面积生态效益最小，为 4.17 万元/$hm^2$。2009 年湖北省不同森林类型的单位面积生态效益价值排序为阔叶混＞针阔混＞冷杉＞栎类＞针叶混＞硬阔＞软阔＞杨树＞毛竹＞马尾松＞柏木＞经济林＞杂竹＞水杉＞杉木。

图 5.1　不同森林类型单位面积生态效益价值

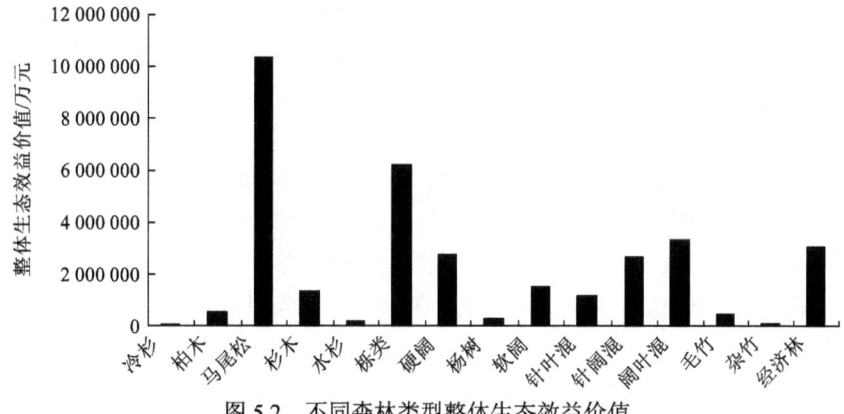

### 3) 森林类型整体生态效益价值比较

不同森林类型涵养水源、保育土壤、固碳释氧、吸收大气污染物、滞尘、保护生物多样性等生态效益价值有一定差异（图5.2），全省马尾松类型整体生态效益价值最大，为1 034.18亿元，主要原因是马尾松占全省森林面积最大。其次是栎类，生态效益价值为621.81亿元。冷杉类型整体生态效益价值最小，为3.72亿元，这与冷杉在湖北省分布面积很少有关。2009年湖北省不同植被类型整体生态效益价值排序为马尾松＞栎类＞阔叶混＞经济林＞硬阔＞针阔混＞软阔＞杉木＞针叶混＞柏木＞毛竹＞杨树＞水杉＞杂竹＞冷杉。

图5.2 不同森林类型整体生态效益价值

（1）涵养水源价值比较。2009年全省马尾松林涵养水源整体效益最大，为408.15亿元，其次是栎类，涵养水源整体效益为128.80亿元，冷杉林涵养水源整体效益价值最小，为1.42亿元（图5.3）。2009年湖北省不同植被类型的涵养水源整体效益价值排序为马尾松＞栎类＞经济林＞阔叶混＞硬阔＞针阔混＞软阔＞杉木＞针叶混＞毛竹＞杨树＞柏木＞水杉＞杂竹＞冷杉。

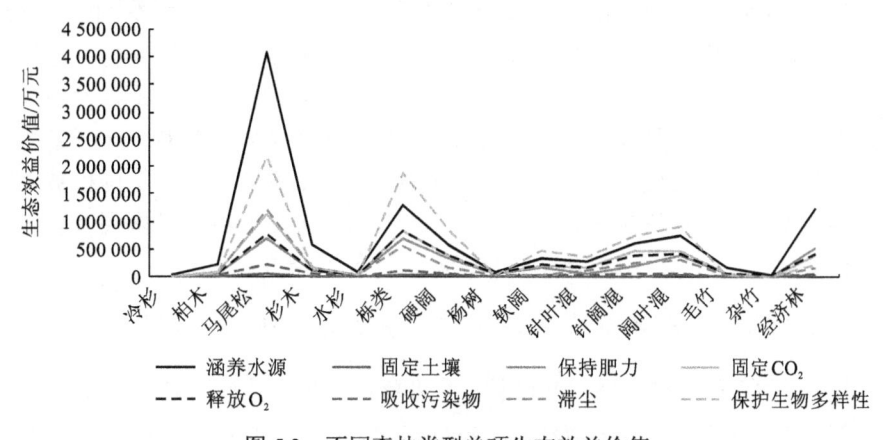

图5.3 不同森林类型单项生态效益价值

（2）固定土壤价值比较。2009年全省马尾松固定土壤整体效益最大，为5.74亿元，其次是栎类，固定土壤整体效益为2.80亿元，冷杉林固定土壤整体效益价值最小，为0.01亿元（图5.3）。2009年湖北省不同植被类型的固定土壤整体效益价值排序为马尾松＞栎类＞经济林＞阔叶混＞硬阔＞针阔混＞软阔＞杉木＞针叶混＞毛竹＞杨树＞柏木＞水杉＞杂竹＞冷杉。

(3) 保持肥力价值比较。2009 年全省栎类保持肥力整体效益最大，为 70.37 亿元，其次是马尾松，保持肥力整体效益为 69.17 亿元，冷杉保持肥力整体效益价值最小，为 0.17 亿元（图 5.3）。2009 年湖北省不同植被类型的保持肥力整体效益价值排序为栎类＞马尾松＞经济林＞阔叶混＞硬阔＞针阔混＞软阔＞杉木＞针叶混＞毛竹＞杨树＞柏木＞水杉＞杂竹＞冷杉。

(4) 固定 $CO_2$ 价值比较。2009 年全省马尾松固定 $CO_2$ 整体效益最大，为 113.40 亿元，其次是栎类，固定 $CO_2$ 整体效益为 83.72 亿元，冷杉林固定 $CO_2$ 整体效益价值最小，为 0.50 亿元（图 5.3）。2009 年湖北省不同植被类型的固定 $CO_2$ 整体效益价值排序为马尾松＞栎类＞经济林＞阔叶混＞硬阔＞针阔混＞软阔＞杉木＞针叶混＞毛竹＞杨树＞柏木＞水杉＞杂竹＞冷杉。

(5) 释放 $O_2$ 价值比较。2009 年全省栎类释放 $O_2$ 整体效益最大，为 83.66 亿元，其次是马尾松，释放 $O_2$ 整体效益为 75.81 亿元，冷杉林释放 $O_2$ 整体效益价值最小，为 0.21 亿元（图 5.3）。2009 年湖北省不同植被类型的释放 $O_2$ 整体效益价值排序为栎类＞马尾松＞经济林＞阔叶混＞硬阔＞针阔混＞软阔＞杉木＞针叶混＞毛竹＞杨树＞柏木＞水杉＞杂竹＞冷杉。

(6) 吸收污染物价值比较。2009 年全省马尾松吸收污染整体物效益最大，为 22.81 亿元，其次是栎类，吸收污染物整体效益为 10.14 亿元，冷杉林吸收污染物整体效益价值最小，为 0.06 亿元（图 5.3）。2009 年湖北省不同植被类型的吸收污染物整体效益价值排序为马尾松＞栎类＞经济林＞阔叶混＞硬阔＞针阔混＞软阔＞杉木＞针叶混＞毛竹＞杨树＞柏木＞水杉＞杂竹＞冷杉。

(7) 滞尘价值比较。2009 年全省马尾松滞尘整体效益最大，为 119.94 亿元，其次是栎类，滞尘整体效益为 54.29 亿元，冷杉林滞尘整体效益价值最小，为 0.30 亿元（图 5.3）。2009 年湖北省不同植被类型的滞尘整体效益价值排序为马尾松＞栎类＞阔叶混＞硬阔＞针阔混＞经济林＞软阔＞杉木＞针叶混＞毛竹＞杨树＞柏木＞水杉＞杂竹＞冷杉。

(8) 保护生物多样性价值比较。2009 年全省马尾松类型保护生物多样性整体效益最大，为 219.06 亿元，其次是栎类，保护生物多样性整体效益为 188.03 亿元，杂竹林保护生物多样性整体效益价值最小，为 0.49 亿元（图 5.3）。2009 年湖北省不同植被类型的保护生物多样性整体效益价值排序为马尾松＞栎类＞阔叶混＞硬阔＞针阔混＞软阔＞针叶混＞经济林＞杉木＞柏木＞毛竹＞水杉＞杨树＞冷杉＞杂竹。

## 8. 湖北省林业生态效益价值评估相关说明与分析

(1) 本次评估采用中华人民共和国林业行业标准《森林生态系统服务功能评估规范》(LY/T 1721—2008) 的相关评估方法和指标体系，全省森林面积采用湖北省林业局 2009 年公布的数据；降水量、森林蒸发量、地表径流、土壤侵蚀模数、土壤养分含量、单位面积森林年净生产力、固碳量、吸收大气污染物量、滞尘量、生物多样性指数等指标以湖北省秭归定位站、神农架定位站、丹江口站定位监测点、浠水定位监测点、红安、江夏、建始等固定样地监测资料作为依据；城市森林面积、森林旅游收入等参考湖北林业统计年报；防浪林长度参考湖北河流图集；农作物产量参考《湖北统计年鉴（2009）》。

（2）湖北省林业生态效益价值较高，价值总量和人均水平达到或超过已公布相关数据资料的其他省份。2009年湖北省人口总数6100万人，人均GDP为20896.20元。2009年湖北省林业生态效益价值总量为4718.68亿元，相当于全省GDP总量的37.02%，每年人均享有林业生态效益7736元的福利。全省森林每亩每年生态效益高达5111.41元，是湖北省社会经济发展重要的机会成本，成为绿色GDP核算的重要基础和主要标志，森林面积和森林质量的任何变化无疑对湖北省社会经济发展产生巨大而深远的影响。

（3）林业生态效益与国民经济发展和人民群众生活息息相关，做出了巨大贡献，森林吸收$CO_2$有效降低了大气$CO_2$含量，每年产生468.61亿元效益，其他行业无法相比，成为应对全球气候变暖的重要途径；森林释放氧气吸收有毒气体、涵养水源、改善气候等效益提供了良好的人居环境。森林生态效益与产业部门的生产经营有直接的关系，如旅游行业将森林旅游休憩效益作为主要的生产资料进行生产和经营，全省旅游业利用森林旅游休憩的效益占2009年全省旅游收入的8.21%，相同的例子还有自来水行业利用森林涵养水源的效益等，而农业、林业、牧业、渔业部门利用森林涵养水源的效益占2009年全省农林牧渔业产值的45.01%等。

（4）湖北省森林涵养水源效益突出，达到1033.81亿元/年，举世闻名的三峡水库、丹江口水库位于湖北境内，湖北省林业为"两库"建设和安全做出了重要贡献。湖北省江河纵横交错、湖泊星罗棋布，湿地蓄水调洪效益十分明显，达到887.95亿元/年，起到了预防和减轻洪涝灾害的作用。神农架林区生物多样性保护是湖北省生物多样性保护的重要标志和杰出代表，全省生物多样性保护效益793.55亿元/年，成为我国乃至世界生物多样性保护重点地区之一。此外，农田防护林为农业增产增收，江河堤岸防护林为流域安全等也同样做出了重要贡献。

（5）湖北省林业生态效益价值有较大上升空间，潜力巨大。人口密集地区借助较发达的社会经济条件能快速提升当地林业生态效益价值，边远山区效益低下的低产林通过改造可大幅度提高其价值等。提高湖北省林业生态效益的途径：①有效增加全省森林面积、大力开展植树造林是提高湖北省林业生态效益的根本途径，特别是对鄂西北石漠化地区等困难地区要加大荒山荒地治理力度，增加投入。②适当提高混交林比例，改善林分结构及立地条件，提高森林生态效能和稳定性，充分发挥林地生产潜力，使森林单位面积生态效益得到显著提高。③加大天然林保护力度，提高森林自我修复能力，丰富生物多样性，在不增加任何生产投入的情况下有效增强森林改善生态环境的作用，产生相应的效益。

（6）林业生态效益多种多样，随着社会经济发展和科学技术进步将会有更多林业生态效益逐步被人们所认识，近年来在湖北省广泛开展的林业血防工程产生了明显的血防效果，由于还没有普遍接受的统一计量方法，本次评估没有将林业血防效益纳入计算。其次由于技术等方面的原因，加之时间仓促，本次评估也没能将湿地生物多样性、湿地固碳释氧、湿地改善环境等效益进行相应的评估。需要指出的是上述效益是湖北省林业生态效益价值的重要组成部分，也是湖北省特色，在以后工作中应进一步完善有关评估、监测体系，更全面、客观地体现湖北省林业生态效益价值和特色。

## 5.2.2 湖北省森林生态服务功能价值特征及建议[①]

森林生态系统服务功能是指森林生态系统及其生态过程所形成并维持人类赖以生存的自然环境条件和效用。科学、定量、客观地评估森林的生态服务功能,对宣传林业在社会经济发展中的重要地位与作用,反映林业建设成就,服务宏观决策等方面具有重要的现实意义。

中国林业科学研究院主持完成了《中国森林生态服务功能评估报告》,这是国家权威机构首次对我国森林涵养水源、保育土壤、固碳释氧、积累营养物质、净化大气环境和生物多样性保护6项主要森林生态服务功能进行的价值评估,标志着我国森林生态服务功能评估工作已进入实际操作、全面推广阶段。该评估报告分别对各省市森林生态系统服务功能单项价值、总价值、单位面积价值等指标进行了比较分析与排序,本小节在此基础上结合湖北省发布的《湖北省林业生态效益评估报告(2009年度)》,并以周边省份为参照对湖北省森林生态服务功能价值作进一步分析,为湖北省制定"十二五"林业发展规划提供了参考依据。

与湖北比邻的周边省份有湖南、江西、安徽、河南、重庆、陕西等,综合考虑气候特征、地理条件、森林资源状况等因素,本小节分析选作参照、比较的省份有湖南、江西、安徽、河南(表5.6)。

表5.6 不同省份基本情况表

| 省份 | 自然气候状况 |  |  | 森林资源状况 |  |  |
|---|---|---|---|---|---|---|
|  | 年平均温度/℃ | 年平均降水量/mm | 年日照时数/h | 森林面积/$10^4 hm^2$ | 森林覆盖率/% | 森林蓄积量/$10^4 m^3$ |
| 湖北 | 15~17 | 800~1 600 | 1 150~2 245 | 723.16 | 31.61 | 20 521.05 |
| 湖南 | 16~18 | 1 200~1 700 | 1 300~1 800 | 1 088.70 | 55.00 | 37 900.00 |
| 江西 | 16~18 | 1 341~1 940 | 1 473~2 077 | 993.06 | 60.05 | 35 357.20 |
| 安徽 | 14~17 | 750~1 700 | 1 817~1 970 | 395.21 | 20.06 | 13 755.41 |
| 河南 | 12~16 | 500~900 | 1 341~2 010 | 398.21 | 16.19 | 13 370.51 |

注:数据来源于各省林业厅(局)网站公布数据

### 1. 湖北森林生态服务功能价值分析

据《中国森林生态服务功能评估报告》计算,第七次全国森林资源清查期间(2004~2008年)湖北省森林生态系统服务功能总价值为3 283.13亿元/年,在全国31个省(自治区、直辖市)(未包括香港特别行政区、澳门特别行政区、台湾地区)中排第11位,其中涵养水源价值为1 368.05亿元/年,占41.67%;保育土壤价值为184.62亿元/年,占5.62%;固碳释氧价值为387.83亿元/年,占11.81%;积累营养物质价值为23.05亿元/年,占0.70%;净化大气环境价值为212.14亿元/年,占6.46%;生物多样性保护价值为1 107.44亿元/年,占33.73%。以涵养水源和生物多样性保护价值为主,占总价值的75.40%,高于全国平均

---
① 本小节作者:张家来等

水平。在6项服务功能所包含的17项指标中,排第10、11各一项,排第12两项,排第13四项,排第15三项,排第19、20各一项,排第21两项,排第22、23各一项。

湖北省森林生态系统服务功能年单位面积价值为4.54万元/hm$^2$,在全国31个省(自治区、直辖市)(未包括香港特别行政区、澳门特别行政区、台湾地区)中排第11位,高于全国平均水平的4.26万元/hm$^2$,但与我国南方省份有非常明显的差距,说明湖北省森林资源质量不高,森林单位面积生态服务功能具有较大的提升空间。

湖北省不同林分类型生态服务功能价值分布不均衡,阔叶混交林和灌木林价值很大,其次是马尾松和栎类,其他的林分类型价值所占比重很小。需按"分类经营,分区施策"的原则,充分发挥二类林分的主导功能,科学地开展低产林改造。

### 2. 与周边省份比较分析

#### 1)不同生态服务功能价值比较

不同省份森林生态服务功能总价值排序为江西＞湖南＞湖北＞河南＞安徽(表5.7),主要受各省森林面积的影响,同时与森林质量有关,因此要提高森林生态系统服务功能总价值,首先要通过植树造林、退耕还林等途径提高森林面积(图5.4、图5.5)。

表5.7 不同省份森林生态系统服务功能价值

| 地区 | | 涵养水源 | 保育土壤 | 固碳释氧 | 积累营养物质 | 净化大气环境 | 生物多样性保护 | 总价值/(亿元/年) | 单位面积价值/[万元/(hm$^2$·年)] |
|---|---|---|---|---|---|---|---|---|---|
| 湖北 | 总计/(亿元/年) | 1 368.05 | 184.62 | 387.83 | 23.05 | 212.14 | 1 107.44 | 3 283.13 | 4.54 |
| | 单位面积/[万元/(hm$^2$·年)] | 1.89 | 0.26 | 0.54 | 0.03 | 0.29 | 1.53 | | |
| 湖南 | 总计/(亿元/年) | 2 443.73 | 197.93 | 141.59 | 13.16 | 364.13 | 1 684.19 | 4 844.73 | 4.44 |
| | 单位面积/[万元/(hm$^2$·年)] | 2.24 | 0.18 | 0.13 | 0.01 | 0.33 | 1.55 | | |
| 江西 | 总计/(亿元/年) | 2 976.96 | 162.91 | 878.40 | 161.34 | 336.82 | 697.16 | 5 213.59 | 5.24 |
| | 单位面积/[万元/(hm$^2$·年)] | 3.00 | 0.16 | 0.88 | 0.16 | 0.34 | 0.70 | | |
| 安徽 | 总计/(亿元/年) | 512.24 | 242.50 | 238.49 | 83.35 | 155.00 | 523.16 | 1 754.74 | 4.43 |
| | 单位面积/[万元/(hm$^2$·年)] | 1.30 | 0.61 | 0.60 | 0.21 | 0.39 | 1.32 | | |
| 河南 | 总计/(亿元/年) | 557.13 | 111.09 | 248.14 | 11.40 | 78.42 | 295.97 | 1 302.15 | 3.27 |
| | 单位面积/[万元/(hm$^2$·年)] | 1.40 | 0.28 | 0.62 | 0.03 | 0.20 | 0.74 | | |
| 全国 | | 40 574.30 | 9 920.57 | 15 593.55 | 2 077.06 | 7 931.90 | 24 050.23 | 100 147.61 | 4.26 |

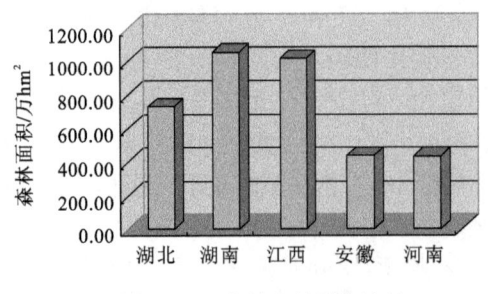

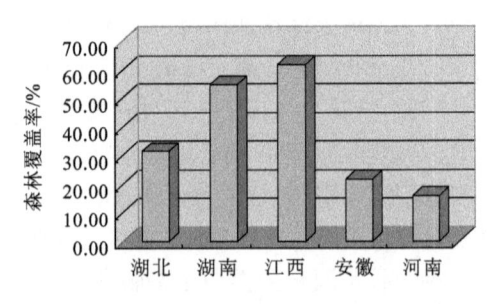

图 5.4　五省份森林面积比较　　　　　图 5.5　五省份森林覆盖率比较

单位面积森林生态系统服务功能价值排序为江西＞湖北＞湖南＞安徽＞河南,江西、湖北、湖南、安徽 4 个省的森林生态系统服务功能单位面积价值均高于全国平均水平,只有河南低于全国平均水平。在 6 大功能中,湖北森林涵养水源与生物多样性保护价值达到总价值的 75.4%,说明湖北森林在涵养水源和生物多样性保护等方面发挥了较好的作用。

（1）涵养水源功能：总价值排序为江西＞湖南＞湖北＞河南＞安徽,单位面积价值排序与总价值相同,湖北涵养水源价值远低于江西和湖南（图 5.6）。湖北有"千湖之省"之称,湿地资源非常丰富,而且湖北是三峡、葛洲坝、丹江口等大型水利枢纽工程的所在地,是南水北调中线工程的水源地,生态地位极为重要,湖北应大力提高森林涵养水源价值。

（2）保育土壤功能：总价值排序为安徽＞湖南＞湖北＞江西＞河南,单位面积价值排序为安徽＞河南＞湖北＞湖南＞江西,湖北森林保育土壤功能总价值和单位面积的价值均居中（图 5.7）。

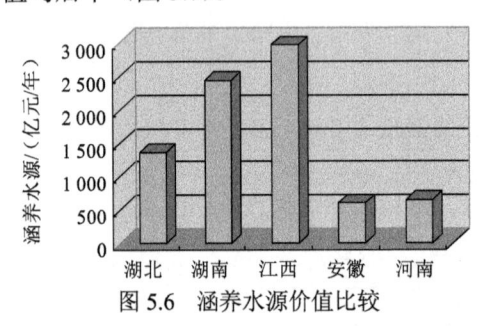

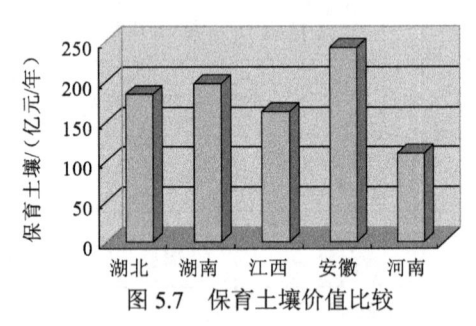

图 5.6　涵养水源价值比较　　　　　　图 5.7　保育土壤价值比较

（3）固碳释氧功能：总价值排序为江西＞湖北＞河南＞安徽＞湖南,单位面积价值排序为江西＞河南＞安徽＞湖北＞湖南（图 5.8）。

（4）积累营养物质功能：总价值排序为江西＞安徽＞湖北＞湖南＞河南,单位面积价值排序为安徽＞江西＞湖北＝河南＞湖南,湖北森林积累营养物质功能总价值和单位面积的价值均居中（图 5.9）。

（5）净化大气环境功能：总价值排序为湖南＞江西＞湖北＞安徽＞河南,单位面积价值排序为安徽＞江西＞湖南＞湖北＞河南（图 5.10）。湖北森林净化大气环境功能处于较低水平,目前湖北的武汉市等多个城市都在创建森林城市,湖北还需大力提高森林净化大气环境功能价值。

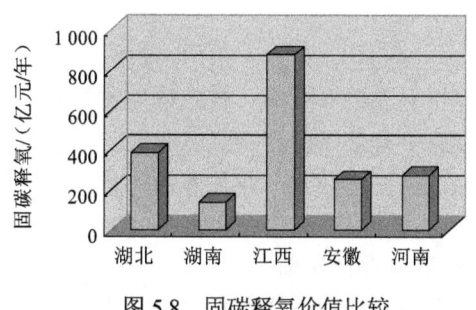

图 5.8　固碳释氧价值比较

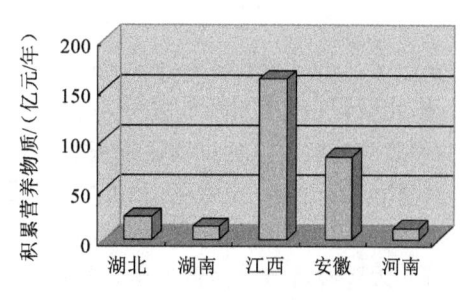

图 5.9　积累营养物质价值比较

（6）生物多样性保护功能：总价值排序为湖南＞湖北＞江西＞安徽＞河南，单位面积价值排序为湖南＞湖北＞安徽＞河南＞江西（图 5.11）。湖北森林生物多样性保护功能总价值和单位面积价值均只低于湖南，而远高于其他省份，说明湖北森林在生物多样性保护方面发挥了重要作用。

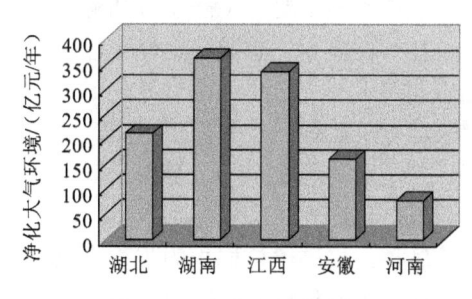

图 5.10　净化大气环境价值比较

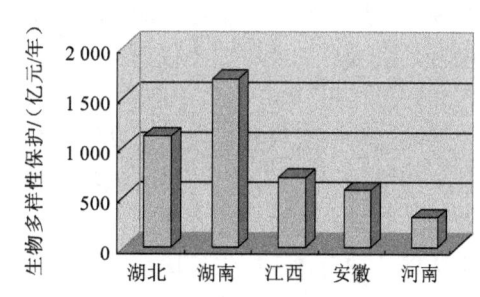

图 5.11　生物多样性保护价值比较

### 2）不同林种生态服务功能价值比较

不同省份五大林种生态服务功能价值见表 5.8。湖北省五大林种生态服务功能价值排序为防护林＞用材林＞经济林＞薪炭林＞特用林。与周边其他省份相比，湖北省防护林的生态服务功能价值比较显著，占森林生态服务功能总价值的 66.23%，而经济林、薪炭林、特用林提供的生态服务功能价值较少。根据湖北省森林资源二类调查，湖北省防护林、用材林、经济林面积分别为 1 796 249 hm²、3 255 166 hm²、702 533 hm²，三个林种的面积比为 5∶9∶2，这三个林种提供的生态服务功能价值比为 9∶3∶1，湖北省防护林经营管理过程中应注重生态效益，用材林和经济林等其他林种的建设中也同样存在只重视经济效益，忽视生态效益等问题。

表 5.8　不同省份五大林种生态服务功能价值

| 省份 | 防护林<br>/（亿元/年） | 特用林<br>/（亿元/年） | 用材林<br>/（亿元/年） | 薪炭林<br>/（亿元/年） | 经济林<br>/（亿元/年） |
| --- | --- | --- | --- | --- | --- |
| 湖北 | 2 174.42（66.23%） | 84.05（2.56%） | 652.36（19.87%） | 127.06（3.87%） | 245.25（7.47%） |
| 湖南 | 1 502.35（31.01%） | 153.58（3.17%） | 2 270.72（46.87%） | 19.38（0.40%） | 898.70（18.55%） |
| 江西 | 2 231.42（42.80%） | 231.48（4.44%） | 2 095.34（40.19%） | 57.87（1.11%） | 597.48（11.46%） |
| 安徽 | 465.71（26.54%） | 46.50（2.65%） | 995.11（56.71%） | 24.57（1.40%） | 222.85（12.70%） |
| 河南 | 574.64（44.13%） | 76.57（5.88%） | 474.63（36.45%） | 7.42（0.57%） | 168.89（12.97%） |

3. 建议

湖北省正以前所未有的力度和投入，实施"生态立省"战略，高标准高质量地建设林业科技产业园区，为推动湖北省林业产业发展提供有效平台。各级林业部门应按照建设现代林业的要求，坚持生态和产业建设两手抓，在促进林业产业发展的同时，为建设生态文明、促进科学发展做出积极贡献。

**1) 大森林可持续经营力度，提高用材林生态服务功能价值**

湖北省森林生态系统服务功能单位面积价值虽高于全国平均水平，但与周边省份江西相比，还有较大差距，这主要是由于湖北省森林资源质量不高，要改变这种状况，必须下大力气强化森林资源经营管理，走森林可持续经营道路。用材林是湖北省目前林业产业发展的主要资源，而湖北省用材林主要是杨树、马尾松、杉木、毛竹等，这些林分普遍存在结构单一、品种退化、病虫害严重、生长不良等问题，既影响了生物产量，也造成湖北省用材林生态服务功能价值低下。湖南省单位面积用材林生态服务功能价值为 4.01 万元/（$hm^2 \cdot$ 年），如果以此为标准，湖北省用材林在提高生态服务功能价值后可达到 1 305.32 亿元/年，提高 100%。

提高湖北省用材林生态服务功能价值，可以采用以下途径：一是采用混交造林，改变林分结构单一现象，提高林分生物多样性价值。二是对马尾松、杉木等低产低效林进行改造，通过补植更新等方法，在提高生长量的同时，也提高生态服务功能价值。三是选用优良品种造林，如生长快、抗病虫害能力强的品种，提高单位面积的生物产量，在生长过程中具有更好的保育土壤、积累营养物质、净化大气环境等功能。

**2) 大力推行林农复合经营模式，提高经济林生态服务功能价值**

近几年湖北省大力发展木本粮油产业，主要木本资源为油茶、乌桕、油桐、板栗等，极大地提高了湖北省种植经济林的经济效益，但目前湖北省经济林提供的生态服务功能价值仅占总价值的 7.47%，远低于周边省份。因此在发展经济林规模的同时，如何提高经济林生态服务功能价值显得尤为重要。同样以湖南省为标准，该省经济林单位面积生态服务功能价值为 4.43 万元/（$hm^2 \cdot$ 年），湖北省经济林在提高生态服务功能价值后可达到 311.22 亿元/年，提高 27%。

提高湖北省经济林生态服务功能价值，可以采用以下途径：一是合理密植，充分利用土地资源，在提高单位面积经济产量的同时，提高生态服务功能价值。二是进行经济林下间作与套种，如林药间作等。三是在经济林内配置生物篱等强化水土保持措施。

**3) 高度重视灌木林经营和荒山荒地绿化，提高全省森林面积**

森林生态服务功能总价值主要与森林面积密切相关，提高森林面积是提高全省森林生态服务功能价值的根本途径。与湖南和江西相比，湖北省森林覆盖率严重偏低，提高湖北省森林面积和森林覆盖率是"十二五"期间的一项重要任务。湖北省灌木林地面积为 209.67 $hm^2$，其生态服务功能价值仅低于阔叶林，湖北省灌木林面积比重较大，但大部分灌木林所处立地条件较好，必须根据实际进行改造，提高林地生产力，更好地发挥其生态服务功能价值。

按照"十二五"期间年均造林 $26.67 \times 10^4$ $hm^2$ 的规划，以目前单位面积森林生态服务功能价值 4.54 万元/（$hm^2 \cdot$ 年）计算，截至 2015 年，湖北省可以通过扩大全省森林面积提高生态服务功能价值 605.41 亿元。结合湖北省重大林业工程及林业产业提高湖北省森林面积的主要途径主要有：一是在全省 25°以上坡耕地全部实施退耕还林；二是在低山丘陵地区种植油茶林；三是在平原湖区兴建抑螺防病林；四是开展荒山造林，特别是开展石漠化地区的植被恢复。

**4）重视平原林业建设，形成农业丰产稳产的绿色屏障**

加快推进平原林业发展，全面发挥林业的多种功能转变，建设生态效益、经济效益、社会效益兼顾的平原林业新格局，建设平原林业的生态、产业和文化三大体系，发展主体上向国家、集体、企业、个人多种投资主体和多种经营方式并存转变，构建以市场机制为基础配置资源的平原林业建设新体系，截至 2015 年，大部分平原县市区森林覆盖率达到 15%，部分平原县市区达到 18%以上，农田林网控制率达到 85%，通道绿化率达到 90%，低效残次防护林改造率达到 85%以上，初步形成以木材加工为主体，以苗木花卉和果品加工为辅助的林业产业新格局。

提高湖北省平原林业生态服务功能价值，可以采用以下途径：一是提高农田林网的建设标准，调整树种和林种结构，以窄林冠，且生长速度快的乡土树种为主；大型公路以乔木与灌木、常绿与落叶树种互相搭配为主；城镇、机关、学校和社区绿化以常绿树种为主，花草为辅。二是处理好农田林网胁地效应，充分挖掘土地资源潜力，兼顾生态防护功能，尽量减少与农业争光争肥的矛盾。三是强化林业管理服务。做好技术指导和信息服务，加强森林资源管理，积极为木材深加工龙头企业服务，寓生态于产业之中，以产业促进生态，提高森林生态服务功能。

**5）重视城市林业建设，形成较为完善的森林生态网络体系**

城市林业由林业和园林融合，是建设、经营和利用城市森林的事业，是林业生态系统的一个重要组成部分。发展城市林业有利于推动林业的整体发展，城市林业是林业的一个重要组成部分，主要包括城区、近郊区和远郊区的林业建设，与邻近山区的林业建设息息相关，各自的发展有互动效应，带动整个区域林业进步。

湖北省正在进行武汉城市圈两型社会建设，而城市圈内工业化程度较高，污染量较大，酸雨危害程度较重。加强城市林业建设，不仅有利于城市增绿，而且在净化大气环境、固碳释氧等方面有非常重要的作用，可以为人类创造一个良好的生态居住环境。目前湖北省森林净化大气环境功能处于较低水平，在创建森林城市的过程中应重视城市林业建设。在进行城市林业建设时必须依照城市林业建设规划，建成以花草林木构筑的景观多样性、生态系统多样性和生物物种多样性为特征，以林木为主体，森林与其他植被有机结合的绿色生态圈，形成城区、近郊、远郊及自然保护区的林业之间协调配合的城市森林生态网络体系。

**6）大力推行碳汇造林，彰显林业的重要社会服务功能**

发展碳汇林业，开展碳汇造林，是落实胡总书记提出的林业"双增"目标、加强林业应对气候变化工作的重要措施。森林是陆地最大的储碳库和最经济的吸碳器，森林的碳汇功能对维护全球生态安全、气候安全发挥着重要作用。碳汇造林以增加森林碳汇为主要目的，突出了森林的碳汇功能，增加了碳汇计量监测等内容，强调了森林的多重效益，注重生态保护特别是生物多样性保护和区域社会经济发展。湖北省应积极开展选择适合碳汇造林的土地资源，加强林业应对气候变化相关知识的培训，大力宣传碳汇造林的重要地位和重大作用，积极组织社会各界参与碳汇造林，引导和带动社会力量开展捐资活动，健康、有序、规范地发展湖北省碳汇林业，推进湖北省"两型社会"的生态服务功能建设。

提高湖北省碳汇造林的生态服务功能价值，可采用以下途径：一是提高单位面积森林的年生长量和固碳能力，通过科学经营森林，将生物量和碳密度较低的林分，转变为生物量和碳密度较高的林分，增强湖北省现有森林的固碳能力。二是完善速生丰产林技术标准，通过提高速丰林工程建设质量，增强人工用材林的碳汇能力。三是加大退化湿地恢复和石漠化土地的治理力度，增加林业碳汇，增强湖北省生态服务综合功能效益。

**7）加快三峡库区及丹江口库区的生态工程建设步伐，突显湖北在全国生态地位**

湖北省有"千湖之省"之称，湿地资源非常丰富，而且湖北是三峡、丹江口等大型水利枢纽工程的所在地，是南水北调中线工程的水源地，生态地位极为重要。森林在涵养水源，净化水质方面起着非常重要的作用，湖北省森林涵养水源功能价值远低于江西省和湖南省等周边省份，湖北省森林在涵养水源功能方面还有很大潜力。

为充分发挥三峡工程和南水北调工程的效益，需加快三峡库区及丹江口库区的生态工程建设步伐。一是加强库区水土保持生态环境建设力度，提高水源涵养能力，主要是对库区周边林分进行封育管护，充分利用植被的自我调节、自我维持和演替能力，改善林区生态环境；其次是营建乔、灌、草结合的复合植被模式，扩大乔灌林植被面积。二是采取有效措施，防治水源区面源污染。由于丹江口水库及上游地区以坡耕地为主，长期以来水土流失严重，农田中的农药、化肥大量流入江河，造成了严重的面源污染。因此需加大对丹江口库区周围及低山丘陵区的水土流失治理，大力发展生态农业、无公害农业、有机农业。三是依靠科技支撑，大力提高生态工程建设水平。库区水土保持及水污染防治工程涉及面广，需要针对工程建设中的关键问题和重大难题，有目的、有计划地进行技术攻关，提高库区工程建设的科学含量，发挥工程的最大效益。

**8）继续加强湖北省林业生态效益监测与价值评估工作，定期发布生态评价信息**

湖北省林业科学研究院在2010年1月进行了湖北省林业生态效益价值评估工作（2009年度），得到国内权威专家充分肯定，该报告对发展湖北现代林业具有重要参考价值。此次评估，充分考虑湖北特点，对湖北森林的8个生态服务功能进行了评估，生态效益价值为3 476.51亿元，与《中国森林生态服务功能评估》结果基本吻合，些微差别是由于评估中个别指标选择差异所致。

林业生态效益是一个动态的过程，开展林业生态效益监测与评估是一项长期的工作。通过前期工作的开展，虽然取得了一些成绩和经验，但还存在评估指标体系不够完善等问题，如《中国森林生态服务功能评估》报告中仅采用了6种指标构建评估指标体系，忽略了湖北省森林在抑螺防病、农田保护、森林游憩等方面所体现的重要价值，建议在湖北省现有的森林资源与生态效益监测体系的基础上，结合湖北省现状进一步完善评估指标体系，建立完善的森林生态系统多功能、多效益综合监测体系，科学、准确、详细地评价全省森林生态服务功能价值。要将林业生态效益监测与评估作为一项重要工作实施，定期发布湖北省林业生态服务功能评估结果，为现代林业发展提供基础资料。

# 参 考 文 献

艾训儒, 2006. 洪家河流域森林群落植物多样性研究[J]. 西北林学院学报, 21(6): 43-46.
白永飞, 黄建辉, 郑淑霞, 等, 2014. 草地和荒漠生态系统服务功能的形成与调控机制[J]. 植物生态学报, 38(2): 93-102.
蔡跃台, 2006. 不同植被类型土壤理化性质及水源涵养功能研究[J]. 浙江林业科技, 26(3): 12-16.
岑奕, 张良培, 李平湘, 等, 2008. 植被净初级生产力的遥感模型在武汉地区的应用[J]. 遥感技术与应用, 23(1): 12-18.
陈仲新, 张新时, 2000. 中国生态系统效益的价值[J]. 科学通报, 45(1): 17-22.
成克武, 崔国发, 王建, 等, 2000. 北京喇叭沟门林区森林生物多样性经济价值评价[J]. 北京林业大学学报, 22(4): 66-71.
傅伯杰, 周国逸, 白永飞, 等, 2009. 中国主要陆地生态系统服务功能与生态安全[J]. 地球科学进展, 24: 571-576.
黄从红, 杨军, 张文娟, 2013. 生态系统服务功能评估模型研究进展[J]. 生态学杂志, 32(12): 3360-3367.
姜东涛, 2005. 森林制氧固碳功能与效益计算的探讨[J]. 华东森林经理, 19(2): 19-21.
蒋延玲, 2001. 全球变化的中国北方林生态系统生产力及其生态系统公益[D]. 北京: 中国科学院植物研究所.
蒋延玲, 周广胜, 1999. 中国主要森林生态系统公益的评估[J]. 植物生态学报, 23(5): 426-432.
李文华, 2008. 生态系统服务功能价值评估的理论、方法与应用[M]. 北京: 中国人民大学出版社.
李银霞, 2002. 祁连山自然保护区森林生物多样性经济价值评估[D]. 兰州: 甘肃农业大学.
刘勇, 李晋昌, 杨永刚, 2012. 基于生物量因子的山西省森林生态系统服务功能评估[J]. 生态学报, 32(9): 2699-2706.
缪邙, 王雁, 彭镇华, 2002. 植物对氟化物的吸收积累及抗性作用[J]. 东北林业大学学报, 30(3): 100-106.
牛香, 宋庆丰, 王兵, 等, 2013. 吉林省森林生态系统服务功能[J]. 东北林业大学学报, 41(8): 36-41.
欧阳志云, 王效科, 苗鸿, 1999. 中国陆地生态系统服务功能及其生态经济价值的初步研究[J]. 生态学报, 19(5): 607-613.
邵月红, 潘剑君, 许信旺, 等, 2006. 长白山森林土壤有机碳库大小及周转研究[J]. 水土保持学报, 20(6): 99-102.
宋庆丰, 牛香, 王兵, 2015a. 黑龙江省森林资源生态产品产能[J]. 生态学杂志, 34(6): 1480-1486.
宋庆丰, 牛香, 王兵, 2015b. 基于大数据的森林生态系统服务功能评估进展[J]. 生态学杂志, 34(10): 2914-2921.
王兵, 鲁绍伟, 尤文忠, 等, 2010. 辽宁省森林生态系统服务价值评估[J]. 应用生态学报, 21(7): 1792-1798.
王兵, 任晓旭, 胡摇文, 2011. 中国森林生态系统服务功能及其价值评估[J]. 林业科学, 47(2): 145-153.
王伟, 陆健健, 2005. 生态系统服务功能分类与价值评估探讨[J]. 生态学杂志, 24(11): 1314-1316.
王臣立, 2006. 雷达与光学遥感结合在森林净初级生产力研究中应用[D]. 北京: 中国科学院遥感应用研究所.
王礼先, 1995. 长江中上游水土保持环境保护[M]. 北京: 中国林业出版社.

王珠娜, 2007. 三峡库区秭归县退耕还林工程生态效益计量评价研究[D]. 海口: 华南热带农业大学.

吴强, 张合平, 2016. 森林生态补偿研究进展[J]. 生态学杂志, 35(1): 226-233.

谢放尖, 吴长年, 黄轼, 等, 2009. 苏州太湖国家旅游度假区人工湿地生态服务功能价值评估研究[J]. 生态经济(1): 368-371.

薛达元, 1997. 生物多样性的经济价值评估: 长白山自然保护区案例研究[M]. 北京: 中国环境科学出版社.

余曼, 汪正祥, 雷耕, 等, 2009. 武汉市主要绿化树种滞尘效应研究[J]. 环境工程学报, 3(7): 1333-1339.

赵海兰, 2015. 生态系统服务分类与价值评估研究进展[J]. 生态经济, 31(8): 27-33.

赵金龙, 王泺鑫, 韩海荣, 等, 2013. 森林生态系统服务功能价值评估研究进展与趋势[J]. 生态学杂志, 32(8): 2229-2237.

赵同谦, 欧阳志云, 郑摇华, 等, 2004. 中国森林生态系统服务功能及其价值评价[J]. 自然资源学报, 19(4): 480-491.

郑华, 李屹峰, 欧阳志云, 等, 2013. 生态系统服务功能管理研究进展[J]. 生态学报, 33(3): 702-710.

周才平, 欧阳华, 曹宇, 等, 2008. "一江两河"中部流域植被净初级生产力估算[J]. 应用生态学报, 19(5): 1071-1076.

周玉荣, 于振良, 赵士洞, 2000. 我国主要森林生态系统碳贮量和碳平衡[J]. 植物生态学报, 24(5): 518-522.

ADGER W N, BROWN K, CERVIGNI R, et al., 1995. Total economic value of forests in Mexico[J]. Ambio, 24: 286-296.

BAGSTAD K J, JOHNSON G W, VOIGT B, et al., 2012. Spatial dynamics of ecosystem service flows: a comprehensive approach to quantify actual services[J]. Ecosystem Services, 4: 117-125.

BENNETT E M, PETERSON G D, GORDON L J, 2009. Understanding relationships among multiple ecosystem services[J]. Ecology Letters, 12: 1394-1404.

BOLUND P, HUNHAMMAR S, 1999. Ecosystem services in urban areas[J]. Ecological Economics, 29: 293-301.

BROWN G, BRABYN L, 2012. The extrapolation of social landscape values to national level in New Zealand using landscape character classification[J]. Applied Geography, 35: 84-94.

COSTANZA R, 2000. Social goals and the valuation of ecosystem services[J]. Ecosystems, 3: 4-10.

COSTANZA R, 2008. Ecosystem services: multiple classification systems are needed[J]. Biological Conservation, 141: 350-352.

COSTANZA R, ARGE R, RUDOLF G, et al., 1997. The value of the world's ecosystem services and natural capita[J]. Nature, 387: 253-260.

DAILY G C, 1997. Natures science: societal dependence on natural ecosystems[M]. Washington DC: Island Press.

DAILY G C, POLASKY S, GOLDSTEIN J, et al., 2009. Ecosystem services in decision making: time to deliver [J]. Frontiers in Ecology and the Environment, 7(1): 21-28.

FARNSWORTH E G, TIDRICK T H, JORDAN C F, et al., 1981. The value of natural ecosystems: an economic and ecological framework[J]. Environmental Conservation, 8: 275-282.

FISHER B, TURNER R K, ZYLSTR A M, et al., 2008. Ecosystem services and economic theory: integration for policy-relevant research[J]. Ecological Applications, 18: 2050-2067.

HOLDREN J P, EHRLICH P R, 1974. Human population and the global environment[J]. American Scientist, 62: 282-292.

KREUTER U P, HARRIS H G, MARTY D, et al., 2001. Change in ecosystem service values in San Antonio area, Texas[J]. Ecological Economics, 39: 333-346.

LEH M D, MATLOCK M D, CUMMINGS E C, et al., 2013. Quantifying and mapping multiple ecosystem services change in West Africa[J]. Agriculture, ecosystems & environment, 165: 6-18.

Millennium Ecosystem Assessment, 2005. Ecosystem and human well-being[M]. Washington DC: Island Press.

NELSON E, MENDOZA G, REGETZ J, et al., 2009. Modeling multiple ecosystem services, biodiversity conservation, commodity production, and tradeoffs at landscape[J]. Frontiers in ecology and the environment, 7: 4-11.

NIU X, WANG B, LIU S R, et al., 2012. Economical assessment of forest ecosystem services in China: characteristics and implications[J]. Ecological complexity, 11: 1-11.

PEARCE D, 2002. Valuing the environment in developing countries: case studies[M]. Chichester, UK: Elgar.

PIMENTAL D, WILSON C, MCCULLUM C, et al., 1997. Economic and enviromental benefits of biodiversity[J]. Biology Science, 387: 253-260.

PLUMMER M L, 2009. Assessing benefit transfer for the valuation of ecosystem services[J]. Frontiers in Ecology and the Environment, 7: 38-45

PRAGER K, REED M, SCOTT A, et al., 2012. Encouraging collaboration for the provision of ecosystem services at a landscapecale: rethinking agri-environmental payments[J]. Land Use Policy, 29: 244-249.

SEPPELT R, DORMANN C F, EPPINK F V, et al., 2011. A quantitative review of ecosystem service studies: approaches, shortcomings and the road ahead[J]. Journal of Applied Ecology, 48: 630-636.

TOBIAS D, MENDELSOHN R, 1991. Valuing ecotourism in a tropical rainforest reserve[J]. Ambio, 20: 91-93.

WALLANCE K J, 2007. Classification of ecosystem services: Problems and solutions[J]. Biological Conservation, 139: 235-246.

# 第三篇

# 森林生态资源价值量及补偿

# 第6章　森林生态资源价值量

本章介绍有关森林生态资源自然价值、经济价值等相关概念，根据一定的地理气候环境条件等计算出森林所具有的自然价值，按照森林生态资源所处社会经济发展水平计算其经济价值。森林生态资源的自然价值是其价值的物质基础，自然价值对资源的整体价值而言具有决定性意义。通过对不同地区经济发展水平的分析，在森林生态资源自然价值基础上对其经济价值进行评估，以期为湖北省森林生态资源的管理和合理开发利用提供依据，也为湖北森林生态资源价值补偿提供直接依据。

## 6.1　森林生态资源自然价值量[①]

在确定森林生态资源质量评价指标及自然环境因子价值标准的基础上，对九宫山地区森林生态资源的自然价值进行计量研究。结果表明：①森林生态资源价值受资源质量及资源环境的影响。资源质量越好，地形坡度越大，降雨越多，资源价值越高，反之亦然。②九宫山森林生态资源自然价值量约为 8 400 万元，资源年增量约为 150 万元，年增长率为 1.8%，资源的再生产处于相对稳定状态，资源的年增长更多的是资源质量的提升。③在不同类型中，针阔混交林的价值最高，阔叶林在该地区的价值构成中占到接近 50%的比例。④同一类型资源的价值变异比较明显，森林生态资源的价值计量必须对计量对象进行实地、具体的调查，才能达到目的。

### 6.1.1　研究区概况及研究目的和意义

九宫山自然保护区位于湖北南部，地处鄂南幕阜山区腹地，距通山县城约 70 km，境内山峦起伏，岭谷相间，海拔 450~1 600 m，最高峰老鸦尖海拔 1 675 m，海拔 800 m 以上土壤为山地黄棕壤，800 m 以下则为红壤、棕红壤及不甚典型的山地黄壤。该地属中亚热带季风气候，年均气温 14.3 ℃，年降水量 1 765 mm，无霜期 250 天左右。森林植物共有 64 科，230 多种，以壳斗科、樟科和杜鹃科为主，其次为蔷薇科、豆科、冬青科、马鞭草科和禾本科等组成亚热带常绿阔叶林、常绿阔叶-落叶阔叶混交林及楠竹林。境内分布有香果树、三尖杉、钟萼木、南方红豆杉等珍稀树种，以及金钱豹、穿山甲、白鹇、白颈长尾雉、花面狸等国家重点保护动物。该地属中亚热带自然生态环境的典型地段，是湖北省级重点自然保护区之一。保护区总面积为 4 000 hm², 核心保护区为 1 043 hm², 本小节研究的区域面积为 2 981.2 hm², 包括核心保护区及其紧密相连的周边地区。研究其生态资源价值对于保护和开发利用资源，实现可持续发展具有重要意义。

---

① 引自：张家来.九宫山森林生态资源自然价值量的研究.华中农业大学学报(社会科学版)2006(2):55-59.

森林生态资源是森林有形资源（也称实物资源）和无形资源的聚合体（也称统一体），其价值量的大小受许多因素的影响。如森林本身的结构特征及地理条件、气候条件、社会经济发展状况等，社会经济发展状况又有社会生产能力、消费水平、市场需求状况等。本小节研究不考虑社会经济环境对资源价值量的影响，只研究在一定的地理、气候环境条件下森林所具有的生态价值，即所谓的自然价值。森林生态资源的自然价值是其价值的物质基础，自然价值对资源的整体价值而言具有决定性意义。

## 6.1.2 材料和方法

### 1. 资料来源

基本资料来自通山县自然保护区第三次森林资源二类清查的有关数据及 2004 年组织的对该地区进行的补充调查数据。

### 2. 补充调查

补充调查的主要内容有两个方面，一是自 1999 年以后到 2003 年该地区资源的变化情况，二是补充森林生物量有关的调查内容包括乔木、灌木、草本和枯枝落叶生物量的调查等。调查采用随机取样和典型抽样的方法，对照二类资源清查的小班分 12 种类型设置样地，每种类型的资源按主要树种不少于 2 块样地，样地面积为 $(20 \times 20)$ m$^2$，分树种每木检尺，调查的因子有胸径、树高、冠幅等，按平均值选取 1~2 株标准木伐倒，枝、叶、干分别称重，并取 1kg 左右样品，样地内机械设置 3 个 $(2 \times 2)$ m$^2$ 的小样方调查灌木、草本和枯枝落叶的生物量，并分别采取样品，野外采取的样品带回室内在 105℃的烘箱内烘至恒重，测定相应的生物量指标，样品粉碎后测定热值。共调查 20 块样地，60 个小样方，分析、测定生物量及热值的样品 145 个。外业调查于 2004 年生长季节到来之前完成，按补充调查的结果将该地区二类资源清查数据进行相应的转换。

### 3. 森林生态资源质量评价指标的确定

森林生态资源价值与生态功能效益的大小有关，在一定程度上，资源的效益功能越好，资源质量越高，其资源的价值就越大，反之亦然。资源质量评价指标（或指标体系）就成为生态价值计量的关键。森林生态资源有多种生态功能，能产生多种效益，如涵养水源、保持水土、固碳释氧、净化空气等，但森林最主要、最直接、最基本的生态功能是保持水土和净化空气，而涵养水源、减灾防灾、改善气候、防风固沙、保护动物、美化环境等则是次要功能，虽然这些功能或效益如减灾防灾等事关国计民生、意义重大，但仍属派生和延伸的功能。森林吸碳释氧是绿色植物本身的生命活动过程，毫无疑问，每项指标都与之有关。综合考虑森林生态资源的基本功能，通过筛选，确定单位面积的生物量、生物量空间分布连续性及枯枝落叶生物量等作为森林生态资源质量评价指标，并通过与全省标准值（即平均值）的比较，经过综合权重为 1 的适当转化，成为计量其资源价值的积系数。

### 4. 确定影响森林生态资源价值量的自然环境因子价值标准

森林生态资源价值与自然环境条件密切相关，如森林保持水土、涵养水源的功能在不同的坡度、坡向产生的效益会有很大差别，陡坡比缓坡大，阳坡比阴坡大（本小节将半阳坡、半阴坡视为等同），气候条件也存在类似的情况，在一定范围内，降水量越大，效益越明显。自然条件中选择 3 个层次的因素作为计量森林生态资源价值量的变化参数，第一层是地形，分为山地、丘陵、平原，第二层是坡度和坡向的交叉组合，第三层是降水量水平，分为半干旱地区（降水量小于 600 mm）、潮湿地区（降水量 600～1 200 mm）和湿润地区（降水量大小 1 200 mm）。3 个层次的环境因子通过有序组合形成评价森林生态资源价值的环境体系标准，环境因子的权重由专家评分确定，不同环境因子的组合按纵向或横向实行与平均数比例的标准化，其平均数为对应的全省森林生态资源标准单位面积的价值。

## 6.1.3 结果与分析

### 1. 森林生态资源质量评价指标权重的计算

含 $n$ 个因素权重值的判断矩阵

| 因素 | $u_1$ | $u_2$ | $u_3$ | $\cdots$ | $u_n$ |
|---|---|---|---|---|---|
| $u_1$ | $u_{11}$ | $u_{12}$ | $u_{13}$ | $\cdots$ | $u_{1n}$ |
| $u_2$ | $u_{21}$ | $u_{22}$ | $u_{23}$ | $\cdots$ | $u_{2n}$ |
| $u_3$ | $u_{31}$ | $u_{32}$ | $u_{33}$ | $\cdots$ | $u_{3n}$ |
| $\vdots$ | $\vdots$ | $\vdots$ | $\vdots$ | | $\vdots$ |
| $u_n$ | $u_{n1}$ | $u_{n2}$ | $u_{n3}$ | $\cdots$ | $u_{nn}$ |

标度的确定方法：

| 标度 | 含义（因素 $u_i$ 与 $u_j$ 的比较） |
|---|---|
| 1 | 具同等重要性 |
| 3 | $u_i$ 比 $u_j$ 稍重要 |
| 5 | $u_i$ 比 $u_j$ 重要 |
| $\vdots$ | …… |
| 2，4，6 | 表示相邻判断的中值 |

$u_j$ 与 $u_i$ 的比较为：

倒数　　$u_j = \dfrac{1}{u_i}$

求出判断矩阵的最大特征值 $\lambda_{max}$，其对应的特征向量即为各指标的权重，判断矩阵的一致性检验方法采用式（4.6）。

在评价资源质量的3项指标中，单位面积生物量比生物量空间分布连续性（用生物量空间分布层次表示）重要，生物量空间分布连续性比枯枝落叶生物量稍微重要，由此重要性比较组成的判断矩阵 $\lambda_{max}$ 对应的特征向量为 0.96、0.25、0.11，经检验达到一致性标准，将此向量通过归1的整理权重是：单位面积生物量权重值为 0.73，生物量空间分布连续性为 0.19，枯枝落叶层生物量权重为 0.08。

将各小班的3项指标分别按单位面积生物量 10.41 kg/m², 生物量空间分布连续性4层，单位面积枯枝落叶层生物量 0.37 kg/m² 为全省基准值（平均值）进行倍数标准化，与对应的权重值相乘并合并相加，得到各小班森林生态资源价值的积系数。

### 2. 自然环境价值标准

按山区、丘陵、平原，以及坡度、坡向，将半干旱、潮润、湿润地区的环境因子分值分别相加，通过均值比例标准化方法，得到自然环境价值标准，见表6.1。由表6.1可知，在山区湿润阳陡坡的自然环境下，森林生态资源的价值最高，是基础价值的1.69倍；平原半干旱地区的价值最低，只有基础价值的0.38倍；山区潮润地区阴缓坡、丘陵半干旱阴急坡及潮润半阳缓坡、湿润阴缓坡的资源价值相等，接近于全省均值，九宫山地区按山区潮湿的价值标准进行相应的计算。

**表 6.1 森林生态资源自然环境价值标准**

| 地形类型 | | 阳陡坡 | 阳急坡 | 阳缓坡 | 半阳陡坡 | 半阳急坡 | 半阳缓坡 | 阴陡坡 | 阴急坡 | 阴缓坡 |
|---|---|---|---|---|---|---|---|---|---|---|
| 山区 | 半干旱 | 1.50 | 1.31 | 1.13 | 1.41 | 1.22 | 1.03 | 1.31 | 1.13 | 0.94 |
| | 潮润 | 1.59 | 1.41 | 1.22 | 1.50 | 1.31 | 1.13 | 1.41 | 1.22 | 1.03 |
| | 湿润 | 1.69 | 1.50 | 1.31 | 1.59 | 1.41 | 1.22 | 1.50 | 1.31 | 1.13 |
| 丘陵 | 半干旱 | 1.41 | 1.22 | 1.03 | 1.31 | 1.13 | 0.94 | 1.22 | 1.03 | 0.84 |
| | 潮润 | 1.50 | 1.31 | 1.13 | 1.41 | 1.22 | 1.03 | 1.31 | 1.13 | 0.94 |
| | 湿润 | 1.59 | 1.41 | 1.22 | 1.50 | 1.31 | 1.13 | 1.41 | 1.22 | 1.03 |
| 平原 | 半干旱 | 0.38 | 0.38 | 0.38 | 0.38 | 0.38 | 0.38 | 0.38 | 0.38 | 0.38 |
| | 潮润 | 0.47 | 0.47 | 0.47 | 0.47 | 0.47 | 0.47 | 0.47 | 0.47 | 0.47 |
| | 湿润 | 0.56 | 0.56 | 0.56 | 0.56 | 0.56 | 0.56 | 0.56 | 0.56 | 0.56 |

### 3. 九宫山森林生态资源价值量的计算

（1）生物量及煤当量的计算，利用二类资源清查资料和生物量补充调查结果，按小班分别计算生物量和煤当量，按资源类型对不同林班的相关指标进行合并统计，其结果见表6.2，煤当量采用燃料煤的热值 6400 kcal/kg 进行换算。

（2）森林生态资源价值量计算。对小班煤当量用资源质量3项指标的权重值之和及环境价值标准进行乘积调整，调整后的煤当量按2003年燃料煤的出矿价 150 元/t 计算出森林有形生态资源的价值，按有形价值与无形价值 1.5:1 的比例计算出资源的无形价值（张家来和刘立德，1995），总价值为有形资源价值与无形资源价值之和，对各小班的有关价值量按资源类型分林班进行合并统计，结果见表6.2。小班面积加权计算出不同资源类型的平均林龄，用总价值除以平均林龄得到资源价值的年平均增长量，结果见表6.2。

第6章 森林生态资源价值量

表6.2 九宫山森林生态资源自然价值计量表

| 林班号 | 资源类型 | 面积/hm² | 蓄积/m³ | 生物量/kg | 煤当量/t | 有形资源价值/元 | 无形资源价值/元 | 总价值/元 | 平均年龄/年 | 平均年增长/元 |
|---|---|---|---|---|---|---|---|---|---|---|
|  | 四旁林 | 0.4 | 24.0 | 11 553.12 | 7.123 7 | 826.50 | 551.00 | 1 377.50 | 73.7 | 18.69 |
|  | 针阔混交林 | 41.4 | 3 726.0 | 3 937 303.20 | 2 812.206 0 | 1 903 423.43 | 1 268 948.95 | 3 172 372.38 | 30.0 | 105 745.75 |
| 1林班 | 针叶林 | 38.5 | 4 350.5 | 2 590 283.50 | 1 634.258 9 | 952 985.30 | 635 323.53 | 1 588 308.83 | 75.0 | 21 177.45 |
|  | 灌木林 | 15.8 | 119.0 | 811 402.73 | 419.359 2 | 127 878.29 | 85 252.19 | 213 130.48 | 35.0 | 6 089.44 |
|  | 阔叶林 | 179.0 | 12 680.5 | 7 172 363.00 | 4 847.100 0 | 1 548 828.78 | 1 032 552.52 | 2 581 381.30 | 73.7 | 35 025.53 |
|  | 灌木林 | 27.6 | 150.0 | 1 389 537.78 | 718.158 0 | 135 795.70 | 90 530.47 | 226 326.17 | 41.9 | 5 401.58 |
| 2林班 | 阔叶林 | 197.7 | 13 886.4 | 7 854 447.00 | 5 308.054 0 | 1 708 217.70 | 1 138 811.80 | 2 847 029.50 | 69.8 | 40 788.39 |
|  | 难利用地 | 0.3 | 0 | 0 | 0 | 0 | 0 | 0 | 0 | 0 |
|  | 针阔混交林 | 37.5 | 2 966.0 | 3 134 203.00 | 2 238.594 0 | 1 352 049.79 | 901 366.53 | 2 253 416.32 | 70.0 | 32 191.66 |
| 3林班 | 灌木林 | 76.6 | 359.0 | 3 828 895.10 | 1 978.900 0 | 605 782.21 | 403 854.81 | 1 009 637.02 | 30.7 | 32 887.20 |
|  | 阔叶林 | 217.9 | 17 204.3 | 9 731 121.00 | 6 576.315 0 | 2 433 608.58 | 1 622 405.72 | 4 056 014.30 | 70.1 | 57 860.40 |
|  | 阔叶林 | 112.8 | 11 773.8 | 6 659 513.30 | 4 500.516 9 | 2 131 780.71 | 1 421 187.14 | 3 552 967.85 | 75.0 | 47 372.90 |
|  | 针阔混交林 | 101.6 | 9 100.1 | 9 616 171.00 | 6 868.319 0 | 4 627 250.43 | 3 084 833.62 | 7 712 084.05 | 75.0 | 102 827.79 |
| 4林班 | 针叶林 | 18.6 | 2 606.0 | 1 551 609.90 | 978.940 1 | 518 055.53 | 345 370.35 | 863 425.88 | 75.0 | 11 512.35 |
|  | 竹林 | 0.6 | 9.0 | 3 561.59 | 2.243 6 | 246.06 | 164.04 | 410.10 | 3.0 | 136.70 |
|  | 灌木林 | 6.4 |  | 305 473.90 | 157.878 8 | 45 581.54 | 30 387.69 | 75 969.23 | 35.0 | 2 170.55 |
|  | 难利用地 | 3.3 |  | 0 | 0 | 0 | 0 | 0 | 0 | 0 |
|  | 针阔混交林 | 37.3 | 3 622.0 | 3 827 405.00 | 2 733.712 0 | 1 980 058.42 | 1 320 038.95 | 3 300 097.37 | 50.0 | 66 001.95 |
| 5林班 | 针叶林 | 142.8 | 19 604.0 | 11 672 202.80 | 6 456.647 1 | 5 091 537.27 | 3 394 358.18 | 8 485 895.45 | 69.6 | 121 923.79 |
|  | 阔叶林 | 235.9 | 19 633.5 | 11 105 130.20 | 7 504.872 6 | 2 771 030.83 | 1 847 353.89 | 4 618 384.72 | 69.6 | 66 356.10 |

续表

| 林班号 | 资源类型 | 面积/hm² | 蓄积/m³ | 生物量/kg | 煤当量/t | 有形资源价值/元 | 无形资源价值/元 | 总价值/元 | 平均年龄/年 | 平均年增长/元 |
|---|---|---|---|---|---|---|---|---|---|---|
| 6林班 | 针阔混交林 | 5.3 | 347.0 | 366 678.50 | 261.899 0 | 134 344.25 | 89 562.83 | 223 907.08 | 60.0 | 3 731.78 |
| | 灌木林 | 11.5 | 84.5 | 589 560.70 | 304.704 0 | 93 641.19 | 62 427.46 | 156 068.65 | 32.0 | 4 877.15 |
| | 阔叶林 | 128.4 | 7 823.6 | 4 425 196.37 | 2 990.558 3 | 951 432.76 | 634 288.51 | 1 585 721.27 | 54.0 | 29 365.21 |
| | 针叶林 | 38.9 | 2 901.0 | 1 727 253.00 | 1 089.756 3 | 515 989.42 | 343 992.95 | 859 982.37 | 42.8 | 20 093.05 |
| 7林班 | 灌木林 | 32.5 | | 1 551 235.00 | 801.728 3 | 253 753.36 | 169 168.91 | 422 922.27 | 55.0 | 7 689.50 |
| | 针叶林 | 17.3 | 2 422.0 | 1 442 056.00 | 909.820 8 | 636 658.66 | 424 439.11 | 1 061 097.77 | 65.0 | 16 324.58 |
| | 阔叶林 | 265.2 | 19 396.9 | 10 971 304.20 | 7 414.432 9 | 2 616 221.93 | 1 744 147.95 | 4 360 369.88 | 74.3 | 58 686.00 |
| 8林班 | 针阔混交林 | 5.5 | 680.9 | 719 514.20 | 513.910 7 | 463 892.77 | 309 261.85 | 773 154.62 | 50.0 | 15 463.09 |
| | 针叶林 | 0.3 | 63.5 | 37 807.84 | 23.853 7 | 19 140.87 | 12 760.58 | 31 901.45 | 18.0 | 1 772.30 |
| | 灌木林 | 117.9 | 480.0 | 5 858 383.00 | 3 027.802 0 | 894 370.03 | 596 246.69 | 1 490 616.72 | 28.8 | 51 757.52 |
| | 阔叶林 | 241.5 | 20 548.0 | 11 622 391.20 | 7 854.438 9 | 3 041 212.99 | 2 027 475.33 | 5 068 688.32 | 58.3 | 86 941.48 |
| | 竹林 | 16.1 | 132.6 | 52 474.18 | 33.055 2 | 3 257.83 | 2 171.89 | 5 429.72 | 3.0 | 1 809.91 |
| 9林班 | 竹林 | 4.8 | 356.0 | 140 880.90 | 88.745 4 | 21 687.59 | 14 458.39 | 36 145.98 | 3.0 | 12 048.66 |
| | 阔叶林 | 288.7 | 27 907.0 | 15 784 799.50 | 10 667.404 0 | 4 316 943.50 | 2 877 962.33 | 7 194 905.83 | 74.5 | 96 575.92 |
| | 灌木林 | 27.8 | | 1 326 902.00 | 685.786 1 | 197 994.81 | 131 996.54 | 329 991.35 | 70.5 | 4 680.73 |
| | 针阔混交林 | 40.6 | 5 831.2 | 6 161 890.00 | 4 401.110 0 | 4 556 310.18 | 3 037 540.12 | 7 593 850.30 | 31.8 | 238 800.32 |
| 10林班 | 竹林 | 1.1 | 15.0 | 5 935.99 | 3.739 3 | 501.25 | 334.17 | 835.42 | 3.0 | 278.47 |
| | 灌木林 | 9.1 | | 434 345.70 | 224.483 9 | 64 811.25 | 43 207.50 | 108 018.75 | 65.0 | 1 661.83 |
| | 针阔混交林 | 39.8 | 2 953.0 | 3 120 466.00 | 2 228.783 0 | 1 353 271.50 | 902 181.00 | 2 255 452.50 | 75.0 | 30 072.70 |
| | 阔叶林 | 176.2 | 14 118.2 | 7 985 558.00 | 5 396.660 0 | 1 931 170.72 | 1 287 447.15 | 3 218 617.87 | 73.9 | 43 553.69 |
| | 针叶林 | 20.7 | 2 128.0 | 1 267 009.50 | 799.380 1 | 356 362.98 | 237 575.32 | 593 938.30 | 32.1 | 18 502.75 |
| 合计 | | 2 981.2 | 230 002.5 | 1.61×10⁸ | 10 5465.250 8 | 64 049 078.23 | 33 571 937.94 | 83 929 844.87 | | 1 500 174.85 |

由计算结果可知,九宫山森林生态资源的总量为 83 929 844.87 元,年平均增量为 150 0174.85 元,不同类型之间单位面积的资源价值比较结果是针阔混交林最大,达到 88 298.82 元/hm$^2$,说明针阔树种混交能充分利用自然力,是一种最佳的资源生产模式。其次为针叶林,为 48 663.12 元/hm$^2$,以下依次为阔叶林、灌木林、竹林和四旁林等。阔叶林虽然单位面积的价值不是最高,但在该地区分布面积比例大,达到 70%,其价值的比重几乎是整个保护区的一半。值得注意的是,该地区森林生态资源价值的年增长不足 2%,主要原因是林龄较高,如阔叶林的平均年龄都是 70 年以上,部分针叶林的林龄达到 75 年,森林进入低生长期,由此引起森林有形生态资源年增长量较低,同时也说明森林生态资源进入相对稳定的再生产状态,森林正常发挥生态功能,产生良好的生态效益。由计算结果还可以看出,同一类型中以灌木林单位面积的价值变异最小,竹林次之,其他资源类型单位面积的资源价值变异较大,森林生态资源的价值计量要对具体的类型进行实际观测和调查,才能得出结果。从表 6.2 还能看出,灌木林单位面积生物量比阔叶林稍大,其原因是在九宫山地区大部分灌木林地散生一些乔木,其生长环境同孤立木相似,径级大,生物量高,而一些阔叶林却酷似灌木林,且林下几乎没有什么草本植物,尽管如此,阔叶林的资源价值比灌木林要大,这也符合实际情况。

### 4. 小结与讨论

(1) 在不考虑社会经济状况对资源价值影响的情况下,九宫山森林生态资源自然价值总量约为 8400 万元,资源年增量约为 150 万元。实际上资源价值量与当地社会经济状况直接相关,如人均生产能力、消费水平、实际支配收入、固定资产投资等,特别是消费者对资源的需求状况对其价值的影响较大。考虑消费者的需求问题与消费者的范围有关,九宫山森林生态资源的消费者也是资源发挥生态功能的受益者,此类问题将有其他专题做深入研究。

(2) 森林生态资源价值受资源质量和自然环境的影响。表征资源质量的主要指标有单位面积生物量、生物量空间分布连续性及单位面积枯枝落叶生物量等。资源质量是相对于特定的生态功能和效益而言,在森林多种多样的生态功能中,最基本、最直接、最主要的功能是森林保持水土和净化空气的功能,体现了绿色植物在生命活动过程中,通过光合作用,固定太阳能,并与大气和土壤产生直接的物质和能量的交换过程,如若考察森林的其他生态功能,如减灾防灾、涵养水流、改善气候、防风固沙、保护动物等,则与以上诸项表征资源质量的指标有关。此外,森林生态资源发挥其效益功能还受自然环境条件的影响,在众多环境因子中,大地形因子如山区、丘陵、平原等,以及微地形的坡度、坡向等对资源的功能影响明显,从而间接地影响资源价值。本小节建立了计量资源价值的环境标准,并对九宫山的森林生态资源价进行了实例计算,湖北省其他地区的森林生态资源价值计量也可以照此方法进行。

(3) 九宫山不同类型资源中,针阔混交林的价值最高,体现了中亚热带针、阔混交模式是充分利用自然资源。挖掘资源生产潜力,提高森林生态效益,提高价值的有效途径,阔叶林(主要是常绿阔叶林)虽然面积比例大,在该地区整个资源价值构成中占到接近 50%的比例,但单位面积的资源价值并不高,与灌木林相差无比,对阔叶林进行适当的改造是必要的。考虑九宫山自然保护区分布有一些阔叶珍稀树种,在改造、提高资源质量的同时，对这些珍稀植物实行严密的保护措施也是非常重要的。

（4）九宫山森林生态资源价值年增长率为1.8%，增长量约为150万元/a，这个比例相对于全省5%左右的平均资源增长率而言，显然是低了许多，该地资源出现了明显的"滞长"现象，资源再生产处于相对稳定、资源质量处于逐步提高的状态，资源价值的年增长更多的是资源质量的提升，而不是单纯量的增长。资源年增长量的意义在于森林生态资源虽然是自然再生资源，但也离不开资源所有者、管理者、生产者的劳动付出，要使资源走上良性循环的发展轨道，对其进行适当的补偿是非常必要的。

（5）在同一类型资源中，除灌木林、竹林的价值变异较小以外，针叶林、阔叶林、针阔混交林、四旁林单位面积价值的变异都非常大，森林生态资源的价值计量必须对计量对象进行实地、具体的调查，才能达到目的。

## 6.2 森林生态资源经济价值量[①]

本节在分析湖北不同地区经济发展水平基础上，对其森林生态资源经济价值进行研究，森林生态资源价值受社会经济发展水平的影响，地区经济越发达，其资源价值越高；湖北不同地区森林生态资源价值相差较大，每公顷资源经济价值量为1 000~18 000元不等，资源价值年增长量最大相差10倍以上；湖北森林生态资源分为3种价值类型：Ⅰ类为高价值区，每公顷资源价值量达8 000元以上；Ⅱ类为一般价值区，每公顷资源价值量为2 500~8 000元；Ⅲ类为低价值区，每公顷资源价值量在2 500元以下。森林生态资源的发展严重滞后于社会经济发展速度，增加投入使资源再生产与社会经济发展协调一致，有重要意义；森林生态资源年增长量是其价值补偿的重要依据。

森林生态资源价值量大小受许多因素影响，除森林生态资源本身的质量如资源类型、资源单位面积生物量、空间分布状况等以外，还受到地理环境、地形、地貌的影响，而不同地区经济发展水平也是影响其价值高低的重要因素之一。近年来，国内外许多研究者已经开始注意到这个问题，但由于理论和方法方面的问题，进展不大，离生产实际的要求相差甚远。为此笔者在相关研究的基础上（戴均华 等，2006；张家来 等，2006），通过对不同地区经济发展水平的分析，在森林生态资源自然价值基础上对其经济价值进行评估，以期为湖北省森林生态资源的管理和合理开发利用提供依据，也为湖北森林生态资源价值补偿提供直接依据。

### 6.2.1 材料与方法

1. 湖北不同经济类型区及研究区

综合考虑全省行政区划、不同地区经济发展水平及资料来源等因素，将全省分为14个经济类型区，各类型区及研究区如下：①宜昌市大老岭林场，②武汉市九增林场，③鄂州市沼山林场，④丹江口市五朵峰林场，⑤黄石市大冶云台山林场，⑥仙桃市赵西垸林

---

[①] 引自：张家来.湖北不同地区森林生态资源经济价值量研究.华中农业大学学报，2008(4)：527-531.

场，⑦神农架林区红坪林场，⑧随州市广水中华山林场，⑨襄阳市谷城薤山林场，⑩孝感市大悟娘娘顶林场，⑪黄冈市浠水三角山林场，⑫恩施市利川甘溪山林场，⑬荆州市红旗林场，⑭咸宁市九宫山自然保护区。

### 2. 基本资料来源

湖北省第 3 次森林资源二类清查成果，《2004 湖北统计年鉴》（湖北省统计局，2004）。

### 3. 森林生态资源变化情况的补充调查

用样地法对不同研究区内 12 种森林生态资源类型进行抽样调查，采用随机抽样和典型取样相结合的方法，主要调查因子有乔木、灌木、草本及枯枝落叶的生物量，室内测定出各种生物量样品的热值，外业调查于 2004 年生长季节到来之前完成，历时 3 个月。

### 4. 森林生态资源自然价值量计算

森林生态资源自然价值是指在不考虑资源所在地区经济环境条件下由资源质量和地形地貌等环境因子决定的资源价值。资源质量由单位面积生物量、生物量分布连续性、枯枝落叶生物量等指标确定（张家来，1993）。地形地貌等环境因子价值标准由大地形（如山区、丘陵、平原）、微地形（坡度、坡向等）和降水量大小确定，自然价值量的计算以小班为单位，具体方法和过程详见相关的研究（张家来 等，2006）。

### 5. 地区经济发展水平评价指标的确定

地区经济发展水平与资源价值大小直接相关，资源自然价值随地区经济发展水平而变化，经济发展水平越高，资源经济价值越大，反之亦然。通过筛选将地区国内生产总值、城镇居民人均可支配收入、人均财政收入、人均财政支出、农村居民人均纯收入等作为地区经济发展水平的 5 项评价指标（傅晨，2002），并用全省平均值将不同地区的评价指标数据进行标准化。

### 6. 地区经济指标权重的确定

通过不同指标重要性的比较，组成指标权重的判断矩阵，重要性的比较由专家咨询法确定，判断矩阵见表 6.3。

**表 6.3　地区经济指标权重判断矩阵**

| 指标 | A | B | C | D | E |
| --- | --- | --- | --- | --- | --- |
| A | 1 | 3 | 7 | 8 | 9 |
| B | 1/3 | 1 | 5 | 7 | 8 |
| C | 1/7 | 1/5 | 1 | 3 | 5 |
| D | 1/8 | 1/7 | 1/3 | 1 | 3 |
| E | 1/9 | 1/8 | 1/5 | 1/3 | 1 |

注：A.地区生产总值；B.财政一般预算收入；C.城镇居民人均可支配收入；D.农村居民人均纯收入；E.财政一般支出

由判断矩阵求出最大的特征值 $\lambda_{max}$，$\lambda_{max}$ 所对应的特征向量即为权重、通过归一化处理，各项指标的权重值分别是（0.52、0.29、0.10、0.05、0.04），经过一致性检验达到满意效果。将地区各项经济指标的标准化值与对应权重值分别相乘并求和，得到各项指标的权重和（表6.4），权重和即为各地区森林生态资源价值量的积指数，由上述数据处理方法可知，全省森林生态资源的平均积指数为1.0，也就是说在湖北省平均经济发展水平地区，森林生态资源的经济价值就是资源的自然价值，如丹江口市、大冶市等地区。

表 6.4  湖北省不同地区经济指标标准化及权重值表

| 序号 | 地区 | LG | WT | IC | WT | AR | WT | AE | WT | AI | WT | WS |
|---|---|---|---|---|---|---|---|---|---|---|---|---|
| 1 | 夷陵区 | 1.97 | 0.52 | 1.00 | 0.1 | 2.14 | 0.29 | 0.81 | 0.04 | 1.16 | 0.05 | 1.84 |
| 2 | 蔡甸区 | 1.05 | 0.52 | 0.96 | 0.1 | 2.04 | 0.29 | 1.13 | 0.04 | 1.33 | 0.05 | 1.34 |
| 3 | 鄂州市 | 1.34 | 0.52 | 1.00 | 0.1 | 0.79 | 0.29 | 0.75 | 0.04 | 1.1 | 0.05 | 1.11 |
| 4 | 丹江市 | 0.84 | 0.52 | 0.86 | 0.1 | 1.69 | 0.29 | 0.66 | 0.04 | 0.92 | 0.05 | 1.08 |
| 5 | 大冶市 | 1.01 | 0.52 | 0.87 | 0.1 | 1.02 | 0.29 | 0.51 | 0.04 | 1.06 | 0.05 | 0.98 |
| 6 | 仙桃市 | 0.92 | 0.52 | 0.87 | 0.1 | 1.06 | 0.29 | 0.48 | 0.04 | 1.28 | 0.05 | 0.96 |
| 7 | 神农架 | 0.55 | 0.52 | 0.75 | 0.1 | 1.04 | 0.29 | 1.75 | 0.04 | 0.62 | 0.05 | 0.76 |
| 8 | 广水市 | 0.56 | 0.52 | 0.78 | 0.1 | 0.84 | 0.29 | 0.5 | 0.04 | 0.91 | 0.05 | 0.68 |
| 9 | 谷城县 | 0.53 | 0.52 | 0.73 | 0.1 | 0.89 | 0.29 | 0.42 | 0.04 | 0.9 | 0.05 | 0.67 |
| 10 | 大悟县 | 0.62 | 0.52 | 0.83 | 0.1 | 0.59 | 0.29 | 0.45 | 0.04 | 0.67 | 0.05 | 0.63 |
| 11 | 浠水县 | 0.49 | 0.52 | 0.76 | 0.1 | 0.51 | 0.29 | 0.33 | 0.04 | 0.89 | 0.05 | 0.54 |
| 12 | 利川市 | 0.31 | 0.52 | 0.59 | 0.1 | 0.69 | 0.29 | 0.48 | 0.04 | 0.6 | 0.05 | 0.47 |
| 13 | 江陵县 | 0.39 | 0.52 | 0.84 | 0.1 | 0.37 | 0.29 | 0.39 | 0.04 | 0.99 | 0.05 | 0.46 |
| 14 | 通山县 | 0.33 | 0.52 | 0.63 | 0.1 | 0.44 | 0.29 | 0.47 | 0.04 | 0.62 | 0.05 | 0.41 |

注：LG 为地区人均生产总值；WT 为权重；IC 为城镇居民可支配收入；AR 为人均财政收入；AE 为人均财政支出；AI 为农村居民人均纯收入；WS 为加权和

### 7. 森林生态资源自然价值的计算

相关研究（戴均华 等，2006）表明，森林生态有形资源和无形资源的价值比为1.5∶1.0，通过有形资源的价值量可以按此比例计算出无形资源的价值量及总价值量（即资源价值量）。森林生态资源的年增长率由组成资源各种植物（包括乔木、灌木和草本）的加权年龄除以资源现有价值总量得出，是资源的平均增长率，按此方法计算各研究区的资源价值量。

### 8. 森林生态资源经济价值的计算

由资源的自然价值与指示各地区经济发展水平的积指数相乘而得，其结果见表6.5。

## 第6章 森林生态资源价值量

表6.5 湖北不同地区森林生态资源经济价值评价表

| 地区 | 面积 /hm² | 生物量 /10⁶ kg | 煤当量 /10⁴ t | 自然价值 总价值 /10⁶元 | 自然价值 单价 /(10³元/hm²) | 经济发展水平积指数 | 经济价值 总价值 /10⁶元 | 经济价值 单价 /(10⁴元/hm²) | 年增长率 /% | 经济价值年增长量 总价值 /10⁴元 | 经济价值年增长量 单价 /(元/hm²) |
|---|---|---|---|---|---|---|---|---|---|---|---|
| 1 | 5 972.0 | 348.6 | 27.1 | 49.9 | 8.4 | 1.84 | 91.9 | 1.5 | 3.1 | 285.1 | 477.4 |
| 2 | 532.8 | 36.9 | 2.6 | 4.8 | 9.0 | 1.34 | 6.4 | 1.2 | 3.4 | 21.8 | 409.9 |
| 3 | 657.7 | 34.7 | 2.2 | 3.7 | 5.6 | 1.11 | 4.1 | 0.6 | 4.2 | 17.0 | 258.5 |
| 4 | 1 926.4 | 68.5 | 4.5 | 8.3 | 4.3 | 1.08 | 8.9 | 0.5 | 5.5 | 49.5 | 257.0 |
| 5 | 682.4 | 76.2 | 5.5 | 12.6 | 18.5 | 0.98 | 12.4 | 1.8 | 5 | 61.9 | 907 |
| 6 | 471.9 | 72.9 | 5.1 | 0.6 | 1.3 | 0.96 | 0.5 | 0.1 | 5.7 | 3.1 | 65.7 |
| 7 | 21 477.8 | 1 286.3 | 10.3 | 223.6 | 10.4 | 0.76 | 169.9 | 0.8 | 2.4 | 407.9 | 189.9 |
| 8 | 7 885.7 | 329.1 | 21.2 | 31.9 | 4.0 | 0.67 | 21.4 | 0.3 | 5.3 | 113.3 | 143.7 |
| 9 | 2 000.1 | 99.3 | 7 | 14.4 | 7.2 | 0.63 | 9.1 | 0.5 | 5.3 | 48.1 | 240.5 |
| 10 | 6 260.0 | 280 | 19.6 | 46.8 | 7.5 | 0.68 | 31.8 | 0.5 | 4.1 | 130.4 | 208.3 |
| 11 | 2 217.7 | 8.5 | 6.1 | 10.6 | 4.8 | 0.54 | 5.7 | 0.3 | 4.9 | 28.2 | 127.2 |
| 12 | 1 155.0 | 65.9 | 4.8 | 9.3 | 8.1 | 0.47 | 4.4 | 0.4 | 4.4 | 19.2 | 166.2 |
| 13 | 718.5 | 25.7 | 1.8 | 2.9 | 4.0 | 0.46 | 1.3 | 0.2 | 6.3 | 8.4 | 116.9 |
| 14 | 2 981.2 | 161.5 | 10.5 | 83.9 | 28.1 | 0.41 | 34.4 | 1.2 | 1.8 | 61.9 | 207.6 |

注：1.宜昌夷陵区大老岭林场；2.武汉蔡甸区九真林场；3.鄂州沼山林场；4.丹江口五朵峰林场；5.黄石大冶云台山林场；6.仙桃赵西院林场；7.神农架红平林场；8.襄阳谷城赵山林场；9.孝感大悟娘娘顶林场；10.随州广水中华山林场；11.黄冈浠水三角山林场；12.恩施利川甘溪山林场；13.荆州江陵红旗林场；14.咸宁通山九宫山自然保护区

## 6.2.2　结果与分析

由表 6.5 可以看出，无论是自然价值还是经济价值，全省不同地区存在较大差别，就自然价值而言，每公顷 1 300～28 100 元不等，单位面积的价值量最大相差 20 倍以上，而经济价值也有 1 100～18 000 元的差异，最大相差也有 10 多倍，森林生态资源年增长也存在类似的情况，虽然不同地区的年增长率最多相差不到 4 个百分点，但由于平均水平在 10%以下，年增长率的细微变化，也能引起极显著的差异，从表 6.5 相关数据可知，年增长率有 3 倍以上的变化幅度，加上资源价值量基数的影响，全省不同地区森林生态资源单位面积的年增量从每公顷几十元到接近 1 000 元，相差 10 倍以上。

从表 6.5 相关数据分析还可得知，森林生态资源的自然价值和经济价值存在一定的相关关系，虽然这种关系不是一一对应的。为了研究的方便，不妨将单位面积的自然价值和经济价值按绝对数量的多少分别划分为 3 级（应用最优分割法划分），可以发现 3 个级别所包括的研究区是完全一致的，如果用经济价值作为划分依据，3 个级别的划分结果如下。

（1）Ⅰ类地区（高价值地区）。每公顷价值在 8 000 元以上，有通山九宫山自然保护区、大冶云台山林场、神农架红坪林场、武汉市蔡甸九增林场、宜昌大老岭林场等。

（2）Ⅱ类地区（一般价值地区）。每公顷价值在 2 500～8 000 元，有鄂州市沼山林场、广水中华山林场、丹江口五朵峰林场、孝感大悟娘娘顶林场、利川甘溪山林场、谷城薤山林场、浠水三角山林场等。

（3）Ⅲ类地区（低价值区）。每公顷价值在 2 500 元以下，有荆州江陵红旗林场、仙桃赵西垸林场等。

湖北省其他地区森林生态资源价值类型可以参照以上 3 级标准划分，不同经济价值类型区的划分可为保护和发展森林生态资源提供依据，Ⅰ类地区即高价值地区应以保护和发展生态公益林为主，这类地区主要是一些地理位置重要（如库区），生态脆弱，而且经济又比较发达的地区，如宜昌、武汉等城市郊县的山区等。Ⅱ类地区即一般价值类型区情况比较复杂一些，有些地方要加大森林生态资源培育和管理力度，提高资源的质量和价值，而有些地方可以考虑发展速生丰产的商用林，如局部地形平坦而经济又不发达的地方等。Ⅲ类地区即低价值区应以发展商用林、经济林为主，如江汉平原地区，这类地区生态价值不高，不适宜发展生态公益林，当然特殊地段的公益林如江、河堤岸的防护林、道路两旁的护路林等还是必要的。

森林生态资源属可再生资源，其增长方式受自然力和社会经济发展的双重影响，当然包括从业人员付出的劳动，由表 6.5 列出的全省不同地区森林生态资源增长率数据可知，森林生态资源的增长率远远落后于湖北省经济的发展速度。

森林生态资源经济价值及增长速率是其价值补偿的重要依据。资源价值量与其增长率呈一定的负相关，只有大冶云台山林场例外，但不管价值量大小或增长率高低，用资源经济价值的年增长量绝对值作为价值补偿的依据是比较合适的，以Ⅰ类地区为例，每公顷补偿额不能低于 375 元，最高可达到 900 元以上，Ⅱ类地区在 150～375 元/hm$^2$，Ⅲ类地区每公顷可按 150 元以下的标准进行补偿，以上标准进行了适当的整化，以便在实际操作中应用。需要说明的是具体到某块地段的补偿额，除要实地测算资源的价值及年增量等指标外，还应该考虑资源的利用效率、资源的重要性、补偿主体的经济实力等方面的因素，尽力而为且量力而行，发挥补偿的最大效益。

## 6.2.3 讨论

森林生态资源价值除受资源质量、资源所处的地理环境等自然条件的影响外，还受到区域性社会经济发展水平的影响，经济越发达，森林生态资源的价值越高，反之亦然。森林生态资源的价值评价必须建立在充分掌握评估对象相关的基础资料之上，评价的范围可以是某一个具体的地段，也可以是特定的经济发展类型区。

湖北不同地区森林生态资源的价值相差较大，森林生态资源价值的巨大差异性是湖北省不同地区自然环境、社会经济发展水平、森林资源类型，以及经营管理水平和科技发达程度等方面差异的综合表现，在实际工作中必须充分认识到这种差异，有针对性地提出全省森林生态资源的保护和发展策略，同时应该认识到湖北省森林生态资源有巨大发展潜力，保护和利用前景广阔，大有作为。

森林生态资源属再生资源，湖北森林生态资源的发展远远滞后于湖北省社会经济发展速度，是经济发展不协调的一种表现，这种现象可能在我国其他省市地区不同程度地存在，虽然资源的增长不可能与经济增长有同样的速度，但本小节所定义的森林生态资源价值及增长速率是与我国经济现状和发展密切相关的，必须加大森林生态资源培育和管理的力度，提高认识，增加投入，使森林生态资源的再生产与社会经济发展协调一致，有现实意义，也有深远的历史意义。

森林生态资源年增长量是其价值补偿的重要依据，森林生态资源的增长率与其价值量的大小呈一定的负相关关系，保持资源的高速增长率有两种重要的途径，一是资源系统外的输入，二是在同类地区大力发展资源，至于具体的措施和方法有待于进一步的研究。现有较高增长率的资源若要继续保持高速增长，应尽量减少人为因素的破坏和干扰，避免资源的逆向潜变，同时依靠科技进步，改变资源的增长方式，提高资源的增长效益。

## 参 考 文 献

戴均华, 张家来, 辜忠春, 2006. 应用效用论计量湖北森林生态资源基础价值的研究[J]. 华中农业大学学报, 25(1): 49-52.

傅晨, 2002. 经济学基础[M]. 广州: 广东高等教育出版社.

湖北省统计局, 2004. 2004湖北统计年鉴[M]. 北京: 中国统计出版社.

张家来, 1993. 应用最优分割法划分森林群落演替阶段的研究[J]. 植物生态学与地植物学学报, 17(3): 224-231.

张家来, 刘立德, 1995. 江滩林农复合生态系统综合效益的评价[J]. 生态学报, 15(4): 442-449.

张家来, 章建斌, 戴均华, 等, 2006. 九宫山森林生态资源自然价值量的研究[J]. 华中农业大学学报, 25(1): 55-59.

# 第7章 森林生态资源受益主体

森林生态资源价值补偿问题，按照"谁受益，谁补偿"的原则，首先要确定受益主体，即受益者是谁，受益主体有不同层级的差异，受益区为最高层级，其次是受益行业，再次是作为受益者的自然人个体等。本章介绍湖北全省受益区划分方法和主要结果，讨论国民经济行业部门与森林生态效益的相关关系，定量分析各部门受益程度的差异，为制定不同地区行业部门森林生态价值补偿提供直接依据。

## 7.1 基于GIS界定湖北森林生态效益区[①]

本节分析森林生态资源不同效益类型作用机理，采用GIS技术对湖北森林生态效益区进行界定，主要结果如下：①按林外效益受益程度高低，将全省分为3级类型区，A级地区受益程度最高；B级地区次之，属过渡类型；C级地区最低，是林内效益的主要分布区，几乎享受到森林生态资源所有的效益。②受益区与全省各地社会经济发展水平和自然地理环境相关密切，A级区主要是江汉平原和类似地形的平原区；C级区主要是山区，特别是中、高山地区；B级地区主要分布在江汉平原周边地区和襄阳老河口市、襄阳区和枣阳市等。③不同受益区类型应有不同的价值补偿对策，A级区以林外效益补偿为主，C级区以林内效益补偿为主，B级区为交叉受益区，承担双重的补偿义务。④长江下游类似地区也应承担林外效益的补偿义务，平原地区的资源所有者或经营者以自我补偿为主。

### 7.1.1 研究目的及意义

森林生态资源是公共产品，不具有独占性和排他性，森林生态资源产生的效益即人们常说的森林生态效益除资源的经营者或所有者享受以外，他人也有意无意地像经营者或所有者一样不同程度地享受到森林生态资源带来的效益，对资源进行着事实上的消费，消费者对资源价值进行补偿是必要的，也是合理的。随着社会的进步和人民物质生活水平的提高，对生态环境的要求和需求也越来越高，对资源价值补偿的必要性和重要性也逐步认识和认同。但问题是到底哪些人或者哪些地区和部门享受到森林生态资源带来的效益，国内外的研究者到目前为止还没有一个十分明确的答案，大多是泛泛而谈，相关研究停留在定性描述的水平上。有些研究者虽然指出了个别效益的受益部门，但缺乏系统定量的分析，所述结果人人都知道，但实际应用起来大家都不予理睬。由此看来，建立一套完整的森林生态资源价值评价和效益分析体系迫在眉睫（戴均华 等，2006；张家

---

[①] 引自：张家来.基于GIS界定湖北森林生态效益区的研究.林业科学，2007(5)：130-134.

来 等，2006）。为此，本小节在相关理论特别是"就近"理论的基础上（张家来 等，2004），应用 GIS 技术对森林生态资源的效益区进行初步的界定，具体明确受益主体，以期为森林生态资源的价值补偿提供直接的依据，也为不同效益区的消费者了解和支持森林生态资源的再生产提供理论支持（傅晨，2002）。

## 7.1.2 观点、材料和方法

（1）森林生态资源功能的确定性和效益的有限性同其他资源一样，森林生态资源有其发挥效益（或功能）的特定条件和确定的意义，如森林改善气候的效益就受到大气环流的制约，森林减灾防灾的作用就受到资源质量、地理环境的影响，虽然森林生态资源对洪灾等自然灾害有非常重要的预防作用，甚至是无法替代的，但不管哪种效益或功能都有由近及远，近强远弱的特点，即相关研究提到的"就近"理论（张家来 等，2004）。

（2）森林生态资源的效益或功能属性是有差别的，就同效益本身的差别一样。森林生态资源有多种多样的效益功能，随着科技发展，人们还会发现和认识更多的森林生态效益。即使是处在同一社会经济和科技发展水平的今天，人们从不同的角度，对森林生态效益也会有不同的理解和描述。就环境效益而言，森林就有滞尘杀菌、改善环境、美化环境、净化环境等多种说法。本小节从分析森林生态资源的基本功能和机理入手，通过不同效益功能之间的区别和联系，将效益分为基本效益、衍生效益和复合效益等层次。现将目前比较认同的 10 种效益归纳如下。

基本效益：固碳释氧。

衍生效益：保持水土、净化空气。

复合效益：涵养水源、减灾防灾、改善气候、防风固沙、消除噪声、旅游休憩、保护生物多样性。

上述的衍生效益也可称为单项效益。

按森林生态资源发挥效益的范围可将效益分为林内效益、林缘效益和林外效益等。林内效益指的是只在林内发生作用的效益，林区就是效益区；林缘效益指的是那些不仅在林内，而且在森林周围发生作用的效益；林外效益指的是那些不仅在林内、林缘，而且可以影响林区以外地区的效益，也可以说是输出效益。同样将上述 10 种效益作如下分类。

林内效益：保持水土、消除噪声、旅游休憩、保护生物多样性。

林缘效益：防风固沙、改善气候。

林外效益：固碳释氧、涵养水源、减灾防灾、净化空气。

从以上的分析可以看出，林外效益、林缘效益在林内同样存在。将林缘效益作为林内效益处理，林外效益中固碳释氧、净化空气受大气平流、对流等因素的影响，不同地区（指有林区、无林区）之间空气交换频繁，作为一种普通效益，即整个研究区都能享受到的效益对待，或者说其效益区随林外效益中其他效益如涵养水源、减灾防灾的效益区而定。

（3）林内、林外效益区的研究方法，林内效益区的确定比较简单，前文已经提到即有林区就是效益区。林外效益有涵养水源和减灾防灾两种（固碳释氧、净化空气的效益区随之而定），进一步分析可知涵养水源和减灾防灾效益之间存在直接的因果关系，后者由前者直接派生而来，或者说两种效益可以合并在一起进行研究。此类效益与流域有关，流域内的有关地区享受其效益，而流域外的地区在自然状态下则不能享受其效益。流域内有干流、支流之分，支流又有等级的差别，如一级、二级、三级支流等。湖北全境基本上属长江流域，淮河流域面积只占版图面积的 0.7%，略去不计，而汉江虽然是支流，但在境内流域面积占到全省面积的一半左右，故将其作为与长江同样重要的河流处理，本小节不考虑支流的情况（《湖北森林》编委会，1991）。

（4）林外效益区的界定方法，林外效益区的界定由以下几个方面的因素确定：其一是自然因素，主要有海拔和离长江、汉水中心线距离等；其二是社会经济指标，主要有人口密度和人均耕地面积等。上述自然经济指标由众多因子筛选得出，在自然状态下，海拔越低，离长江、汉水中心线的距离越近，其受益程度越高，反之亦然。社会经济指标中人口密度与工业发达程度相关，人口密度越大，工业越发达，受益程度也越高。农业主要与耕地面积有关，人均占有的耕地面积越大，受益程度越高，值得注意的是受益程度和受灾程度是一致的，不同指标在综合分析中所占的比重不一样。

（5）网格处理方法，将全省按 0.5km×0.5km（0.25km²）进行分格，如有 2 个或 2 个以上的县、市出现在同一格，归属到面积最大的县市，自然指标由系统处理得出，社会经济指标以县、市平均值为准。

（6）图层叠置分析，利用 GIS 的空间分析功能和宏观区划研究工具，对不同因子图层进行叠置分析，最后形成上千个包含 4 项指标的多边形，按不同因子的权重计算出每个小多边形的综合分析值，用最优分割法（张家来，1993）（组间差异最大，组内差异最小，也称自然分类法）将基本上连续的综合值划分出若干不同受益程度的类型区（也称非线性分级）。

（7）本小节的基本资料来源有：湖北森林资源二类调查成果、湖北统计年鉴（湖北省统计局，2004）、国家基础数据库、湖北河流图集等。

（8）不同指标分级及权重。海拔分为 4 级，1 级 0.0～50.0 m，2 级 50.1～100.0 m，3 级 100.1～200.0 m，4 级 200.0 m 以上，其标准化数值表达式如下：

$$y = \begin{cases} 0, & x \geqslant 200.0 \\ 1 - \dfrac{1}{200}x, & 0 < x < 200.0 \\ 1, & x \leqslant 0 \end{cases} \quad (7.1)$$

离长江、汉水中心线的距离（最近距离）分为 5 级，1 级 0.0 km 以下，2 级 0～10.0 km，3 级 10.1～50.0 km，4 级 50.1～100.0 km，5 级 100.0 km 以上，其标准化数值表达式如下：

$$y = \begin{cases} 0, & x \leqslant 10.0 \\ \dfrac{10}{9} - \dfrac{1}{90}x, & 10.0 < x < 100.0 \\ 1, & x \geqslant 100.0 \end{cases} \quad (7.2)$$

人口密度分为 6 级，1 级 1500 人/km² 以上，2 级 800～1499 人/km²，3 级 500～799 人/km²，4 级 200～499 人/km²，5 级 80～199 人/km²，6 级 79 人/km² 以下，其标准化数值表达式如下：

$$y = \begin{cases} 0, & x \leq 80 \\ \dfrac{x}{1420} - \dfrac{4}{71}, & 80 < x < 1500 \\ 1, & x \geq 1500 \end{cases} \tag{7.3}$$

人均耕地面积分为 4 级,1 级 666.7 m²/人以上,2 级 533.4～666.6 m²/人,3 级 333.4～533.3 m²/人,4 级 333.4 m²/人以下,其标准化数值表达式如下:

$$y = \begin{cases} 0, & x \leq 333.4 \\ \dfrac{66\,667}{51}x - \dfrac{49}{51}, & 333.4 < x < 666.7 \\ 1, & x \geq 666.7 \end{cases} \tag{7.4}$$

不同指标权重的确定,应用层次分析法原理。

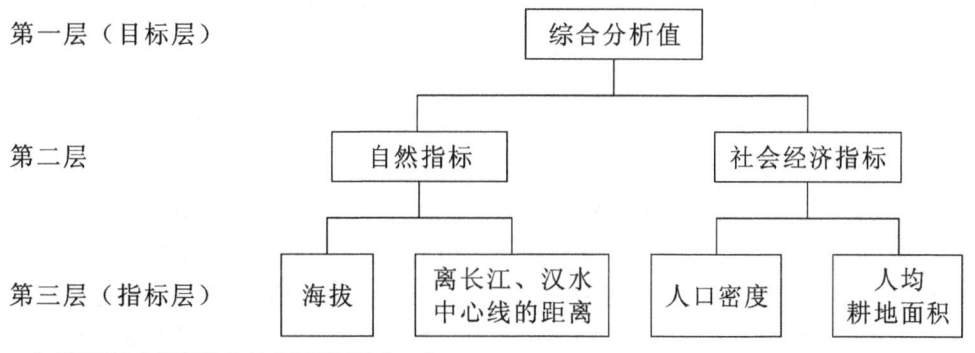

第一层(目标层)　　　　　　　综合分析值

第二层　　　　　　自然指标　　　　社会经济指标

第三层(指标层)　海拔　离长江、汉水中心线的距离　人口密度　人均耕地面积

由重要性判别形成的判断矩阵如下:

|  | 自然指标 | 社会经济指标 |
| --- | --- | --- |
| 自然指标 | 1 | 3 |
| 社会经济指标 | 1/3 | 1 |

|  | 海拔 | 离长江、汉水中心线的距离 |
| --- | --- | --- |
| 海拔 | 1 | 5 |
| 离长江、汉水中心线的距离 | 1/5 | 1 |

|  | 人口密度 | 人均耕地面积 |
| --- | --- | --- |
| 人口密度 | 1 | 3 |
| 人均耕地面积 | 1/3 | 1 |

求出各判断矩阵的最大特征值 $\lambda_{max}$,$\lambda_{max}$ 所对应的特征向量并经过归一化处理,便得到各项指标的权重值,经过一致性检验,均达到满意的效果,各指标的权重为:自然指标 0.75,社会经济指标 0.25,海拔 0.83,离长江、汉水中心线的距离 0.17,人口密度 0.75,人均耕地面积 0.25。

不同程度受益区划分结果,将各项指标乘以相应的权重并相加,得到综合值,应用最优分割法,将全省林外效益受益程度分为 3 级,A 级地区综合值 0.59～0.86,B 级地区综合值 0.32～0.58,C 级地区综合值 0.04～0.31,利用不同程度受益区划分结果可以制成湖北森林生态受益区区划图。

## 7.1.3 结果分析

由上述分析可以看出，湖北森林生态受益区与湖北省自然地理环境和社会经济发展状况有密切的关系。A 级地区基本是江汉平原和类似地形的平原地区；C 级地区绝大部分分布在山区，特别是中、高山地区，如大巴山、武当山、桐柏山、大洪山、大别山、幕阜山区等；B 级地区介于 A 级和 C 级之间，属过渡地带，大致分布在江汉平原周边地区及襄阳部分平原和丘陵地区。B 级地区分布范围最小，占全省面积的 11.96%，C 级范围最大，占全省面积的 67.74%，A 级次之，占全省面积的 20.30%。C 级地区也是林内效益的主要分布区，林内效益区与 A 级，主要是 B 级地区有部分交叉重叠的情况出现，这两种类型效益重叠分布的地区称为交叉受益区，交叉受益区绝大部分分布在林内效益区的周边地区。C 级地区绝大部分是林内效益区，林内效益区是森林生态资源的重要效益区，效益区内几乎享有森林生态资源所有的生态效益，是森林生态资源价值补偿的重要地区。

A 级地区是林外效益的主要受益区（有交叉受益区除外），仅承担而且必须承担森林生态资源林外效益的补偿义务，值得注意的是湖北省 A 级地区要补偿的森林生态资源（可能是湖北省，也可能是其他省份的资源）不仅在湖北省 A 级地区发挥作用，也对长江流域其他省份的同类地区产生影响，其他省份的相关地区同样要承担起补偿的义务。B 级和 C 级地区除交叉受益区外，享受林外效益的程度要比 A 级地区低，特别是 C 级地区在自然状况下几乎不可能享受到林外效益，如浠水县大部分地区、襄阳市襄州区、老沙口市大部分地区、枣阳市大部分地区、大冶市、鄂州市大部分地区、荆门市中部地区等。此类地区因享受到的林外效益程度低，所承担的补偿义务应较少，甚至无须承担补偿义务，但这并不说明以上地区不能发展森林生态资源，或对本地区零星分布的森林生态资源无须采取保护和发展的政策，进行相应的补偿，而恰恰相反，按照需求理论，这些无林区培育森林生态资源具有很高的价值潜力，应该大力发展和保护资源，满足消费者的需要。无补偿义务并不一定是好事，就像有承担义务并不一定是坏事一样。此类地区在湖北省零星分布的县、市还有利川、竹溪、十堰、郧县、谷城、南漳、随州、安陆、红安、麻城、红安等地，此类地区不妨称为无效益区，全省面积为 26 093 km²。

交叉受益区是一种比较特殊的受益区，是指林内受益区与林外受益区相互交叉重叠所形成的受益区，全省交叉受益区的面积为 12 561.44 km² 主要集中在 C 级区，占 98.20%。A 级地区与林内受益区形成的交叉受益区，要承担林内受益和林外受益补偿的双重义务，既要承担本地区森林生态资源的价值补偿，又要承担其他地区林外效益的补偿，如荆门市东南部部分地区、当阳市南部地区、松滋市东部地区、孝昌县中部和云梦县中部沿北纬 31°线分布的地区等。由 B 级与 C 级区形成的交叉受益区只享受到林内效益，承担林内补偿的义务，交叉受益区在应城市、武汉市新洲区、枝江市、钟祥市、襄阳市等地有零星分布。

森林生态资源效益区的划分为其价值补偿提供了依据，不同类型的受益区应采取相应的补偿对策。如上所述，A 级地区以林外效益补偿为主，C 级地区以林内效益补偿为主，B 级地区情况稍微复杂一些，若是交叉受益区兼有林内效益补偿和林外效益补偿，而 B 级其他地区和 C 级无林区没有补偿的义务。受益区的划分为制订相关的补偿政策仅提供区域或范围方面的概念，事实上，具体情况要复杂得多，不仅不同地区存在受益差别，就是在同一类型区不同行业、部门之间受益程度、受益类别等也有巨大变化，只有把效益区界定和其他相关研究结合起来，才能最终完成诸如补偿标准、补偿方式等政策的制定。此外，小范围受益区的确定，如某一个乡镇或村组是否为受益区，还必须有大比例尺的区划图，如某个县、市，甚至乡镇一级的受益区划图等资料。此项工作涉及该项成果的推广应用，有大量的工作要做，但有全省区划成果作基础，相信只是工作量的问题。

## 7.1.4 小结与讨论

在对森林生态资源效益机理分析的基础上，将不同效益按作用范围分为林内效益、林缘效益和林外效益，对不同效益分别进行讨论，通过 GIS 技术用定量的指标对效益区进行界定，其结果为湖北省制定森林生态资源价值补偿政策提供直接依据。本小节是在自然状态下对受益区进行分析和界定，没有考虑人为因素的影响，事实上人为因素对受益区范围和受益程度有很大影响，如我国目前正在建设中的南水北调工程将长江流域森林生态资源的受益区扩大到了黄河流域和京津地区，人为因素对受益区的影响之大可见一斑，此类受益区范围可以按相关工程项目的规划设计进行适当的界定。

受益区与湖北省各地社会经济发展水平和自然地理环境相关密切，A 级区主要是江汉平原和类似地形的平原区，C 级区主要是山区，特别是中高山地区，C 级区也是林内效益的主要分布区，B 级区是 A 级区和 C 级区的过渡地带，主要分布在江汉平原周边地区和襄阳老河口市、襄州区和枣阳市等。

林外受益是森林生态资源的一种输出效益，其作用范围与江、河流域有关，长江中上游的森林生态资源对长江全流域都会产生影响，不仅湖北是受益区，长江下游的其他省份，如江西、安徽、江苏、上海等地也同样是受益区，与湖北 A 级地区类似的地方也应该承担相应的补偿义务。

在本小节中，由于采用的是小比例尺全省植被分布图，有些资源类型如农田防护林、江河堤岸的防护林、四旁林、园林绿化林等没有适当地反映，这在 C 级地区不存在什么问题，因为此类地区的植被分布几乎呈连续的状态，而平原地区（基本上是本小节的 A 级地区）上述类型的森林资源基本上以林内效益和林缘效益为主，如农田防护林主要是林缘效益，该地区的堤岸防护林、护路林、四旁林和园林绿化林等也以林内效益和林缘效益为主，这种效益补偿一般采用林地所有者或经营者自我补偿的方法，相关研究也表明此类地区由于生态价值低，适宜发展速生丰产的商用林或经济林。

湖北森林生态效益区的界定为境内局部地区更小范围效益区的划分奠定了基础，采用本小节研究成果可以确定县、市一级甚至乡镇、村组一级的受益类型和受益程度，进而划分出大尺度的受益区，结合其他方面的研究，如不同行业部门的受益量等可为制定全省不同地区的价值补偿标准及相关政策提供直接的依据。

## 7.2 森林生态资源消费量及消费方式[①]

本节从分析森林生态资源不同效益类型相互关系入手,提出森林生态资源效益量和消费量的概念,使相关研究取得实质性进展。主要结果如下:①不同行业部门森林生态资源受益程度存在较大差别,旅游业受益程度最高,其次为农业、林业、电力及水利部门,地质勘查、管道运输等受益程度最低。②不同效益区森林生态资源消费量差别明显,交叉受益区最大,林内受益区次之,林外受益区最低,确定了同一行业不同受益区的消费量比例。③全行业森林生态资源消费量受行业受益程度和行业占国民经济比重的影响,受益程度越高,经济比例越大,行业消费量越高,反之亦然,以湖北省为例,制造业消费量最大,达到总消费量的 21.45%,其次是电力、房地产、农业等部门,消费量不足 0.1%的行业有租赁服务业、居民服务业、地质勘查业、旅游业等。④本节提出的各种比例关系是制定森林生态资源价值补偿标准及相关政策的直接依据。

### 7.2.1 研究目的及意义

森林生态资源属再生资源,森林生态资源的消费不同于一般商品的消费,它不具备独占性和排他性,是典型的外部经济特征,其消费过程也比较隐蔽和复杂,不同消费者可以同时、重复地享用其资源带来的效益。在正常情况下,人们对森林生态效益习以为常,无偿使用和消费成为理所当然的事情,直到黄河断流,人们才猛然惊醒。森林生态资源的耗竭,不仅让生产停顿,还给日常生活带来许多不便,而一场大洪水却会夺去千百万人口的生命,造成巨大的经济损失。正反两方面的经验告诉人们,森林生态资源的再生产与其他产品的生产一样和人民生活息息相关,是社会生产不可缺少的组成部分。怎样体现这种关系,国内外在此方面的研究还没有任何实质性的进展。为此本小节在分析森林生态资源不同效益类型相互关系的基础上,通过对社会不同行业部门消费森林生态资源方式和数量的研究,结合不同行业部门在国民经济中的比例,定量地描述相关行业部门与森林生态资源的相互关系,明确受益主体及不同受益主体在消费资源方面的差异,从而为制定森林生态资源价值补偿标准和补偿政策提供直接的依据。

### 7.2.2 材料和方法

(1) 森林生态资源不同功能作用机理及相互关系。森林生态资源从发育、发展到成熟稳定,有一个逐步演变的过程,伴随着这个过程的不同阶段,森林生态资源发挥着不同的生态效益,在初期如苗期或幼林期,森林只有固碳释氧的功能,有微弱的保持水土、净化空气和防风固沙的作用,还谈不上涵养水源、改善气候、消除噪声,更谈不上减灾防灾、旅游休憩、保持生物多样性等,森林只有生长发育到一定时期,才逐步具有上述

---

[①] 引自:张家来.森林生态资源消费量及消费方式的研究.中国环境科学学会 2007 年生态建设补偿机制与政策设计高级研讨、交流会议论文集.上海:中国环境科学学会.

生态功能,产生相应的效益。为了研究的方便,本小节将森林资源生产过程中产生的不同效益归纳为三种类型:一是基本效益;二是衍生效益;三是复合效益。基本效益是绿色植物所有的与生俱来的效益,即固碳释氧的效益;衍生效益是由基本效益发展而来的单项效益,有保持水土和净化空气二种;基本效益和衍生效益是产生其他复合效益的基础,复合效益是指由2种或2种以上效益综合起来产生的另一种新的效益,如涵养水源就必须要求森林同时具有保持水土和固碳释氧的效益,减灾防灾的森林必须有涵养水源、保持水土、固碳释氧和防风固沙的效益等,而森林旅游休憩的效益则是更多效益的综合。本小节将某种效益所包含的必要效益种类的个数称为效益量,如涵养水源的效益量为3,减灾防灾的效益量为5,旅游休憩的效益量为8等。效益量的概念有两个含义,其一是不同效益是独立的,对消费者而言不同效益的重要性没有任何差别;其二是不同效益的差别由其效益量决定,如涵养水源和保护生物多样性对不同的消费者而言,其重要性是相同的,但消费者所享受到的效益量却是有差别的。

(2) 不同行业部门消费森林生态资源的方式。前文已经提到森林生态资源与社会生产和人民生活密切相关,本小节对不同行业部门消费资源方式或者对效益利用的方式按其作为生产资料与本行业部门的相关程度分为4级:1级是将某种生态效益直接作为生产或经营的对象,生态效益是主要的生产要素,如森林旅游部门把旅游休憩效益直接作为主要的生产要素等;2级是森林生态效益是行业部门必不可少的生产要素,如涵养水源作为内河航运、水电、渔业等部门的生产要素等;3级是森林生态效益为可有可无的生产要素,但有其效益对生产部门有利,而没有此种效益并不妨碍其生产和经营的正常开展,如公路两边的护路林对交通运输部门,农田防护林对农业生产部门等就属于这种消费级别;4级是森林生态效益与行业部门的生产毫无关系,如保持水土、保护生物多样性、改善小气候等效益对电信部门、批发和零售贸易部门、金融保险业、建筑业、计算机应用服务业等部门的生产毫不相干。

除生产以外,森林生态资源还与生活息息相关,消费者在生活方面对森林生态资源的需求与生产需求同样重要。消费者对森林生态资源的生活消费方式也同样可以分为4级,划分标准与上述标准相类似。由于任何行业部门,人们对森林生态资源在生活方面的消费方式和消费量是完全一样的,本小节只考虑森林生态效益对生产消费的影响。

(3) 不同因素指标权重值的确定。本小节需要确定效益不同利用方式的权重,不同利用方式的效益量与对应的权重相乘并求和,可以得到不同类型效益区各行业部门对森林生态资源的消费程度。权重的确定由重要性判别得到相应的判断矩阵。

含 $n$ 个因素权重值的判断矩阵

| 因素 | $u_1$ | $u_2$ | $u_3$ | $\cdots$ | $u_n$ |
| --- | --- | --- | --- | --- | --- |
| $u_1$ | $u_{11}$ | $u_{12}$ | $u_{13}$ | $\cdots$ | $u_{1n}$ |
| $u_2$ | $u_{21}$ | $u_{22}$ | $u_{23}$ | $\cdots$ | $u_{2n}$ |
| $u_3$ | $u_{31}$ | $u_{32}$ | $u_{33}$ | $\cdots$ | $u_{3n}$ |
| $\vdots$ | $\vdots$ | $\vdots$ | $\vdots$ | | $\vdots$ |
| $u_n$ | $u_{n1}$ | $u_{n2}$ | $u_{n3}$ | $\cdots$ | $u_{nn}$ |

标度的确定方法：

| 标度 | 含义（因素 $u_i$ 与 $u_j$ 的比较） |
|---|---|
| 1 | 具同等重要性 |
| 3 | $u_i$ 比 $u_j$ 稍重要 |
| 5 | $u_i$ 比 $u_j$ 重要 |
| ⋮ | … |
| 2，4，6 | 表示相邻判断的中值 |
| 倒数 | $u_j$ 与 $u_i$ 的比较为：$u_j = \dfrac{1}{u_i}$ |

求出判断矩阵的最大特征值 $\lambda_{max}$，$\lambda_{max}$ 对应的单位特征向量即为各指标的权重，判断矩阵的一致性检验必须达到满意的效果，否则需要调整。

（4）效益区的划分方法参照同项目的有关研究结果，以湖北 3 种主要类型的受益区为例，分析不同效益区不同行业部门资源消费量的变化。有关社会经济数据来源于《2003 湖北统计年鉴》（2004 年出版）。

（5）国民经济行业分类采用国家公布的有关标准，原则上某种效益的受益行业可能是某个小类或者中类，应针对如此类型的行业进行分析，但考虑统计数据的来源，本小节将受益行业归结到大类，甚至是门类进行研究，大类或者是门类中的所有中、小类行业在消费方式等方面视为等同。

### 7.2.3 结果分析

（1）不同行业部门基本消费量及消费方式。基本消费量实质上也就是森林生态资源效益量，对不同行业而言，基本效益量是相同的，也就是说不同行业部门享受某种森林生态效益在基本效益量方面没有任何的差异，消费方式分为 4 级，1 级为最高消费方式，2 级次之，4 级最低，第 4 级消费方式是一种与行业部门生产过程没有任何联系的生态效益，考虑数据处理的需要及与生活消费有关，也将其作为一种消费方式对待。不同行业部门消费森林生态资源的情况见表 7.1。

表 7.1 森林生态资源效益量

| 行业 | 固碳释氧 | 保持水土 | 改善小气候 | 防风固沙 | 消除噪声 | 旅游游憩 | 保护多样性 | 涵养水源 | 减灾防灾 | 净化空气 | 林内效益区 | 林外效益区 | 交叉效益区 |
|---|---|---|---|---|---|---|---|---|---|---|---|---|---|
| 农业 | 0.1 | 2 | 3 | 0.9 | 0.3 | 0.8 | 0.7 | 3 | 5 | 0.2 | 16 | 8.3 | 24.3 |
| 林业 | 0.1 | 2 | 3 | 0.9 | 0.3 | 0.8 | 0.7 | 3 | 5 | 0.2 | 16 | 8.3 | 24.3 |
| 畜牧业 | 0.3 | 0.2 | 0.3 | 0.3 | 0.3 | 0.8 | 0.7 | 3 | 5 | 0.6 | 11.5 | 8.9 | 20.4 |
| 渔业 | 0.3 | 0.6 | 0.9 | 0.3 | 0.3 | 0.8 | 0.7 | 3 | 5 | 0.2 | 12.1 | 8.5 | 20.6 |
| 农林牧渔服务业 | 0.1 | 0.2 | 0.3 | 0.3 | 0.3 | 0.8 | 0.7 | 0.3 | 5 | 0.2 | 8.2 | 5.6 | 13.8 |
| 采掘业 | 0.1 | 0.2 | 0.3 | 0.3 | 0.3 | 0.8 | 0.7 | 0.3 | 5 | 2 | 10 | 7.4 | 17.4 |
| 制造业 | 0.1 | 0.2 | 0.3 | 0.3 | 0.3 | 0.8 | 0.7 | 0.3 | 5 | 2 | 10 | 7.4 | 17.4 |

续表

| 行业 | 固碳释氧 | 保持水土 | 改善小气候 | 防风固沙 | 消除噪声 | 旅游游憩 | 保护多样性 | 涵养水源 | 减灾防灾 | 净化空气 | 林内效益区 | 林外效益区 | 交叉效益区 |
|---|---|---|---|---|---|---|---|---|---|---|---|---|---|
| 电力、蒸气、热水的生产和供应业 | 0.1 | 0.6 | 0.3 | 0.3 | 0.3 | 0.8 | 0.7 | 5.79 | 5 | 2 | 15.89 | 12.89 | 28.78 |
| 煤气生产和供应业 | 0.1 | 0.2 | 0.3 | 0.3 | 0.3 | 0.8 | 0.7 | 0.3 | 5 | 2 | 10 | 7.4 | 17.4 |
| 自来水的生产和供应业 | 0.1 | 0.6 | 0.3 | 0.3 | 0.3 | 0.8 | 0.7 | 5.79 | 5 | 0.2 | 14.09 | 11.09 | 25.18 |
| 建筑业 | 0.1 | 0.2 | 0.3 | 0.3 | 0.3 | 0.8 | 0.7 | 0.3 | 5 | 2 | 10 | 7.4 | 17.4 |
| 地质勘查业 | 0.1 | 0.2 | 0.3 | 0.3 | 0.3 | 0.8 | 0.7 | 0.3 | 5 | 0.2 | 8.2 | 5.6 | 13.8 |
| 水利管理业 | 0.1 | 2 | 0.3 | 0.3 | 0.3 | 0.8 | 0.7 | 5.79 | 5 | 0.2 | 15.49 | 11.09 | 26.58 |
| 铁路运输业 | 0.1 | 2 | 0.3 | 0.3 | 0.3 | 0.8 | 0.7 | 0.3 | 5 | 2 | 11.8 | 7.4 | 19.2 |
| 公路运输业 | 0.1 | 2 | 0.3 | 0.3 | 0.3 | 0.8 | 0.7 | 0.3 | 5 | 2 | 11.8 | 7.4 | 19.2 |
| 管道运输业 | 0.1 | 0.2 | 0.3 | 0.3 | 0.3 | 0.8 | 0.7 | 0.3 | 5 | 0.2 | 8.2 | 5.6 | 13.8 |
| 水上运输业 | 0.1 | 0.6 | 0.3 | 0.9 | 0.3 | 0.8 | 0.7 | 3 | 5 | 2 | 13.7 | 10.1 | 23.8 |
| 航空运输业 | 0.1 | 0.2 | 0.3 | 0.3 | 0.3 | 0.8 | 0.7 | 0.3 | 5 | 2 | 10 | 7.4 | 17.4 |
| 交通运输辅助业 | 0.1 | 0.2 | 0.3 | 0.3 | 0.3 | 0.8 | 0.7 | 0.3 | 5 | 0.2 | 8.2 | 5.6 | 13.8 |
| 仓储业 | 0.1 | 0.2 | 0.3 | 0.3 | 0.3 | 0.8 | 0.7 | 0.3 | 5 | 0.2 | 8.2 | 5.6 | 13.8 |
| 邮电通信业 | 0.1 | 0.2 | 0.3 | 0.3 | 0.3 | 0.8 | 0.7 | 0.3 | 5 | 0.2 | 8.2 | 5.6 | 13.8 |
| 批发和零售贸易、餐饮业 | 0.1 | 0.2 | 0.3 | 0.3 | 0.3 | 0.8 | 0.7 | 0.3 | 5 | 0.2 | 8.2 | 5.6 | 13.8 |
| 金融、保险业 | 0.1 | 0.2 | 0.3 | 0.3 | 0.3 | 0.8 | 0.7 | 0.3 | 5 | 0.2 | 8.2 | 5.6 | 13.8 |
| 房地产业 | 0.1 | 0.2 | 0.3 | 0.3 | 0.3 | 0.8 | 0.7 | 0.3 | 5 | 0.2 | 8.2 | 5.6 | 13.8 |
| 公共设施服务业 | 0.1 | 0.2 | 0.3 | 0.3 | 0.3 | 0.8 | 0.7 | 0.3 | 5 | 0.2 | 8.2 | 5.6 | 13.8 |
| 居民服务业 | 0.1 | 0.2 | 0.3 | 0.3 | 0.3 | 0.8 | 0.7 | 0.3 | 5 | 0.2 | 8.2 | 5.6 | 13.8 |
| 旅馆业 | 0.1 | 0.2 | 0.3 | 0.3 | 0.3 | 0.8 | 0.7 | 0.3 | 5 | 0.2 | 8.2 | 5.6 | 13.8 |
| 租赁服务业 | 0.1 | 0.2 | 0.3 | 0.3 | 0.3 | 0.8 | 0.7 | 0.3 | 5 | 0.2 | 8.2 | 5.6 | 13.8 |
| 旅游业 | 0.3 | 2 | 0.9 | 3 | 0.9 | 15.44 | 2.1 | 0.9 | 5 | 0.6 | 31.14 | 6.8 | 37.94 |
| 娱乐服务业 | 0.1 | 0.2 | 0.3 | 0.3 | 0.9 | 0.8 | 0.7 | 0.3 | 5 | 0.6 | 9.2 | 6 | 15.2 |
| 信息咨询服务业 | 0.1 | 0.2 | 0.3 | 0.3 | 0.3 | 0.8 | 0.7 | 0.3 | 5 | 0.2 | 8.2 | 5.6 | 13.8 |
| 计算机应用服务业 | 0.1 | 0.2 | 0.3 | 0.3 | 0.3 | 0.8 | 0.7 | 0.3 | 5 | 0.2 | 8.2 | 5.6 | 13.8 |
| 其他社会服务业 | 0.1 | 0.2 | 0.3 | 0.3 | 0.3 | 0.8 | 0.7 | 0.3 | 5 | 0.2 | 8.2 | 5.6 | 13.8 |
| 卫生、体育和社会福利业 | 0.1 | 0.2 | 0.3 | 0.3 | 0.3 | 0.8 | 0.7 | 0.3 | 5 | 0.2 | 8.2 | 5.6 | 13.8 |
| 教育、文化艺术及广播电影电视业 | 0.1 | 0.2 | 0.3 | 0.3 | 0.3 | 0.8 | 0.7 | 0.3 | 5 | 0.2 | 8.2 | 5.6 | 13.8 |
| 科学研究和综合技术服务业 | 0.1 | 0.2 | 0.3 | 0.3 | 0.3 | 0.8 | 2.1 | 0.3 | 5 | 0.2 | 9.6 | 5.6 | 15.2 |
| 国家机关、党政机关和社会团体 | 0.1 | 0.2 | 0.3 | 0.3 | 0.3 | 0.8 | 0.7 | 0.3 | 5 | 0.2 | 8.2 | 5.6 | 13.8 |
| 其他行业 | 0.1 | 0.2 | 0.3 | 0.3 | 0.3 | 0.8 | 0.7 | 0.3 | 5 | 0.2 | 8.2 | 5.6 | 13.8 |
| 合计 | 4.4 | 20 | 18 | 15.9 | 12.6 | 45.04 | 29.4 | 41.97 | 190 | 25 | 402.31 | 261.37 | 663.68 |

由表 7.1 可知，不同森林生态资源的效益量有较大的差异，最高的是旅游休憩，效益量为 8，其次是保护多样性，最低的是固碳释氧，效益量为 1，它是绿色植物最基本的生态功能和生态效益。效益量的意义在于森林生态资源不同效益之间质的差异转变为量的不同，由效益类型决定，与行业部门无关，因此不同行业部门对资源的某种消费在数量上是相同的，但在消费方式上有差异，如电力（指水电）部门直接利用森林生态资源涵养水源的效益作为生产资料进行生产经营，其消费方式最高（为 1 级），类似的情况还有旅游业利用森林旅游休憩的效益，水利部门利用森林涵养水源的效益等。而水上运输部门利用森林涵养水源的效益是将其作为必不可少的生产资料处理的，消费方式为 2 级，同样利用方式的还有农业、林业部门对森林保持水土和改善小气候效益的消费，各行业部门对森林减灾防灾，采掘、制造业对森林净化空气的消费方式等也属 2 级。由表 7.1 还可看出森林生态资源的某些效益与一些行业部门的生产经营毫无关系，如邮电通信业与森林保持水土、涵养水源、改善气候、消除噪声等效益的关系等，这种消费方式比较常见。

（2）不同效益消费方式权重值。根据重要性判断结果，森林生态效益不同利用方式的权重值分别为：1 级 0.58，2 级 0.30，3 级 0.09，4 级 0.03。上述权重值分别对其特征向量进行归一化处理，在最终消费量的计算中将 2 级消费方式作 1 处理，其他利用方式按其相应的倍数分别进行调整。

（3）不同行业部门受益程度的分析。将效益量分别与对应的权重值相乘，并对不同效益类型求和，得到不同行业部门对森林生态资源的效益消费量。相关研究表明林内效益区几乎享受到森林所有的生态效益，林外效益区享受森林固碳释氧、净化空气、涵养水源和减灾防灾 4 种效益，而林缘效益也可以看作广义的林内效益，如森林改善小气候的效益等，林缘效益区也是林内效益区，交叉效益区享受到林内和林外的双重效益。不同效益区消费量计算结果见表 7.2。由表 7.2 可以看出不同行业部门森林生态资源消费量存在较大差异，在林内效益区消费量最高的是旅游业，达到 31.14；其次为农业，林业，电力、蒸气、热水的生产和供应业，水利管理业等；最小的消费量是一些与森林生态效益关系不大的行业部门，如地质勘查业、管道运输业、仓储业、批发零售业、文化教育业等。林外效益区受益量最高的是电力蒸气热水的生产和供应业（12.89），其次是自来水的生产和供应业、水利管理业、水上运输业、畜牧业等，交叉受益区行业部门的消费情况与林内效益区大体一致，但由于是享受双重效益，消费量比林内效益区更高。

表 7.2　全行业森林生态资源消费及消费比例

| 行业 | 占国民经济的比重/% | 三种效益区受益量之比 ||| 消费量 |||| 消费比例/% |
|---|---|---|---|---|---|---|---|---|---|
| | | 林内效益 | 林外效益 | 交叉效益 | 林内效益 | 林外效益 | 交叉效益 | 合计 | |
| 农业 | 3.47 | 1.0000 | 0.5188 | 1.5188 | 0.4264 | 0.0642 | 0.0076 | 0.4982 | 5.06 |
| 林业 | 0.53 | 1.0000 | 0.5188 | 1.5188 | 0.0651 | 0.0098 | 0.0012 | 0.0761 | 0.77 |
| 畜牧业 | 0.19 | 1.0000 | 0.7739 | 1.7739 | 0.0168 | 0.0038 | 0.0003 | 0.0209 | 0.21 |
| 渔业 | 0.17 | 1.0000 | 0.7025 | 1.7025 | 0.0158 | 0.0032 | 0.0003 | 0.0193 | 0.20 |
| 农林牧渔服务业 | 0.35 | 1.0000 | 0.6829 | 1.6829 | 0.0220 | 0.0044 | 0.0004 | 0.0268 | 0.27 |
| 采掘业 | 1.43 | 1.0000 | 0.7400 | 1.7400 | 0.1098 | 0.0236 | 0.0022 | 0.1357 | 1.38 |

续表

| 行业 | 占国民经济的比重/% | 三种效益区受益量之比 |||消费量 ||||消费比例/% |
|---|---|---|---|---|---|---|---|---|---|
| | | 林内效益 | 林外效益 | 交叉效益 | 林内效益 | 林外效益 | 交叉效益 | 合计 | |
| 制造业 | 22.25 | 1.000 0 | 0.740 0 | 1.740 0 | 1.709 0 | 0.367 0 | 0.034 8 | 2.110 9 | 21.45 |
| 电力、蒸气、热水的生产和供应业 | 12.55 | 1.000 0 | 0.811 2 | 1.811 2 | 1.531 7 | 0.360 6 | 0.032 5 | 1.924 8 | 19.56 |
| 煤气生产和供应业 | 0.29 | 1.000 0 | 0.740 0 | 1.740 0 | 0.022 3 | 0.004 8 | 0.000 5 | 0.027 5 | 0.28 |
| 自来水的生产和供应业 | 0.44 | 1.000 0 | 0.787 1 | 1.787 1 | 0.047 6 | 0.010 9 | 0.001 0 | 0.059 5 | 0.60 |
| 建筑业 | 0.98 | 1.000 0 | 0.740 0 | 1.740 0 | 0.075 3 | 0.016 2 | 0.001 5 | 0.093 0 | 0.94 |
| 地质勘查业 | 0.04 | 1.000 0 | 0.682 9 | 1.682 9 | 0.002 5 | 0.000 5 | 0.000 0 | 0.003 1 | 0.03 |
| 水利管理业 | 1.91 | 1.000 0 | 0.715 9 | 1.715 9 | 0.227 2 | 0.047 2 | 0.004 6 | 0.279 0 | 2.83 |
| 铁路运输业 | 0.67 | 1.000 0 | 0.627 1 | 1.627 1 | 0.060 7 | 0.011 1 | 0.001 2 | 0.072 9 | 0.74 |
| 公路运输业 | 8.31 | 1.000 0 | 0.627 1 | 1.627 1 | 0.753 2 | 0.137 1 | 0.014 4 | 0.904 6 | 9.19 |
| 管道运输业 | 0.70 | 1.000 0 | 0.682 9 | 1.682 9 | 0.044 1 | 0.008 7 | 0.000 9 | 0.053 7 | 0.55 |
| 水上运输业 | 0.22 | 1.000 0 | 0.737 2 | 1.737 2 | 0.023 2 | 0.005 0 | 0.000 5 | 0.028 6 | 0.29 |
| 航空运输业 | 0.29 | 1.000 0 | 0.740 0 | 1.740 0 | 0.022 3 | 0.004 8 | 0.000 5 | 0.027 5 | 0.28 |
| 交通运输辅助业 | 1.91 | 1.000 0 | 0.682 9 | 1.682 9 | 0.120 3 | 0.023 8 | 0.002 4 | 0.146 5 | 1.49 |
| 仓储业 | 0.15 | 1.000 0 | 0.682 9 | 1.682 9 | 0.009 4 | 0.001 9 | 0.000 2 | 0.011 5 | 0.12 |
| 邮电通信业 | 2.90 | 1.000 0 | 0.682 9 | 1.682 9 | 0.182 7 | 0.036 2 | 0.003 6 | 0.222 5 | 2.26 |
| 批发和零售贸易、餐饮业 | 3.38 | 1.000 0 | 0.682 9 | 1.682 9 | 0.212 9 | 0.042 2 | 0.004 2 | 0.259 3 | 2.63 |
| 金融、保险业 | 0.42 | 1.000 0 | 0.682 9 | 1.682 9 | 0.026 5 | 0.005 2 | 0.000 5 | 0.032 2 | 0.33 |
| 房地产业 | 20.65 | 1.000 0 | 0.682 9 | 1.682 9 | 1.300 6 | 0.257 8 | 0.025 6 | 1.584 0 | 16.09 |
| 公共设施服务业 | 4.91 | 1.000 0 | 0.682 9 | 1.682 9 | 0.309 3 | 0.061 3 | 0.006 1 | 0.376 6 | 3.83 |
| 居民服务业 | 0.06 | 1.000 0 | 0.682 9 | 1.682 9 | 0.003 8 | 0.000 7 | 0.000 1 | 0.004 6 | 0.05 |
| 旅馆业 | 0.53 | 1.000 0 | 0.682 9 | 1.682 9 | 0.033 4 | 0.006 6 | 0.000 7 | 0.040 7 | 0.41 |
| 租赁服务业 | 0.01 | 1.000 0 | 0.682 9 | 1.682 9 | 0.000 6 | 0.000 1 | 0.000 0 | 0.000 8 | 0.01 |
| 旅游业 | 0.03 | 1.000 0 | 0.218 4 | 1.218 4 | 0.007 2 | 0.000 5 | 0.000 1 | 0.007 7 | 0.08 |
| 娱乐服务业 | 0.24 | 1.000 0 | 0.652 2 | 1.652 2 | 0.017 0 | 0.003 2 | 0.000 3 | 0.020 5 | 0.21 |
| 信息咨询服务业 | 0.02 | 1.000 0 | 0.682 9 | 1.682 9 | 0.001 3 | 0.000 2 | 0.000 0 | 0.001 5 | 0.02 |
| 计算机应用服务业 | 0.10 | 1.000 0 | 0.682 9 | 1.682 9 | 0.006 3 | 0.001 2 | 0.000 1 | 0.007 7 | 0.08 |
| 其他社会服务业 | 0.47 | 1.000 0 | 0.682 9 | 1.682 9 | 0.029 6 | 0.005 9 | 0.000 6 | 0.036 1 | 0.37 |
| 卫生、体育和社会福利业 | 1.34 | 1.000 0 | 0.682 9 | 1.682 9 | 0.084 4 | 0.016 7 | 0.001 7 | 0.102 8 | 1.04 |
| 教育、文化艺术及广播电影电视业 | 3.78 | 1.000 0 | 0.682 9 | 1.682 9 | 0.238 1 | 0.047 2 | 0.004 7 | 0.290 0 | 2.95 |
| 科学研究和综合技术服务业 | 0.40 | 1.000 0 | 0.583 3 | 1.583 3 | 0.029 5 | 0.005 0 | 0.000 5 | 0.035 0 | 0.36 |
| 国家机关、党政机关和社会团体 | 3.41 | 1.000 0 | 0.682 9 | 1.682 9 | 0.214 8 | 0.042 6 | 0.004 2 | 0.261 6 | 2.66 |
| 其他行业 | 0.51 | 1.000 0 | 0.682 9 | 1.682 9 | 0.032 1 | 0.006 4 | 0.000 6 | 0.039 1 | 0.40 |
| 合计 | 100 | 38 | 25.632 | 63.632 | 8.034 8 | 1.647 6 | 0.160 6 | 9.842 8 | 100 |

(4) 不同受益区效益量比较。不同效益区的受益量不仅在不同行业之间存在差异，同行业也是如此，同一行业不同受益区效益量比较的意义在于通过受益量大小的分析，可以为制定不同效益区补偿标准提供直接依据，以林内效益区的补偿标准为 1，农业部门的林外效益区补偿标准应为 0.518 8，而交叉受益区的补偿标准为 1.518 8，畜牧业林外效益区为 0.773 9，交叉受益区为 1.773 9，旅游业林外效益区为 0.218 4，交叉受益区为 1.218 4，旅游业相对于其他行业而言，林外效益区的补偿标准较低，不同受益区受益量比例也为行业部门内部调整有关的补偿政策提供了依据，行业主管部门据此比例可将整个行业的补偿额进行合理分摊。假若农业部门的补偿额为 1 亿元，林内效益区、林外效益区、交叉效益区的比重分别为 76.81%、22.29%和 0.9%，可计算出林内效益区的补偿标准为 1 114 318.22 元，补偿额为 85 590 782.45 元，林外效益区的补偿标准为 578 108.29 元，补偿额为 12 886 033.73 元，交叉受益区的补偿标准为 1 692 426.51 元，补偿额为 1 523 183.84 元。上述不同效益区的比重可以是国内生产总值，也可以是其他社会经济指标如固定资产投资等，还可以是多项社会经济指标的综合加权值。

(5) 全行业森林生态资源消费量及消费比例。全行业森林生态资源消费量不仅受行业消费特性（如消费方式等）的影响，还与全行业占国民经济的比例有关，如旅游业虽然享受森林生态资源的效益量远远大于制造业，但前者在国民经济中所占的比例比后者小许多，以致全行业实际的消费量不及后者的 1.0%。不同行业消费量见表 7.2，表 7.2 中不同效益区消费量的计算按湖北省不同效益区面积的比例进行折算，即假设全省各行业在不同效益区的分布比例是相同的，林内效益区为 76.81%，林外效益区为 22.29%，交叉受益区为 0.9%。由表 8.2 可以看出，制造业的消费比例最高，达到 21.45%，其次为电力蒸气热水的生产和供应业、房地产业，其消费比例分别为 19.56%和 16.09%。消费比例较高的行业还有公路运输业、农业等，全行业消费比例不足 1%的行业占多数，其中租赁服务业、信息咨询服务业、居民服务业、地质勘查业、旅游业、计算机应用服务业等消费比例不足 0.10%。全行业森林生态资源消费量及消费比例是其价值补偿的直接依据。

## 7.2.4 小结与讨论

(1) 本节从分析森林生态资源不同效益机理入手，提出了效益量和消费量的概念，为定量计算社会不同行业部门森林生态资源消费量，从而为制定主体价值补偿标准提供依据，是森林生态资源价值计量和补偿机制研究方面的突破。森林生态效益多种多样，不同效益之间往往交叉重叠，即使是同一种效益也有不同的描述和称谓，效益的定义模糊不清，只能通过对不同效益相互关系的分析，将效益质的不同转换成量的差别，才能达到系统深入研究的目的。

(2) 不同行业部门森林生态资源受益程度存在较大差别，通过对不同行业消费方式及消费量的比较分析，旅游业尤其是森林旅游业受益程度最高，其次为农业、林业部门及电力、水利部门等，而地质勘查、管道运输、仓储、批发零售业等受益程度较低，受益程度反映了不同行业部门对森林生态资源的依赖性，也是制定森林生态资源价值补偿标准的重要依据。

（3）不同效益区森林生态资源消费比例的分析表明，交叉受益区受益程度最高，而林内受益区次之，林外受益区最低。本小节按不同受益区消费量的大小确定了湖北省同行业不同受益区价值补偿比例标准，此项标准也是行业部门内部调整相关政策的依据。

（4）全行业森林生态资源消费量及消费比例的研究表明，不同行业的消费量不仅受行业受益程度的影响，还与行业在国民经济中的比例有关，受益程度说明了某种效益对特定行业的重要性，而行业占国民经济的比例关系表示其承担补偿义务的现实经济能力。由此确定的补偿标准不仅合理，而且切实可行。制造业消费比例最高，达到总消费量的21.45%，其次是电力蒸气热水的生产和供应、房地产业、农业等，消费比例较小的有租赁服务业、居民服务业、地质勘查业、旅游业等，受益比例不足0.1%，消费比例是制定行业补偿标准的直接依据。值得注意的是，本小节对行业部门的划分是从某种行业与森林生态效益的关系角度考虑的，有的行业属门类，有的是大类或中类，如行业类型等级发生变化，以上有关的比例关系和标准也会发生相应的变化。此外还假设不同行业在不同效益区的分布是同比例的，但实际上个别行业受自然社会经济条件的限制，分布区域是有限的，只不过这种误差可以忽略不计，对整个研究区影响不大。

（5）生产消费和生活消费的问题，本节只对生态效益与生产的关系进行了分析，而把森林生态效益对各行业生活方面的影响视作等同处理，某种意义上讲，森林生态效益对生活的影响更重要，不做分析讨论，只是因为行业部门之间没有任何差别而已。

# 参 考 文 献

戴均华, 张家来, 辜忠春, 2006. 应用效用论计量湖北森林生态资源基础价值的研究[J]. 华中农业大学学报(社会科学版)(3): 49-52.

丁振国, 张家来, 严立冬, 等, 2004. 森林生态资源价值论[J]. 湖北林业科技(3): 38-42.

东北林学院, 1981. 森林生态学[M]. 北京: 中国林业出版社.

傅晨, 2002. 经济学基础[M]. 广州: 广东高等教育出版社.

湖北森林编委会, 1991. 湖北森林[M]. 北京: 中国林业出版社.

湖北省统计局, 2004. 湖北统计年鉴[M]. 北京: 中国统计出版社.

李金昌, 姜文来, 靳乐山, 等, 1999. 生态价值论[M]. 重庆: 重庆大学出版社.

张家来, 1993. 应用最优分割法划分森林群落演替阶段的研究[J]. 植物生态学与地植物学学报, 17(3): 224-231.

张家来, 丁振国, 严立冬, 等, 2004. 森林生态资源价值论[J]. 湖北林业科技(3): 38-42.

张家来, 章建斌, 戴均华, 等, 2006. 九宫山森林生态资源自然价值量的研究[J]. 华中农业大学学报(社会科学版)(2): 55-59.

# 第8章 森林生态资源价值补偿

本章介绍湖北省森林生态资源价值补偿的标准体系,包括客体标准(不同森林类型)与主体标准(行业标准),理论标准与执行标准,完全补偿和部分补偿标准,国家补偿和地方补偿标准等,提出了森林生态资源价值补偿的各种途径及森林生态资源补偿的具体办法和措施,并对建立森林生态资源补偿机制的应对策略等进行深入探讨。

## 8.1 湖北森林生态资源价值补偿标准[①]

本节介绍湖北森林生态资源价值补偿标准体系,主体标准随客体标准而定;不同资源类型补偿标准有较大差异,林业苗圃最小,四旁林最大;根据不同地区资源质量、自然地理环境和社会经济发展水平等确定了特定地区的执行标准;部分补偿是森林生态资源价值补偿的普遍形式,确定了部分补偿标准计算方法,提高资源开发利用效率是实现资源价值补偿的有效途径;国家补偿和地方补偿标准是二者之间补偿比例问题,在湖北省国家补偿标准应在22.75%~69.67%,地方补偿标准应在30.33%~77.25%。

森林生态资源价值补偿标准是相关研究的关键和核心,生态资源价值计量及资源效益区等研究是制定价值补偿标准的基础(戴均华 等,2006a;丁振国 等,2004)。在国内外相关研究还未取得重大突破形成共识的情况下,许多研究者从不同角度、不同范畴提出了各自不同的观点,也就是在这种没有形成统一的、全社会认可的标准和原则前提下,国家启动了森林生态效益补偿项目,应该说这对保护和发展我国森林生态资源,提高全民爱护环境、保护环境意识和自觉性起到了积极作用,但我国目前执行的有关森林生态效益补偿政策是不完善的,价值补偿是不充分,甚至说是不太合理的。为此本小节通过对补偿客体和补偿主体等不同利益群体现状的分析,综合考虑全省不同地区经济发展水平,提出一套比较完整且科学合理的价值补偿标准,以便为制定湖北森林生态资源价值补偿政策提供依据,也为我国其他地区制定相关政策和标准提供参考。

### 8.1.1 分析方法

#### 1. 补偿主体和客体

补偿主体是指森林生态资源受益者,他们提供其资源价值补偿费用,主体可以是个人,也可以是团体、行业部门甚至是代表全民利益的国家和代表区域性全民利益的地方人民政府,如省、市、县级人民政府等。本小节所指的主体主要是行业部门和国家、省级人民政府。补偿客体是指森林生态资源所有者和经营者,他们为保护和发展森林生态

---

① 引自:张家来.湖北森林生态资源价值补偿标准研究.林业科学,2007(8):127-133.

资源付出了一定的劳动,是补偿受益对象。与主体和客体对应的就有价值补偿主体标准和客体标准,主体标准随客体标准而定。

### 2. 征用和租用

按补偿性质分,森林生态资源补偿标准有征用标准和租用标准(姚顺波,2004;贺卫和王浣尘,2000;仲伟周,1999)。本小节所指的征用和租用与一般土地征用和租用相类似,但也有区别,土地征用和租用一般会改变土地当前利用方式,且有正式文字合同作为征用或租用的依据;森林生态资源征用或租用是为了更好地保护土地当前的利用方式,在我国相关政策还不完善的情况下,一般是约定俗成的,但同样受相关法律保护,如《中华人民共和国森林法》等。本小节所谓的征用是指长期变更森林生态资源(包括林地)所有权和使用权,补偿的是其资源总价值,即资源现价,而租用是临时、短期地变更资源所有权和使用权,补偿的是其资源当年增长的价值,当资源价值增长趋近为零时,租用标准也可以按征用标准执行。

### 3. 完全补偿和部分补偿

由于我国森林生态资源存在不同所有制关系,如私人、集体、全民所有等,以及不同经营管理类型如生态公益林、商用林、特种保护林等,补偿程度也存在一定差别,本小节将这种补偿差别称为完全补偿和部分补偿。完全补偿是对森林生态资源全面、足额的价值补偿,这种补偿一般针对重要林区如自然保护区、库区、风景、旅游名胜等地,这些地区绝大部分为国家所有,如生态公益林区。部分补偿带有补助性质,是指由于拥有自主经营或能够部分自主经营权利的客体,在利用部分或全部资源的同时,按一定价格在市场上获得相应的价值回报,对这类性质的资源价值进行补偿称为部分补偿,可以看出征用补偿和租用补偿可能是完全补偿,也可能是部分补偿。就全省范围内的森林生态资源而言,在目前经济条件下,不可能进行完全补偿,只能是部分补偿,但局部地区重要的森林生态资源是能够也必须是完全补偿。

### 4. 理论标准和执行标准

理论标准是指一定区域范围内对所有森林生态资源进行补偿的标准,是一种完全补偿标准,如对全省森林生态资源进行全面足额的补偿标准等。理论标准的意义在于了解一定区域范围内针对所有资源进行价值补偿的经济要求,是资源补偿要达到的目标,理论标准也有主体标准和客体标准。执行标准是针对某一地段或某个具体的生产经营单位或林区进行实际补偿的标准,执行标准是可执行操作的标准,有很强实用性。

### 5. 价值补偿内涵

从经济学角度讲,补偿是一种交易行为,不同利益者通过交换,在平等的前提下付出一定经济代价而获得各自利益。森林生态资源价值补偿也是一种交易行为,森林生态资源受益者向所有者或经营者提供一定数量补偿费用,以获得享受其资源效益的权利。某种意义上讲,主体支付的是客体生产过程中的环境成本,在我国经济核算体系中,虽然还没有环境成本的分科项目,但森林生态资源生产者为他人提供了包括保持水土、涵养水源等多种效益在内的实实在在的福利,理所当然地要获得相应补偿,也只有通过如此补偿,才能实现资源再生产和整个生存环境良性循环,保证广大消费者利益。

6. 现值分析法

本小节所讨论的有关价值、标准等均采用现值分析方法。

本小节引用了作者单位承担的相同项目有关研究结果和理论方法,如森林生态资源价值论,森林生态资源受益区划分,森林生态资源消费方式和消费量,全省森林生态资源基础价值计量等(张家来 等,2007;戴均华 等,2006b;丁振国 等,2004)。

## 8.1.2 结果与分析

1. 湖北森林生态资源价值补偿的理论标准

湖北森林生态资源价值补偿的理论标准是在征用状态下,对全省资源全面足额补偿的一种理想标准,也可以说是最高标准,包括主体标准和客体标准,具体计算方法如下。

(1)客体标准。设补偿周期为 $n$,资金利润率为 $q$,每公顷的资源现价为 $p$,则理论标准 $I_n$ 的计算值由下式给出:

$$I_n = p \cdot q^{n-1} (1-q^n)^{-1} (1-q) \tag{8.1}$$

由相关研究结果可知(戴均华 等,2006a),湖北省森林生态资源平均现值为 18096.45 元/hm²,资金利润率定为 3%,由于是乘积关系,$q$ 值变为 1+利率为 1.03(下同),补偿周期的长短由资源演变周期而定。湖北森林生态资源平均增长期为 30~50 年,即到达这个林龄,资源增长量趋向于零,设定湖北省森林生态资源补偿周期为 50 年,则 $I_n$ 值为 682.80 元,这就是全省每公顷的理论标准,此标准没有考虑不同年份的 $q$ 值变化,且每年补偿标准是一致的,直到补偿期结束。由式(8.1)可知补偿周期越长,资金利用率($q$ 值)越低,理论标准值就越低,反之亦然。如当 $n=30$,$q=1.05$ 时,理论标准值便为 1 121.55 元;当 $n=60$,$q=1.02$ 时,$I_n$ 值为 510.45 元。

由表 8.1 不同资源类型理论标准可知,补偿标准最高是四旁林,其次是针阔混交林、阔叶林、针叶林等,以上几种资源类型的理论标准超过全省平均值,荒山作为对照类型,也有一定补偿数量,但相对于其他资源类型而言数值极小。

表 8.1 湖北不同森林生态资源类型的理论补偿标准

| 资源类型 | 针叶林 | 阔叶林 | 针阔混交林 | 竹林 | 灌木林 | 林业苗圃 |
|---|---|---|---|---|---|---|
| 理论标准/(元/hm²) | 618.90 | 875.25 | 999.30 | 365.40 | 255.60 | 79.20 |
| 资源类型 | 农林间作林 | 幼林 | 园林绿化林 | 疏林地 | 四旁林 | 荒山 |
| 理论标准/(元/hm²) | 213.90 | 79.80 | 142.80 | 328.05 | 2 226.90 | 33.15 |

理论标准是就全省平均水平而言,至于具体地段补偿标准还要考虑资源质量、地理气候环境、社会经济发展状况等因子对资源价值的影响。在不知道执行标准的情况下,

# 第8章 森林生态资源价值补偿

实际工作中可以参照理论标准进行操作。

（2）主体标准。以全省资源总价值在一定补偿期内分摊，得到各行业部门的补偿标准及各行业不同受益区补偿标准，这也是一种理论标准（表8.2）。由表8.2可知，全省范围内森林生态资源价值补偿的理论标准总额为59.18亿元，接近资源价值年增长量。补偿标准超过5.0亿元的行业有制造业，电力、蒸气、热水的生产和供应业，公路运输业，房地产业等，不足1千万元的行业有地质勘查业（184.4847万元）、仓储业（691.8176万元）、居民服务业（276.7270万元）、租赁服务业（46.1212万元）、旅游业（464.9325万元）、信息咨询服务业（92.2423万元）、计算机应用服务业（461.2117万元）等。值得注意的是，行业的划分有严格的定义，如果行业类别等级有变化会引起行业占整个国民经济中的比例发生变化，补偿标准也会发生相应变化。此外，部分补偿标准等可以参照表8.2所定的比例进行相应调整，即只要知道全省森林生态资源补偿总额，就可以按照表8.2所定的标准按比例算出。通过计算可以验证全省客体标准和主体标准总值是吻合的。

表8.2 全行业森林生态资源价值补偿理论标

| 行业 | 补偿比率/% | 补偿总额/万元 | 林内效益区/万元 | 林外效益区/万元 | 交叉效益区/万元 |
|---|---|---|---|---|---|
| 农业 | 5.06 | 29 956.489 3 | 27 107.017 9 | 2 116.850 9 | 732.620 5 |
| 林业 | 0.77 | 4 575.486 8 | 4 140.265 0 | 323.323 0 | 111.898 8 |
| 畜牧业 | 0.21 | 1 256.680 0 | 1 037.993 3 | 180.414 4 | 38.272 2 |
| 渔业 | 0.20 | 1 162.574 3 | 987.603 6 | 141.430 2 | 33.540 6 |
| 农林牧渔服务业 | 0.27 | 1 614.241 1 | 1 381.428 3 | 186.968 7 | 45.844 1 |
| 采掘业 | 1.38 | 8 156.878 3 | 6 829.344 5 | 1 085.262 4 | 242.271 5 |
| 制造业 | 21.45 | 126 916.463 7 | 106 260.779 3 | 16 886.076 0 | 3 769.608 4 |
| 电力、蒸气、热水的生产和供应业 | 19.56 | 115 730.871 0 | 94 135.960 2 | 17 976.531 5 | 3 618.379 3 |
| 煤气生产和供应业 | 0.28 | 1 654.192 1 | 1 384.972 0 | 220.088 2 | 49.132 0 |
| 自来水的生产和供应业 | 0.60 | 3 577.019 6 | 2 938.733 7 | 528.315 9 | 109.970 1 |
| 建筑业 | 0.94 | 5 590.028 5 | 4 680.250 1 | 743.746 3 | 166.032 2 |
| 地质勘查业 | 0.03 | 184.484 7 | 157.877 5 | 21.367 9 | 5.239 3 |
| 水利管理业 | 2.83 | 16 776.897 2 | 14 178.664 1 | 2 109.054 8 | 489.178 3 |
| 铁路运输业 | 0.74 | 4 385.236 8 | 3 829.401 5 | 437.041 4 | 118.793 9 |
| 公路运输业 | 9.19 | 54 390.026 6 | 47 496.009 2 | 5 420.618 6 | 1 473.398 8 |
| 管道运输业 | 0.55 | 3 228.482 2 | 2 762.856 5 | 373.937 5 | 91.688 2 |
| 水上运输业 | 0.29 | 1 718.053 3 | 1 440.009 6 | 227.122 1 | 50.921 7 |
| 航空运输业 | 0.28 | 1 654.192 1 | 1 384.972 0 | 220.088 2 | 49.132 0 |
| 交通运输辅助业 | 1.49 | 8 809.144 3 | 7 538.651 3 | 1 020.315 1 | 250.177 9 |
| 仓储业 | 0.12 | 691.817 6 | 592.040 7 | 80.129 5 | 19.647 5 |
| 邮电通信业 | 2.26 | 13 375.140 6 | 11 446.119 9 | 1 549.169 5 | 379.851 2 |

续表

| 行业 | 补偿比率/% | 补偿总额/万元 | 林内效益区/万元 | 林外效益区/万元 | 交叉效益区/万元 |
|---|---|---|---|---|---|
| 批发和零售贸易、餐饮业 | 2.63 | 15 588.956 9 | 13 340.650 0 | 1 805.583 8 | 442.723 1 |
| 金融、保险业 | 0.33 | 1 937.089 3 | 1 657.713 9 | 224.362 5 | 55.012 9 |
| 房地产业 | 16.09 | 95 240.225 0 | 81 504.267 2 | 11 031.155 3 | 2 704.802 5 |
| 公共设施服务业 | 3.83 | 22 645.496 6 | 19 379.465 0 | 2 622.904 2 | 643.127 4 |
| 居民服务业 | 0.05 | 276.727 0 | 236.816 3 | 32.051 8 | 7.859 0 |
| 旅馆业 | 0.41 | 2 444.422 2 | 2 091.877 1 | 283.124 1 | 69.421 1 |
| 租赁服务业 | 0.01 | 46.121 2 | 39.469 4 | 5.342 0 | 1.309 8 |
| 旅游业 | 0.08 | 464.932 5 | 450.851 9 | 6.238 9 | 7.841 8 |
| 娱乐服务业 | 0.21 | 1 232.429 3 | 1 066.656 2 | 131.656 9 | 34.116 2 |
| 信息咨询服务业 | 0.02 | 92.242 3 | 78.938 8 | 10.683 9 | 2.619 7 |
| 计算机应用服务业 | 0.08 | 461.211 7 | 394.693 8 | 53.419 6 | 13.098 3 |
| 其他社会服务业 | 0.37 | 2 167.695 2 | 1 855.060 8 | 251.072 3 | 61.562 1 |
| 卫生、体育和社会福利业 | 1.04 | 6 180.237 4 | 5 288.896 8 | 715.823 2 | 175.517 5 |
| 教育、文化艺术及广播电影电视业 | 2.95 | 17 433.803 9 | 14 919.425 3 | 2 019.262 3 | 495.116 4 |
| 科学研究和综合技术服务业 | 0.36 | 2 106.497 3 | 1 867.260 4 | 184.387 2 | 54.849 7 |
| 国家机关、党政机关和社会团体 | 2.66 | 15 727.320 4 | 13 459.058 2 | 1 821.609 7 | 446.652 6 |
| 其他行业 | 0.40 | 23 52.179 9 | 2 012.938 3 | 272.440 2 | 66.801 4 |
| 合计/平均 | 100 | 591 801.988 6 | 505 042.470 9 | 69 848.788 1 | 16 910.729 6 |

### 2. 湖北不同地区森林生态资源价值补偿的执行标准

执行标准与各地资源质量、自然地理环境和社会经济发展水平相关，以上因素是通过影响不同地区森林生态资源经济价值量从而影响具体执行标准。以湖北 14 个经济类型区为例，分别计算出各自的补偿标准，结果见表 8.3。由表 8.3 可以看出，全省各地森林生态资源价值补偿标准相差较大，有的地方如黄石大冶云台山林场征用标准达到 684.45 元/hm$^2$，高于全省平均水平，而仙桃赵西垸林场征用标准只有 43.80 元/hm$^2$。征用标准低于 150.00 元/hm$^2$ 的还有襄阳谷城薤山林场、黄冈浠水三角山林场、恩施利川甘溪山林场、荆州江陵红旗林场等，这些地方森林生态资源的质量较低或者地处平原地带，资源生态价值低。要注意的是某个地方的补偿标准是针对整个研究区而言的，是一个平均意义上的标准，若在研究区内划分出不同经营类型，或计算范围有变，其补偿标准也要作相应的调整或者重新计算。从表 8.3 还可以看出，森林生态资源价值补偿的征用标准和租用标准有某种程度的相关。一般来讲，征用标准高其租用标准也较高，同一地方资源年增长率超过 4%，其租用标准要高于征用标准，低于 4%的，租用标准则小于征用标准。租用标准是临时标准，对于同一森林生态资源而言，由于资源基数和增长率的变化，每年的租用补偿标准也会发生相应的变化，当资源增长率接近于零时，租用标准可按征用标准执行。

表 8.3　湖北不同地区森林生态资源价值补偿标准

| 单位 | 面积 /hm² | 资源单价 / (元/hm²) | 征用标准 / (元/hm²) | 资源年增长率 /% | 资源年增量 / (元/hm²) | 租用标准 / (元/hm²) |
|---|---|---|---|---|---|---|
| 宜昌夷陵区大老岭林场 | 5 972.00 | 15 398.55 | 581.10 | 3.10 | 477.45 | 491.70 |
| 武汉蔡甸区九曾林场 | 532.80 | 12 055.80 | 454.95 | 3.40 | 409.95 | 422.25 |
| 鄂州市沼山林场 | 657.70 | 6 170.25 | 232.80 | 4.20 | 259.20 | 267.00 |
| 丹江口五朵峰林场 | 1 926.40 | 4 668.60 | 176.10 | 5.50 | 256.80 | 264.45 |
| 黄石大冶云台山林场 | 682.40 | 18 140.10 | 684.45 | 5.00 | 907.05 | 934.20 |
| 仙桃赵西垸林场 | 471.90 | 1 162.05 | 43.80 | 5.70 | 66.15 | 68.25 |
| 神农架红坪林场 | 21 477.80 | 7 912.35 | 298.50 | 2.40 | 189.90 | 195.60 |
| 襄阳谷城蕺山林场 | 7 885.70 | 2 710.35 | 102.30 | 5.30 | 143.55 | 147.90 |
| 孝感大悟娘娘顶林场 | 2 000.10 | 4 541.55 | 171.30 | 5.30 | 240.75 | 247.95 |
| 随州广水中华山林场 | 6 260.00 | 5 082.45 | 191.85 | 4.10 | 208.35 | 214.65 |
| 黄冈浠水三角山林场 | 2 217.70 | 2 590.95 | 97.80 | 4.90 | 127.05 | 130.80 |
| 恩施利川甘溪山林场 | 1 155.00 | 3 768.75 | 142.20 | 4.40 | 165.75 | 170.70 |
| 荆州江陵红旗林场 | 718.50 | 1 859.55 | 70.20 | 6.30 | 117.15 | 120.75 |
| 咸宁通山九宫山自然保护区 | 2 981.20 | 11 542.65 | 435.60 | 1.80 | 207.75 | 214.05 |

很显然以上所述的补偿标准是客体标准，主体执行标准的制定要有全省分类经营的相关数据，如生态公益林分布区域、面积、资源类型、资源质量等，在不知道以上基础数据的情况下，也可参照全省理论标准对不同类型资源进行补偿，各行业部门补偿额也可按表 8.3 的比例进行分摊。

### 3. 湖北森林生态资源的完全补偿和部分补偿标准

从上述有关分析可以看出，理论标准、执行标准等都是在没有考虑资源损耗前提下制定的，也就是所谓的完全补偿标准。但在实际工作中，由于经营和开发利用，有时会造成森林生态资源一定量的损耗，如自主经营和限额采伐的森林生态资源只能进行部分补偿。此外即使是完全禁伐的生态公益林，也可以进行除伐木外的适度开发利用，如采摘花果、采脂及狩猎、林下间种、套种等多种经营，还可以建设水利设施等利用森林涵养水源等效益实现部分补偿。森林生态资源价值补偿都是一种部分补偿，只不过补偿力度大小不同。部分补偿标准的计算式由式（8.1）变换而得：

$$I_p = \left( p \cdot q^{n-1} - 1.67 \sum_{i=1}^{n} F_i q^{n-1-i} \right)(1-q^n)^{-1}(1-q) \tag{8.2}$$

式中：$I_p$ 为部分补偿标准，元/hm²；$p$ 为森林生态资源单位面积现价，元/hm²；$F_i$ 为第 $i$ 年有形资源的价值损失量，元/hm²；$q$ 为资金利润率。

式（8.2）中的 $I_p$ 是某个特定区域范围里的部分补偿标准，这个区域范围可以是一个林场、林区，也可以是某个县、市，甚至整个湖北省，而 $F_i$ 则是指按面积分摊到计算区域范围内的平均值，可以按限额采伐量计划、多种经营可能会造成的资源价值损失量进行计算，$F_i$ 的计算由下面的公式给出（戴均华 等，2006b）：

$$F_i = S^{-1} 42\,666.7^{-1} \sum_{j=1}^{m} W_{ij} K_j \tag{8.3}$$

式中：$S$ 为计算区面积，$hm^2$；$W_{ij}$ 为第 $i$ 年 $j$ 种林产品的鲜重或干重，kg；$K_j$ 为第 $j$ 种林产品单位鲜重或干重的热量，kcal/kg；$m$ 为产品数量。

若式（8.3）中的林产品是木材，则还要考虑木材采伐引起的包括枝、叶、干等生物量损失而带来的资源消耗量，可以按枝、叶、干与木材比例经验常数或平均值计算得出。下面以谷城薤山林场为例计算其森林生态资源部分补偿标准。

谷城薤山林场总面积 $7\,885.7\,hm^2$，包括场带村的集体林场和私人承包的自留山面积，2003 年全年木材砍伐 $830\,m^3$，木材收入 64 万元，旅游收入 5 万元。

根据式（8.3）可计算出 2003 年薤山林场的 $F_i$ 值为 $10.80$ 元/$hm^2$，根据式（8.2）可计算出该林场征用资源的部分补偿标准为 101.55 元，式（8.2）中取 $i$ 值为 0，其他变量取值与前文相同。由计算结果可知，由于资源的消耗，该场每年部分补偿标准比实际标准每公顷减少 0.75 元，值得注意的是利用式（8.3）进行 $F_i$ 的计算，要求有不同林产品的热值指标及树木、枝、叶、干等的相关比例常数，一般情况下可按不同树种的平均比例进行计算。如果是租用则将当年资源增长值减去资源损耗值便可得到租用标准，如此可计算 2003 年谷城薤山林场森林生态资源部分补偿租用标准为 137.10 元，租用标准的降低幅度比征用标准降低幅度要大许多。

由以上相关分析可以看出，部分补偿标准是一种预算标准，当森林生态资源损耗量大于或者小于预算计划时，整个补偿周期的补偿额应经过全面核算，核算时间可以在补偿周期的中期和末期等时间段分次进行，也可以按我国国民经济 5 年计划时间同步进行。在补偿周期内可以按照以上所述的部分补偿标准执行——部分补偿标准就成为实际操作的执行标准。

与部分补偿标准有关的另一种情况就是无形资源的开发利用，理论上讲，无形资源的利用并不消耗资源，其开发利用会产生相应的效益，实现无形资源价值部分补偿。若将执行的行业标准对其资源进行补偿的数额作为某种意义上的资源价值"损耗"（实际上是已补偿），同样也可以计算出有关部分补偿标准，将有形资源损耗和无形资源 "损耗"合并考虑，则部分补偿标准由下式得出：

$$I'_p = \left[ p \cdot q^{n-1} - \left( 1.67 F_i + \sum_{i=1}^{n} W_j \right) q^{n-1-i} \right] (1-q^n)^{-1} (1-q) \tag{8.4}$$

式中：$W_j$ 为第 $j$ 种无形资源的补偿价值，元/$hm^2$。

若将谷城薤山林场的旅游收入完全当作其资源旅游休憩价值补偿（$6.30$ 元/$hm^2$），则由式（8.4）计算出的该林场森林生态资源的部分补偿标准为 101.25 元。

无形资源的开发利用不会造成有形资源的损耗，潜力巨大，前景广阔，无形资源的开发也有一个效率和效益的问题，如果效益低下，反而得不偿失，有形资源的开发利用也存在类似的情况，这与社会其他各行各业都应提高效率的发展要求是一致的，当涉及资源价值补偿问题时显得更突出、更重要。部分补偿的主体标准同样可以按行业的比例进行分摊。

#### 4. 国家补偿和地方补偿标准

国家补偿和地方补偿标准是二者的补偿比例关系问题,为了研究的方便,本小节设定国家补偿只对事关国土安全和人民生命财产安全和生活效益补偿负责,由于森林生态资源效益大多与此有关,故将国家补偿标准分不同档次讨论,即所谓的最低标准、一般标准和最高标准。国家补偿标准与地方补偿标准是此消彼长的关系,因此与国家补偿标准相对应的也有地方补偿的最低标准、一般标准和最高标准等,地方标准计算到省一级。采用相关项目的研究结果,同样将资源不同利用方式分为4级,不同效益的差异转为量上的区别,分3种效益区及各效益区的面积比例计算最终的生活生态效益消费量为22.60,湖北各行业部门生产、生活总的消费量为32.44,相应的补偿标准计算结果如下:国家补偿的最高标准为69.67%,地方补偿的最低标准为30.33%,国家补偿的最低标准为22.75%,地方补偿的最高标准为77.25%。

国家补偿的最低标准只考虑对减灾防灾和防风固沙两种生态效益进行补偿,最高标准是对所有生态效益进行补偿。国家补偿的一般标准在22.76%~69.66%,如国家除对减灾防灾、防风固沙两种效益进行补偿外,还要对固碳释氧、保持生物多样性两种效益进行补偿的话,其补偿标准为42.62%,地方补偿标准为57.38%,均为一般标准。

国家是全民利益的代表者,森林生态资源与人民的生产、生活息息相关,为了保护环境、增加社会福利,国家对森林生态资源价值进行补偿是完全必要的,也是应该的。在森林生态多种效益中,一些重要的效益如减灾防灾、防风固沙、保持生物多样性等都应该由国家承担补偿义务,与这些重要效益相关的重要林区,如长江中上游防护林区,神农架、后河自然保护区,丹江口库区(包括汉水流域上游湖北段)等应由国家负责补偿,这些地区的森林生态资源不仅对湖北地区的社会经济发展起着重要的作用,也对长江中下游地区、南水北调受益区及相关地区产生重要影响。

### 8.1.3 小结与讨论

(1) 本小节建立了湖北森林生态资源价值补偿标准体系,为湖北省开展森林生态效益补偿工作提供了直接依据,也为我国其他地方有效地进行森林生态效益补偿提供了重要参考。

(2) 湖北全省森林生态资源理论补偿标准为 682.80 元/hm$^2$,不同资源类型的补偿标准有较大差异,79.20~2 226.90 元/hm$^2$ 不等,在资源价值未定的情况下,可以参照理论标准对不同资源类型进行实际补偿,湖北省森林生态资源的主体理论标准总额为 59.18 亿元,按比例对各行业部门补偿额进行分摊,成为行业部门理论补偿标准。客体理论标准可以在实际中参照执行,而主体标准需要在知道客体补偿总额的情况下才能制定。

(3) 根据不同地区资源质量、自然地理环境和社会经济发展水平等因素确定了特定区域森林生态资源价值补偿的执行标准,各地执行标准有较大差异,43.50~684.45 元/hm$^2$ 不等,补偿标准的高低是由资源平均单位面积的资源价值高低确定的。

（4）本小节确定了部分补偿的计算模式，部分补偿是森林生态资源价值补偿的普遍现象，森林生态有形资源的损耗及无形资源的开发利用，使补偿标准发生相应的变化，提高资源开发利用效率和效益，是实现资源价值补偿的有效途径。

（5）国家补偿和地方补偿标准是二者的补偿比例关系问题，在相关研究的基础上确定了国家和地方补偿的最高标准、最低标准和一般标准。国家补偿的标准为 22.75%～69.67%，地方补偿的标准是 30.33%～77.25%。

## 8.2 森林生态资源价值补偿机制[①]

本节在相关研究成果的基础上，对建立森林生态资源价值补偿机制所涉及的有关问题进行讨论，提出价值补偿的4种途径，即自我补偿、行业补偿、社会补偿及国家和地方补偿等；指出森林生态资源价值补偿的具体办法和措施，这些办法和措施带有明显的过渡性质，并呈现多样化趋势；针对湖北森林生态资源价值补偿工作的现状，提出建立补偿机制的应对策略，"局部补偿带动全面补偿""先易后难，分步实施"等是应对策略的核心；强调全社会广泛的参与和积极配合，是补偿机制能否顺利建立及有效运行的关键，只有调动全社会的力量，资源价值补偿的目的才能最终实现。

### 8.2.1 森林生态资源价值补偿的意义

森林生态资源价值补偿的机制问题与我国目前正在开展的资源或效益的价值补偿工作密不可分，从问题的提出到开展讨论和研究，在我国也不过十年左右的时间。这其间许多研究者从不同的角度提出了各自的观点和看法，其中也不乏有价值的东西，但遗憾的是到目前为止，我们对补偿机制的认识还处于模糊不清的状态，更谈不上在实际工作中有效的运行。产生这种现象的原因无外乎两种，一是机制赖以形成的基础不牢，森林生态资源价值补偿机制涉及资源价值计量的理论和方法，以及确定的受益主客体、补偿标准等关键问题。在这些问题还在讨论，甚至争论没有形成共识的情况下，补偿机制只能是空中楼阁。二是社会基础问题，某种机制成功、有效地运行，除技术因素外，还要有一定的社会基础，包括认知程度、参与意识、社会经济发展水平等。森林生态资源价值补偿机制涉及全社会各行业部门、国家和地方等方方面面的利益关系，在我国现阶段，要想成功地建立相应的补偿机制，还有许多工作要做。

森林生态资源价值补偿机制应包括4个方面的内容：①组织机构，②补偿的途径（或方式），③补偿的方法，④补偿对策（或策略）。成功的补偿机制必须是补偿来源稳定、补偿充分足额、运行通畅高效、管理透明廉洁为标准。为此，本节在相关研究成果的基础上对湖北森林生态资源价值的补偿途径、补偿方法及补偿对策和策略作一些探讨，以期为湖北省建立相应的机制提供参考，而组织机构将在有关问题的分析过程中予以讨论。

---

① 引自:戴均华, 张家来. 森林生态资源价值补偿机制的探讨.湖北林业科技,2006(2):40-44.

## 8.2.2 森林生态资源价值补偿的途径

森林生态资源价值补偿的途径大致可以分为 4 种：自我补偿、行业补偿、社会补偿和国家（包括地方）补偿。

### 1. 自我补偿

自我补偿是指森林生态资源的所有者或经营者，利用其所有权或经营权对森林生态有形资源或无形资源进行适度地开发利用，产生一定的经济效益从而实现其资源价值的部分补偿。对不同行业部门森林生态资源的消费方式和消费量的研究结果表明，森林生态资源的生产者同时也是受益者，其受益程度与农业一样处在全行业的第 5 位，按行业人均经济量（如人均国内生产总值、固定资产投资等）的补偿标准应处在中上等水平。

森林生态资源是有形资源和无形资源的统一体，无形资源依赖有形资源而存在和发展，因此自我补偿的方式也有有形资源利用和无形资源利用两种形式，当利用有形资源进行补偿时，根据相关的计算可以得到下式：

$$P = 42\ 666.7^{-1} k \tag{8.5}$$

式中：$P$ 为有形资源利用的产品平均利润，元/kg；$k$ 为有形资源干重的热值指标，kcal/kg。

当 $k=4600$ 时，$P=0.1078$，也就是说，当有形资源的热值为 4600 kcal/kg 时，所开发出来的产品平均纯利润不能低于 0.1078 元/kg（指鲜重），否则资源的损耗就毫无意义，如果是高热值的产品，相应的产品纯利润标准也会成比例地提高，式（8.5）所表示的是有形资源开发的起码标准。

同样无形资源的开发利用也是进行资源价值补偿的一种形式，与有形资源开发利用不同的是它不以损耗资源为代价，无形资源开发利用要求所形成的产业利润要等于或大于同行业的平均水平，否则资源的开发利用得不偿失，如此条件纯粹是从经济角度考虑问题。两种资源的开发利用都要求有较高效率和效益，但这并不是说提高效率或效益不需要时间，但那是另外的问题。

要注意的是，自我补偿是一种非常重要的途径，在我国现阶段资源价值补偿还未走上正轨之时，充分利用资源优势，选择适合的途径以尽可能少的资源损耗获得较大的经济效益无疑是实现资源价值补偿最现实、有效的办法。

### 2. 行业补偿

行业补偿指的是与森林生态效益有关的生产行业部门对资源价值进行的补偿，确定行业补偿的标准主要有两个方面，一是行业对森林生态资源利用程度或消费量的大小，从相关研究结果可知，旅游行业特别是森林旅游行业消费程度最高，其次是水电、水利管理、自来水供应、水上运输、农业、林业及渔业等行业，受益程度越高，补偿标准越高，反之亦然。二是行业部门在国民经济中的比重，比重的大小确定了行业补偿在整个补偿额中所应分摊的补偿额绝对量大小，行业在国民经济中所占的比重越大，补偿的绝对数额也越大，但比重的大小不能改变行业部门单位经济量的补偿标准，单位经济量的补偿标准的高低是由行业受益程度所决定。本小节相关研究确定的行业补偿标准是最低标准,是行业部门应承担的最基本的补偿义务。

行业部门利用森林生态资源产生的效益进行生产和加工,是将其作为生产资料参入生产过程中的,理应纳入成本核算,有关管理机构可以按其产品数量或收入征用一定比例的补偿税(费)进入财政预算,也可以单独成立补偿基金等。

行业补偿是森林生态资源价值补偿的主要途径,与生产直接相关,国家可以制定相关的法律条文明文规定,以保证行业补偿稳定合法的收入来源。

### 3. 社会补偿

社会补偿的依据是森林生态资源不仅为行业部门的生产提供生产资料,也为全社会提供了必要的生活资料,如森林固碳释氧、涵养水源、防风固沙、减灾防灾等。可以说森林的绝大多数生态效益与人们的日常生活息息相关,全社会每一个在森林生态效益区生活的人都有补偿其资源价值的义务和责任,不同行业部门虽然在生产活动中利用资源方式不同,补偿标准也不一样,但作为各行各业的自然人在把森林生态效益当作生活资源进行消费时没有任何的差别。

社会补偿不同于行业补偿,在我国现阶段,社会补偿应该是人们自觉自愿的行为,不带有强制性,但我们应该提倡和鼓励这种行为,对这种行为进行宣传和引导。在提高人们重视环境、爱护环境自觉性的同时,使社会补偿逐步成为全社会认同的道德风尚,将补偿落到实处。社会补偿可以不拘形式,任何对森林生态资源保护和发展有利的人和事都应受到全社会的承认和尊重。社会补偿较理想的模式是鼓励捐资成立不同级别、不同规模的森林生态资源补偿基金。

### 4. 国家补偿和地方补偿

国家是全民利益的代表者,有权利也有责任对事关国计民生的森林生态资源价值进行补偿。自1998年长江流域发生特大洪水后,国家先后启动了"天然林保护工程""退耕还林工程"等一系列以保护和发展森林生态资源为主要目的的重大工程项目,是对我国森林生态资源价值补偿的重要形式。国家补偿的对象一般是重要林区,如长江中上游防护林区、国家级自然保护区,以及有特别意义的风景林、纪念林区等。国家补偿除财政补偿、重大工程项目投资等形式外,还要为森林生态资源价值补偿制定相关的法律、法规等,对于跨省域的补偿问题还应该进行协调,如长江中上游的防护林其受益区应该包括中下游地区的省市,丹江口库区的防护林,受益区应包括南水北调工程沿途经过的所有地区。国家补偿是森林生态资源价值补偿的核心,其主渠道作用可以有效地带动其他补偿方式的顺利实现。

地方补偿是指各级地方人民政府代表所在地区的民众利益对该地区森林生态资源价值所做的补偿。按"就近"理论,森林生态资源的受益者首先是当地附近的人群,当地政府对其资源价值补偿有义不容辞的责任。相关研究结果表明,地方补偿标准应大于国家补偿标准。作为省级人民政府应对全省范围内的重要林区,市、县、乡级人民政府对区域内的重点林区应进行相应的补偿。

## 8.2.3 森林生态资源价值补偿的方法

森林生态资源价值补偿方法涉及补偿主体和补偿客体两个方面，主体在补偿过程中起主导作用，只有"主体"问题解决了，才能使整个补偿活动得以顺利进行，主体是补偿的起点。客体在整个补偿活动中处于被动接受的状态，"客体"问题的解决依赖于"主体"问题的解决，下面就主体、客体的补偿方法问题作概括性的分析讨论。

1. 资金补偿

资金补偿指主体对客体直接拨付资金，实现其资源的价值补偿。资金的主要来源有 4 种：①根据有关的法律法规征收到的资源补偿税（费）；②财政基本建设预算投资；③社会捐资；④政府或民间成立的补偿基金和发展基金等。

2. 项目补偿

项目补偿指通过相关的工程项目对客体进行补偿，我国目前正在实施的"天然林保护工程""退耕还林工程"等 6 大工程项目就是采用项目补偿的方法对客体进行直接的经济补偿。项目补偿应还有间接补偿的问题，是指那些与森林生态资源有关的间接工程项目补偿，如南水北调工程应将丹江口库区的水源涵养林纳入整个工程的预算范围内，对其资源进行一定的补偿，其他诸如水电工程、防洪工程、水利工程等都应对相关的资源价值进行补偿。间接项目补偿在我国还没有引起足够的重视，也存在一些技术性的问题，有待于进一步的研究。

3. 优惠政策扶持

优惠政策扶持指政府为扶持和鼓励森林生态资源扩大再生产而采取的一系列的优惠政策和措施，如税收、信贷、债券、人才、项目等方面的优惠政策。政策措施除给客体带来实实在在的补偿外，还起到导向的作用，某种意义上讲，这种导向作用比直接的经济补偿更重要，影响更大、更深远。所以我们一定要注意发挥政策的调控作用。

4. 义务劳动补偿

我国开展的全民义务植树活动实际上也是森林生态资源价值补偿的一种方法，应继续坚持和发扬。随着人民物质生活水平的提高，对精神生活的追求越来越重视，各种仪典的纪念林、领养树木等不仅是资源价值补偿的一种形式，也使种树者得到精神享受和满足，有利于形成良好的社会氛围，义务劳动补偿是社会进步和文明的标志，应予以足够的重视。

5. 对口支持补偿

对口支持补偿指特定受益地区和部门对相应的森林生态资源价值所进行的补偿，像长江中下游地区对上游资源价值的补偿，水利、水电部门对库区的补偿等。对口补偿的现实条件是主体要切切实实地感受到客体资源带来的效益，这种效益必须是明显的。对口补偿应该在自觉自愿的基础上进行必要的规定。

### 6. 物质补偿和精神鼓励相结合

物质补偿代替不了精神上的鼓励，我们也可以把这种方法称为精神补偿。森林生态资源的生产者长年累月生活和工作在地处僻远的乡村，他们为保护和发展森林生态资源付出了艰辛的劳动，理应受到全社会的理解和尊重。在尽可能的情况下给予他们适当的荣誉和待遇是毫不为过的。要大张旗鼓地宣传为保护和发展森林生态资源做出贡献的先进人物，把他们树为榜样，让他们成为劳动模范，成为"五一劳动奖章"获得者，在全社会形成爱护资源、保护环境无比光荣的风尚。

## 8.2.4 森林生态资源价值补偿的对策和策略

### 1. 提高认识、形成共识

森林生态资源价值补偿不单单是补钱的问题，而是为了保护和发展森林生态资源，保护人类生存环境，促进社会进步和文明，走可持续发展道路的重大举措，功在当代，利在千秋。补偿涉及社会方方面面的利益，仅靠某个部门和少数人的努力不可能完成这项工作，要有全社会各行业部门广泛的参与和积极的配合，特别是政府机关要发挥主导作用，没有政府的重视和支持，森林生态资源价值补偿便是一句空话。政府、执法机关、行业主管部门、宣传媒体等各司其职，相互协调，才能把这件利国利民的好事办落实。

### 2. 局部补偿带动全面补偿

在条件成熟的地区先行试点，以点带面，逐步展开。如一些大、中型水利枢纽工程和相关企业对库区的水源涵养林进行部分补偿，一些以森林旅游为主的景区对资源所有者进行部分补偿，水上运输、水上旅游部门对其流域上游部分林区进行补偿等。局部补偿可以通过以协商为主，政府协调带强制性的行政干预为辅的方法来实现，形式可以多种多样，但一定要迈出第一步，只求成功，不求数量的多少。通过试点总结经验，逐步向面上推广。

### 3. 先易后难，分步实施

在湖北省森林生态资源价值补偿工作现状的基础上，目前可以开展以下几方面的工作：第一，国家重点工程项目配套资金的落实，"天然林保护工程""退耕还林工程"等国家重点生态工程项目都明文规定地方要有相应的配套资金，应组织力量对全省配套资金落实情况从项目实施单位开始进行逐级检查，要采取得力措施保证配套资金全部落实到位。第二，制定行业部门补偿税（费）征收管理办法，将相应的收入纳入年度财政预算，对重点林区率先进行补偿试点。第三，号召社会捐款成立相应的基金，对一些与森林生态效益相关密切的行业部门做出指导性的规定，完善基金管理机制。第四，各级财政，特别是省财政在力所能及的情况下，从基本建设经费中拨出部分专款支持湖北省生态脆弱地区植被恢复及重点林区资源的保护和发展。第五，利用宣传媒体特别是一些主流媒体宣传森林生态资源价值补偿的意义，普及相关知识，及时报道价值补偿过程中出现的新人新事，做好舆论导向。第六，继续开展全民义务植树活动，做好规划，讲求实效，把义务植树等活动搞成生态价值补偿的一种有益的形式。通过以上措施，在全社会树立森林生态资源价值补偿的理念，循序渐进，使补偿工作逐渐步入正轨。

4. 做好森林生态资源价值计量工作

森林生态资源价值补偿是以其价值计量工作为前提，不同地区由于自然地理环境、社会经济发展水平不同，资源价值会有很大变化，即使是同一地区，由于资源类型、资源质量等方面的差异，资源价值也会有高有低，以致补偿标准不一致，制定补偿标准是非常具体细致的工作。在各地森林生态资源价值计量的工作中，应充分利用现代科技手段，如 3S 技术等，以求准确、快速高效地达到计量资源价值的目的。资源价值计量与专业性资源调查、资源清查等工作相结合，节省人力、物力和财力，降低工作成本，提高资源清查成果的利用率。

5. 建立健全管理、监督机制

森林生态资源价值补偿是全社会的福利事业，必须建立一个透明、高效的管理和监督机制。行业主管部门执行，相关部门积极参与和配合，财政、审计等部门监督检查，将每一分钱、每一份力都用在森林生态资源的保护和发展事业上，使每一个关心此项事业并为之做出贡献的人看到希望，看到实效，增强信心，注重价值补偿的社会影响，产生良好的社会效益。

## 8.2.5 小结与讨论

（1）本节在相关研究的基础上，对湖北省建立森林生态资源价值补偿机制所涉及的有关问题进行了讨论，提出了价值补偿的 4 种途径，即自我补偿、行业补偿、社会补偿及国家（地方）补偿等，并对每种补偿途径的性质和特点进行了初步分析，强调每种补偿途径的理论依据。

（2）本节指出了森林生态资源价值补偿的具体办法和措施，在我国现阶段森林生态资源价值补偿还未走上正轨之时，补偿办法呈现出多样化趋势，这些办法和措施带有明显的过渡性质，应该说这与我国处于补偿工作的起步阶段是相适应的，按照这些办法执行相信会收到良好的补偿效果。

（3）针对湖北森林生态资源价值补偿工作的现状，本节提出了建立相应机制的应对策略，其中"局部补偿带动全面补偿""先易后难，分步实施"等是应对策略的核心，只有坚持这些原则和策略，并付出不懈的努力，才能使补偿工作产生良好的效果，逐步走上正轨。

（4）本节在有关机制的分析和讨论中，始终强调发挥人的主观能动性作用。森林生态资源价值补偿涉及全社会的各行各业，涉及社会大家庭每一个成员，在我国此项工作正处在起步阶段，没有社会的理解和支持，没有各行各业的广泛参与和积极配合，价值补偿便无从谈起，只有调动全社会的力量，价值补偿的目的才能顺利实现。

# 参考文献

陈学军, 王春玲, 吴琼, 1997. 我国南方集体林区公益林补偿原理与方法的研究[J]. 林业资源管理(5): 37-42.

戴均华, 张家来, 辜忠春, 2006. 应用效用论计量湖北森林生态资源基础价值的研究[J]. 华中农业大学学报(社会科学版), 63(3): 49-52.

戴均华, 张家来, 熊晓娇, 等, 2006. 森林生态资源价值补偿机制的探讨[J]. 湖北林业科技(2)：40-44.

丁振国, 张家来, 严立冬, 等, 2004. 森林生态资源价值论[J]. 湖北林业科技(3): 38-42.

贺卫, 王浣尘, 2000. 政治经济学中的寻租理研究[J]. 上海交通大学学报(2): 15-20.

李扬裕, 2004. 浅谈森林生态效益补偿及实施步骤[J]. 林业经济问题(6): 369-371.

温作民, 2001. 森林生态税的政策设计[J]. 林业经济问题, 21(5): 343-347.

徐启权, 2002. 对建立生态效益补偿机制的再思考[J]. 林业经济问题, 22(5): 305-307.

姚顺波, 2004. 非公有制森林征用与补偿研究[J]. 林业经济问题, 24(2): 81-84.

张家来, 丁振国, 严立冬, 等, 2004. 森林生态资源价值论[J]. 湖北林业科技(3): 38-42.

张家来, 章建斌, 戴均华, 等, 2006. 九宫山森林生态资源自然价值量研究[J]. 华中农业大学学报(社会科学版), 62(2): 55-59.

张家来, 王鹏程, 唐万鹏, 等, 2007. 基于GIS界定湖北森林生态效益区的研究[J]. 林业科学, 43(5): 130-134.

仲伟周, 1999. 寻租活动的动态分析及政策含义[J]. 经济科学(1): 90-98.